高等学校环境科学与工程专业规划教材

土壤污染修复原理与应用

宋 敏 徐海涛 骆永明 等 编著

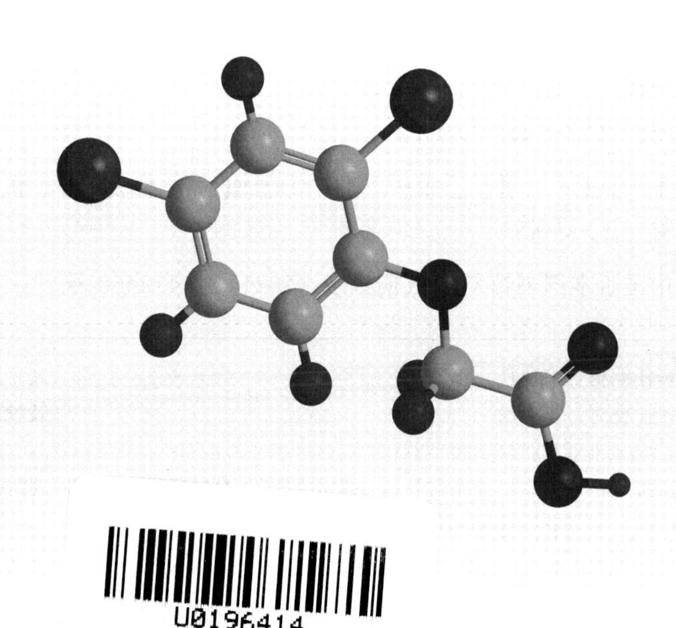

化学工业出版社
·北京·

内容简介

《土壤污染修复原理与应用》在系统介绍土壤污染现状、来源、特征及风险和土壤污染的相关法律法规及政策标准的基础上，着重阐述了污染物在土壤中的迁移转化、受重金属和有机物污染土壤的不同类型修复技术及工程应用现状，详细分析了现有修复技术所存在的问题与局限性，并展望了解决这些问题的方法途径与修复技术发展前景，为污染土壤修复提供了理论方法和技术指导。该教材还介绍了近年来全球关注的新污染物及新型修复技术，弥补了以往教材只介绍传统污染物及常规修复技术的不足；此外，还回顾了土壤修复的行业现状并展望了其发展趋势。

本书可作为土壤修复工程相关领域各专业本科生、研究生的教材，也可作为相关领域教学、科研人员、工程技术人员和管理人员的参考书。

图书在版编目（CIP）数据

土壤污染修复原理与应用/宋敏等编著. —北京：化学工业出版社，2021.9（2023.3重印）

ISBN 978-7-122-39363-0

Ⅰ.①土… Ⅱ.①宋… Ⅲ.①土壤污染-修复-高等学校-教材 Ⅳ.①X53

中国版本图书馆 CIP 数据核字（2021）第 118860 号

责任编辑：卢萌萌　　文字编辑：王云霞　陈小滔

责任校对：李雨晴　　装帧设计：史利平

出版发行：化学工业出版社（北京市东城区青年湖南街 13 号　邮政编码 100011）

印　　装：北京建宏印刷有限公司

787mm×1092mm　1/16　印张 17¼　字数 424 千字　2023 年 3 月北京第 1 版第 4 次印刷

购书咨询：010-64518888　　售后服务：010-64518899

网　　址：http://www.cip.com.cn

凡购买本书，如有缺损质量问题，本社销售中心负责调换。

定　　价：98.00 元

《土壤污染修复原理与应用》编著委员会

主　任：宋　敏

副主任：徐海涛　骆永明　张胜田　王　水

委　员：宋　敏　徐海涛　骆永明　张胜田　王　水

于　磊　夏　冰　胡　韬　应蓉蓉　邓绍坡

孔令雅　曲常胜

前言

我国土壤环境污染趋势尽管得到初步遏制，但其状况还相当严峻。土壤污染会恶化土壤环境质量，直接关系到农用地和建设用地质量、农产品安全、人居环境安全和生态安全。因而，土壤污染防治是事关老百姓能否吃得放心、住得安心和地表生物能否过得舒心的重要问题，也是生态环境保护与健康保障的重大需求。

我国农用地和建设用地土壤环境总体状况不容乐观，土壤中传统的重金属、有机物污染问题突出，土壤污染管控与修复治理工作刻不容缓。与此同时，土壤中出现了抗生素、微塑料、人工纳米颗粒等新污染物并呈现出多样化的特点，给土壤科学和环境科学等学科领域的科研人员带来了新的挑战。污染土壤的修复是当今土壤科学和环境科学的研究热点。我国污染土壤修复原理与技术在近十年得到了迅速发展，但总体上在修复理论与技术研究的广度和深度方面与欧美等发达国家尚有差距，包括土壤污染成因，复合污染机制，污染物多介质、多界面、多过程、迁移转化与管控修复，以及新污染物检测和新技术研发等方面。

为了促进土壤污染修复理论与技术的深入了解、深化发展和普及应用，笔者根据近几年的自身工作积累，结合查阅大量的国内外资料，经概括集成，综合归纳，撰写了本教材，旨在将科技成果、工程应用、实践经验等提供给从事土壤污染修复相关领域的教学、科研人员参考，希望对大家的工作有所帮助。

本教材共分为 8 章，第 1 章介绍土壤及土壤污染相关内容；第 2 章介绍国内外在土壤污染修复方面的政策、法规及标准；第 3 章介绍污染物在土壤中的迁移转化行为；第 4~第 6 章分类介绍了重金属和有机物污染土壤修复技术及其工程应用；第 7 章总结了土壤新污染物及新型土壤修复技术；第 8 章总结了我国土壤污染修复领域存在的问题、土壤污染的绿色修复与管理、我国污染土壤修复商业模式，并展望了土壤修复行业的发展前景。本教材在书末列出了参考文献，供读者查阅。

本书由东南大学宋敏、南京工业大学徐海涛、中国科学院南京土壤研究所骆永明等编著，东南大学在读研究生李成明、林陈彬、周江、邓荣、孟凡跃、宋兵、赵炎等为本书的案例整理做了大量的工作。在编写过程中，参考了诸多国内外专家的研究成果，在此一并致以谢意。同时，本书的出版得到“东南大学校级规划教材”立项的支持和资助，诚致谢忱!

由于笔者水平及时间有限，书中难免存在疏漏或不足之处，敬请广大读者批评指正。

编著者

目 录

第1章

绪论

1.1 土壤

1.1.1 土壤的概念

土壤是由矿物质、有机质、水、空气及生物有机体组成的地球陆地表面的疏松层。作为地球的表皮，土壤也是大多数食物生产的物理基质。就全球而言，土壤是一个巨大而动态的碳储存库、物质循环的介质。生命诸如植物、动物和微生物，在土壤基质中的密切混合推动了氧化还原反应，这种反应控制着许多元素循环，并创造了一个有机碳的储存库，这个储存库大大超过了全球大气和生物圈中的碳含量。

形成土壤的化学反应过程会产生微米大小的负电黏土矿物，这使得土壤具有保持植物养分的能力。土壤的电荷特性，结合其小粒径尺寸和高表面积，允许它临时存储雨水以及雪融化后的水，为植物吸收利用提供足够的停留时间。土壤中储存的水被称之为绿色水，是世界上 90%的农业生产用水来源，其含量约为全球淡水资源的 60%。

由于全球气候、地质和生物群的变化，土壤具有巨大的空间多样性。仅在美国就识别了超过 20000 种土壤类型，而且识别的数量随着调查土地面积的增加而增加。如果以土壤种类与陆地面积的关系去推断土壤种类与全球无冰陆地面积的关系，可以得到在全球无冰陆地范围内，有超过 30 万种土壤类型。

1.1.2 土壤组成

土壤是由固体、液体和气体三相共同组成的多相体系。固相指土壤矿物质（原生矿物和次生矿物）和土壤有机质；液相指土壤水分及其溶解物质（两者合称土壤溶液）；气相指土壤空气。此外，土壤中还含有数量众多的细菌等微生物，一般作为土壤有机物而被视作土壤固相物质。

1.1.2.1 土壤有机质

土壤有机质是土壤中各种含碳有机化合物的总称，它与矿物质一起构成土壤的固相部分。土壤中有机质含量并不多，一般只占固相总质量的 10%以下，耕作土壤多在 5%以下，但它却是土壤的重要组成部分，是土壤发育过程的重要标志，对土壤性质的影响重大。

(1) 土壤有机质的来源

一般来说，土壤有机质主要来源于动植物及微生物的残体。但不同类型的土壤其有机质来源亦有差别。自然土壤的有机质主要来源于生长于其上的植物残体（地上的枯枝落叶和地下的死根与根系分泌物）及土壤生物；耕作土壤则不同，由于自然植被已不复存在，大部分栽培作物又被收获取走，因而进入土壤中的有机残体一般远不及自然土壤丰富，其有机质主要来源是人工施入的各种有机肥料和作物根茬以及根的分泌物，其次才是各种土壤生物。

(2) 土壤有机质的组成

土壤有机质可按物质组成和化学组成划分。按物质组成划分，土壤有机质主要包括以下几个部分：a. 未分解的动植物残体。它们仍保留着原有的形态等特征。b. 分解的有机质。微生物的分解使进入土壤中的动植物残体失去了原有的形态等特征。有机质已部分或全部分解，并且相互缠结，呈褐色。此类有机质包括有机质分解产物和新合成的简单有机化合物。c. 腐殖质。这是一种特殊性有机质，指有机质经微生物分解后再合成的一种褐色或暗褐色的大分子胶体物质。与土壤矿物质土粒紧密结合，是土壤有机质存在的主要形态类型，占土壤有机质总量的 85%～90%。

按化学组成划分，土壤有机质可分为：a. 腐殖物质。腐殖物质是土壤腐殖质的主体，约占土壤腐殖质总量的 70%～80%，胡敏酸（HA）、富里酸（FA）是土壤腐殖物质的主要组分。b. 非腐殖物质。在理论上，非腐殖物质是腐殖质中除去腐殖物质后剩余的部分，即腐殖质中不具备腐殖物质特点的化合物，如糖类、氨基酸、氨基糖、叶绿素、肌醇多磷酸酯、磷脂、有机酸、烷烯烃与多环烃、醇、固醇、萜烯类、木质素等。它们的化学结构已知，绝大部分主要来源于动植物生命体和残体。尽管非腐殖物质种类很多，但在腐殖质中一般不超过 30%，且多以聚合态和与黏粒相结合而存在，并互相转化。游离的非腐殖物质含量一般不超过腐殖物质的 5%。因此，把非腐殖物质与腐殖物质完全分开实际上极难，所以划分为腐殖物质和非腐殖物质主要是理论上和研究上的需要。

土壤有机质的基本元素组成是 C、O、H、N，其中 C 占 52%～58%、O 占 34%～39%、H 占 3.3%～4.8%、N 占 3.7%～4.1%。其次是 P 和 S，还有 K、Ca、Mg、Si、Fe、Zn、Cu、B、Mo、Mn 等灰分元素，C/N 化一般为 10～12。上述各有机组分在有机残体中的含量随植物的种类、器官和年龄而异。

1.1.2.2 土壤矿物质

土壤矿物质是土壤固相的主体物质，构成了土壤的“骨骼”，占土壤固相总质量的 90% 以上。而土壤矿质胶体是土壤矿物质中最活跃的组分，其主体是黏粒矿物。土壤黏粒矿物胶体表面在大多数情况下带负电荷，比表面大，能与土壤固、液、气相中的离子、质子、电子和分子相互作用，影响着土壤中的物理、化学、生物过程与性质。分析土壤矿物及其组成对鉴定土壤类型、识别土壤形成过程具有重要意义。

地球上大多数土壤矿物质都来自各种岩石，这些矿物质经物理和化学风化作用从母岩中释放出来时，就成为土壤矿物质和植物养分的主要来源。土壤矿物质按其成因可分为原生矿物和次生矿物两类。

(1) 原生矿物

原生矿物指在物理风化过程中产生的未改变化学成分和结晶构造的造岩矿物，如石英、云母、长石等，属于土壤矿物质的粗质部分，形成粉砂（直径在0.002～0.05mm之间）和砂粒（直径在0.05～2.00mm之间）。原生矿物主要包括长石类、云母类、角闪石与灰石类、石英、氧化铁类、磷灰石、方解石、褐铁矿和石膏等。

1）长石类　长石类包括正长石和斜长石。正长石（$KAlSi_3O_8$），又称钾长石。颜色多呈肉红色，广泛分布于浅色岩浆岩中，如花岗岩、正长岩、斑岩等。正长石抗风化能力较弱，风化后形成次生黏土矿物，是土壤中钾元素的重要来源。斜长石广泛分布于岩浆岩、变质岩及沉积碎屑岩中，是陶瓷业和玻璃业的主要原料。

2）云母类　云母类包括白云母和黑云母。白云母 $KAl_2(AlSi_3O_{10})(OH)_2$，又称钾云母。颜色为无色或浅色，有时带绿色，呈透明或半透明状，薄片状。片状崩解成碎片后化学分解困难，往往混杂在砂土中，反光性很明显。白云母在分解过程中释放出钾，成为土壤中钾元素的来源之一。黑云母［$K(Mg,Fe)_3AlSi_3O_{10}(F,OH)_2$］，其性状与白云母相似，只是颜色呈黑色，不透明或半透明。容易分解，风化后形成黏土矿物并释放出钾元素。

3）角闪石与辉石类　角闪石与辉石类为铁镁矿物，属于偏硅酸盐矿物。角闪石 $(Ca,Na)_{2\sim3}[Mg,Fe(\text{II}),Fe(\text{III}),Al]_5[(Al,Si)_8O_{22}](OH)_2$。颜色呈褐或黑色，主要分布于岩浆岩中。辉石 $XY(Si,Al)_2O_6$（其中X代表钙、钠、镁和二价铁，也有一些锌、锰和锂等种类的离子；Y代表较小的离子，如氯、铝、三价铁、钒、钪等），颜色呈绿黑色，短柱状晶体。角闪石和辉石二者性质相近，色深暗，属于深色矿物，含盐基丰富，化学稳定性差，容易被彻底分解。

4）石英　普通石英（SiO_2）呈透明或半透明的晶粒状集合体。纯石英为无色，含有杂质时呈白、灰、黄、红、绿、天蓝及紫色。完整晶形为两端锥形的六方柱状晶体或不规则块状。除氟酸外，不与任何酸类起作用，物理及化学性质稳定，不易风化，常以颗粒状残留于土壤中，是土壤中砂粒的主要来源。

5）氧化铁类

赤铁矿（Fe_2O_3），红色，条痕樱红色，常使土壤染成红色。

磁铁矿（Fe_3O_4），常呈八面体晶形，铁黑色，条痕为黑色，具有磁性。

黄铁矿（FeS_2），金黄色，类似金属铜，断口参差状，金属光泽，条痕绿色至深棕色，较易风化，分解后形成硫酸盐。

6）磷灰石　磷灰石［$Ca(PO_4)_3(F \cdot Cl)$］，呈六方柱状晶体，颜色呈灰白、黄、绿、黄褐色，是制造磷肥的主要原料，高品位的磷灰石含 P_2O_5 42.3%，一般含 P_2O_5 28%～30%时，可用来生产过磷酸钙肥料；P_2O_5 含量大于18%时可粉碎为磷矿粉肥料，含量小于18%时则不宜直接制造磷肥，可掺入无机磷细菌，以促进磷的分解，就地使用。由于磷灰石含有氟，在制造磷肥时，常因脱氟过程产生氟污染。磷灰石风化后产生游离磷酸，是植物磷元素的主要来源。

7）方解石　方解石（$CaCO_3$）是大理岩、石灰岩的主要组成矿物，易溶于酸，化学性质不稳定，是土壤中碳酸钙的主要来源。

8）褐铁矿　褐铁矿（$Fe_2O_3 \cdot 3H_2O$）是赤铁矿水化而形成的一种含水氧化铁，分布较广。一般为棕色、黄色，是土壤黄色和棕色染色剂，以胶状包覆于土粒的表面。

9）石膏　不含结晶水石膏（$CaSO_4$）称为硬石膏，含结晶水石膏（$CaSO_4 \cdot 2H_2O$）称为结晶石膏。石膏呈白色，玻璃光泽，有时呈珍珠光泽、纤维状，解理完全，是土壤中钙和硫元素的重要来源。

（2）次生矿物

次生矿物指原生矿物晶体经化学风化后形成的新矿物，其化学成分和晶体结构均有所改变。次生矿物包括简单盐类、三氧化物、次生铝硅酸盐。其中，三氧化物和次生铝硅酸盐是土壤矿物质中最细小的部分，常称为黏土矿物，如高岭石、蒙脱石、伊利石、绿泥石、褐铁矿和三水铝土等，它们形成的黏粒（直径<0.002mm）具有吸附、保存离子态养分的能力，使土壤具有一定的保肥性。

1）次生层状铝硅酸盐黏粒矿物　次生层状铝硅酸盐黏粒矿物按其结晶构造和性质的差异，可分为三大组：高岭石组、蒙脱石组、水化云母组。

① 高岭石组黏粒矿物。此组黏粒矿物包括高岭石、迪凯石、埃洛石和富硅高岭石等黏粒矿物。其共同特点是：a. 一层硅氧片和一层水铝片重叠而成；b. 晶架内部水铝片和硅氧片中没有或极少有同晶代换；c. 颗粒一般比蒙脱石组矿物粗；d. 南方热带、亚热带土壤中普遍存在。

② 蒙脱石组黏粒矿物。此组黏粒矿物包括蒙脱石、绿泥石、拜来石和蛭石等。其共同特点是：a. 晶架结构都是由两层硅氧片和一层水铝片相间重叠而成；b. 晶架内普遍存在同晶代换现象；c. 此类矿物胀缩性大，吸湿性强；d. 颗粒微细，在东北的黑钙土和华北地区的褐色土、栗钙土及西北地区的灰钙土中含量较多。

③ 水化云母组黏粒矿物。其共同特点是：a. 晶体构造同属 2∶1 型，同晶代换主要发生在硅氧片中以 Al^{3+} 替代 Si^{4+}，还有少量发生在水铝片中以 Mg^{2+}、Fe^{2+} 替代 Al^{3+}。晶架产生负电荷，故在晶架基面上吸附阳离子，主要是 K^{+}。含伊利石黏粒矿物多的土壤，钾的元素储量较丰富。b. 吸附于伊利石晶架基面上的 K^{+}，实际上是半陷在由晶层表面六个氧离子所构成的六角网中，它同时受相邻两晶架的负电荷的吸附，而产生了键连的效果，使它们不易张开。c. 伊利石的保肥性和吸湿性介于蒙脱石组和高岭石组之间，代换量为 20～40cmol（+）/kg。

2）含水的氧化铁、氧化铝、氧化硅等氧化物类　其共同特点是：a. 它们中电荷的产生，不是通过同晶代换，而是通过质子化和表面羟基中 H^{+} 的离解。既可能带负电荷也可能带正电荷。b. 凝胶转化形成结晶过程中产生胶结作用形成较坚硬的结构体。c. 无定型物质，一般呈胶膜的形式，包覆在土粒的表面。

3）简单盐类　包括碳酸盐、硫酸盐和卤化物等矿物。

① 碳酸盐矿物。土壤中的碳酸盐矿物主要为方解石（$CaCO_3$）和白云石［$CaMg(CO_3)_2$］，分布较广。在其矿物晶格中存在着平面三角形的［CO_3^{2-}］络阴离子，它与具有较大离子半径的 Ca^{2+}、Mg^{2+} 形成稳定的无水化合物。一般为无色或白色，玻璃光泽，透明或半透明状。

方解石在土壤中一般呈粒状、块状、结核状或土状。在其组成中，Ca^{2+} 有时被 Mg^{2+}、Fe^{2+}、Mn^{2+} 所置换，此外还可能含有少量的 Pb^{2+}、Zn^{2+}、Ba^{2+} 等。石灰岩等含钙母岩在风化作用中经水溶解，形成碳酸氢钙 $Ca(HCO_3)_2$ 进入溶液，当进入地表压力减小或发生蒸发作用时，CO_2 便大量逸出，导致 $CaCO_3$ 沉淀下来，其反应式如式(1-1)：

$$Ca(HCO_3)_2 \longrightarrow CaCO_3 \downarrow + H_2O + CO_2 \uparrow \quad (1\text{-}1)$$

白云石的化学组成中，经常含类质同象混入物 Fe^{2+} 和 Mn^{2+}，偶尔含 Zn^{2+}、Ni^{2+} 和 Co^{2+}。石灰岩母岩风化中受含 Mg^{2+} 溶液的作用，在其土壤中有大量白云石形成。白云石在土壤中常呈粗粒或细粒的块状存在。

② 硫酸盐矿物。土壤中的硫酸盐矿物主要有石膏（$CaSO_4 \cdot 2H_2O$）和芒硝（$Na_2SO_4 \cdot 10H_2O$），石膏与芒硝颜色都较浅，一般呈无色或白色，玻璃光泽，少数呈金刚光泽，透明至半透明状。在硫酸盐矿物中，硫是以最高的价态（S^{6+}）存在的，并与氧组成［SO_4^{2-}］络阴离子，正六价的硫离子处于络阴离子四面体的中心。由于［SO_4^{2-}］的半径（0.295nm）较大，只有半径较大的正二价阳离子（Ba^{2+}、Sr^{2+}、Pb^{2+}）才能与它形成稳定的无水化合物，如重晶石（$BaSO_4$）。半径较小的正二价阳离子（Cu^{2+}、Mg^{2+}、Fe^{2+} 等）则需要有 H_2O 配合，形成水壳（在阳离子外围包上一层水分子）增大其体积，才能与［SO_4^{2-}］形成稳定的含水化合物。这就是许多硫酸盐矿物含有结晶水的原因。而半径中等的 Ca^{2+}，既可与［SO_4^{2-}］形成无水硫酸盐［如硬石膏（$CaSO_4$）］，又可形成含水硫酸盐［如石膏（$CaSO_4 \cdot 2H_2O$）］。但是，硬石膏的结晶构造没有石膏的结晶构造稳定，其一旦露出地表并遇水时即转变为石膏。

③ 卤化物矿物。卤化物矿物为金属元素阳离子与卤族元素阴离子化合形成的化合物，在土壤中以氯化物为主，其他较少见。土壤中的岩盐（主要成分为 NaCl）矿物常含泥质和有机质包裹物，有时也包裹石膏。一般为无色透明或呈白色，有时因含杂质而呈灰色或其他如黄、红、蓝和褐等颜色。岩盐在土壤中常呈散粒状、板状或致密块状出现。玻璃光泽或油脂光泽，易溶于水。

1.1.2.3 土壤水

土壤水（soil water）是土壤的重要组成部分之一，也是使土壤肥力保持活跃的因素之一。土壤水是作物吸收水分最主要的来源，也是自然界水循环的一个重要环节。其并非纯水，而是稀薄的溶液，不仅溶有各种溶质，而且还有胶体颗粒悬浮或分散于其中。通常所说的土壤水是指在105℃下从土壤中蒸发出来的水。

土壤水在土壤形成过程中起着非常重要的作用，因为形成土壤剖面的土层内各种物质的运移，主要是以溶液形式进行的。也就是说，这些物质随同液态土壤水一起运动。同时，土壤水在很大程度上参与了土壤内进行的许多物质转化过程，如矿物质风化、有机化合物的合成和分解等。

根据土壤水所受力的作用可以把土壤水分为如下几类：一是吸附水，或称束缚水，受土壤吸附力作用所保持，又可分为吸湿水和膜状水；二是毛管水，受毛管力的作用而保持；三是重力水，受重力支配，是进一步向土壤剖面深层运动的水。四是地下水，是各种形式埋藏在地壳空隙中的水。

（1）吸湿水

吸湿水是由土粒表面吸附力所保持的水分，其中最靠近土粒表面的由范德华力保持的水称为吸湿水（又称紧束缚水），吸湿水的含量称为土壤吸湿量。

由于吸湿水是土粒表面分子吸附水汽分子（当然也可来自液态水）的结果，土壤吸湿水实际上是土壤自然风干时所保持的水量，其大小主要取决于土壤的比表面积和大气的相对湿度。土粒越细比表面积越大，大气相对湿度越高，则土壤吸湿水量越大。凡是影响比表面积的因素如质地、有机质含量、胶体的种类和数量、盐类组成等，均会影响土壤吸湿水的含量。当大气相对湿度达到饱和时，土壤的吸湿水达到最大量，这时吸湿水占土壤干重的百分数称为土壤最大吸湿量或土壤吸湿系数，它是土壤水分常数之一。一般耕地土壤的最大吸湿量因质地不同而异，质地越黏，最大吸湿量越大，质地越沙，最大吸湿量越小。所以最大吸湿量的大小顺序是黏土＞壤土＞沙土。

(2) 膜状水

土壤吸湿水层外可吸附液态水分子而形成水膜，这种由吸附力吸附在吸湿水层外面的液态水膜叫膜状水。膜状水的形成是由于土粒表面吸附水分子形成吸湿水层以后，尚有剩余的吸附力，它不能再吸附动能较大的气态水分子，只能吸附动能较小的液态水分子，在吸湿水层外面形成水膜。膜状水所受吸附力比吸湿水小，性质和液态水相似，但黏滞性较高而溶解能力较小。它能移动，是以湿润的方式从一个土粒水膜较厚处向另一个土粒水膜较薄处移动，但速度非常缓慢，一般为 0.2～0.4mm/h。

(3) 毛管水

土壤中粗细不同的毛管孔隙连通一起形成复杂的毛管体系。当土壤含水量逐渐增大，超过最大分子持水量的那部分水，在毛管力的作用下，保持在土壤的毛管孔隙中，不受重力作用的支配，这种靠毛管力保持在土壤毛管孔隙中的水就称为毛管水。

毛管水是土壤中最宝贵的水。它不受重力支配而流失，所受力为 833.28kPa，比植物根的吸水力小得多，是植物所需水分的主要来源。毛管水移动性大，能较迅速地运动，一般向消耗点移动，如向根系吸水点和表土蒸发面移动。它也是土壤养分的溶剂和输送者。

根据毛管水在土体中的分布，又可将它分为毛管悬着水和毛管上升水。

① 毛管悬着水。在地下水较深的情况下，降水或灌溉水等地面水进入土壤，借助毛管力保持在上层土壤毛管孔隙中的水分，它与来自地下水上升的毛管水并不相连，好像悬挂在半空中一样，故称之为毛管悬着水。

当土壤含水量达到田间持水量时，土面蒸发和作物蒸腾损失的速率起初很快，而后逐渐变慢；当土壤含水量降低到一定程度时，较粗毛管中悬着水的连续状态出现断裂，但细毛管中仍充满水，蒸发速率明显降低，此时土壤含水量称为毛管水断裂量。在壤质土壤中它大约相当于该土壤田间持水量的 75％左右。当土壤水达到毛管水断裂量后，毛管悬着水运动显著缓慢下来，如果这时正值作物生长旺盛时期，蒸腾速率很快，作物虽能从土壤中吸到一定水分，但因补给减缓，也可能出现水分入不敷出，暂时出现萎蔫现象。

② 毛管上升水。毛管上升水是指借助于毛管力由地下水上升进入上层土体的水。毛管上升水的最大含量称为毛管持水量。从地下水面到毛管上升水所能到达的绝对高度叫毛管水上升高度。毛管水上升的高度和速度与土壤孔隙的粗细有关。在一定的孔径范围内，孔径越粗，上升的速度越快，但上升高度越低；反之，孔径越细，上升速度越慢，但上升高度越高。孔径过细的土壤则不但上升速度极慢，上升的高度也有限。沙土的孔径粗，毛管上升水上升快，高度低；无结构的黏土，孔径细，非活性孔多，上升速度慢，高度也有限；壤土的上升速度较快，高度最高。在毛管水上升高度范围内，土壤含水量的多少也不相同。靠近地

下水面处土壤孔隙几乎全部充水，称为毛管水封闭层。从封闭层至某一高度处，毛管上升水上升快，含水量高，称为毛管水强烈上升高度；再往上，只有更细的毛管中才有水，所以含水量就减少了。毛管水上升高度和强烈上升高度因质地不同而异，一般的趋势是沙土最低，壤土最高，黏土居中。

(4) 重力水

当土壤水分超过田间持水量时，多余的水分就受重力作用沿土壤中的大孔隙向下移动，这种受重力支配的水叫重力水，其不受土壤吸附力和毛管力的作用。当土壤被重力水所饱和，即土壤大小孔隙全部被水分充满时的土壤含水量称为饱和持水量，或称全蓄水量或最大持水量。

(5) 地下水

以各种形式埋藏在地壳空隙中的水称为地下水。土壤上层的重力水流至下层遇到不透水层，积聚起来形成地下水，它是重要的水利资源。当土壤中重力水向下移动，遇到第一个不透水层并在其上长期聚积起来的水分称为潜水。它具有自由表面，在重力作用下能从高处向低处流动。潜水面离地表面的深度称为地下水位。潜水水位过高能引起土壤沼泽化及盐渍化，过深则引起土壤干旱。

上述各种水分类型彼此密切交错连接，很难严格划分。在不同土壤中，其存在的形态也不尽相同。如粗砂土中毛管水只存在于砂粒与砂粒之间的触点上，称为触点水，彼此呈孤立状态，不能形成连续的毛管运动，含水量较少。在无结构的黏质土中，非活性孔多，无效水含量高。而在质地适中的壤质土和有良好结构的黏质土中，孔隙分布适宜，水、气比例协调，毛管水含量高，有效水也多。

1.1.2.4 土壤空气

土壤空气来源于大气，它存在于未被水分占据的孔隙中，但其性质与大气圈中的空气明显不同。首先，土壤空气是不连续的。由于不易于交换，局部孔隙之间的空气组成往往不同。其次，土壤空气一般含水量高于大气。在土壤含水量适宜时，土壤空气的相对湿度接近100%。最后，土壤空气中CO_2含量明显高于大气，土壤空气中CO_2的含量一般为0.15%～0.65%，可以达到大气中浓度的几倍到上百倍，O_2在大气中约占21%，而在土壤空气中仅占10%～20%，含量略低于大气，N_2的含量则与大气相当。这是由于植物根系的呼吸和土壤微生物对有机残体的好气性分解，消耗了土壤孔隙中的O_2，同时产生大量CO_2的缘故。

1.1.2.5 土壤生物

土壤生物是土壤的重要组成成分和影响物质能量转化的重要因素。土壤与岩石的主要区别之一，就是在土壤中生活着一个生物群体。这个生物群体，特别是微生物群落，是净化土壤有机污染的主力军。其不但积极参与岩石的风化作用，而且是成土作用的主导因素。

土壤生物可分为两大类：土壤微生物和土壤动物。

(1) 土壤微生物

在土壤-植物整个生态系统中，微生物分布广、数量大、种类多，是土壤生物中最活跃的部分。其分布与活动，一方面反映了土壤生物因素对生物的分布、群落组成及其种间关系的影响和作用；另一方面也反映了微生物对植物生长、土壤环境和物质循环与迁移的影响和作用。

目前已知的微生物绝大多数是从土壤中分离、驯化、选育出来的，但只占土壤微生物实际总数的10%左右。一般1kg土壤可含 5×10^8 个细菌、1.0×10^{10} 个放线菌、近 1.0×10^9 个真菌和 5×10^8 个微小动物。其种类主要有原核微生物（古细菌、放线菌、蓝细菌、黏细菌等)、真核微生物（真菌、部分藻类、地衣)、非细胞型生物（分子生物)——病毒。

(2) 土壤动物

生活史的一个或多个生理活跃阶段的全部或主要部分在土壤或近土表的残落物层度过的无脊椎动物。通常根据体宽将土壤动物分为微型、中型和大型三类。微型土壤动物的体宽小于100μm，代表是原生动物和线虫；中型土壤动物的体宽为0.1～2mm，代表种类为弹尾虫和螨虫；大型土壤动物体宽超过2mm，包括蚯蚓、多足类、有翅昆虫的幼虫、蜗牛、蛞蝓等。

1.1.3 土壤性质

1.1.3.1 土壤的物理性质

土壤是一个含有三相物质的、极其复杂的分散系统。它的固体基质是大小、形状和排列不同的土粒。这些土粒的相互排列和组织，决定着土壤的结构与孔隙特征，水和空气在孔隙中保存和传导。土壤三相物质的组成和它们之间强烈的相互作用表现出土壤的各种物理性质，如土壤质地、结构、孔隙、通气、温度、热量、可塑性、膨胀和收缩性等。

土壤质地可在一定程度上反映土壤矿物组成和化学组成，同时，土壤颗粒大小与土壤的物理性质有密切关系，并且影响土壤孔隙状况，从而对土壤水分、空气、热量的运动和物质的转化均有很大的影响。因此，质地不同的土壤表现出不同的性状。以下将依次从土壤粒级分类、土壤孔隙、土壤结构等概念的探讨来了解土壤质地。

(1) 土壤粒级分类

土壤由大小不同的土粒按不同的比例组合而成。土壤不同的颗粒其成分和性质不一样，一般来说，土粒越细，所含的养分越多，但污染元素的含量也越多。土壤中各粒级土粒含量的相对比例或质量比称为土壤质地。依土粒粒径的大小，土粒可以分为4个级别：石砾（粒径>2mm)、砂粒（粒径为0.05～2mm)、粉砂（粒径为0.002～0.05mm）和黏粒（粒径<0.002mm)。一般来说，土壤的质地可以归纳为砂质、黏质和壤质三类。砂土是以砂粒为主的土壤，砂粒含量通常在70%以上；黏土中黏粒的含量一般不低于40%；壤土可以看作是砂粒、粉砂粒和黏粒三者在比例上均不占绝对优势的一类混合土壤。

① 砂土。黏粒含量少，砂粒含量占优势，通气性、透水性强，分子吸附、化学吸附及交换作用弱，对进入土壤中污染物的吸附能力弱，保存少，同时由于通气孔隙大，污染物容易随水淋溶、迁移。沙土类的优点是污染物容易从土壤表层淋溶至下层，减轻表层土污染物

的数量和危害，缺点是有可能进一步污染地下水，造成二次污染。

② 黏土。其颗粒细小，含黏粒多，比表面积大，质地较黏重，大孔隙少，通气及透水性差。由于黏土富含黏粒，土壤物理吸附、化学吸附及离子交换作用强，具有较强保肥、保水性能，同时也可将进入土壤中的各类污染物质以分子、离子形态吸附固定于土壤颗粒，增加了污染物转移的难度。在黏土中加入砂粒，可增加土壤通气孔隙，减少对污染物的分子吸附，提高淋溶的强度，促进污染物的转移。

③ 壤土。其性质介于黏土和砂土之间。其性状差异取决于壤土中砂粒、黏粒含量比例，黏粒含量多，性质偏于黏土类，砂粒含量多则偏于砂土类。

(2) 土壤孔隙

土粒与土粒之间、结构体与结构体之间通过点和面接触，形成大小不等的空间，土壤中的这些空间称为土壤孔隙。土壤孔隙的形状是复杂多样的，人们通常把土壤这种多孔的性质称为土壤孔隙性。土壤孔隙性决定着土壤的水分和空气状况，并对土壤的水、肥、气、热及耕作性能都有较大的影响，所以它是土壤的重要属性。

土壤孔隙性取决于土壤的质地、结构和有机质的含量等。不同土壤的孔隙性质差别很大。一般来说，砂土中孔隙的体积占单位体积土壤的百分比为30%～45%，壤土为40%～50%，黏土为45%～60%，结构良好的表土高达55%～65%，甚至在70%以上。

土壤孔隙性对进入土壤污染物的过滤截留、物理和化学吸附、化学分解、微生物降解等有重要影响。在利用污水灌溉的地区，若土壤通气孔隙大，好气性微生物活动强烈，可以加速污水中有机物质分解，较快地转化为无机物，如CO_2、NH_3、硝酸盐和磷酸盐等。

(3) 土壤结构

自然界的土壤，往往不是以单粒状态存在，而是形成大小不同、形态各异的团聚体，这些团聚体或颗粒就是各种土壤结构。土壤结构是土壤中固体颗粒的空间排列方式。根据土壤的结构形状和大小，土壤中结构体可归纳为块状结构体、核状结构体、片状结构体、柱状结构体、团粒结构体等。

① 块状结构体。近似立方体形，长、宽、高大体相等（一般>3cm），边面棱角不很明显。该结构容易在质地黏重而缺乏有机质的土壤中形成，特别是在土壤过湿或过干时最容易形成；由于相互支撑，会增大孔隙，造成水分快速蒸发，不利于植物生长繁育。

② 核状结构体。与块状结构体类似，但体积比块状结构小，长、宽、高为1～3cm，边面棱角明显。该结构多以石灰或铁质作为胶黏剂，在结构面上有胶膜出现，因此具有稳定水分的作用，容易在质地黏重和缺乏有机质的土壤中形成。

③ 片状结构体。呈扁平状，长度和宽度比厚度长，界面呈水平薄片状。这种结构往往是由流水沉积作用或某些机械压力造成的，不利于通气透水，容易造成土壤干旱和水土流失。农田犁耕层、森林的灰化层、园林压实的土壤均属此类。

④ 柱状结构体。呈立柱状，其中棱角明显有定型的称为棱柱状结构体。棱角不明显无定型的称为拟柱状结构体。其特点是土体直立、结构体横截面大小不一、坚硬、内部无效孔隙占优势、植物的根系难以介入、通气不良、结构体之间有很大的裂隙、既漏水又漏肥。常见于半干旱地带的表下层，以碱土、碱化土表下层或黏重土壤心土层最为典型。

⑤ 团粒结构体。通常指土壤中近乎球状的小团聚体，其直径为0.25～10mm，具有水

稳定性，对土壤肥力具有良好作用。农林业生产中最理想的团粒粒径为2～3mm。这种结构体一般存在于腐殖质和植物生长茂盛的表土层中，是最适宜植物生长的土壤结构体类型。

土壤结构决定着土壤的通气性、吸湿性、渗水性等物理性质，直接影响着土壤的环境功能。一般来说，通气性和渗水性好的土壤，土壤的自净作用也较好。

1.1.3.2 土壤的化学性质

(1) 土壤胶体及其特性

1）土壤胶体　土壤胶体是指土壤中粒径小于2μm或小于1μm的颗粒，为土壤中颗粒最细小而最活跃的部分。按成分和来源，土壤胶体可分为无机胶体、有机胶体和有机无机复合胶体三类。

① 无机胶体。无机胶体包括成分简单的晶质和非晶质的硅、铁、铝的含水氧化物，成分复杂的各种类型的层状硅酸盐（主要是铝硅酸盐）矿物，常把两者统称为土壤黏粒矿物。因其同样都是岩石风化和成土过程的产物，并同样影响土壤属性。含水氧化物主要包括水化程度不等的铁和铝的氧化物及硅的水化氧化物。其中又有结晶型与非晶质无定型之分，结晶型的如三水铝石（$Al_2O_3 \cdot 3H_2O$）、水铝石（$Al_2O_3 \cdot H_2O$）、针铁矿（$Fe_2O_3 \cdot H_2O$）、褐铁矿（$2Fe_2O_3 \cdot 3H_2O$）等；非晶质无定型的如不同水化度的$SiO_2 \cdot nH_2O$、$Fe_2O_2 \cdot nH_2O$、$Al_2O_3 \cdot nH_2O$和$MnO_2 \cdot nH_2O$及它们相互复合形成的凝胶、水铝英石等。

② 有机胶体。有机胶体主要是腐殖质，还有少量的木质素、蛋白质、纤维素等。腐殖质胶体含有多种官能团，属两性胶体，但因等电点较低，所以在土壤中一般带负电，因而对土壤中无机阳离子特别是重金属阳离子等土壤吸附性能影响巨大。但它们不如无机胶体稳定，较易被微生物分解。

③ 有机无机复合胶体。土壤的有机胶体很少单独存在，大多通过多种方式与无机胶体相结合，形成有机无机复合胶体，其中主要是二价、三价阳离子（如Ca^{2+}、Mg^{2+}、Fe^{3+}、Al^{3+}等）或官能团（如羧基、醇羟基等）与带负电荷的黏粒矿物和腐殖质的连接作用。有机胶体主要以薄膜状紧密覆盖于黏粒矿物的表面，还可以进入黏粒矿物的晶层之间。土壤有机质含量愈低，有机-无机复合度愈高，一般变动范围为50%～90%

2）土壤胶体特性　土壤胶体是土壤中最活跃的部分，其构造由微粒核及双电层两部分构成。这种构造使土壤胶体产生表面特性及电荷特性，表现为具有较大的表面积并带有电荷，能吸持各种重金属等污染元素，有较大的缓冲能力，对土壤中元素的保持和忍受酸碱变化以及减轻某些毒性物质的危害有重要作用。此外，受其结构的影响，土壤胶体还具有分散、絮凝、膨胀、收缩等特性，这些特性土壤结构的形成与污染元素在土壤中的行为有密切的关系。而它所带的表面电荷则是土壤具有一系列物理化学性质的根本原因。土壤中的化学反应主要为界面反应，这是由于表面结构不同的土壤胶体所产生的电荷，能与溶液中的离子、质子、电子发生相互作用。土壤表面电荷数量决定着土壤所能吸附的离子数量，而由土壤表面电荷数量与土壤表面积所确定的表面电荷密度，则影响着对这些离子的吸附强度。所以土壤胶体特性影响着污染元素、有机污染物等在土壤固相表面或溶液中的积聚、滞留、迁移和转化，是土壤对染物有一定自净作用和环境容量的根本原因。

(2) 土壤吸附性

土壤是永久电荷表面与可变电荷表面共存的体系，可吸附阳离子，也可吸附阴离子。土壤胶体表面能通过静电吸附的离子与溶液中的离子进行交换反应，也能通过共价键与溶液中的离子发生配位吸附。因此，土壤学中，将土壤吸附性定义为：土壤固相和液相界面上离子或分子的浓度大于整体溶液中该离子或分子浓度的现象，这时称为正吸附。在一定条件下也会出现与正吸附相反的现象，即称为负吸附，是土壤吸附性能的另一种表现。土壤吸附性是重要的土壤化学性质之一。它取决于土壤固相物质的组成、含量、形态和溶液中离子的种类、含量、形态，以及酸碱性、温度、水分状况等条件及其变化，影响着土壤中物质的形态、转化、迁移和有效性。

按产生机理的不同可将土壤吸附性分为交换性吸附、专性吸附、负吸附及化学沉淀等。

① 交换性吸附。带电荷的土壤表面借静电引力从溶液中吸附带异号电荷的离子或极性分子。在吸附的同时，有等量的同号另一种离子从表面上脱附而进入溶液。其实质是土壤固液相之间的离子交换反应。

② 专性吸附。相对于交换吸附而言，专性吸附是非静电因素引起的土壤对离子的吸附。土壤对重金属离子专性吸附的机理有表面配合作用说和内层交换说等；对于多价含氧酸根等阴离子专性吸附的机理则有配位体交换说和化学沉淀说。这种吸附仅发生在水合氧化物型表面（也即羟基化表面）与溶液的界面上。

③ 负吸附。与上述两种吸附相反，负吸附是土壤表面排斥阴离子或分子的现象，表现出土壤固液相界面上，离子或分子的浓度低于整体溶液中该离子或分子的浓度。其机理是静电因素引起的，即阴离子在负电荷表面的扩散双电层中受到相斥作用；是土壤体系力求降低其表面能以达体系的稳定，因此凡是会增加体系表面能的物质都会受到排斥。在土壤吸附性能的现代概念中的负吸附仅指前一种（阴离子），后者（分子）常归入土壤物理性吸附范畴。

④ 化学沉淀。指进入土壤中的物质与土壤溶液中的离子（或固相表面）发生化学反应，形成难溶性的新化合物而从土壤溶液中沉淀而出（或沉淀在固相表面上）的现象，实为化学沉淀反应，而不是界面化学行为土壤吸附现象。但在实践上有时两者很难区分。

(3) 土壤的酸碱度

1）土壤的酸碱度表示　土壤酸碱性是土壤的重要化学性质，是土壤胶体的固液相性质的综合表现，在土壤溶液中由游离的 H^+ 或 OH^- 显示出来。在酸性土壤的溶液中，含的 H^+ 比 OH^- 多，显酸性；碱性土壤的溶液中 OH^- 比 H^+ 多，显碱性。由此可见，土壤胶体表面的阳离子组成对土壤的酸碱性影响极大。

① 土壤 pH 值。土壤酸碱性常用土壤溶液的 pH 值表示。土壤 pH 值常被看作土壤性质的主要变量，它对土壤的许多化学反应和化学过程都有很大影响，对土壤中的氧化还原沉淀溶解、吸附-脱附和配位反应起支配作用。土壤 pH 值对植物和微生物所需养分元素的有效性有显著的影响，在 pH 值大于 7 的情况下，一些元素，特别是微量金属阳离子如 Zn^{2+}、Fe^{3+} 等的溶解度降低，植物和微生物会蒙受由于此类元素的缺乏而带来的负面影响；pH 值小于 5.0～5.5 时，铝、锰及众多重金属的溶解度提高，对许多生物产生毒害；更极端的 pH 值预示着土壤中将出现特殊的离子和矿物，例如 pH 值大于 8.5，一般会有大量的溶解性 Na^+ 或交换性 Na^+ 存在，而 pH 值小于 3 则往往会有金属硫化物存在。

② 土壤酸度。土壤溶液中 H^+ 浓度大于 OH^- 浓度，土壤呈酸性；若 OH^- 浓度大于 H^+ 浓度，土壤呈碱性；两者相等时，则呈中性。土壤酸碱性的形成与气候、母质、农业措施、环境污染等都有关系。土壤溶液中游离的 H^+ 和 OH^- 的浓度和土壤胶体吸附的

H^+、Al^{3+}、Na^+、Ca^{2+}等离子保持着动态平衡关系。研究土壤溶液的酸碱反应，必须联系土壤胶体和离子的交换吸收作用，才能全面地说明土壤的酸碱情况和其发生变化的规律。

③ 土壤碱度。土壤碱性反应及碱性土壤形成是自然成土条件和土壤内在因素综合作用的结果。碱性土壤的碱性物质主要是钙、镁、钠的碳酸盐和重碳酸盐，以及胶体表面吸附的交换性钠。形成碱性反应的主要机理是碱性物质的水解反应，如碳酸钙的水解、碳酸钠的水解及交换性钠的水解等。中性至碱性的土壤反应不再受 H^+ 和 Al^{3+} 的控制。它们多是盐基饱和的，其胶体上没有交换性的 H^+ 和 Al^{3+} 或羟基 Al^{3+} 等，主要是碱金属或碱土金属离子。

土壤碱性反应除常用 pH 值表示以外，还有总碱度和碱化度两个反映碱性强弱的指标。

总碱度是指土壤溶液或灌溉水中碳酸根、重碳酸根的总量。如式(1-2) 所示：

$$T_{alk}=[CO_3^{2-}]+[HCO_3^-] \tag{1-2}$$

土壤中存在弱酸强碱的水解性盐类，其中最主要的是碳酸根和重碳酸根的碱金属（Na、K）及碱土金属（Ca、Mg）盐类。$CaCO_3$ 及 $MgCO_3$ 的溶解度很小，在正常 CO_2 分压下，它们在土壤溶液中的浓度很低，所以含 $CaCO_3$ 和 $MgCO_3$ 的土壤其 pH 值不可能很高，最高在 8.5 左右（据实验室测定，在无 CO_2 影响时，$CaCO_3$ 的 pH 值可高达 10.2）。

由石灰性物质所引起的弱碱性反应（pH=7.5～8.5）称为石灰性反应，具有石灰性反应的土壤被称为石灰性土壤（calcareous soil）。石灰性土壤的耕层因受大气或土壤中 CO_2 分压的控制，pH 值常在 8.0～8.5 之间，而在其深层，因植物根系及土壤微生物活动都很弱，CO_2 分压很小，其 pH 值更高一些。

Na_2CO_3、$NaHCO_3$ 及 $Ca(HCO_3)_2$ 等都是水溶性盐类，可以出现在土壤溶液中，使土壤溶液的总碱度很高。总碱度也可用 CO_3^{2-} 及 HCO_3^- 占阴离子的质量百分数来表示。它在一定程度上反映土壤和水质的碱性程度，故可用总碱度作为土壤碱化程度分级的指标之一。

碱化度（soil basicity）是指土壤胶体吸附的交换性碱金属离子或碱土金属离子占阳离子交换量的百分比。其中土壤胶体上吸附的交换性钠离子占阳离子交换量的百分比称为钠碱化度（exchangeable sodium percentage，ESP）或钠化率、钠饱和度等，见式(1-3)。土壤碱化度还可以用土壤中的碱性盐类（特别是 Na_2CO_3 和 $NaHCO_3$）来衡量，单位为 cmol(+)/kg。所以，钠离子的饱和度是土壤碱化度的重要指标。

$$ESP=\frac{[Na_s]\times 100}{CEC}\times 100\% \tag{1-3}$$

式中 $[Na_s]$——交换性钠离子的数量，cmol/kg；

CEC——cation exchange capacity，指土壤阳离子交换量，即土壤胶体所能吸附各种阳离子的总量，其数量以每千克土壤中含有各种阳离子的物质的量来表示，mol/kg。

2）影响土壤酸碱度的主要因素　土壤在一定的成土因素作用下都具有一定的酸碱度范围，并随成土因素的变化而发生变化。

① 气候。温度高、雨量多的地区，风化淋溶较强，盐基易淋失，容易形成酸性的自然土壤。半干旱或干旱地区的自然土壤，盐基淋溶少，又由于土壤水分蒸发量大，下层的盐基物质容易随着毛管水的上升而聚集在土壤的上层，使土壤发生石灰性反应。

② 地形。在同一气候的小区域内，处于高坡地形部位的土壤，淋溶作用较强，所以其pH值常较低坡地形的低。干旱及半干旱地区的洼地土壤，由于承纳高处流入的盐碱成分较多，或因地下水矿化度高而又接近地表，使土壤常呈碱性。

③ 母质。在其他成土因素相同的条件下，酸性的母岩（如砂岩、花岗岩）常较碱性的母岩（如石灰岩）所形成的土壤有较低的pH值。

④ 植被。针叶林的灰分组成中盐基成分常比阔叶树少，因此发育在针叶林下的土壤酸性较强。

⑤ 人类耕作活动。耕作土壤的酸度受人类耕作活动的影响很大，特别是施肥。施用石灰、草木灰等碱性肥料可以中和土壤酸度；而长期施用硫酸铵等生理酸性肥料，会因遗留酸根而导致土壤变酸。排灌也可以影响土壤酸碱度。此外，某些土壤性质也会影响土壤酸碱度，例如盐基饱和度、盐基离子种类和土壤胶体类型。当土壤胶体为氢离子所饱和的氢质土时呈酸性，为钙离子所饱和的钙质土时接近中性，为钠离子所饱和的钠质土时则呈碱性。当土壤的盐基饱和度相同而胶体类型不同时，土壤酸碱度也各异。这是因为不同胶体类型所吸收的H^+具有不同的解离度。

3）土壤酸碱性的环境意义　土壤酸碱性对土壤微生物的活性，对矿物质和有机质的分解起重要作用。它可以通过对土壤中进行的各项化学反应的干预作用而影响组分和污染物的电荷特性、沉淀溶解、吸附-脱附和配位解离平衡等，从而改变污染物的毒性；同时，土壤酸碱性还通过土壤微生物的活性来改变污染物的毒性。

土壤溶液中的大多数金属元素（包括重金属）在酸性条件下以游离态或水化离子态存在，毒性较大，而在中性、碱性条件下易生成难溶性氢氧化物沉淀，毒性大为降低。以污染元素Cd为例，在高pH值和高CO_2分压条件下，Cd形成较多的碳酸盐而使其有效度降低。但在酸性（pH=5.5）土壤中在同一种可溶性Cd的水平下，即使增加CO_2分压，溶液中Cd^{2+}仍可保持很高水平。土壤酸碱性的变化不但直接影响金属离子的毒性，而且也改变其吸附沉淀、配位反应等特性，从而间接地改变其毒性

土壤酸碱性也显著影响含氧酸根阴离子（如铬、砷）在土壤溶液中的形态，影响它们的吸附、沉淀等特性。在中性和碱性条件下，Cr^{3+}可被沉淀为$Cr(OH)_3$。在碱性条件下，由于OH^-的交换能力强，能使土壤中可溶性砷的百分比显著增加，从而增大了砷的生物毒性

此外，有机污染物在土壤中的积累、转化、降解也受到土壤酸碱性的影响和制约。例如，有机氯农药在酸性条件下性质稳定，不易降解，只有在强碱性条件下才能加速代谢；持久性有机污染物五氯酚（PCP），在中性及碱性土壤环境中呈离子态，移动性强，易随水流失，而在酸性条件下呈分子态，易被土壤吸附而降解半衰期延长；有机磷和氨基甲酸酯农药虽然大部分在碱性环境中易于水解，但地亚农则更易于发生酸性水解反应。

（4）土壤的氧化还原性

1）土壤溶液中的氧化还原作用　氧化还原作用在土壤化学反应和土壤生物化学反应中占据极重要地位，它是土壤溶液中的普遍现象。

土壤溶液中的氧化作用，主要由自由氧、NO_3^-和高价金属离子所引起。还原作用是某些有机质分解产物、厌氧性微生物生命活动及少量的铁和锰等金属低价氧化物所引起的。氧化还原反应的实质是原子的电子得失过程，可表示为式(1-4)：

$$\text{氧化剂} + ne^- \rightleftharpoons \text{还原剂} \tag{1-4}$$

其氧化还原电位 E_h 同样可采用 Nernst 方程［式(1-5)］进行计算。

$$E_h = E_0 + \frac{RT}{nF}\ln\frac{a_O}{a_R} \tag{1-5}$$

式中 E_0——标准电位；

T——绝对温度；

R——气体常数；

F——法拉第常数；

n——氧化还原反应中得（失）的电子数；

a_O——氧化剂的活度；

a_R——还原剂的活度。

若在25℃时（标准状况），则上式可改写为式(1-6)：

$$E_h = E_0 + \frac{0.059}{n}\lg\frac{a_O}{a_R} \tag{1-6}$$

因此，对于冷湿气候区域，土壤中的高价铁易被还原为低价铁，其反应可表示为式(1-7)：

$$Fe^{3+} + e^- \rightleftharpoons Fe^{2+} \tag{1-7}$$

低价铁是易溶性化合物，随降水渗透到 B 层［土壤淀积层，由土壤表层（A 层）淋溶的物质下渗淀积而形成的土层］，当气候干燥时，引起铁在土壤剖面中移动，但在干燥、温暖的地区，这种移动不会很远，常发生氧化、脱水而淀积，导致土壤层中常有富铁层。在渍水土壤中，大量三价铁还原为亚铁，由于在强还原条件下，有大量硫化氢等存在，使亚铁形成很多不溶性的铁盐沉淀。因此，实际上在土壤溶液中亚铁离子浓度常常不是很大。

2）土壤溶液中的氧化还原体系　土壤中涉及氧化还原反应的元素常见的有 C、H、N、O、S、Fe、Mn、As、Cr 及其他一些变价元素。较为重要的是 O、Fe、Mn、S 和某些有机化合物，并以氧和有机还原性物质较为活泼。Fe、Mn、S 等的转化则主要受氧和有机质的影响，土壤中的氧化还原反应在干湿交替情况下进行得最为频繁，其次是有机物质的氧化和生物机体的活动。土壤氧化还原反应影响着土壤形成过程中物质的转化、迁移和土壤的发育，控制着土壤养分的形态和有效性，也制约着土壤环境中某些污染物的形态转化和归趋。因此，氧化还原反应在土壤学和环境科学中都具有十分重要的意义。

土壤中的氧化还原反应，实际上是以包含某些氧化还原电对平衡的反应体系的化学平衡为前提条件的。土壤中重要的氧化还原体系主要包括如下氧化还原电对：

① H_2O-O_2 电对。氧分子（O_2）的四个电子转移生成 H_2O 的还原反应的电位较高（+1.299V），可见 O_2 是一种强氧化剂。过氧化氢（H_2O_2）的两个电子的还原反应，其电位则低得多（+0.68V），因为后续的 H_2O_2 还原为 H_2O 的反应速率慢，因此 O_2 的有效氧化还原电位可能只有+0.68V。O_2 对水底物质的氧化反应一般是通过一系列的单电子转移方式进行的，氧分子（O_2）的单电子转移形成的超氧自由基离子（O_2^-）的还原反应的电位为−0.56V，可见 O_2 对物质的单电子转移的氧化反应不易发生。超氧离子是一种中度还原剂和弱氧化剂，其可以与水反应生成过氧化物离子（HO_2^- 和 O_2^{2-}），这些离子是通气的水体系中有效的氧化剂离子。除溶解氧外，在光照射下溶液中的其他组分也可具有强氧化势，例如，低能的光（波长约300nm）可通过 $O_2^- \longrightarrow Fe^{3+}$ 的电子转移诱导 Fe^{3+} 的水解，如氢氧化铁的光还原反应，这一反应产生 Fe^{2+} 和·OH。·OH 是溶液中最强的、最活跃的氧化

剂之一，能氧化多数天然的有机物（如羧酸）和金属离子。

② Mn^{2+}-锰氧化物体系。微生物通过酶系统催化 $O_2 \longrightarrow H_2O$ 的还原反应，可直接或间接地促进 Mn 从 Mn^{2+} 向 Mn^{3+} 或 Mn^{4+} 的转变，O_2 的氧化能力被转移至锰（Mn^{3+}、Mn^{4+}）氧化物，因此，锰氧化物是土壤中最强的固体氧化剂。

在化学机理上，Mn^{2+} 的氧化可以在通气好的碱性溶液中自然发生。沉淀态的亚锰氢氧化物与 O_2 的快速反应产生一系列氢氧化物或氧化物产物，产物的种类受体系 pH 值、O_2 的浓度、阳离子及其他因素的影响，见式(1-8)：

$$Mn^{2+} \xrightarrow{OH^-} Mn(OH)_2(s) \xrightarrow{O_2} \begin{matrix} Mn_3O_4(s) \\ MnOOH(s) \\ MnO_2(s) \end{matrix} \tag{1-8}$$

Mn 的氧化反应［式(1-9)］是自身催化的：

$$Mn^{2+} + O_2 \longrightarrow MnO_2(s) \tag{1-9}$$

新形成的锰氧化物对 Mn^{2+} 进行选择性吸附，见式(1-10)：

$$Mn^{2+} + MnO_2(s) \longrightarrow Mn^{2+} \cdot MnO_2(s) \tag{1-10}$$

吸附的 Mn^{2+} 很快被氧化，见式(1-11)：

$$Mn^{2+} \cdot MnO_2(s) + O_2 \longrightarrow 2MnO_2(s) \tag{1-11}$$

因此，一旦锰氧化物形成沉淀，由于选择吸附 Mn^{2+} 的有效表面的增大，氧化反应呈加速的趋势。

③ Fe^{2+}-铁氧化物体系。在持续淹水的土壤中，Fe^{2+} 在 Mn^{2+} 之后出现，因为氧化物中 Fe^{2+} 的还原电位比锰氧化物中 Mn^{3+}、Mn^{4+} 的低。当 pH 值高于 6.0 时，溶解氧可以使 Fe^{2+} 很快氧化形成高铁氢氧化物。如果溶液的还原性较强，可溶性 Fe^{2+} 仅在 pH 值低于 8.0 时是稳定的，若 pH 值上升到 8 以上（石灰性土壤及钠质土），铁的主要形态是 $FeCO_3$。当氧化性较强时，在较宽的 pH 值范围内，稳定的铁形态是高度不溶性的氢氧化铁及氧化铁。

土壤中的各种天然多酚化合物，包括腐殖酸中的多酚，可以将 Fe^{3+} 还原为 Fe^{2+}，例如式(1-12)：

$$Fe^{3+} + \text{腐殖质复合物} \longrightarrow Fe^{2+} + \text{氧化态腐殖质} \tag{1-12}$$

在许多土壤溶液中，尽管有溶解氧的存在，上述过程仍可使溶液中维持一定数量的 Fe^{2+}。有腐殖质存在时，Fe^{2+} 与氧的反应一般比没有腐殖质时要快得多，具体反应可表示为式(1-13)：

$$Fe^{2+} + \frac{1}{4}O_2 + \text{腐殖质} \longrightarrow Fe^{3+} + \text{腐殖质复合物} \tag{1-13}$$

将上述两个反应合并，发现 Fe 的氧化态并没有什么变化，Fe^{3+}-Fe^{2+} 体系在反应中只是充当 O_2 氧化腐殖质反应的催化剂的作用。

一些可与金属结合的配位体包括胡敏酸和富里酸，通过优先与 Fe^{3+} 或 Fe^{2+} 的配合改变土壤溶液的氧化还原电位，其 Nernst 方程为式(1-14)：

$$E_h = E_0(Fe^{3+}\text{-}Fe^{2+}) - 0.059\lg\frac{a[Fe^{2+}]}{a[Fe^{3+}]} \tag{1-14}$$

这种情况下，溶液的氧化还原电位仅取决于 Fe^{2+} 与 Fe^{3+} 的活度比，如果体系的 pH 值足够低，致使 Fe^{3+} 不能水解形成氢氧化铁，那么溶液中的活度比就接近于溶解的 Fe^{2+} 与 Fe^{3+} 总量的比例。当有配位体进入体系时，一种金属离子的活度会相对地低于另一种离子的活度，导致氧化还原电位发生改变，例如，F^- 与 Fe^{3+} 的配合能力比与 Fe^{2+} 的配合能力强得多，因而相对 Fe^{2+} 而言，Fe^{3+} 的活度会降低，根据上述方程，最终使氧化还原电位降低。在化学上，这意味着配合作用对 Fe 的氧化态的稳定作用削弱了 Fe^{3+} 的还原趋势，土壤溶液中的多数天然配位体都是氧配基的硬碱，均可以稳定氧化态铁，使氧化还原电位降低。

④ Fe^{2+}-$Fe(OH)_3$ 体系。在实际土壤中，除了可溶性 Fe^{3+} 和 Fe^{2+} 外，还有沉淀态的 Fe^{3+} 存在，因此，更切合实际的半反应为 Fe^{2+}-$Fe(OH)_3$ 电对，这一反应的 Nernst 方程为式(1-15)：

$$E_h = E_0[Fe^{2+}\text{-}Fe(OH)_3] - 0.059\lg\frac{a[Fe^{2+}]}{a[H^+]^3} \tag{1-15}$$

从式中可以看出，氧化还原电位是随体系 pH 值的变化而变化的，因为 Fe^{3+} 的活度及 $Fe(OH)_3$ 溶解度的影响，如果溶液的 pH 值升高，沉淀的形成可稳定 Fe 的氧化态，铁体系的氧化还原电位降低。当有能与 Fe^{3+} 形成可溶性复合物的配位体进入体系时，则部分 $Fe(OH)_3$ 被溶解，可溶性 Fe^{3+} 总量增加。但值得注意的是，在这种情况下 $Fe(OH)_3$ 的溶解对游离的 Fe^{2+} 或 Fe^{3+} 的活度并没有影响，因而，这时配位体的存在并不改变体系的氧化还原电位。

⑤ 碳体系。植物细胞通过光合作用从太阳辐射得到能量，同时，太阳辐射还提供了分子氧（+pe）和强还原条件（−pe），这在亚细胞水平上是一种极端不稳定状态，局部的还原条件将 CO_2 转化为具有高能 C—H 键的还原性有机化合物。实际上，光能使氧原子的氧化态升高，使碳原子的氧化态降低。非光合作用的生物继而利用 O_2 氧化有机物，使体系达到平衡。

在通透性良好的土壤中，稳定的碳形态是 CO_2、HCO_3^- 及 CO_3^{2-}，所有的土壤有机物均有被 O_2 氧化的潜在可能。而在水分饱和的土壤中，土壤有机物中还原态的碳则为这些还原反应提供所需的能量和电子。

⑥ 氮体系。土壤体系中氮的各种氧化还原反应是硝化与反硝化作用。在通气良好的土壤溶液中，最稳定的氮素形态为 NO_3^-，而在土壤孔隙的气体中 N_2 则占有相当的比例，N≡N 键具有非常高的解离能（942kJ/mol），生物有机体并不具备氧化 N_2 为 NO_3^- 的酶系统。然而，在适度的还原条件下（$-4<pe<12$），NO_3^- 还原为 N_2 的反应却较易发生，这一过程即为反硝化作用，它是通过一系列中间产物如 NO_2^-、NO_2 的形成等间接途径完成的。反硝化会造成湿润土壤（不一定淹水）中氮素的大量损失。

在强还原条件下（$pe<-4$），N_2 还原为 NH_4^+ 的反应在热力学上也是可行的，在植物及藻类中，这一由酶催化的反应称之为固氮作用。固氮生物体内，在亚细胞水平上可以维持极度的还原状态，使酶系统能够催化 N_2 的还原。由于需要很高的能量使 N≡N 键断裂，因此，仅有少量的生物具备还原 N_2 的酶系统。

⑦ 硫体系。通气性土壤中稳定的硫的形态为 SO_4^{2-}，强还原条件可导致 SO_4^{2-} 的生物还原，生成易溶于水的有臭味的气体 H_2S，在还原条件下，H_2S 又可通过下面的反应形成各种金属硫化物沉淀，见式(1-16)～式(1-18)：

$$H_2S(aq) \rightleftharpoons H^+ + HS^- \tag{1-16}$$

$$HS^- \rightleftharpoons H^+ + S^{2-} \tag{1-17}$$

$$Fe^{2+} + S^{2-} \rightleftharpoons FeS(s) \tag{1-18}$$

淹水土壤一般都含有硫化铁或黄铁矿，其分子式从 FeS 到 FeS_2，一旦土壤中的水位发生起伏变化或排水时，这些硫化物即通过生物或化学的方式被氧化。富含硫酸盐的被水淹没的土壤和沉积物中硫的主要上述反应多见于滨海滩涂。当土壤排水后，硫化物氧化产生的酸度会显著降低土壤的 pH 值，局部土壤的 pH 值可降低至 3.0～3.5，并伴随有硫酸盐矿物如黄钾铁矾和石膏的生成。显示酸性风化且含有硫酸盐矿物的土壤一般位于滨海地区，但也可能出现在内陆，如开采黄铁矿的矿区，尾矿中的黄铁矿被带至土表并氧化生成硫酸。这些地区土壤的淋洗液具有相当大的环境负面效应，因为酸可以溶解并活化岩石和矿物中的重金属。如在半干旱地区，当土壤排水不良时，土壤中沉积的硫酸盐有时会被还原，见式(1-19)：

$$Na_2SO_4 + H_2CO_3 + CH_4(g) \longrightarrow 2NaHCO_3 + H_2S(g) + H_2O \tag{1-19}$$

生成的 H_2S 以气体的形式挥发，$NaHCO_3$ 则随着水分的蒸发在土表累积。因此，排水不良的土壤，硫酸盐还原为硫化物的反应会增强土壤的碱性。

1.1.4 土壤环境质量及其功能

1.1.4.1 土壤质量

土壤质量是土壤在一定的生态系统内提供生命必需养分和生产生物物质的能力，容纳、降解、净化污染物质和维护生态平衡的能力，影响和促进植物、动物和人类生命安全和健康的能力的综合量度。土壤环境质量标准规定了土壤中污染物的最高允许浓度指标值。我国制定的《土壤环境质量　农用地土壤污染风险管控标准（试行）》(GB 15618—2018)，于 2018 年 8 月 1 日实施。该标准规定了农用地土壤污染风险筛选值和管制值，以及监测、实施与监督要求。

1.1.4.2 土壤背景值

土壤背景值是指未受或少受人类活动（特别是人为污染）影响的土壤环境本身的化学元素组成及其含量，它是诸因素综合作用下成土过程的产物，代表土壤某一历史发展、演变阶段的一个相对意义上的概念，其数值是一个范围值，而不是一个确定值，其大小因时间和空间的变化而不同。土壤背景值是研究和确定土壤环境容量，制定土壤环境质量标准的基本依据，也是土壤环境质量评价，特别是土壤污染综合评价的基本依据。

1.1.4.3 土壤环境容量

土壤环境容量是指在一定环境单元、一定时限内遵循环境质量标准，既能保证土壤质量，又不产生次生污染时，土壤所能容纳污染物的最大负荷量。土壤环境容量受到多种因素的影响，如土壤性质、环境因素、污染历程、污染物的类型与形态等。由于影响因素的复杂性，因而土壤环境容量不是一个固定值而是一个范围值。土壤环境容量是对污染物进行总量控制与环境管理的重要指标。对损害或破坏土壤环境的人类活动及时进行限制，进一步要求污染物排放必须限制在容许限度内，既能发挥土壤的净化功能，又能保证土壤环境处于良性循环状态。

1.1.4.4 土壤自净

土壤自净功能是进入土壤的外源物质通过土壤物理、化学、生物作用降低或消除土壤中污染物质的生物有效性和毒性的能力。土壤可通过吸附、分解、迁移、转化作用实现土壤减轻、缓解或去除外源物质的影响，包括在土体中过滤、挥发、扩散等物理作用，沉淀、吸附、分解等化学作用，代谢、降解等生物作用以及联合作用等净化能力，它是土壤对外源化学物质具有负载容量的基础，是保证土壤生态系统良性循环的前提。土壤自净能力的大小与土壤本身的性质、物质组成、质地结构以及污染物本身的组成及性质均有密切关系。故土壤自净能力越强，土壤环境容量越大。

1.2 土壤污染

1.2.1 土壤污染的概念和特征

1.2.1.1 土壤污染的概念

土壤污染是指污染物通过多种途径进入土壤，其数量和速度超过了土壤自净能力，导致土壤的组成、结构和功能发生变化，微生物活动受到抑制，有害物质或其分解产物在土壤中逐渐积累，通过“土壤⟶植物⟶人体”，或通过“土壤⟶水⟶人体”间接被人体吸收，危害人体健康的现象。

1.2.1.2 土壤污染的基本特征

土壤污染具有明显的隐蔽性和滞后性、富集性、不可逆转性和治理困难性等特点，土壤一旦受到污染，则需要很长的治理周期和较高的投资成本，造成的危害也比其他污染更难消除。

(1) 隐蔽性和滞后性

大气、水和固体废弃物污染等环境问题一般都较易通过感官发现，而土壤污染往往要通过对土壤样品进行分析化验和农作物的残留检测，甚至通过研究对人畜健康状况的影响才能确定。污染物或被吸收或被分解，从而改变其原来的面目被隐藏在土体中，但这并不会立即导致土壤肥力的陡然下降，被污染的土壤在一定的时间段内还可以保持一定的生产能力，所以土壤从开始被污染到危害后果产生，有一个较长的逐步积累的过程。

(2) 富集性

由于土壤对污染物有一定的吸附和固定作用，这使得污染物在土壤中并不像在大气和水体中那样容易迁移和稀释，而是在土壤中不断富集而导致污染超标。

(3) 不可逆转性

以重金属对土壤的污染为例，汞、镉、铅、砷等重金属大部分被固定在土壤中而难以排除，尽管一些化学反应能缓和其毒害作用，但对土壤环境仍存潜在威胁，基本上是一个不可逆转的过程。另外，许多其他有机化学物质的土壤污染也需要较长的时间才能降解。

(4) 治理困难性

积累在污染土壤中的难降解污染物很难靠稀释作用和自净作用来消除。土壤污染一旦发生，即使切断污染源也难立即奏效，必要时要靠换土、淋洗土壤等方法才能解决。因此，通常治理污染土壤的成本高且周期长。

1.2.1.3 污染场地的分类

污染场地（contaminated site）指因堆积、储存、处理、处置或其他方式（如迁移）承载了有害物质的，对人体健康和环境产生危害或具有潜在风险的空间区域。具体来说，该空间区域中有害物质的承载体包括场地土壤、场地地下水、场地地表水、场地环境空气、场地残余废弃污染物（如生产设备和建筑物）等。

按照主要污染物的类型来划分，中国污染场地大致可分为以下几类。

(1) 重金属污染场地

主要来自钢铁冶炼企业、尾矿，以及化工行业固体废弃物的堆存场，代表性的污染物包括砷、铅、镉、铬等。

(2) 持久性有机污染物污染场地

中国曾经生产和广泛使用过的杀虫剂类持久性有机污染物（POPs）主要有滴滴涕(DDT)、六氯苯、氯丹及灭蚁灵等，有些农药尽管已经禁用多年，但在土壤中仍有残留。中国农药类 POPs 场地较多。此外，还有其他 POPs 污染场地，如含多氯联苯（PCBs）的电力设备的封存和拆解场地等。

(3) 以有机污染为主的石油、化工、焦化等污染场地

污染物以有机溶剂类如苯系物、卤代烃为代表。也常含有其他污染物，如重金属等。

(4) 电子废弃物污染场地

粗放式的电子废弃物处置会对人体健康构成威胁。这类场地污染物以重金属和 POPs（主要是溴代阻燃剂和二噁英类剧毒物质）为主。

1.2.2 土壤污染物类型

(1) 重金属污染物

汞、镉、铅、砷、铬、锌等重金属会引起土壤污染，这些重金属污染物主要来自冶炼厂、矿山、化工厂等工业废水渗入和汽车废气沉降。

(2) 有机污染物

主要是人工合成的有机农药及石油、化工、制药、油漆、染料等工业排出的“三废”中的石油、多环芳烃、多氯联苯、酚等。有些有机污染物能在土壤中长期残留，并在生物体内富集，其危害是严重的。

(3) 无机污染物

主要来自进入土壤中的工业废水和固体废物。硝酸盐、硫酸盐氯化物、可溶性碳酸盐等是常见的且大量存在的无机污染物。这些无机污染物具有使土壤板结、改变土壤结构、土壤盐渍化和影响水质等危害。

(4) 固体废物

主要指城市垃圾和矿渣、煤渣、煤矸石和粉煤灰等工业废渣。固体废物的堆放占用大量土地而且废物中含有大量的污染物，污染土壤，恶化环境，尤其城市垃圾中的废塑料包装物已成为严重的“白色污染物”。

(5) 病原微生物

生活和医院污水、生物制品、制革与屠宰的工业废水、人畜的粪便等都是土壤中病原微生物的主要来源。

(6) 放射性污染物

该污染物主要来源于核试验和原子能工业中所排出的“三废”。由于自然沉降、雨水冲刷和废弃物堆积而污染土壤。土壤受到放射性污染是难以排除的，只能在靠自然衰变达到稳定元素时才能结束。这些放射性污染物会通过食物链进入人体，危害健康。

1.2.3 土壤污染物来源

(1) 大气沉降

地球大气环境随着地球的演化而变化，形成一个相对稳定的体系。大气中的微量成分在整个地球环境中进行着周而复始的循环，其中包括 S、N 以及某些重金属的循环。由于工业的迅速发展，大量化石燃料燃烧排放的酸性气体和微量金属破坏了大气系统微量物质的平衡。大量的有害物质沉降到土壤环境，造成土壤污染。

① 大气汞沉降。全球大气环境中总 Hg 含量约为 40000t，其中来自人为源 10200t，海洋源 23000t，陆地源 8300t。Hg 在大气中随水汽的运行而循环，在循环中通过大气干沉降和湿沉降到达土壤。大气汞人为源中主要有煤、石油、天然气以及薪柴燃烧，这些燃烧过程产生的汞主要以气态形式存在，量大而广，全球排放量约 8000t，并有增加的趋势。

② 大气酸沉降。对土壤、植被等有重要影响的大气酸性沉降物主要有 SO_2 和 NO_x 等，这些酸性物可以通过干沉降、湿沉降两种形式沉降到地面。排入大气的 SO_2 和 NO_x 经过大

气光化学氧化反应绝大部分生成相应的硫酸和硝酸，这两种酸是可以完全离解的强酸。根据区域大气输送研究结果，我国排放的酸性气体约90%以上沉降在我国境内，酸化我国的土壤和水体。

（2）工业废水和生活污水排放

2001年全国废水排放总量为433×10^{10}t，其中工业废水3.203×10^{10}t，生活污水2.3×10^{10}t。废水中有毒有害物质4.46×10^{5}t（包括汞、六价铬、铅、砷、挥发酚、氰化物、石油类、氨氮）。工业废水和生活污水的肆意排放及灌溉对土壤造成严重污染。

（3）工业固废和城市垃圾倾泻

我国工业固体废弃物主要来自采掘业、化学原料及化学制品、黑色冶金及化工、非金属矿物加工、电力煤气生产、有色金属冶炼等。这些固废中主要有煤矸石、铬渣、粉煤灰、碱渣以及其他各种矿渣和工业生产废渣。工业废渣量大面广，含有各种重金属元素，占据大面积土地，污染和破坏土壤。

半个世纪以来城市垃圾不仅产生量迅速增长，而且化学组成也发生了根本的变化，占据大面积土地，污染和破坏土壤。

（4）化学农药施用

化学农药包括各种杀虫剂、杀菌剂、除草剂和植物生长剂等。1949年我国还不能生产化学农药。那时当然也不存在化学农药污染。1950年生产了1000t，随着经济快速发展，到1980年达到5.3×10^{5}t，不久发现六六六和滴滴涕大吨位产品为难降解有机氯农药，于是逐渐减少产量以致后来停止生产，农药总产量下降了2×10^{5}t。但以后其他品种以及新农药的发展，到2000年农药总产量达到6.07×10^{5}t。农药的不合理、不科学施用，不仅污染了农产品，而且还残留在土壤中。有机氯农药虽已停止生产20多年，但是各地的土壤中仍发现含有较高的残留浓度。

从上述可知，大量的有毒有害物质通过大气沉降、工业废水和生活污水排放、工业固废和城市垃圾倾泻、化学农药施用而进入土壤和水体，对环境和人体健康造成危害。

1.2.4　我国土壤污染现状

近30年来，随着中国工业化、城镇化进程的不断加快，随之而来的土壤污染问题也日益凸显。2005年4月—2013年12月，我国开展了首次全国土壤污染状况调查，调查点位覆盖全部耕地，部分林地、草地、未利用地和建设用地，实际调查面积约$6.3\times10^{6}km^2$。总体来看，全国土壤环境状况不容乐观，全国土壤总的超标率为16.1%，其中轻微、轻度、中度和重度污染点位比例分别为11.2%、2.3%、1.5%和1.1%。污染类型以无机型为主，有机型次之，复合型污染比重较小，无机污染物超标点位数占全部超标点位的82.8%，特别是镉和镍超标比例较高，分别为7%和4.9%。

从污染分布情况看，南方土壤污染重于北方；长江三角洲、珠江三角洲、东北老工业基地等部分区域土壤污染问题较为突出，西南、中南地区土壤重金属超标范围较大；镉、汞、砷、铅 4 种无机污染物含量分布呈现从西北到东南、从东北到西南方向逐渐升高的态势。另外，有三个情况值得警惕：一是耕地环境质量存在隐患。点位超标率为 19.4%，主要污染物为镉、镍、铜、砷等，虽然绝大多数呈轻微污染，暂不对人体健康构成直接威胁，但如果不采取相关措施，随着污染物的不断积累，将对食品安全和人体健康带来较大隐患。二是典型场地污染较为普遍。重污染企业、工业园区、矿区、工业废弃地、公路沿线的土壤环境质量超标情况较为普遍，特别是黑色金属、有色金属、皮革制品、造纸、电镀等重污染企业用地超标率达到 36.3%，工业废弃地超标率达到了 34.9%。三是污水灌溉区污染情况较为严重。调查中发现采用污水灌溉的缺水地区，由于污水处理不到位、污水用量过大造成污染物富集等问题，55 个污水灌溉区中有 39 个存在土壤污染情况。

客观地讲，目前，中国的土壤防治工作还处在起步阶段，虽然进行了普查，开展了部分污染场地的修复试点，但土壤污染的具体情况还没有真正摸清，污染防治的体系还没有建立，技术手段还不成熟，相关工作体制机制还不健全，法制保障也不完善。但是可以肯定的是，未来一段时间，土壤污染防治将作为生态文明建设和环境保护的一项重点工作，推进力度将持续增强，资金投入将显著加大，土壤污染防治工作将加速推进，取得实质性的进展。

1.2.4.1 中国土壤重金属污染

随着采矿、冶炼和金属处理工业的发展，重金属污染日趋严重。中国 11 个灌溉区 Cd 污染面积超过 1.2 万公顷。重金属污染不仅影响农作物的生产和质量，而且影响大气和水体的质量，并通过食物链威胁动物和人类的健康和生命。最严重的是这种污染是隐蔽的、长期的、不可逆转的。清除环境中的重金属，避免其进入食物链，是保护动物和人类健康的重要问题。

在过去的 50 年里，全球向环境中释放了大于 3 万吨 Cr 和 80 万吨 Pb，其中大部分积累在土壤中，造成了严重的重金属污染。随着我国社会经济的快速发展，土壤重金属污染成为日益严重的环境问题，特别是在工农业地区。根据中国环境保护部和国土资源部 2014 年《全国土壤污染状况调查公报》，部分地区土壤污染严重，其中耕地土壤质量尤为令人关注。此外，工矿废弃地土壤环境问题突出。我国土壤总超标率为 16.1%。其中 Cd、Hg、As、Pb、Cr 五种无机污染物超标率分别为 7.0%、1.6%、2.7%、1.5%和 1.1%。中国工农业地区的土壤已部分受到重金属污染，导致可耕地减少。污染企业及周边土壤超标率高达 36.3%，耕地超标率达 19.4%。为了改善土壤质量，保证农产品质量，保护人类和动物的健康，中国已经打响了一场征服土壤污染的“战争”。例如，为了防治土壤重金属污染，实施了国家行动计划“土壤十章”。

(1) 中国农田土壤重金属污染

目前，我国重金属污染呈现面积逐步增大、污染源多元化的趋势。我国耕地土壤重金属超标率都在 35%左右，关于重金属污染农田的面积多数学者认为达到 2000 万公顷，约占全国耕地面积的 20%。导致我国农田土壤环境质量下降的主要有 Pb、Hg、Cd、Cr、As、Cu、Zn 等生物毒性显著的元素。通过检索文献收集到我国 83.87%省份和 22.54%地级市的土壤污染数据，经过专家分析发现，我国耕地土壤重金属污染面积大概占我国耕地面积的 1/6。全国每年受重金属污染的粮食达到 0.12 亿吨，因重金属污染导致的粮食污染造成的经济损失达200亿元。我国耕地重金属污染呈现的规律为中部高、东西部较低。土壤Pb含量在空间分布上西南部出现高值，其他区域变化不明显，新疆地区含量较少。Cd的空间分布则出现多个高值区域。Cr在中国区域的分布情况为由云南向东北方向直到江苏地区出现连续高值，在环黄渤海地区尤其京津唐地区出现次高值区。其他重金属土壤含量较高的地区为广东省北部与湖南交界和环渤海地区，此外在湖北、安徽等地土壤重金属含量也偏高。Zn含量在空间分布上与Pb相似。

(2) 中国城市土壤重金属污染

城市土壤受到高强度人类活动的影响，重金属污染分布也呈现出显著的人为特点。城市土壤重金属污染的空间分布主要有以下特点：a. 在城市不同的功能区，重金属分布呈现出一定的规律性。商业区和工业区的土壤重金属污染最为严重，居民区其次。b. 公路两侧一般为城市土壤重金属污染最严重的地带，并沿交通干道两侧呈现出较严重的带状污染现象。c. 人类活动较为密集的城市中心区土壤重金属含量一般高于农田和郊区。

城市土壤重金属污染的来源主要有以下几点：a. 交通污染。汽车轮胎及排放的废气中含有Pb、Zn、Cu等多种重金属元素，进入周围的土壤环境，容易造成土壤重金属污染。b. 城市堆放的废弃物。城市重金属污染的潜在来源主要是含有重金属的废弃物的堆放和填埋。大量的工矿企业将产生的大量废弃物随意堆放，造成重金属元素不断扩散到周围环境，对城市土壤环境造成了污染。一般来说，不同种类的废弃物会产生不同程度的重金属污染，工业废弃物含有大量的重金属，对城市的环境危害也更大。c. 工业污染。工业活动所排放的重金属主要来自两个方面：首先，工业活动所产生的废渣不仅有极高的重金属含量，还是重金属的重要载体，未处理堆放或直接混入土壤。其次，含重金属的废水未达标排放，污染地下或地表水径流、渗透等，工业排放的重金属以气溶胶的形式进入大气，经过干沉降和湿沉降进入土壤，对土壤环境造成潜在危害。因此，在城市土壤中，工矿业周围土壤重金属污染一般较为显著。

1.2.4.2 中国土壤有机污染现状

目前我国土壤的有机污染十分严重，且对农产品和人体健康的影响已开始显现。土壤中的有机污染物质主要来源于工业“三废”和有机农药等持久性有机污染物（POPs），较常见的POPs有多环芳烃（PAHs）、有机卤代物中的多氯联苯（PCBs）和二噁英（PCDDs），以及油类污染物质、邻苯二甲酸酯等有机化合物。另外，随着农膜的大面积使用，其对土壤的污染也相当严重。

POPs是环境中广泛存在的污染物，目前已成为一个全球性的污染问题。它们可以通过空气、河流和洋流长距离运输，污染远离其源头的地区。一些POPs已被国家和国际组织强调为令人关切的化学品。例如，联合国环境规划署列出了12个有机氯类生物，被斯德哥尔摩公约称为“12大污染生物”。它们是二噁英和呋喃（多氯二苯并呋喃和多氯二苯并呋喃，PCDD/Fs）、多氯联苯（PCBs）、六氯苯（HCB）及8种用作杀虫剂的有机氯［滴滴涕（DDT）、氯丹、毒杀噻吩、狄氏剂、艾氏剂、异狄氏剂、七氯和灭蚊灵］。其中一些具有持久性和毒性，在工业化国家和较不工业化国家仍在广泛生产和使用，包括多环芳烃（PAHs）、六六六（HCH）同分异构体、有机锡化合物、有机汞化合物以及其他农药（五氯苯酚、硫丹、莠去津、氯化石蜡、多溴二苯醚和邻苯二甲酸盐）。

我国从1959年起在长江中下游地区用五氯酚钠防治血吸虫病，其中的杂质二噁英已造成区域二噁英类污染，洞庭湖、鄱阳湖底泥中的二噁英含量很高。据统计，我国目前受农药污染的土地面积已超过1300万~1600万公顷。即便是1983年就已禁用了有机氯农药，土壤中的残留量已大大降低，但检出率仍很高。广州蔬菜土壤中六六六的检出率为99%，DDT检出率为100%，而太湖流域农田土壤中六六六、DDT检出率仍达100%，一些地区最高残留量仍在1mg/kg以上。同时，随着城市化和工业化进程的加快，城市和工业区附近的土壤有机污染日益加剧。中科院南京土壤研究所对某钢铁集团四周的农业土壤和工业区附近的土壤的调查结果表明，农业土壤中15种PAHs总量的平均值为4.3mg/kg，且主要以4环以上具有致癌作用的污染物为主，约占总含量的85%，仅有6%的采样点尚处于安全级。而工业区附近的土壤污染远远高于农业土壤，PCBs、PAHs、塑料增塑剂、除草剂、丁草胺等，这些高致癌的物质可以很容易在重工业区周围的土壤中被检测到，而且超过国家标准多倍。对天津市区和郊区土壤中的10种PAHs的调查结果表明，市区是土壤PAHs含量超标最严重的地区，其中二环萘的超标程度最严重，强致癌物质苯并芘的超标情况也不容乐观。在我国西藏，未受直接污染的土壤中PCBs含量在0.625～3.501g/kg之间，而在沈阳市检出其含量在6～151g/kg之间。

1.3 土壤污染调查及风险评估

1.3.1 土壤污染调查

土壤污染调查是指采用系统的调查方法，确定土壤是否被污染及污染程度和范围的过程。土壤污染调查的目的是为了更清楚地了解污染的来源和特点，弄清楚污染性质、范围和危害，为治理提供线索、指明目标。同时调查还可以认识污染物排放规律以及影响因素，随时掌握污染物的污染方式、污染范围、生产规模和净化设施的变化，并及时掌握新出现的土壤污染来源。

1.3.1.1 土壤调查的原则

土壤污染调查直接影响到后续对污染物的监测、评估以及修复处理。为了确保对污染调查的结果能够充分代表该污染场地，因此对污染物的调查必须具备以下三个原则。

① 针对性原则。针对土壤的特征和潜在污染物特性，进行污染物浓度和空间分布调查，为土壤的环境管理提供依据。

② 规范性原则。采用程序化和系统化的方式规范土壤环境调查过程，保证调查过程的科学性和客观性。

③ 可操作性原则。综合考虑调查方法、时间和经费等因素，结合当前科技发展和专业技术水平，使调查过程切实可行。

1.3.1.2 土壤调查的内容

(1) 对土壤资料的收集

对污染土壤资料的收集主要包括：场地利用变迁资料、场地环境资料、场地相关记录、有关政府文件以及场地所在区域的自然和社会信息。收集的主要目的是确定污染范围、目标污染物。了解污染物的物理化学性质，为后面监测提供方便。

目标污染物（target contaminant）指在场地环境中其数量或浓度已达到对生态系统和人体健康具有实际或潜在不利影响的，需要进行修复的关注污染物。

场地利用变迁资料包括：用来辨识场地及其相邻场地的开发及活动状况的航片或卫星图片；场地的土地使用和规划资料；其他有助于评价场地污染的历史资料，如土地登记信息资料等；场地利用变迁过程中的场地内建筑、设施、工艺流程和生产污染等的变化情况。不同的场地利用方式，导致不同的污染物。可以根据场地利用方式来确定目标污染物。如场地为化工厂，即目标污染物可能为某些化学物质；场地为垃圾填埋场则目标污染物为垃圾渗滤液。常见的场地类型和特征污染物见表 1-1。

表 1-1 常见的场地类型和特征污染物

行业类别	场地类型	特征污染物
制造业	化工厂	挥发性有机物、半挥发性有机物、重金属、持久性有机污染物、农药
	纺织业	重金属、氯代有机物
	金属冶炼	重金属、氯代有机物
	石油加工	挥发性有机物、半挥发性有机物、重金属、石油烃
采矿业	煤炭开采	重金属
	金属开采	重金属、氰化物
	非金属开采	重金属、氰化物、石棉
	石油天然气开采	石油烃、挥发性有机物、半挥发性有机物
电力供应	火力发电	重金属、持久性有机污染物
	燃气提供	挥发性有机物、半挥发性有机物、重金属
水力、环境公共设施管理	水污染治理	持久性有机污染物、半挥发性有机物、重金属、农药
	其他环境治理（工业固废、生活垃圾处理）	持久性有机污染物、半挥发性有机物、重金属、挥发性有机物

场地环境资料包括：场地土壤及地下水污染记录、场地危险废物堆放记录以及场地与自然保护区和水源地保护区等的位置关系等。特别注意污染场地对敏感目标的危害，这是土壤调查的主要部分。敏感目标指污染场地周围可能受污染物影响的居民区、学校、医院、饮用水源保护区以及重要公共场所等。当出现有毒有害气体或者易扩散的污染物时，应时刻关注污染物对敏感目标的影响，必要时须采取防护措施，使污染物对敏感目标的危害降低到可接受的水平。在生态环境影响评价中，敏感保护目标可按表 1-2 来分类。

表 1-2 敏感保护目标分类

保护区域类别	保护对象
需特殊保护区域	水源保护区、风景名胜、自然保护区、森林公园、国家重点保护文物、历史文化保护地
生态敏感与脆弱区	天然湿地、珍稀动植物栖息地或特殊生境、天然林、热带雨林、红树林、珊瑚礁、鱼虾产卵场、天然渔场
社会关注区	人口密集区、文教区、疗养地、医院等区域以及具有历史、科学、民族、文化意义的保护地

此外，环境质量无法达到环境功能区划分要求的地区亦应视为环境敏感区。

场地相关记录包括：产品、原辅材料及中间体清单、平面布置图、工艺流程图、地下管线图、化学品储存及使用清单、泄漏记录、废物管理记录、地上及地下储罐清单、环境监测数据、环境影响报告书或表、环境审计报告和地勘报告等。场地相关记录是否完整直接影响确定污染物的污染范围及污染物的种类。根据场地工艺特征可以直接判断出主要污染物，为后期工作提供方便。如有毒有害物质的使用、处理、储存、处置；生产过程和设备，储槽与管线；恶臭化学品味道和刺激性气味，污染和腐蚀的痕迹；排水管或渠、污水池或其他地表水体、废物堆放地或井等，这些都为确定目标污染物提供依据，同时周围区域的污染范围可根据污染物的物理化学性质来确定。

场地所在区域的自然和社会信息：自然信息包括地理位置图及地形、地貌、土壤、水文、地质和气象资料等；社会信息包括人口密度和分布，敏感目标分布，土地利用方式，区域所在地的经济现状和发展规划，相关国家和地方的政策、法规与标准，以及当地地方性疾病统计信息等。

(2) 初步采样分析

根据对土壤资料的收集，来确定初步采样分析。初步采样分析主要内容包括核查已有信息、判断污染物的可能分布、制订采样方案、制订健康和安全防护计划、制订样品分析方案和确定质量保证和质量控制程序等任务。

① 核查已有信息。核查土壤已有信息，如土壤类型。通过查阅资料仔细分析工艺特征，确定污染物的种类和来源。同时了解污染物的迁移转化规律，核实污染范围，明确是否通过二次污染产生其他污染物。核查已有信息的目的是确保土壤收集资料的真实性和实用性。

② 判断污染物的可能分布。根据场地具体情况如土壤类型、水文水力条件、气候条件、地下水分布、污染物迁移转化规律来确定污染物的污染范围。

③ 制订采样方案。制订方案包括对土壤的采集、运输、保存。确保土壤样品能够代表污染场地，且在采样过程中性质不发生变化。

表 1-3 列举了土壤调查几种常见的布点方法及适用条件。

表 1-3 土壤调查几种常见的布点方法及适用条件

布点方法	适用条件
系统随机布点法	适用于污染分布均匀的场地
专业判断布点法	适用于潜在污染明确的场地
分区布点法	适用于污染分布不均匀但获得污染分布情况的场地
系统布点法	适用于各类场地情况，特别是污染分布不明确或污染分布范围大的情况

④ 制订健康和安全防护计划。当污染物可能对周围敏感目标造成危害时，应当采取措

施降低危害，如标语、围墙等。同时在土壤修复的整个过程中，工作人员也应该注意安全，必要时穿上防护服等。

⑤ 制订样品分析方案。一般工业场地可选择的检测项目有：重金属、挥发性有机物、半挥发性有机物、氰化物和石棉等。如土壤和地下水明显异常而常规检测项目无法识别时，可采用生物毒性测试方法进行筛选判断。

⑥ 确定质量保证和质量控制程序。现场质量保证和质量控制措施应包括：防止样品污染的工作程序，运输空白样分析，现场重复样分析，采样设备清洗空白样分析，采样介质对分析结果的影响分析，以及样品保存方式和时间对分析结果的影响分析等。

(3) 结果分析

应根据污染物的特性以及污染物的测定方法来对土壤样品进行分析，或者委托有资质的实验室进行分析，确保数据的准确性和有效性。如果污染物浓度均未超过国家和地方等相关标准以及清洁对照点浓度（有土壤环境背景的无机物），则污染场地对敏感目标的危害较小。如果污染物浓度均超过国家或地方等相关标准，则认为可能存在环境风险，必须进行详细调查，主要包括场地特征参数和受体暴露参数的调查。场地特征参数主要指：代表不同水平和空间范围的土壤，以及土壤的水力传质系数、pH 值、含水率，场地的气候条件，是否可能扩大污染范围等。受体暴露参数主要包括：场地及周边地区土地利用方式、人群及建筑物等相关信息。标准中没有涉及的污染物，可根据专业知识和经验综合判断。详细采样分析是在初步采样分析的基础上，进一步采样和分析，确定场地污染程度和范围。

1.3.1.3 土壤污染调查与风险评估工作程序

土壤污染调查工作程序可分为四个阶段，具体程序如图 1-1 所示。

土壤污染调查第一阶段为土壤资料的收集，具体体现为对污染场地的资料收集和污染场地周围环境的资料收集，分析是否有外来污染物污染，调查污染场地污染物是否污染周围环境。

土壤污染调查的第二阶段为土壤样品的采集和土壤的初步分析，当污染物浓度超过国家相关标准，而且可能对周围敏感目标造成危害时，说明该场地受到某种物质的污染。应该启动风险评估，并提出达到对敏感目标的危害在可接受水平的修复目标值。

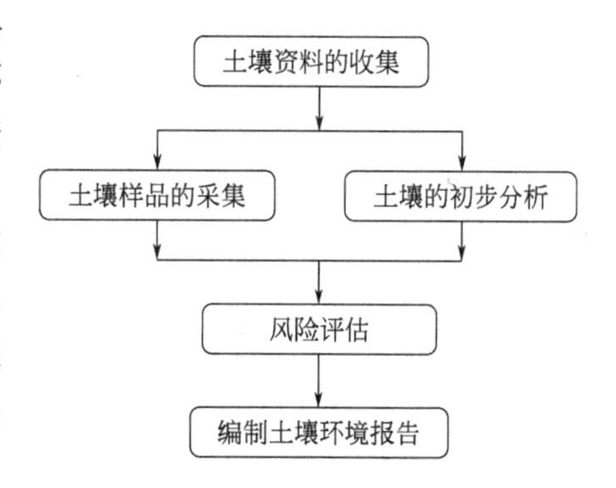

图 1-1 土壤污染调查工作程序

土壤污染调查第三阶段为编制土壤环境报告。主要内容为概论、场地概论、工作计划、现场采样和实验室分析、结果和评价、结论和建议。

1.3.2 土壤污染风险评估与管理

对污染土壤进行修复前，需要对其危害性即所谓的健康风险和生态风险进行全面评价。然后根据其对环境和人体危害的轻重缓急程度，对污染土壤采用不同的方法与手段进行修复与治理，以及对污染土壤实施科学管理，防止污染导致的各种健康影响与不良生态效应的产生和扩散。

1.3.2.1 生态风险评价概述

一般来说，生态风险评价可以定义为对暴露于一种或几种污染物而可能产生或已经产生不良生态效应的评估过程。它是建立在生态学、生态毒理学、数学和计算机技术等学科最新研究成果基础上的一门综合分支学科，其中生态毒理学在健康风险评价及生态风险评价中十分重要。如表 1-4 所示，对于生态风险评价，生态毒理学的主要研究对象是鸟类、有益昆虫、陆地无脊椎动物和植物等。生态毒理学试验所得出的污染物毒性数据通常具有局限性，因为试验的污染物只有一种或有限的两三种，然而实际上，环境中的污染物是以复杂的混合物或复合污染物形式存在的。由于生态系统的复杂性，终点生态毒理学试验逐渐发展起来，以补充化学物质的起点评价，用来设定危害物质的生态安全临界值。生态毒理学终点在特殊物种的生态风险评价中已有应用，尽管与此相对应的以多学科技术优化整合为基础的具有较高水平费用-效益的风险管控还未发展起来。

生态风险评价包括 4 个主要步骤：不良生态效应识别、剂量-效应分析、生态暴露评估及风险表征。不良生态效应识别是通过了解污染物质的内在特性来确定其可能出现的不良生态效应，从危害扩展到风险意味着包含了污染物潜在暴露量估计。剂量-效应分析及生态暴露评估都从不良生态效应识别开始，剂量-效应分析及生态暴露评估都可以使用确定性和不确定性分析方法。风险表征是对可能产生的每一种暴露和效应进行定性和定量的比较。

生态风险评价可以根据以下 3 个原则简化复杂的生态系统。

① 以生物种群单元为基础计算暴露量。这些单元由水、土壤、大气、沉积物及生物体等环境要素组成。对每个环境要素具体的尺度和性质加以详细分析，根据污染物的释放和作用方式及其理化性质（如可溶性、挥发性、油-水分配系数 $K_{O/C}$、正辛醇-水分配系数 $K_{O/W}$ 等）选择首先接受污染物的环境要素和污染物在单元里的扩散分布情况，然后计算每个环境要素中的环境浓度预测（PEC）值和持续时间。

② 根据已有资料评估可能效应。选择几种生物作为关键性评价终点进行毒性数据分析，在代表其中一种环境要素的介质（如使污染物质与土壤、水或食物等混合）中进行毒性试验。

③ 对每一环境要素进行风险表征。其中简单的方式是把特定环境要素的 PEC 值与相关的生物体的毒性数据相比较。

需要指出的是，食物链途径是陆生生物暴露污染物的主要途径，然而与水和土壤暴露不同，很难估算食物中的 PEC 值，因为即使假设为最严重的情况下，每一次评估都要求被评价的生物体处于取食被污染食物的高风险条件下。

生态风险评价的方法之一是根据环境要素和受体的相互关系建立一个整体的概念性模型，每一种受体可以同时通过几种途径暴露于污染物，每一种暴露途径之间的相关性与污染物在环境中的释放方式及环境行为有关，而污染物的环境行为与其内在性质有关。污染土壤的生态风险评价概念性模型如图 1-2 所示，上面一行表示暴露，下面一行表示受体，通过食物链的暴露也包含在其中。

1.3.2.2 生态风险评价管理

(1) 不良生态效应识别

不良生态效应识别是污染土壤生态风险评价的第一步，是对人类活动产生的生态效应提

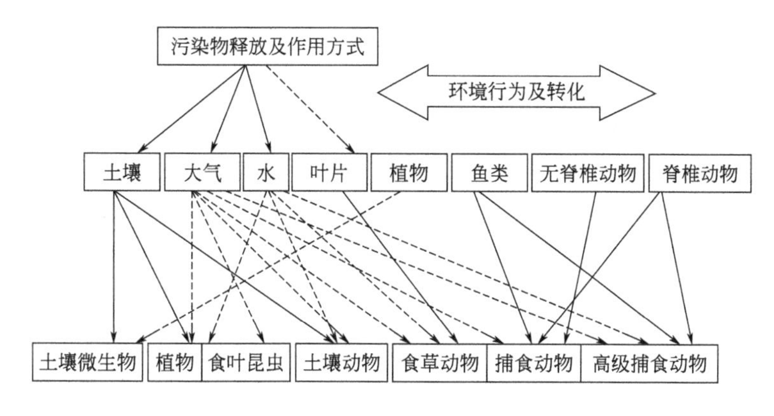

图 1-2 污染土壤的生态风险评价概念性模型

（实线表示直接关系，虚线表示间接关系）

出假设及进行评估的过程，是生态风险评价的基础。这一步工作的主要目的是结合所有理论上的可能性对污染土壤确定潜在的暴露终点及关键暴露途径，应识别的对象如表 1-4 所示，其内容包括以下 3 个方面。

表 1-4 污染土壤不良生态效应识别的对象

对象	关键信息
污染的第一环境要素	污染源是否继续存在，以及污染方式
污染的第二环境要素	有关环境迁移行为及形态转化的内在性质
识别相关的生态终点	对不同物种的毒性以及对地下水污染的潜在威胁

① 评价终点的选择。评价终点的选择基于对土壤中潜在污染物的生态相关性和生态敏感性的了解，并且与生态风险的管理目标有关。相关的生态评价终点能够反映该污染土壤生态系统的重要特征，与其他终点在功能上具有相关性，并且这些终点可以在任何生态系统水平上得以明确（如个体、种群、群落、生态系统及景观等）。其内容包括生态系统有关资料的收集，如地理位置，地形地貌，水文，气象，土壤类型，地质，土壤母质、水、矿产、植被覆盖等资源分布及开发利用情况，环境质量状况，人群分布，社会经济等方面的内容。污染物行为模式分析包括来源、种类、数量、主要污染物半衰期、排放方式、去向、排放强度等。生态系统敏感性分析包括对生态系统中生物的死亡率和不良生殖效应的分析。综合分析是对上述调查和分析的资料进行综合，找出可以作为评价终点的符合必要的科学要求的生态函数，并对这些函数进行现场调查，以确定其作为潜在评价终点的有效性。

② 概念性模型的建立。概念性模型是有关生态实体与污染物之间相关性的书面描述和报告，所描述的内容包括一次、二次、三次暴露途径及其生态效应与受体。概念性模型的复杂程度取决于土壤中污染物的种类及数量、评价终点的数目、生态效应的性质及生态系统的特征等方面。概念性模型为将来风险评价工作提供参考和方法。

③ 分析计划的制订。分析计划的制订是不良生态效应识别的最后一步。根据所得到的数据对不良生态效应进行评估，以确定该如何对生态风险进行评价。随着风险评价的独特性及复杂性的增加，分析计划的重要性也随之得到提升。

(2) 剂量-效应分析

污染物对生物体及整个生态系统影响的确定（即生态毒理学评价），习惯上用剂量-效应关系来表达。剂量-效应关系的利用与不良生态效应评价中所确定的生态风险评价范围和性质有关，剂量的概念较为广泛，可以是暴露的强度、时间和空间等。一般地，化学物质强度（如浓度）比较常用，暴露时间在化学污染物的剂量-效应关系中也常用，而暴露的空间尺度通常用在物理性污染的情况下。

实验数据组成剂量-效应曲线可以用来表达剂量-效应关系，剂量-效应曲线形状有利于在评估风险时识别效应的存在。典型的剂量-效应关系曲线如图 1-3 所示，其效应变量用死亡率表示，用半致死浓度（LC_{50}）的污染物剂量来表示污染物的毒性强度。如果总效应由多个不同的效应变量组成，那么需要进行多元分析。

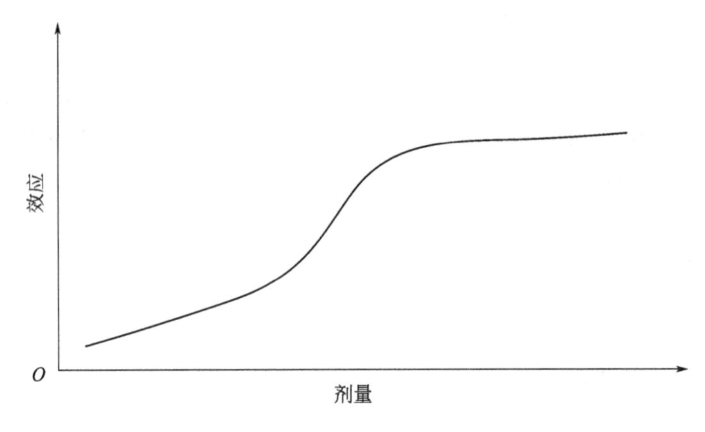

图 1-3　典型的剂量-效应关系曲线

在复合污染的情况下，首先逐个建立剂量-效应关系，然后再进行综合。剂量-效应分析是对有害因子暴露水平与暴露生物种群中不良生态效应发生率之间关系进行定量估算的过程，是生态风险评估的定量依据。剂量-效应分析是根据不良生态效应识别确定的主要有害物质、受体及有关的评价终点，研究在不同的剂量水平下，受体呈现的危害效应。实验室分析剂量-效应关系比较简要，其内容有：a. 试验方案设计，即根据确定的指标体系设计试验方案，试验内容可能是剂量-效应、浓度-效应、效应-时间的关系等，也可能是非生物的其他影响等；b. 试验方案实施，即按照设计方案进行试验；c. 结果分析，即对试验结果进行分析，根据试验数据选择适当的统计模型，根据模型提出某种可接受的生态效应相应的有害物质的剂量或浓度阈值，如半致死浓度（LC_{50}）、半数致死量（LD_{50}）等，或提供剂量-效应、浓度-效应、时间-剂量-效应，时间-浓度-效应等相应关系；d. 外推分析，即把实验室分析建立的关系外推到自然环境或生态系统中去，或由一类终点的分析结果外推到另一类终点，例如用生物个体的毒性试验结果，外推到种群大小的变化等。在污染土壤中，污染物与生物的剂量-效应分析包括以下 3 个方面。

① 资料调研。调查、收集与所研究内容有关的剂量-效应方面的资料，了解是否有现成的可利用的资料或数据。

② 根据模型计算。由于缺乏数据，通常使用的模型有多阶段（multistage）模型、单击（one-hit）模型、多击（multi-hit）模型和威尔布（Weibull）模型等，其中单击（one-hit）

模型由于比较简单而在生态风险评价中被广泛使用。该模型的表达式为式(1-20)：

$$P(c)=1-e^{\beta c} \tag{1-20}$$

式中 $P(c)$——土壤中 c 浓度水平污染物对生物产生的效应；

β——模型参数。

例如，应用方程［式(1-20)］评价稻田养蟹生态系统中镍和铬与评价终点幼鱼和蟹卵的剂量-效应关系，设 $P(c)$ 为评价终点的死亡率，c 为两种污染物的浓度。根据表 1-5 所示，LC_{50}相对应的死亡率为 50%，如果镍对甲壳类幼体的 LC_{50} 为 4.4mg/L，那么 $P(c)=0.5$，$c=4.4$mg/L，根据上式，可求得 β 值为 0.158mg/L。镍和铬与幼鱼和甲壳类的剂量-效应关系的值如表 1-5 所示。

表 1-5 镍和铬与幼鱼和甲壳类的剂量-效应关系的值

污染物质	终点	LC_{50}/(mg/L)	β/(mg/L)
镍	幼鱼	350	0.002
	甲壳类幼体	4.4	0.158
铬	幼鱼	53	0.013
	甲壳类幼体	45	0.015
	甲壳类成体	5.6	0.124

③ 外推分析。根据同类有害物质已有的试验资料和已经建立的外推关系进行分析，例如结构-活性关系外推，不再进行分析试验，而是根据模型计算结果直接得出结论。

(3) 生态暴露评估

生态暴露评估是描述土壤中污染物与终点的潜在和实际的接触，以暴露方式、生态系统及终点特征为基础，分析污染源、污染物分布以及污染物与终点的接触模式。生态效应分析可以分为物种组、生物种群、生物群落及生态系统的生态效应分析，具体内容及分析方法见表 1-6。低水平试验通常涉及单一明确的暴露途径（水、食物）或不同的途径，但发生在同一个环境要素（土壤或沉积物）中；较高级的试验尤其是中试和田间试验，如恰当设计可以覆盖所有潜在的对生物受体的暴露途径。对通过食物链暴露的生物群体做暴露分析时，需要计算污染物的生物富集量，生物富集量的计算公式如式(1-21) 所示：

$$\mathrm{BFAC}=aF/k_{\mathrm{d}} \tag{1-21}$$

式中 BFAC——生物食物富集因子；

a——吸收率；

F——不消化率；

k_{d}——排泄率。

上式也可以预测生物放大作用。

表 1-6 土壤污染的生态效应分析具体内容及分析方法

水平编号	水平名称	方法	效应评价	暴露途径
1	危害识别	标准化单物种生物鉴定	识别方法以及应用因子	土壤、水、大气、食物
2	物种组生态效应	每组单物种生物鉴定	物种敏感性分布	土壤、水、大气、食物

续表

水平编号	水平名称	方法	效应评价	暴露途径
3	生物种群生态效应	长期单物种试验（包括生态恢复和模型建立）	可预测的种群动态	土壤、水、大气、食物
4	生物群落生态效应	实验室多物种试验	实际种群动态	起始暴露+生物积累
5	生态系统生态效应	中试及田间试验	生态系统的相关效应	所有相关的途径

生态暴露评估包括两方面的内容：

① 分析土壤环境存在的有害化学物质的迁移转化过程，以及污染源是否继续存在以及是否作为污染源对其他环境产生次生污染。

② 污染土壤对受体的暴露途径、暴露方式和暴露量的计算。生态暴露评估的主要工作包括土壤污染源分析、污染物在时间和空间上强度和分布的分析及暴露途径分析等。

土壤污染源分析是生态暴露评估首要的也是最重要的组成部分，污染源可以分为两类：一类是产生污染物的地点；另一类为当前受污染的土壤或地区。在暴露评估时首先要对土壤环境中某一污染物的背景值进行分析，这样才能评估某一污染源产生的效应。对于具有污染源的地区和第一时间接触污染物的土壤环境介质也需要特别注意。在土壤污染源分析时，要注意是否该污染源同时排放其他能影响主要土壤污染物转移、转化或生物可利用性的物质。例如，在一个以煤为燃料的饲料厂，饲料中氯化物的存在影响着土壤汞是否以二价或一价的形式挥发释放。

生态暴露评估的第 2 项工作是分析污染物在土壤环境中的时间和空间分布，通过分析污染源的污染途径，以及二次污染的形成和分布来达到以上目标。化学污染物在土壤环境中的分布与其在不同介质中的分配有关，污染物的物理学分布与其颗粒大小有关，对于污染物的生物学效应，其存活及繁殖等因素也需要考虑。生态系统特征影响着所有类型污染物的转移，因此明确生态系统的特征十分重要，利用专业性判断对当前生态系统和原始生态系统的特征进行比较。分析污染物在土壤环境中的分布通常使用监测技术、模型计算或两者的结合，模型在定量分析土壤污染源和污染物的关系方面十分重要。这项工作内容包括污染物的土壤环境过程分析：

① 分析污染物在土壤环境介质之间分配的机制。在土壤中迁移的路线与方式，伴随迁移发生的转化作用，了解化学物质在土壤环境中迁移、转化和归宿的主要过程和机制。

② 模型建立。即选择建立模拟土壤污染物环境转归过程的数学模型或其他物理模型。

③ 参数估算。即确定模型参数的种类，确定参数估算方法，包括经验公式法、野外现场试验法、实验室试验法和系统分析法等，进行参数估算。

④ 计算方法确定。即根据所确定的数学模型，研究模型方程的计算方法，一般可借助计算机进行计算。

⑤ 模型校验。即对模型进行调试，选择独立于模型参数估算使用过的资料和其他实例资料对模型进行验证，如计算结果与实测值相差甚远，则对模型进行修正，或对模型参数进行调整，直到满意为止。

⑥ 转归分析。即利用计算机数学模型和有关资料，分析土壤污染物的环境转归过程和时空分布结果。

生态暴露评估的第 3 项工作是分析污染物与受体间的接触。对于土壤污染物，接触被定量为通过化学物质的取食摄入、呼吸吸入或皮肤直接接触的量，有些污染物的接触必须要有体内吸收，在这种情况下，吸收量被认为是在体内某个器官所吸收的污染物的量。这项工作内容有：

① 暴露途径分析。分析有害物质与受体接触和进入受体的途径，如土壤、地下水和食物等。

② 暴露方式分析。分析可能的暴露方式，如呼吸吸入、皮肤接触、经口摄入等。

③ 暴露量计算。确定暴露量计算方法，计算暴露量，有时根据需要，不但要计算进入受体的有害物质的数量，而且要计算被受体吸收并发生作用的那部分污染物质的数量。

(4) 风险表征的一般方法

风险表征是污染土壤生态风险评价的最后一步，是不良生态效应识别、剂量-效应分析及生态暴露评估这3项评价结果的综合分析，风险表征的目的是通过阐述土壤污染物与污染生态效应之间的关系得出结论，评估土壤污染物对目标生态终点产生的危害。风险表征是指风险评价者利用剂量-效应分析及生态暴露分析的结果，对土壤有毒物质的生态效应包括生态评价终点的组成部分是否存在不利影响（危害），或某种不利影响（危害）出现可能性大小的判断和表达，并且指出风险评价中的不确定因素及涉及的假设条件。风险表征的结论可以给污染土壤的生态风险管理提供必要的信息。

风险表征的内容有确定性分析和可能性分析。确定性分析是指把所有参数当成常量，并且大多数参数的值通过估计其平均值、最大值及最小值来确定。但是，土壤中污染物的行为及生态系统的组成具有高度的可变性，污染物的转化和转移以及对生物的剂量-效应关系的不确定性和可变性使可能性分析在生态风险评价中十分重要。不确定性与缺乏相关的知识有关，但是可变性往往与时间和空间的异质性相关。因此，可能性分析对于检查和解释与参数估计相关的不确定性的程度十分重要。在可能性分析中通常使用 Monte Carlos（MCS）模拟法。MCS 模拟法是指通过试验利用已知的或假定的随机参数值的分布，来模拟真实情况。在 MCS 模拟法中，首先需要设计出一套与参数预先确定的可能性密度功能相一致的随机数据，对于每一个模拟试验，利用输入参数的大约值计算出执行功能。

在计算过程中，导致不确定性的来源有两类：暴露的特征和效应的特征。如果利用化学物质的长期转化模型计算出的化学污染物暴露浓度来描述稻田生态系统中幼鱼和甲壳类幼体的污染物暴露，那么在计算浓度时就应该在长期转化模型中增加不确定因素的估计。由于有关暴露浓度范围的信息较少，该研究假定浓度统一分布在最大浓度与最小浓度之间，而许多研究证明在缺乏相关领域信息的情况下，这种假定是合理的。第2类特定生态效应特征产生的不确定性以及特殊暴露浓度及接触模式产生的不确定生态效应，在评价镍和铬对幼鱼和甲壳类幼体的风险评价研究中，对 LC_{50} 的变异就需要做不确定性估计，事实上 LC_{50} 的变化范围可达几个数量级，但是可以假定其平均值为长期的正常的分布。例如，假定决定标准差的变异系数为0.5，利用 MCS 模拟法进行了25000个模拟试验。研究表明，可能性分析有助于更好地了解风险评价，它提供了可能性的风险范围。可能性分析还有助于详细了解与风险评价有关的不确定性，并且有助于增加风险评价的可信度。但是需要指出的是，在可能性分析中存在许多假设条件和简化过程，因此它并不代表真实情况，因此可能性分析应该与确定性分析结合起来。

除了确定性和可能性分析外，风险表征的内容还包括：a. 确定表征方法，即根据评价项目的性质、目的及要求，确定风险表征的方法，定量的还是定性的方法等；b. 综合分析，主要比较暴露与剂量-效应、浓度-效应关系，分析暴露量相应的生态效应，即风险的大小；c. 风险评价结果描述，即对评价结果进行文字、图表或其他类型的陈述，对需要说明的问题加以描述。风险表征的表达方法多种多样，一般随所评价的对象、评价的目标和评价的性质而有所不同。

风险表征的方法主要有两类：一类是定性风险表征；一类是定量风险表征。定性风险表征要回答的问题是有无不可接受的风险，以及风险属于什么性质。定量风险表征，不但要说明有无不可接受的风险及风险的性质，而且要从定量角度给出结论。总的来说，定量风险表征需要大量的暴露评价和危害评价的信息，而且取决于这些信息的量化程度和可靠程度，需要进行大量复杂的计算。

1）定量风险表征　从原理上讲，定量风险表征一般要给出不利影响的概率，它是受体暴露于污染土壤环境，造成不利后果的可能性的度量，常常用不利事件出现的后果的数学期望值来估算，风险（R）等于事件出现的概率（P）和事件的后果或严重性（S）的乘积，如式(1-22）所示：

$$R=PS \tag{1-22}$$

在实际评价时，由于研究的对象不同，问题的性质不同，定量的内容和量化的程度不同，表征的方法也有很大的区别，常用的方法有：商值法、连续法、外推误差法、错误树法、层次分析法和系统不确定性分析法等。下面介绍其中最普遍、最广泛应用的风险表征方法——商值法。

商值法实际上是一种半定量的风险表征方法，基本做法是把实际监测或由模型估算出的土壤污染物浓度与表征该物质危害的阈值相比较，即式(1-23)

$$Q=\frac{\mathrm{EEC}}{\mathrm{TOX_h}} \tag{1-23}$$

式中　EEC——土壤中有害物质的暴露浓度；

$\mathrm{TOX_h}$——有害物质的毒性参数或造成危害的临界值；

Q——商值或风险表征系数。

如果 $Q\leqslant1$，为无风险；$Q>1$，为有风险。因此，它只能回答有无风险的存在。

为了保护某一特定的受体或未知的受体，往往引进一个安全因子，例如把毒性值如 $\mathrm{LD_{50}}$、$\mathrm{LC_{50}}$除以一个安全因子，作为风险表征的参考标准，即式(1-24)：

$$Q=\frac{\mathrm{EEC}}{\mathrm{LD_{50}}}\times \mathrm{SF} \tag{1-24}$$

式中　SF——安全因子。

有学者在一般商值法的基础上，根据 Q 值大小反映风险表征由“有无风险”进一步分为“无风险”“有潜在风险”“有可能有风险”，即 $Q<0.1$，无风险；$0.1\leqslant Q\leqslant10$，有潜在风险；$Q>10$，有可能有风险。

2）定性风险表征　在一些情况下，风险只是进行定性地描述，用“高”“中等”“低”等描述性语言表达，说明有无不可接受的风险，或说明风险可不可以接受等。

① 专家判断法。专家判断法常常用于定性风险表征。具体做法是找一些不同行业、不同层次的专家对所讨论的问题从不同的角度进行分析，做出风险高低或有无不可接受的风险等的判断，然后把这些判断进行综合，做出相应的结论；另一种做法是把所讨论的问题按专

业、学科分解成一系列专门问题，分别咨询有关专家，然后综合所有专家的判断，做出最后的评价。

② 风险分级法。风险分级法是欧洲经济共同体（EEC）提出的关于有毒有害物质生态风险评价的表征方法。在制定分级标准时，考虑了有害物质（如农药）在土壤中的残留性，在水和作物中的最高允许浓度，对土壤中微生物以及植物和动物的毒性、蓄积性等因素，依据该标准，对污染物引起的潜在生态风险进行比较完整的、直观的评价。

③ 敏感环境距离法。敏感环境距离法是美国环境保护署（EPA）推荐的一种生态风险评价定性表征方法。这种方法最适宜于风险评价的初步分析。所谓“敏感环境”主要指有生态危机的唯一的或脆弱的环境，或是有特别文化意义的环境，或是重要的、需要保护的装置附近的环境。在这种情况下，一种污染源的风险度可以用受体与“敏感环境”之间的空间距离关系来定性地评价，对环境的潜在影响或风险度随敏感环境距离的减小而增大。

④ 比较评价法。比较评价法是美国环境保护署提出的一种定性的生态风险表征方法，目的是比较一系列有环境问题的风险相对大小，由专家完成判断，最后给出总的排序结论。

（5）生态风险管理

生态风险管理是指根据污染土壤的生态风险评价的结果，按照恰当的法规条例，选用有效的控制技术，进行削减风险的费用和效益分析，确定可接受的风险度和可接受的损害水平；并进行政策分析及考虑社会、经济和政治因素，确定适当的管理措施并付诸实施，以降低或消除该风险度，保护生态系统的安全。生态风险管理的任务是通过各种手段（包括法律、行政等手段）控制或消除进入土壤中的有害因素，将这些因素导致的生态风险减小到目前公认的可接受水平。生态风险管理的具体目标，是做出相应的管理决策。生态风险管理是一种社会性行为，所做出的管理决策涉及各种社会资源的分配并且必须使之在社会环境中得到实施。

生态风险评价为生态风险管理服务，它的4个主要步骤均与生态风险管理紧密联系。生态风险评价是对污染土壤中有害因素进行管理的重要依据。土壤污染的生态风险评价与管理之间的关系如图1-4所示。

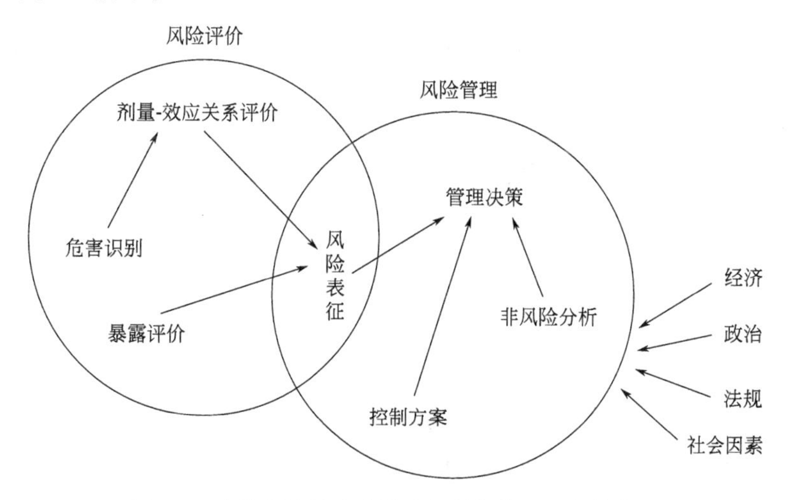

图1-4　土壤污染的生态风险评价与管理之间的关系

生态风险管理应包括以下 4 方面内容：

① 制定土壤有毒物质的环境管理条例和标准；

② 提高土壤污染风险评价的质量，强化土壤环境管理；

③ 加强对土壤污染源的控制，包括了解污染源的存在分布与现时状态、污染源控制管理计划、潜在风险预报、风险控制人员的培训与配备；

④ 风险的应急管理及其恢复技术。

生态风险管理的方法包括以下 3 种：

① 政府的职责和方法。风险管理建立在风险评价的基础之上。风险管理是政府的职责，是实施预防性政策的基础性工作。风险分析和评价为风险管理在两个主要方面创造了条件：a. 告诉决策者应如何计算风险，并将可能的代价和减小风险的效益在制定政策时考虑进去，与此相关联的是确定“可接受风险”；b. 使社会公众接受风险。

② 建设单位的职责和方法。在政府环保和有关职能部门的监督指导下，建设和运行单位应承担风险管理的职责，包括：a. 拟定风险管理计划和方法，内容涉及操作对象、计划目标、管理方法；b. 拟定并具体落实防范措施。

③ 加强防范措施。强化关于风险分析、评价和管理的科研。最根本的生态风险管理措施是将风险管理与全局管理相结合，实现生态系统“整体安全”。

1.4 土壤修复技术

1.4.1 土壤修复技术概述

土壤污染修复是指利用物理、化学和生物的方法转移、吸收、降解和转化土壤中的污染物，使其浓度降低到可接受水平，或将有毒有害的污染物转化为无害的物质。一般而言，土壤污染修复的原理包括改变污染物在土壤中的存在形态或与土壤结合的方式，降低土壤中有害物质的浓度，以及利用其在环境中的迁移性与生物可利用性。

欧美等发达国家已经对污染土壤的修复技术做了大量的研究，建立了适合于遭受各种常见有机和无机污染物污染的土壤的修复方法，并已不同程度地应用于污染土壤修复的实践中。荷兰在 20 世纪 80 年代开始注重此项工作，并已花费约 15 亿美元进行土壤修复；德国 1995 年投资约 60 亿美元用于净化土壤；20 世纪 90 年代美国在土壤修复方面投资了数百亿到上千亿美元，制订了一系列土壤污染修复计划。1994 年，由美国发起并成立了“全球土壤修复网络”，标志着污染土壤的修复已经成为世界普遍关注的领域之一。在过去 30 年期间，欧美国家纷纷制订了土壤修复计划，巨额投资研究了土壤修复技术与设备，积累了丰富的现场修复技术与工程应用经验，成立了许多土壤修复公司和网络组织，使土壤修复技术得到了快速的发展。

国内在污染土壤修复技术方面的研究从 20 世纪 70 年代就已经开始，当时以农业修复措施的研究为主。随着时间的推移，其他修复技术的研究（如化学修复和物理修复技术等）也逐渐展开。到了 20 世纪末，污染土壤的植物修复技术研究在我国也迅速开展起来。总体而言，虽然我国在土壤修复技术研究方面取得了可喜的进展，但在修复技术研究的广泛性和深度方面与发达国家相比还有一定的差距，特别在工程修复方面的差距还比较大。

1.4.2 土壤修复技术类型

1.4.2.1 按修复位置分类

按修复位置分类，土壤修复技术可分为原位土壤修复和异位土壤修复两种。原位土壤修复技术是指不移动受污染的土壤，直接在地块发生污染的位置对其进行原地修复或处理的土壤修复技术，具有投资低、对周边环境影响小的特点，是土壤修复的研究热点。原位土壤修复技术主要有原位淋洗、气相抽提（SVE）、多相抽提（MPVE）、气相喷射（IAS）、生物降解、原位化学氧化（ISCO）、原位化学还原、污染物固定、植物修复等。原位土壤修复需要因地制宜，灵活结合工期、污染情况、地质条件、地面设施等，得出最经济实用的修复方法，并在辅助提高技术上展开更多研究，使原位修复技术更经济有效。异位土壤修复技术是指将受污染的土壤地块发生污染的原来位置挖掘出来，搬运或转移到其他场所或位置进行治理修复。异位修复涉及挖土和运土，破坏了原土壤结构，很难治理污染较深的区域，并且操作成本高，应用性比原位修复低。异位土壤修复技术主要包括异位填埋、异位固化、异位化学淋洗、异位化学固化稳定化、异位热处理和一系列的异位生物修复法等。原位和异位修复技术的比较如表1-7所示。

表1-7 原位与异位修复技术的比较

修复条件	原位修复技术	异位修复技术
土壤处理量	大	小
场地情况	污染物为石油、有机污染物、放射性废弃物等 污染物浓度低，分布范围广 安全保障相对困难	污染物为高浓度油类、重金属、危险废物等 污染物浓度高，分布相对集中 安全保障相对容易
处理时间	长	短
费用	低	高
效率	低	高

1.4.2.2 按操作原理分类

土壤污染修复技术的种类很多，从操作原理来考虑大致可分为物理化学修复技术以及生物修复技术。

物理化学修复技术是指利用土壤和污染物之间的物理化学特性，来破坏（如改变化学性质）、分离或固化污染物的技术。主要包括土壤气相抽提、土壤淋洗、电动修复、化学氧化、溶剂萃取、固化/稳定化、热脱附、水泥窑协同处置、物理分离、阻隔填埋以及可渗透反应墙技术等。物理化学修复技术具有实施周期短、可用于处理各种污染物等优点。

生物修复技术是近20年发展起来的一项绿色环境修复技术，是指综合运用现代生物技术，破坏污染物结构，通过创造适合微生物或植物生长的环境来促进其对污染物的吸收和利用。土壤生物修复技术包括植物修复、微生物修复、生物联合修复等。生物修复技术经济高效，通常不需要或很少需要后续处理，然而生物修复可能会导致土壤中残留更难降解且更高毒性的污染物，有时生物修复过程中也会生成一些毒性副产物。与物理化学修复技术相比，生物修复技术成本低、无二次污染，尤其适用于量大面广的污染土壤修复，但生物修复技术对于污染程度深的突发事件起效慢，不适宜用作突发事件的应急处理。

在修复实践中，人们很难将物理、化学和生物修复截然分开，这是因为土壤中所发生的反应十分复杂，每一种反应基本上均包含了物理、化学和生物学过程，因而上述分类仅是一种相对的划分。

目前土壤修复的各种技术都有特定的应用范围和局限性。尤其是物理化学修复技术，容易导致土壤结构破坏、土壤养分流失和生物活性下降。生物修复尤其是植物修复目前是环境友好的修复方法，但土壤污染多是复合型污染，植物修复也面临技术难题。

虽然土壤的修复技术很多，但没有一种修复技术适用于所有的污染土壤，相似的污染类型亦会因不同的土壤性质有不同的修复要求。土壤修复后作何用途等因素往往也会限制一些修复技术的使用，但大多修复技术在土壤修复后亦会或多或少带来一些副作用，并且往往因费用高、周期长而受到影响。

1.4.2.3 按功能分类

(1) 污染物的破坏或改变技术

第一类技术通过热力学、生物和化学处理方法改变污染物的化学结构，可应用于污染土壤的原位或异位处理。

(2) 污染物的提取或分类技术

第二类技术将污染物从环境介质中提取和分离出来，包括热脱附、土壤淋洗、溶剂萃取、土壤气相抽提等多种土壤处理技术。此类修复技术的选择与集成需要基于最有效的污染物迁移机理以达成最高效的处理方案。例如，空气比水更容易在土壤中流动，因此，对于土壤中相对不溶于水的挥发性污染物，土壤气相抽提的分离效率远高于土壤淋洗。

(3) 污染物的固定化技术

第三类技术包括稳定化、固定化以及安全填埋或地下连续墙等污染物固化技术。没有任何一种固化技术是永久有效的，因此需要进行一定程度的后续维护。该类技术常用于重金属或其余无机物污染土壤的修复。

总的来说，土壤修复技术是运用异位或原位的物理、化学、生物学及其联合方法去除土壤及含水层中的污染物，是土壤功能恢复或再开发利用的综合性技术。具体每种方法，在后续章节会详细讲解。

思考题

1. 请简述土壤的组成。
2. 请简述土壤矿物质的组成。

3. 请简述土壤有机质的组成。
4. 请简述土壤水的组成。
5. 请简述土壤生物的组成。
6. 土壤碱度有哪几种常用的评价指标，请简述并写出其计算公式。
7. 土壤溶液中常见的氧化还原体系有哪些？请分别介绍。
8. 中国污染场地大致可分为几类？
9. 土壤污染物的类型有哪些？
10. 土壤污染物的来源有哪些？
11. 土壤修复技术按修复位置可分为哪几种？按操作原理可分为哪几种？

第2章

土壤污染法律法规与标准

2.1 土壤污染法律法规

2.1.1 国外土壤污染防治法律法规

19世纪70年代初，欧美等发达国家开始着眼于解决土壤污染问题，并开始研究土壤污染防治的立法工作。其法律制度较为先进，立法明确，在土壤污染防治方面取得了一定的成效。其中，法国、德国、美国和日本的相关法律制度具有理论和实践上的指导意义。

2.1.1.1 法国土壤污染防治法律制度

法国通过对现有的工业法、废物法、民法等法律进行完善与修改，来规范土壤污染者的责任，从而达到土壤污染防治的目的。

(1) 工业法

工业法是法国环境法律体系的主体部分，编纂于《法国环境法典》之中。法国工业法的主要目标是规范土地使用者。根据《法国环境法典》第511条第1款的规定，法国工业法中的规范适用于一切由个人或法人拥有或经营的，可能对周边环境和人的健康、安全、公共卫生，以及农业、自然环境构成危险或不便的工厂、车间和工程等。法国工业法的范围比欧盟综合污染防治制度的范围要宽泛，包括了更多的建设项目和活动。但是，工业法制度主要是着眼于规范工业活动的土地使用者，而不是土地所有者。在法国工业法中，工业项目土地使用者负有土壤环境修复义务。工业法规定的环境污染修复责任主要针对工业活动的最后一个土地使用者。最后一个土地使用者不仅要负责自身工业行为产生的污染，而且要负责之前使用者产生的污染，之前的使用者将不再对土地修复负责任。

工业法针对的土壤环境修复责任确定一般是在工厂关闭的时候才启动。工厂负责人无权声称过往土地使用者污染了土地而没有进行修复。但是，工厂转让时前任工厂土地使用者必须向其后的使用者交付土壤修复费用，前后工厂土地使用者之间的纠纷可以通过民事诉讼程序来进行解决，而不属于工业法的调解范畴。因此，工厂土壤污染主要包括两类法律关系：一类是最终土地使用者对于该土地环境的修复责任；另一类是各个土地使用者之间的民事法律关系，主要调解前任土地使用者对后任土地使用者有关污染责任的民事赔偿。法国法律这样规定工厂污染土壤的责任归属，便于土壤污染的追责。

（2）废物法

从 2003 年 7 月开始，《法国环境法典》第 541 条第 3 款将废弃物的范围从仅包括“被丢弃的废物”扩大到包括“污染土壤”或者“具有污染风险的土壤”。从而将“污染土壤”或者“具有污染风险的土壤”也纳入废弃物管理范围。同时，法国废物法规定：a. 任何生产或持有废物的人在处置废物时，应该做对动植物无害的处置或不做对自然有害的处置，并且不制造空气、水、噪声污染危害人类健康；b. 废物制造者对废物造成的损害承担责任；c. 当废物处置责任人事实上或者法律上没有能力处置废物时，环境管理机关有义务对废弃物进行处置，由责任人承担处置费用。

由于环境管理部门不一定总是能够让最终土地使用者履行环境修复义务，因此废物法也能被用来施加修复责任，以作为对工业法的有力补充。在土地环境修复方面，废物法相对于工业法的优势在于，它不仅针对废物生产者，还针对废物持有者；在没有土地使用者、土地租借者或者占有者的情况下，土地所有者可以被认定为废物处理和清除的责任人。

（3）民法

除了法国工业法、废物法可以施加土壤污染者责任外，法国民法同样可以对造成环境破坏和土壤污染的人施加民事法律责任。《法国民法典》规定，如果工业活动对第三方造成损害（包括环境损害）的，工业厂址的所有者、使用者和控制者应该对此损害负责。根据法国的判例法，工业厂址的所有者主要在以下几种情况下承担土壤污染的民事责任：a. 工业厂址使用者不存在或者土地所有者重新获得了对土地的控制，并因此必须对该土地上产生的污染负责任；b. 土地所有者允许使用者在没有得到许可的情况下对土地进行使用；c. 工业厂址在其使用者未完全修复土壤污染的情况下就关闭了；d. 土地所有者没有有效监督使用者的污染修复过程。在法国民法中，有权利提起民事诉讼程序和损害赔偿要求的人，是被土壤污染损害的人，包括环境保护非政府组织。民事诉讼提起人必须对损害行为、其所受到的损害和因果关系负举证责任。这对于受害者来说往往是困难的，因为土壤污染涉及很多专业性的知识，因此受害者往往依托一些公共组织，比如环境保护非政府组织来对污染者施加压力。关于土壤污染的民事诉讼时效是 10 年，从发现损害的时间开始起算。

由于法国工业法、废物法和民法等法律体系的配合，对于土壤污染的修复责任就可以施加于土地使用者、土地所有者以及其他对于土地环境造成损害的人；土壤修复责任形式多样，包括土壤污染清除、废物处置以及民事责任等。这样多方面、全方位的责任主体和责任形式能够为土壤污染防治提供全面的责任保障。

2.1.1.2　德国土壤污染防治法律制度

德国涉及土壤污染防治方面的法律法规主要有 1999 年 3 月实施的《联邦土壤保护法》《联邦土壤保护与污染地条例》和《建设条例》等。《联邦土壤保护法》提供了土壤污染清除计划和修复条例；《联邦土壤保护与污染地条例》是德国实施土壤保护法律方面的主要举措；《建设条例》则涵盖了土地开发、限制绿色地带（指未被污染、可开发利用的土地）开发方面的法规，并制定了土壤处理细则基本指南。

《联邦土壤保护法》是德国的第一部在土壤污染防治方面比较系统全面的法律，对于其他土壤污染防治法律具有指导意义。首先，详细规定了在修复对象上其他有关土壤污染防治法律中尚未涉及的内容，具有一定的补充作用。如果其他法律仅仅做出了一般性规定，那么土壤保护法必定会对这些条款的解释产生影响。现实中，这将意味着污染防治法中的土壤保护条例属于《联邦污染防治法》的一个组成部分，但却须用《联邦土壤保护法》中的条例进行充实和解释。如果其他法律没有明确规定适用于某一具体领域，则土壤保护法全面适用于该领域。其次，规定了污染防治的义务主体。规定了每个土地使用者或所有者有防止土壤污染和修复土壤污染的义务。也规定了政府的责任，要求政府部门要根据土壤价值有关要求制定和出台相关的法律法规，从而达到防止土壤污染发生产生不利影响，并要求行政部门全面负责土壤的监测工作，行政机关可以要求土地的所有者采取一定的自我监控措施，并应当按照相关要求将监测结果告知行政机构。此外，还规定了农用地利用的相关内容，标志是持续保持土壤肥沃性和土壤作为自然资源的生产能力。这些规定在一定程度上体现了防止土壤污染的要求。

《联邦土壤保护与污染地条例》是德国在具体实施土壤保护方面的重要法律，在制定法律的同时也规定了相应的实体性附件，从而更具有很强的实践操作性。该条例规定了污染的可疑地点、污染地和土壤退化的调查和评估，规定了抽样、分析与质保的要求。同时，条例还规定了通过保护和限制、消除污染、防止污染物质泄漏等具体的措施来防范危险的发生，并对于土壤的治理调查和整治计划都做出了一定的补充规定。该条例还对防止土壤退化的要求进行了相关规定。最后，它详细规定了启动值、行动值、风险预防值以及可允许的附加污染额度。

德国政府在土壤污染防治过程中不断地将这两部法律与其他法律进行整合，从而使德国的土壤保护在土壤污染或土壤退化方面的相关规定更加具体，使其具有更强的实践性和可操作性。

2.1.1.3 美国土壤污染防治法律制度

美国于20世纪中叶开始研究土壤污染有关立法和法律制度。1935年，美国国会通过了《土壤保护法》，确立了土壤保护是国家的一项基本政策。此外，他们通过行政手段加以调整，在农业部中增设土壤保护局（现为自然资源保护局），国会也相继通过了一系列涉及建立土壤保持区、农田保护土地利用等方面的法令。

1976年，美国国会针对固体废物对土壤的污染，制定了《固体废物处置法》（又称《资源保护和回收法》）。该法规定了固废污染物和其他危险物质的控制及相关预防措施。

20世纪70年代，由于缺乏有效的固体废物控制填埋管理，导致土壤“二噁英类物质”造成了严重的污染事故，即“拉夫运河污染事件”，美国国会出台了具有重大意义的《综合环境反应、补偿和责任法》（*The Comprehensive Environmental Response, Compensation, and Liability Act*），又名为《超级基金法》。该部法律是美国在污染防治中一部重要的法律，尤其在土壤污染责任的认定和向受害者赔偿方面有着重要的意义。依据该法，美国政府建立了“超级基金”信托基金，为该法的实施提供资金支持。

20世纪90年代，大量工厂搬迁遗留的污染土壤的治理和恢复问题，再一次引起美国大众的关注。按照法律规定，这些污染的地块必须被修复后才能使用，但大多数棕色地块的污染是由以前的使用者造成，不应由后来的开发者承担治理污染的责任和费用。于是美国政府便相继出台了《纳税人减税法》和《小型企业责任免除和棕色地块振兴法案》对《超级基金法》做出了相关的修改和补充，从而解决了由于工厂搬迁遗留的污染土壤治理问题。

除此之外，美国政府还在土壤保护的其他方面实施了一系列的相关措施。如：对农民进行土壤保护的宣传，对农业生产给予先进的技术指导，实时采集相关的数据，及时掌握土壤变化情况。通过这些措施的实施，加强了对土壤的保护工作，使污染防治工作取得了一定的效果。

纵观美国联邦政府在土壤保护中的有关立法，美国政府没有对土壤污染进行专门的立法。而是为了满足土壤污染防治的需要，对以《超级基金法》为核心的几部法律进行修订，规定了土壤污染的治理责任和赔偿的标准和依据。例如：为了有效治理工厂搬迁遗留的土壤污染问题，通过《小型企业责任免除和棕色地块振兴法案》从而对《超级基金法》进行了相应的修正，规定免除了部分小规模企业的赔偿责任，从而推动了土壤污染风险管理和受污染土壤的再开发利用。除此之外，美国的《固体废物处置法》《清洁水法》《安全饮用水法》《清洁空气法》《有毒物质控制法》等诸多的法律对土壤污染防治都进行了相应的规定，从而形成了较为完备统一的土壤污染保护和土壤污染治理的法律制度体系（表2-1）。

表2-1 美国有关土壤污染防治的法律

序号	法律名称	发布日期	主要内容
1	《土壤保护法》	1935年颁布	美国关于土地保护的第一部法律
2	《固体废物处置法》	1976年制定 1984年修正	一部全面控制固体废物对土地污染的法律，重在预防固体物质危害人体健康和环境，修正案增补地下储存罐管理专章
3	《危险废物设施所有者和运营人条例》	1980年颁布	详细规范了危险废物处理、储存和后续管理等各个环节，控制固体废物处置对土地的危害
4	《综合环境反应、补偿和责任法》	1980年颁布	对包括土地、厂房、设施等在内不动产的污染者、所有者和使用者以追究既往的方式规定了法律上的连带严格无限责任
5	《超级基金修订和补充法案》	1986年颁布	针对环境问题发展过程中出现的新情况，美国政府颁布的一些修正和补充法案
6	《纳税人减税法》	1997年颁布	政府从税收优惠方面完善了《超级基金法》
7	《小型企业责任免除与棕色地块振兴法案》	2001年颁布	该法案中阐明了责任人和非责任人的界限，给小型企业免除了一定的责任，并制定了适用于该法的区域评估制度，保护了无辜的土地所有者或使用者的权利

2.1.1.4 日本土壤污染防治法律制度

日本具有全面系统的土壤污染防治方面的法律制度，为其他国家在土壤污染防治方面提供了先进的经验。20世纪70年代，日本制定出台了《农业用地土壤污染防治法》，该法主要针对农业用地土壤污染防治问题，使日本农用地的土壤污染得到了治理和改善。

《农业用地土壤污染防治法》规定了“土壤污染区域制度”，要求都、道、府、县知事对于其管辖区域内的一定区域，根据农用地土壤及生产的农作物中所含特定有害物质的种类和数量，一旦确认该土壤生产的农作物可能会损害人的健康，或者该土壤所含有害物质影响和显然会影响农作物生长发育，且这些影响显然符合总理府令的诸要件时，都、道、府、县知事即可将该区域指定为有必要采取相应措施的对策区域。

其次，规定了“土壤污染对策计划制度”，包含如下主要内容：第一，对农用地特定有害物质受污染状况按地域进行划分，并分别就各自的利用制定相应的方针政策；第二，防止有关的农业设施发生变动，从而不利于污染的防控，并应当除去农用地土壤中的特定有害物质以及合理利用污染农用地而进行的名称变更等；第三，要加强农用地土壤中特定有害物质污染的变化情况的监测和控制；第四，其他重要的相关事项。

《农业用地土壤污染防治法》还规定了“严格的污染物排放标准”，各都、道、府、县知事可以考虑本辖区内农用地土壤污染及造成污染的有害物质，并在污染物的数量和种类及其他方面制定较为严格的污染物排放的标准。

为了解决城市和工业用地的土壤污染问题，2003 年又制定出台了《土壤污染对策法》。该法针对城市土壤污染防治的问题做出了详尽的规定，并设立诸如污染调查、污染治理措施等比较完善的土壤污染防治的法律制度。《土壤污染对策法》是日本进行土壤污染防治工作主要的法律依据，代表着在土壤污染防治工作中的新成就。土壤污染调查从民间自发组织到依据法律法规的明文要求开展实施，在推动土壤污染防治过程中起着举足轻重的作用。在这部法律之中，对土壤污染调查中的超标地域的划定、地域范围、调查机构、报告和监测制度等方面进行详细的规定，从而形成了以土壤污染调查制度为核心，以信息公开、中小企业污染调查免责和污染调查基金等制度为保障的土壤污染防治法律制度体系，使日本的土壤污染防治工作达到了一个更高的层次。

可以看到，日本在土壤污染方面主要是分别对农业和工业所造成的污染加以规定。除《农用地土壤污染防治法》和《土壤污染对策法》为主的法律之外，在日本还有许多与之相配套的法律法规，在这些法律之中对土壤污染防治问题进行了详细的规定，逐步形成了交叉立体的防治体系，规定了较为全面的污染防治和保护的法律制度，构成了较为完备的土壤污染防治法律制度体系，从而利于土壤污染防治的开展，推动了日本土壤污染防治事业的科学发展。

2.1.2 我国土壤污染防治发展进程

土壤是人类赖以生存的物质基础，土壤环境质量关系到民生福祉，关系到生态安全，关系到国家可持续发展。1997—2004 年国内耕地净减少面积达到 $7.467\times10^6\mathrm{hm}^2$，占总耕地面积的 5.7%，2004 年国内人均耕地面积为 $0.1\mathrm{hm}^2$，不及世界平均水平的一半。2014 年《全国土壤污染状况调查公报》显示，全国土壤监测点位超标率达 16.1%，耕地点位超标率为 19.4%，土壤环境状况总体堪忧，部分地区污染较为严重；到 2016 年底，全国耕地评价为 7～10 级（低等地）的耕地面积占耕地总面积的 27.6%，评价为 1～3 级（高等地）的耕地面积仅占耕地总面积的 27.4%。土壤环境污染已严重影响土壤的生态功能、人体健康和社会发展，成为全面建成小康社会的突出短板之一。由于土壤污染具有危害潜伏性、暴露迟缓性、长期积累性、地域分布性和不可逆转性，与水污染防治、大气污染防治和固体废物污染防治工作相比，国内土壤污染防治工作基础薄弱，起步相对较晚。1984 年、1987 年和 1995 年，《中华人民共和国水污染防治法》《中华人民共和国大气污染防治法》和《中华人民共和国固体废物污染环境防治法》就已经出台实施，但直到 2019 年，《中华人民共和国土壤污染防治法》（以下简称《土壤污染防治法》）才正式登上历史舞台，让土壤污染防治有法可依，“净土保卫战”进入法治轨道。

随着经济和科学技术的飞速发展，土壤污染防治的思路和战略目标在不断发生变化，现阶段正值打好污染防治攻坚战、推动生态文明建设的关键时段，土壤污染防治工作必须提升到一个更重要的位置。笔者回顾国内土壤污染防治发展过程中取得的阶段性成果及其所发挥的作用，梳理过去好的工作经验和发展思路，并针对“十四五”规划及未来国内土壤生态环境保护需求，从土壤环境标准及管理制度、土壤监测大数据平台、多手段多部门联动监管及推广先进修复技术和先行区经验等方面对土壤污染防治未来发展趋势提出建议，以期为生态环境高水平保护和经济社会高质量发展提供参考。

“六五”和“七五”期间国内开展了全国土壤环境背景值和土壤环境容量等方面的调查研究，形成《中国土壤元素背景值》和《中华人民共和国土壤环境背景值图集》等重要资料文献。“八五”至“十五”期间开展了污染物在土壤环境中迁移转化规律和有效性、土壤污染特征和生态风险、农药及危险废物环境管理与污染控制、重金属污染土壤修复技术等方面的相关工作，但大多处于研究阶段。到 2005 年 4 月启动全国土壤污染状况调查工作，土壤污染防治工作才真正拉开序幕。

国内 2005—2019 年的土壤污染防治进程可以概括为 3 个阶段（图 2-1）。

(1) 以全国土壤污染状况调查为开端的全面摸底阶段（2005—2013 年）

此阶段主要工作是开展历时 8 年的全国性土壤污染状况调查，实际调查面积约 $6.3\times10^6hm^2$，调查范围为我国境内（未含香港特别行政区、澳门特别行政区和台湾地区）的陆地国土，调查点位覆盖全部耕地，部分林地、草地、未利用地和建设用地，完成《全国土壤污染状况调查公报》。调查数据显示，国内土壤污染类型以无机污染物为主，有机、无机-有机复合污染物并存，典型污染区域主要有重污染企业用地及周边土壤、工业废弃地、工业园区及周边土壤、固体废物集中处置场、采油采矿区、污水灌溉区、干线公路两侧土壤等，污染物超标主要原因是工矿业、农业等人为活动及土壤环境背景值高等，基本掌握了全国土壤环境质量的总体状况和污染来源，为科学制定土壤污染防治对策做了前提准备。

(2) 以出台政策法规促进土壤污染治理和监管的逐步转型阶段（2014—2016 年）

国内环境污染和生态破坏事故频发，群众环境信访及涉环境群体性事件数量居高不下，尤其是 2010 年以后，重大环境事件呈高发态势。以湖南“镉大米”事件和常州“毒地”事件为典型的土壤污染事件表明，土壤环境污染严重影响了人体健康，已引起社会广泛关注，加强污染治理和监管刻不容缓。为切实加强土壤污染防治和监管，国家出台了一系列土壤污染防治政策法规文件，逐步建立土壤环境保护法律法规体系。从 2015 年开始，国内增强了环境监管和执法力度，处罚的频次、数量大幅度提高；同时在纪检监察方面加大监管经费投入，提升内部监管能力。2016 年 5 月，国务院印发了《土壤污染防治行动计划》（简称《行动计划》，又被称为“土十条”），通过 10 条 35 款 231 项具体措施从 10 个方面提出了一个时期内土壤污染防治的“硬任务”。“土十条”是国内土壤污染治理的首个纲领性文件，从摸清土壤污染状况到依法治土，从分类管理到风险管控，从推进修复到分配责任，对土壤污染防治做出了系统而全面的规划及行动部署，明确下一步要侧重污染调查和评估、推进土壤立法、对农用地和建设用地分类管控、加强对未污染土壤的保护、科学开展土壤治理与修复、促进科技研发与产业发展、推动治理体系的构建、实施目标考核和责任追究等方面的工作，以保护生态环境和保障人体健康为落脚点推动国内环境管理战略转型。

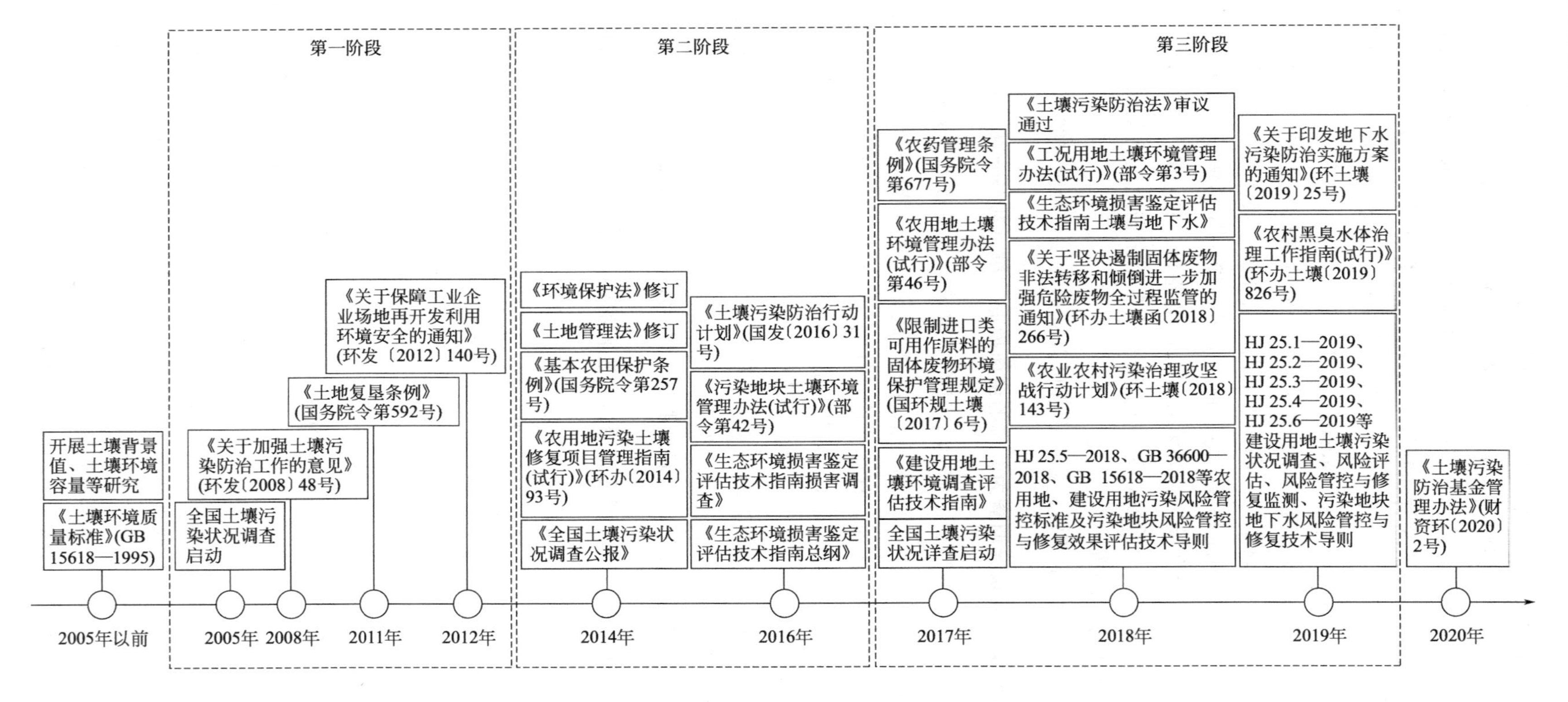

图 2-1 我国土壤污染防治发展进程

（3）以《土壤污染防治法》为标志的土壤污染防治法律法规体系建立阶段（2017—2019 年）

土壤污染防治工作并不是以利益为主导的市场经济行为，必须依靠制度体系，以强制性手段依法实施。虽然各部委在“土十条”之后相继出台了法规政策，生态环境部也加快了重点工作相关标准制修订的进程，31 个省（直辖市、自治区）结合各地土壤环境特点和经济状况，分解和细化政策，发布省级土壤污染防治实施计划，但这些政策文件在土壤污染防治中主要起到指导作用，不具有约束力和强制力。2019 年 1 月 1 日，《土壤污染防治法》开始实施，结束了治理污染的责任主体认定困难或缺失的历史，形成了全链条的管控和责任体系，土壤污染防治法律法规体系基本建立，这是近年来土壤污染防治工作的重大成果。

2.1.3　我国土壤污染防治工作的不足

我国在土壤污染防治方面虽然也有相当一部分的规定，但不可否认的是也存在着一定的缺陷和不足，主要表现为以下几方面。

（1）系统性不足

各个法律较分散，相互之间协调性差。大气、水和土壤并列为人类环境的三大要素，几乎所有的污染都会通过某种途径进入土壤。因此，土壤污染防治需要整体、综合的法律保护对策。事实上在一部法律之中对于土壤污染防治的规定不全面，甚至仅有一两个规定。这使得诸多的规定过于分散在其他综合性或者专门性的部门法当中，而在这些法律当中土壤并不是作为立法的核心，从而使得土壤污染防治不能系统有效地进行，导致污染防治的工作效率大打折扣，不能达到预期的目的。

（2）实际操作性差

已有的有关土壤污染防治的法律规定中，主要是抽象的、原则性的规定，缺少具体的制度规定，因此在实践中可操作性不强。现有的法律规定只是对于“防止土壤污染”“改良土壤”等做出了比较概括的规定，但对于如何具体去实践却没有下文。并且对于如何防治土壤污染、如何保护和治理被污染的土壤，却没有明文规定，从而使这些条文变得比较空洞，无法具体实施。主要表现在如下几方面：

① 缺乏土壤监测和应急预警机制。土壤污染具有复杂性和不可逆转性，治理难，应当以预防为主。从我国《环境保护法》和其他的单行污染防治立法中可以看到，以行政管制为主，强调点源污染的末端治理及“三同时”制度、排污收费制度以及环境影响评价制度，但是这些制度并不能规范广大农业生产者的行为，对于农业面源污染所导致的土壤污染很难起到应有的作用。

② 土壤污染修复制度存在问题，特别是污染治理基金制度缺失。污染的土壤如不加以清除和修复，不仅可能引起地下水源、空气、地表水的污染，而且会长期危害人类健康，带来巨大的经济和社会隐患。虽然我国目前已有的《大气污染防治法》《水污染防治法》《固体废物环境污染防治法》等其他污染防治法，但是却不能解决已经受污染的土壤的清除和修复等问题，缺乏土壤污染修复的专门制度。土壤一旦被污染，治理难度很大，需要长期的大量资金投入治理。由于在土壤污染防治方面缺乏专门的法律规定，依据现有的有关环境污染的

法律规定，往往是违法成本很低，仅仅是罚款而已，对后继的治理没有规定，因此所造成的现实问题是被污染的土壤难以得到很好的治理。

③ 法律责任制度缺失。法律责任是违法者承担不利后果的责任方式，是实现土地污染防治目标的重要保障，但是中国现行的相关法律法规只对土壤污染防治做了原则性规定，没有规定造成土壤污染违法的责任主体及应承担法律责任的具体方式，因而可以说现行土壤污染防治法律法规对土壤环保相关责任方的法律约束力极为软弱，从而导致一些严重污染土地的行为得不到法律追究，也使土壤污染行为愈演愈烈。

④ 公众参与制度不健全。公民既有享受美好环境的权利，也有保护环境的义务。环境管理涉及每一个人的事业，需要公众的广泛参与，这早已成为世界各国的共识。公众参与原则是我国环境法的基本原则。但是不能否认的是我国目前的公众参与制度存在着如下几个方面的缺陷。首先，法律规定过于原则、抽象，缺乏相关的配套实施细则。在公众参与制度上我国的法律规范过于笼统，没有公众应当以何种方式、通过何种渠道参与到环境和土壤的保护工作中去的规定。其次，公众参与的主要形式仍然属于在政府倡导下参与。正是在政府的倡导下进行参与，公众很难有自己的独立立场。再次，社会团体特别是非政府组织的力量比较薄弱。可以看到在发达国家的土壤污染防治中，非政府组织有着很大的力量，他们能够影响政府的决策。反过来看我国，非政府组织的力量比较薄弱，在维护公众环境利益的时候没有起到应有的作用。

(3) 污染防治效果不理想

我国在土壤污染防治的法律上已有了诸多的规定，但是由于这些法律规定的内容过于空泛、原则，并没有达到很好的治理效果。土壤污染具有隐蔽性、滞后性、累积性、不可逆转性和难治理性等特点。现有的规定并没有针对土壤污染的上述特点进行制度设计，从而使得这些规定在土壤污染防治效果上大打折扣。随着近年来经济的不断发展，我国土壤污染防治工作并没有取得很大的成效，每年还有大量的土壤正在被污染，而对于已经被污染的土壤的治理也少见成效。在土壤相关法律规定制定出台之后，我国重金属土壤污染事件仍频频发生。由此可见，现有的法律制度和规定在土壤污染防治方面的效果并不是很理想。

2.1.4 我国现行土壤污染防治政策与法律法规

2.1.4.1 土壤污染防治行动计划

为了逐步改善土壤质量，指导土壤污染防治，中国国务院于 2016 年 5 月 28 日发布了《土壤污染防治行动计划》（简称《行动计划》，又被称为“土十条”）。《行动计划》提出了两大目标：a. 到 2020 年，受污染耕地安全利用率达到 90%左右，污染地块安全利用率达到 90%以上；b. 到 2030 年，受污染耕地安全利用率达到 95%以上，污染地块安全利用率达到 95%以上。这表明政府预计到 2020 年初步遏制土壤污染加重的趋势，到 2030 年保证土壤完全清洁安全。

为实现这些目标，建议从十个方面采取战略，具体如下所述。

(1) 开展土壤污染调查，掌握土壤环境质量状况

深入开展土壤环境质量调查，并建立每 10 年开展一次的土壤环境质量状况定期调查制度；建设土壤环境质量监测网络，2020年底前实现土壤环境质量监测点位所有县、市、区全覆盖；提升土壤环境信息化管理水平。

（2）推进土壤污染防治立法，建立健全法规标准体系

2020年，土壤污染防治法律法规体系基本建立；系统构建标准体系；全面强化监管执法，重点监测土壤中镉、汞、砷、铅、铬等重金属和多环芳烃、石油烃等有机污染物，重点监管有色金属矿采选、有色金属冶炼、石油开采等行业。

（3）实施农用地分类管理，保障农业生产环境安全

按污染程度将农用地土壤环境划为三个类别；切实加大保护力度；着力推进安全利用；全面落实严格管控；加强林地草地园地土壤环境管理。

（4）实施建设用地准入管理，防范人居环境风险

明确管理要求，2016年底前发布建设用地土壤环境调查评估技术规定；分用途明确管理措施，逐步建立污染地块名录及其开发利用的负面清单；落实监管责任；严格用地准入。

（5）强化未污染土壤保护，严控新增土壤污染

结合推进新型城镇化、产业结构调整和化解过剩产能等，有序搬迁或依法关闭对土壤造成严重污染的现有企业。

（6）加强污染源监管，做好土壤污染预防工作

严控工矿污染，控制农业污染，减少生活污染。

（7）开展污染治理与修复，改善区域土壤环境质量

明确治理与修复主体，制定治理与修复规划，有序开展治理与修复，监督目标任务落实，2017年底前，出台土壤污染治理与修复成效评估办法。

（8）加大科技研发力度，推动环境保护产业发展

加强土壤污染防治研究，加大适用技术推广力度，推动治理与修复产业发展。

（9）发挥政府主导作用，构建土壤环境治理体系

2016年底前，在浙江省台州市、湖北省黄石市、湖南省常德市、广东省韶关市、广西壮族自治区河池市和贵州省铜仁市启动土壤污染综合防治先行区建设。

（10）加强目标考核，严格责任追究

2016年底前，国务院与各省区市人民政府签订土壤污染防治目标责任书，分解落实目标任务。

从“土十条”的规定中，我们不难看出土壤污染的形势越来越严峻，《土壤污染防治法》的立法工作已经刻不容缓，而且在该法出台后，对于我国的土壤污染防治工作具有更高的促进作用。同时，我们可以看出制定者在计划之初就提出监测的重要性，体现出我国在土壤污染问题上分类管理、重点突出的污染治理思路。而且在计划中我们还可以看出不仅仅强调治理的重要性，而是将保护放在了第一位，而不是强调污染后及时治理的思路。不仅如此，地方政府还要承担兜底修复的责任，这样土壤污染的责任就不会出现空缺状况。以上“土十条”的意义表明了国家在治理土壤污染防治上的决心和目标，同时也是我国土壤污染防治上的一大阶段性的进步。

2.1.4.2 土壤污染防治法

2018年8月31日第十三届全国人民代表大会常务委员会第五次会议通过了《土壤污染防治法》。该法作为我国第一部土壤污染防治专业法，为土壤管理提供了基本的指导方针和政策基础。

它强调土壤管理应注重污染预防。凡涉及土地利用和土壤污染的各类建设项目，均依法进行环境影响评价。根据有毒有害物质的排放量和浓度，预计当地政府将制定该地区重点污染单位名单，并加强对其监管。此外，国务院每十年至少进行一次全国土壤污染调查。

风险管理也是该法的基本概念之一。在法律中引入了基于风险的管理，以限制过度补救，并将土壤管理的目标从“污染场地的补救”重新定义为“污染场地的管理”。风险管理和风险控制规则的制定是基于土壤污染状况、公共卫生风险、生态风险、技术水平和土地利用。国家建立了农用地分类管理制度，将其分为三类：优先保护，安全利用，严格控制。开发用地土壤污染风险管理与修复采用清单制度。根据风险管理和补救状况及时更新清单。

这项法律明确规定了各方的责任。地方政府负责土壤污染的监督管理。负责土壤污染的实体有义务实施土壤污染风险的控制和恢复。如果无法确定这一实体，责任在于土地使用权人。此外，责任链是全面的，这意味着债务转让不能免除土壤污染的责任。国家还将设立土壤污染防治中央专项资金和省级专项资金。这些措施将主要用于预防农业用地的污染，以及由对污染负有责任的任何不明身份实体管理和补救土地。

(1) 土壤污染防治法的亮点

① 明确责任主体和追责方向。与我国《环境保护法》等环保法律法规相同，《土壤污染防治法》以“污染者担责”为基本原则。在此基础上，创新性地将责任主体划分为土壤污染责任人、土地使用权人和地方政府。其中，在对土壤污染责任人的规定上，新法列举了八类具体的责任主体并界定了其责任范围。根据本法规定，土壤污染责任人是实施土壤污染风险管控和修复义务的主要责任主体。当土壤污染责任人无法认定时，该义务由土地使用权人承担；土壤污染责任人变更的，由变更后承继其债权、债务的单位或者个人继续履行；土壤污染责任人不明确或者存在争议的，则根据污染土地的性质分类处理：农用地由地方人民政府农业农村、林业草原主管部门会同生态环境、自然资源主管部门认定，建设用地由地方人民政府生态环境主管部门会同自然资源主管部门认定。

责任主体的确立是《土壤污染防治法》最大的难点和亮点，其主要意义体现在两方面。其一，它能有效推动土壤污染纠纷的解决。由于土壤污染损害具有隐蔽性、积累性和滞后性，相关纠纷的责任主体认定向来是司法实践中的一大难题。在土壤污染侵权案件中，因无法认定责任主体而导致排污主体逃避制裁的案例比比皆是，典型如“常州毒地案”。因此，《土壤污染防治法》责任主体的确立，无疑会对有效解决土壤污染纠纷起到积极的推动作用。其二，明确责任主体有利于土壤修复责任的落实，为污染地块的修复工作带来便利，对于加速当前城市土地的开发和流转，缓解城市发展用地紧张具有重要的意义。

② 建立了分类化的土壤污染风险管控和修复制度。土壤污染风险管控和修复，包括土壤污染状况调查和土壤污染风险评估、风险管控、修复、风险管控效果评估、修复效果评估、后期管理等活动。《土壤污染防治法》用一章的篇幅专门规定了上述环节的实施要求，并针对农用地与建设用地两种不同类型的土地进行了区别规定：对农用地实行分类管理制度，即按照土壤污染程度和相关标准，将农用地划分为优先保护类、安全利用类和严格管控类进行管控；对建设用地则编制土壤污染风险管控和修复名录，列入名录的地块应当按照名录规定进行修复和污染防治，并禁止该部分地块用途变更为住宅、公共管理或公共服务用地。值得注意的是，《土壤污染防治法》对土壤污染状况调查、风险管控评估和修复效果评估单位出具虚假报告行为的处罚规定，不仅包括个人从业禁止、单位和个人双罚制，在恶意串通情况下，违法单位还须承担与委托人的连带责任。

③ 重视土壤环境监测与信息共享。土壤污染的隐蔽性使得土壤污染无法像大气污染、水污染一样能被直观感知，而是依赖于检测手段和监测数据才能被发现。因此，建立全面的土壤环境质量监测网络是一切土壤保护工作的基础。《土壤污染防治法》规定了土壤环境监测制度和土壤环境信息共享机制，提出建立全国土壤环境监测网络和土壤环境基础数据库、全国土壤环境信息平台，并规定了每十年至少组织开展一次全国土壤污染状况普查。数据监测和信息公开让“隐形”的土壤污染无处遁形，其发挥的作用也极为重要。表现在：一是优化行政监管效果。实时的数据监测让环境部门掌握责任主体的排污情况，能及时对违法排污行为进行干预，且对主体的排污行为形成强有力的约束，从而起到良好的污染预防效果。二是为司法裁判提供依据。监测数据的历史比对能反映出特定阶段土壤环境质量的变化情况，为土壤污染侵权中的侵权行为、损害事实等证明提供了有力支持，且为共同侵权责任划分，尤其是先后型复合排污（同一地块上不同时期的多个主体均曾实施排污行为）中单个主体责任的划分提供重要依据。三是推动“公地问题”的公共解决。土壤环境质量与公众生活紧密相关，公众对其生活的环境状况应享有知情权。信息公开不仅是对公众知情权的尊重，它同时为公众参与土壤污染防治提供了基础，以实现社会监督、社会集智和社会集资的效果。

④ 建立土壤污染防治基金制度。相较于水污染和大气污染防治，土壤污染防治具有资金投入大、治理周期长、经济收益低的特点。目前，我国的土壤污染治理主要依赖政府财政投入，远不能满足土壤污染防治的资金需求，因而资金问题成为制约土壤污染防治工作最突出的“短板”。《土壤污染防治法》借鉴了发达国家的土壤污染治理经验，规定建立省级土壤污染防治基金制度，而中央设立土壤污染防治专项资金。基金主要用于农用地土壤污染防治、土壤污染责任人或者土地使用权人无法认定的土壤污染风险管控修复以及政府规定的其他事项；在本法实施之前产生的，并且土壤污染责任人无法认定的污染地块，土地使用权人实际承担土壤污染风险管控和修复的，也可以申请该项基金。《土壤污染防治法》虽然并未明确土壤污染防治基金的集资来源、设立方式或运行管理问题，但该制度的提出，无疑为扩展土壤污染防治资金来源、构建土壤污染社会治理的长效机制提供了法律基础。

（2）土壤污染防治法面临的挑战

① 溯及力不明确。在适用法律规范前，首先应当考虑法律规范要件构成是否完备。当法律规范的构成要件与事实一一对应时，相应的法律规范才能适用。土壤污染的广泛性、累积性、隐蔽性和持续性拉长了污染行为、污染后果等构成要件的时间跨度，因此相关责任制

度的溯及力问题变得尤为多发和显著。《土壤污染防治法》的溯及力问题，是指对于由过去活动造成的土壤污染，如果污染行为和结果均发生于法律实施前，而法律实施后污染状态仍在延续，《土壤污染防治法》生效前的污染者或其他潜在责任者是否应当承担土壤污染风险管控和修复责任？这个问题在本法中并未得到明确。《中华人民共和国立法法》（简称《立法法》）第九十三条确立了“法不溯及既往”原则，但“为了更好地保护公民、法人和其他组织的权利和利益而作的特别规定除外”。该条规定为法不溯及既往提供了例外，但《土壤污染防治法》第四十五条、第四十七条规定的“土壤污染责任人”“土地使用人”以及“承继其债权、债务的单位或者个人”是否包括在本法生效前的污染者和其他潜在责任者？且能否依据《立法法》第九十三条获得溯及力？上述问题仍然是亟须明确的。应当明确《土壤污染防治法》的溯及力有无及溯及责任的形式，才能进行利益格局的重构，并获得立法的正当性依据。如果不明确本法具有溯及力而直接规定溯及责任，虽然为本法的适用清除了障碍，但可能会引起公众的反感，受到利益相关方的质疑和反对，也会影响法律的安定性和实施效果。

② 由责任人直接实施修复效果不理想。《土壤污染防治法》规定由土壤污染责任人来实施土壤和地下水污染修复，而该制度的设计实际上存在很大的适用缺陷。这不仅因为土壤污染责任人缺乏妥善修复土壤的动力以及由第三方进行评估验收容易滋生腐败，更是因为大部分个人和单位实际上并不具备完成良好修复的能力。首先，由于土壤具有吸附性、高度不均匀性，去除其中的污染物十分艰巨且耗费高昂。以日本发生“痛痛病”的神通川污染区域治理为例，该区域最终采取“客土法”进行修复，工程总耗时 33 年，花费 407 亿日元；美国拉夫运河污染物填埋治理案例中，共转移 950 余户家庭，耗时 24 年，花费 4 亿多美元。这样的经济代价和时间跨度对于大部分个人或单位而言是难以承受的。其次，土壤修复并非只关乎污染地块，而是一个依赖于宏观管理的综合工程。目前最先进的土壤修复技术包括植物、微生物、固化/稳定化、电动修复、土壤淋洗和热脱附等，但上述技术均不能使土壤完全恢复原状，且存在不能完全消除风险、不能保持长期效果的可能性，甚至将造成土壤机能丧失等问题，以及造成二次污染及地下水污染的风险。这种情况下，考虑到土壤修复的巨大成本投入，可知土壤修复是有条件的，并非所有受污染的土壤都要采取修复措施，修复标准也不能一成不变。从修复效益出发，往往需要对污染地块进行功能的变动，对城市区域布局作出相应调整。当修复的边际效益降低甚至没有边际效益时，不应该盲目地进行修复，而应该将其封存起来，由其自然恢复。因此，土壤修复实际上高度依赖于市政建设规划、区域发展规划等宏观管理活动。《土壤污染防治法》确立了污染者负担的责任主体制度，但并未辅之以相应的资金保障和组织实施的制度配套设计。可以预见，在资金、技术以及行政管理的多重制约下，由个人或单位来直接实施土壤污染修复的效果并不理想。

③ 制度“落地难”。相较于部分欧美国家 20 世纪 80 年代便陆续出台土壤污染治理法案和制度，我国土壤污染防治立法工作呈现出起步晚、跳跃式发展的特点。《土壤污染防治法》致力于为我国土壤污染防治工作构建基础框架，规定了土壤工作的基本原则，提出建立包括土壤污染防治目标责任制和考核评价制度、土壤环境监测制度、农用地分类管理制度等在内的八项全新制度和若干工作机制。然而，成熟的制度往往是在与实践相磨合的过程中逐渐发展并臻于完善的，而这些“空降”的土壤污染防治制度面临着双重的“落地难”问题。一方面，《土壤污染防治法》仅提出了制度概念，具体制度的制定尚为空白。如何根据制度概念进行制度建构，使其在符合本法立法目的的前提下与其他环境保护制度相辅相成，形成较完

整的土壤污染防治体系。这是从概念到具体规定的落地。另一方面，当前许多地方政府仍然依靠出让土地使用权来维持地方财政支出，受财政增收的刺激，地方政府天然地倾向于促进土地开发和提高土地流转效率。土壤污染治理具有投入高、治理周期长的特点，无论是“先治理、再出让”还是“先出让、再治理”的模式，都会对土地流转效率造成负面影响。在这种“土地财政”的背景下，地方政府是否有实施土壤治理工作的积极性是值得考量的。这是从规定到实施的落地。这种制度的暂时缺位和制度环境的不成熟，均将给本法带来“落地难”的问题。

2.2 土壤环境质量标准概况

2.2.1 国外土壤环境质量标准

从总体上来看，土壤环境基准的研究和土壤环境标准的建立工作，大大滞后于大气、水环境基准的研究和大气、水环境标准的建立工作。这是因为，土壤历来被认为是生活废弃物及各种毒物堆积和处理的场所。这种传统的认识和偏见，束缚着人们正确认识土壤环境问题。土壤环境污染对人体健康的影响相对于水和大气环境污染对人体健康的影响是间接潜在的，因而也容易使人们从主观上忽视土壤环境问题，影响了土壤环境基准的研究和相应标准制定工作的开展。

从全球范围来看，1968 年苏联制定的土壤环境质量标准，是世界上最早的国家土壤环境标准。以后，随着土壤环境污染问题的逐渐暴露，西欧一些国家也逐渐开展了土壤环境质量基准的研究和标准的制定。相应地，荷兰、英国、丹麦、法国、瑞典等一些国家则先后颁布了自己国家的土壤环境标准。从地区来讲，西欧是至今为止对土壤环境保护最为重视的地区。相对而言，人口密度较大而国土面积较小的国家，一般都十分重视土壤环境的保护。

2.2.1.1 荷兰的土壤质量目标值和调解值

1994 年 5 月 9 日，荷兰终止使用其“*AB-C*”土壤和地下水基准值，而采用了新的土壤标准——调解值，对土壤、污泥和地下水的“严重污染”进行识别，以表明什么时候、什么条件下必须对污染土壤进行修复。这些新的调解值是基于人体健康风险和生态毒理风险研究结果和有关数据而确立的，比以往的“*C* 值”更具有其预防功能，适用于典型花园区（面积 7m×7m，深 0.5m）或较小面积区（体积 $100m^3$ 地下水）化学污染物的平均浓度限制。当考虑到土壤类型的变化，尤其是当土壤有机质和黏粒含量不同时，则需要采用“土壤校正因子”进行校正。但是，对于毒理学特性变化极为明显的单一污染物并没有设立调解值。荷兰政府还承认，尽管某些污染物没有高出他们所制定的调解值，但如果这些污染物的迁移能力非常强，也被认为是土壤或地下水受到了严重污染。

表 2-2 列出了荷兰标准土壤（指有机质含量为 10%、黏粒含量为 25%的土壤）污染物的目标值与调解值。其中，目标值主要用于指示土壤与地下水并不受到污染，代表了国家最终的土壤质量目标，而不是污染土壤的清洁标准。以往所用的“*B* 值”，即用于考察土壤和

地下水是否被污染的值，现在由目标值与调解值的平均值取代；如果某污染物没有设立目标值，那么目标值为调解值的 1/2。

表 2-2　荷兰标准土壤污染物的目标值与调解值

物质分类	污染物	土壤/沉积物/(mg/kg 干重)		地下水/(μg/L)	
		目标值（最优值）	调解值（行动值）	目标值（最优值）	调解值（行动值）
金属	砷	299	55	10	60
	钡	200	625	50	625
	镉	0.8	12	0.4	6
	铬	100	380	1	30
	钴	20	240	20	100
	铜	36	190	15	75
	汞	0.3	10	0.05	0.3
	铅	85	530	15	75
	钼	10	200	5	300
	镍	35	210	15	75
	锌	140	720	65	800
无机物质	氰化物(游离)	1	20	5	1500
	氰化物(pH<5)①	5	650	10	1500
	氰化物(pH≥5)	5	50	10	1500
	硫氰酸盐(总和)	—	—	20	1500
芳香物质	苯	0.05(检出极限)	2	0.2	30
	乙基苯	0.05(检出极限)	50	0.2	150
	酚	0.05(检出极限)	40	0.2	2000
	甲酚	—	5(检出极限)	—	200
	甲苯	0.05(检出极限)	130	0.2	1000
	二甲苯	0.05(检出极限)	25	0.2	70
	儿茶酚	—	20	—	1250
	间苯二酚	—	10	—	600
	氢醌	—	10	—	800
多环芳烃	多环芳烃(总和)②	1	40	—	—
	萘	—	—	0.1	70
	蒽	—	—	0.02	5
	菲	—	—	0.02	5
	荧蒽	—	—	0.005	1
	苯并[*a*]蒽	—	—	0.002	0.5
	䓛	—	—	0.002	0.05
	苯并[*a*]芘	—	—	0.001	0.05
	苯并[*g*,*h*,*i*]苝	—	—	0.002	0.05
	苯并[*k*]荧蒽	—	—	0.001	0.05
	茚并[1,2,3-*cd*]芘	—	—	0.0004	0.05

续表

物质分类	污染物	土壤/沉积物/(mg/kg 干重)		地下水/(μg/L)	
		目标值（最优值）	调解值（行动值）	目标值（最优值）	调解值（行动值）
含氯烃类	1,2-二氯乙烷	—	4	0.01	400
	二氯甲烷	（检出极限）	20	0.01	1000
	四氯甲烷	0.001	1	0.01(检出极限)	10
	四氯乙烷	0.01	4	0.01(检出极限)	40
	三氯甲烷	0.001	10	0.01(检出极限)	400
	三氯乙烷	0.001	60	0.01(检出极限)	500
	氯乙烯	—	0.1	—	0.7
	氯苯(总和)③	—	30	—	—
	单氯苯	（检出极限）	—	0.01(检出极限)	180
	二氯苯	0.01	—	0.01(检出极限)	50
	三氯苯(总和)	0.01	—	0.01(检出极限)	10
	四氯苯(总和)	0.01	—	0.01(检出极限)	2.5
	五氯苯	0.0025	—	0.01(检出极限)	1
	六氯苯	0.0025	—	0.01(检出极限)	0.5
	氯酚(总和)④	—	10	—	—
	单氯酚(总和)	0.0025	—	0.25	100
	二氯酚(总和)	0.003	—	0.08	30
	三氯酚(总和)	0.001	—	0.025	10
	四氯酚(总和)	0.001	—	0.01	10
	五氯酚	0.002	5	0.02	3
	氯萘	—	10	—	6
	多氯联苯⑤	0.02	1	0.01(检出极限)	0.01
农药	DDT/DDE/DDD⑥	0.025	4	（检出极限）	0.01
	艾氏剂(总和)⑦	—	4	—	0.1
	艾氏剂	0.025	—	（检出极限）	—
	狄氏剂	0.025	—	0.00002	—
	异狄氏剂	0.001	—	（检出极限）	—
	HCH(总和)⑧	—	2	—	—
	α-HCH	0.0025	—	（检出极限）	—
	β-HCH	0.001	—	（检出极限）	—
	γ-HCH	0.00005	—	—	0.0002
	西维因	—	5	0.01(检出极限)	0.1
	羰基呋喃	—	2	0.01(检出极限)	0.1
	代森锰	—	35	（检出极限）	0.1
	莠去津	0.00005	6	0.0075	150

续表

物质分类	污染物	土壤/沉积物/(mg/kg 干重)		地下水/(μg/L)	
		目标值（最优值）	调解值（行动值）	目标值（最优值）	调解值（行动值）
其他污染物	环己酮	0.1	270	0.5	15000
	邻苯二甲酸酯[9]	0.1	60	0.5	5
	矿物油[10]	50	5000	50	600
	嘧啶	0.1	1	0.5	3
	苯乙烯	0.1	100	0.5	300
	四氢呋喃	0.1	0.4	0.5	1
	四氢噻吩	0.1	90	0.5	30

注：① 酸度：pH 值（0.01mol/L $CaCl_2$），90%概率的测定值为小于 5。

② 在数值上等于萘、蒽、菲、荧蒽苯并［*a*］蒽、䓛、苯并［*a*］芘、苯并［*g*，*h*，*i*］苝、苯并［*k*］荧蒽和茚并［1,2,3-*cd*］芘的浓度之和。

③ 在数值上等于单氯苯、二氯苯、三氯苯四氯苯、五氯苯和六氯苯的浓度之和。

④ 在数值上等于单氯酚、二氯酚、三氯酚、四氯酚和五氯酚的浓度之和。

⑤ 在数值上等于多氯联苯 28、52、101、118、138 和 180 的浓度之和，但目标值并不包括多氯联苯 118。

⑥ 等于 DDT、DDD 和 DDE 浓度之和。

⑦ 在数值上等于艾氏剂、狄氏剂和异狄氏剂的浓度之和。

⑧ 在数值上等于 α-HCH、β-HCH、γ-KCH 和 δ-HCH 的浓度之和。

⑨ 所有邻苯二甲酸酯浓度之和。

⑩ 指所有直链和支链烷烃浓度总和，以免汽油和加热油受到污染，芳香烃和多环芳烃也不得不需要进行测定，以减去这部分的浓度。

对于重金属污染物，目标值与调解值主要取决于土壤黏粒含量、机械组成以及土壤有机质含量，表 2-2 中的标准应该通过式(2-1) 和式(2-2) 进行校正：

$$I_b = I_s \frac{\left(A + B\% \times \frac{黏粒}{粉砂粒} + C\% \times 有机质\right)}{A + 25B + 10C} \tag{2-1}$$

$$I_b = I_s \times \frac{有机质\%}{10} \tag{2-2}$$

式中　I_b——特定土壤的调解值；

I_s——标准土壤的调解值；

A、B 和 C——化合物因变常数（表 2-3)。

表 2-3　荷兰土壤标准中重金属的化合物因变常数

重金属	A	B	C
砷	15	0.4	0.4
钡	30	5	0
镉	0.4	0.007	0.021
铬	50	2	0
钴	2	0.28	0
铜	15	0.6	0.6
汞	0.2	0.034	0.0017
铅	50	1	1
钼	1	0	0
镍	10	1	0
锌	50	3	1.5

2.2.1.2 英国的指导性土壤基准与标准

20 世纪 90 年代以前，英国环境部根据土地利用类型的不同，制定了砷、镉、铬（Ⅵ）、铬（总）、铅、汞和硒等对人体有害的污染物及铜、锌和镍等对植物有害但一般对人体基本无害的污染物的基准上限（表 2-4）。英国学者认为，它是土壤污染的“起始浓度”，而不是土壤的最大允许浓度。当通过各种技术手段进行修复后，若土壤污染物浓度低于该值，该土壤就被认为达到了清洁水平。

表 2-4 英国土壤污染起始浓度（ICRCL 59/83）

污染物	土地利用类型	起始浓度/(mg/kg 风干土)	
		临界值	行动值
A 组(可能构成对健康的危害)			
砷	庭院、副业生产地、公园、运动场和开阔地	10	—
		40	—
镉	庭院、副业生产地、公园、运动场和开阔地	3	—
		15	—
铬(Ⅵ)①	庭院、副业生产地、公园、运动场和开阔地	25	—
		不限②	不限②
铬(总)	庭院、副业生产地、公园、运动场和开阔地	600	—
		1000	—
铅	庭院、副业生产地、公园、运动场和开阔地	500	—
		2000	—
汞	庭院、副业生产地、公园、运动场和开阔地	1	—
		20	—
硒	庭院、副业生产地、公园、运动场和开阔地	3	—
		6	—
B 组(植物毒性,但通常对人体健康不构成威胁)			
硼(水溶性)③	有植物生长的任何土地利用类型④、⑤	3	—
铜⑥⑦	有植物生长的任何土地利用类型④⑤	130	—
镍⑥⑦	有植物生长的任何土地利用类型④⑤	70	—
锌⑥⑦	有植物生长的任何土地利用类型④⑤	300	—
C 组(有机污染物)			
多环芳烃⑧⑨	庭院、副业生产地和运动场地、观光区、建筑区、坚硬覆盖区	50	500
		1000	10000
酚类物质	庭院、副业生产地、观光区、建筑区、坚硬覆盖区	5	200
		5	1000
氰化物(游离)	庭院、副业生产地和观光区、建筑区、坚硬覆盖区	25	500
		100	500

续表

污染物	土地利用类型	起始浓度/(mg/kg 风干土)	
		临界值	行动值
C 组(有机污染物)			
氰化物(复合)	庭院、副业生产地、观光区、建筑区、坚硬覆盖区	250 250 250	1000 5000 不限②
硫氰酸盐	所有建议的土地利用类型	50	不限②
硫酸盐	庭院、副业生产地和观光区、建筑区⑩、坚硬覆盖区	2000 2000 2000	10000 50000 不限②
硫化物	所有建议的土地利用类型	250	1000
硫	所有建议的土地利用类型	5000	20000
酸度	庭院、副业生产地和观光区、建筑区、坚硬覆盖区	pH<5 不限②	pH<3 不限②

注：① 可溶性+6 价铬采用 0.1mol/L HCl（37℃）浸提；如果有碱性物质存在，调至溶液 pH 值为 1.0。

② 污染物并不暴露于这种土地利用目的特定危害。

③ 采用甲亚胺-H 酸分光光度法测定。

④ 纯雨水呈微酸性，其 pH 值为 6.5（由于可溶性 CO_2 作用）；假设土壤 pH 值为 6.5，且保持在这一数值；如果 pH 值下降，这些元素的生物积累和毒性效应将随之增加。

⑤ 草类植物比其他大多数植物对植物毒性效应有更强的抗性，因此在该条件下其生长不会受到不良影响。

⑥ 总浓度，采用 $HNO_3/HClO_4$ 消解浸提。

⑦ 由于铜、镍和锌的植物毒性效应呈加和效应，因此在此的起始浓度值对于最坏的情况，如酸性砂土上发生的植物毒性效应也是适用的；在中性（pH=7）或碱性土壤上，这些浓度未必产生植物毒性效应。

⑧ 采用煤焦油作为标志，见 CIRIA（1988）附件 1。

⑨ 见 CIRIA（1988）有关分析方法详细。

⑩ 在含有硫酸盐的土壤和地下水中进行混凝。

自从 20 世纪 90 年代以来，英国环境部一直致力于进一步核实、确证、修正现有的临界起始浓度水平基准（污染土地评价与再开发准则，ICRCL 59/83）。现有的临界起始浓度水平基准只涉及有限几个污染物，而且缺乏土地质量恢复所必要的“行动”值。

污染土壤主要以尘土的形式被吸入人体。这很容易导致在这一土壤质量标准中只涉及与表层土壤（深度为 300～500mm）污染有关的若干重要污染物。因此，其适用性将受到限制，尤其对那些没有采用净土进行覆盖的修复场地。

2.2.1.3 日本的土壤保护标准

在日本，自 1968 年由慢性镉中毒引起骨痛病以来，农业土地的土壤污染问题就引起各方广泛的重视。1970 年，日本政府制定并颁布了农业土地的土壤污染防治法，并实施了污染土壤的修复。1975 年，日本东京部分地区发现了大量铬（Ⅵ）污染的土壤，已经导致严重的社会问题。自那以后，许多所谓“城市”（非农业）土壤污染问题在全日本迅速增加。这种增加一是由于许多工业企业用地被城市发展加速征用；二是全面实施了水污染控制法所规定的地下水质监测、诊断，发现了这些污染土壤。

鉴于所谓的“城市”土壤污染事故迅速增加，1991 年 8 月日本政府颁布了防治土壤污染的环境质量标准，1994 年 2 月又做了增补，目前日本土壤质量标准已对多种污染物做了限制（表 2-5）。此土壤环境质量标准对以下两种情况不适用：a. 天然有毒物质存在处，如有毒矿物附近；b. 有毒物质存放处，如废物处置点。

表 2-5　日本土壤质量标准（EQS）

物质	土壤质量目标水平①
镉	试料溶液中 0.01mg/L，土壤（水稻土）中＜1mg/kg
氰化物	试料溶液中不得检出
有机磷	试料溶液中不得检出
铅	试料溶液中≤0.01mg/L
铬(Ⅵ)	试料溶液中≤0.05mg/L
砷	试料溶液中≤0.01mg/L，农业土地（只是水稻田）土壤中＜15mg/kg
总汞	试料溶液中≤0.0005mg/L
烷基汞	试料溶液中不得检出
多氯联苯	试料溶液中不得检出
铜	农业土地（只是水稻田）土壤中＜125mg/kg
二氯甲烷	试料溶液中≤0.02mg/L
四氯化碳	试料溶液中≤0.002mg/L
1,2-二氯甲烷	试料溶液中≤0.004mg/L
1,1-二氯乙烯	试料溶液中≤0.02mg/L
顺-1,2-二氯乙烯	试料溶液中≤0.04mg/L
1,1,1-三氯乙烷	试料溶液中≤1mg/L
1,1,2-三氯乙烷	试料溶液中≤0.006mg/L
三氯乙烯	试料溶液中≤0.03mg/L
四氯乙烯	试料溶液中≤0.01mg/L
1,3-二氯丙烯	试料溶液中≤0.002mg/L
福美双	试料溶液中≤0.006mg/L
西玛津	试料溶液中≤0.003mg/L
苯	试料溶液中≤0.01mg/L
硒	试料溶液中≤0.01mg/L
禾草丹	试料溶液中≤0.02mg/L

注：① 通过淋溶实验与容量实验检验。

为了确保以环境质量标准为依据的土壤及地下水污染情况的调查与防治对策的落实，1994 年 11 月日本政府还相应建立了土壤及地下水污染调查与防治对策的指导准则。至 1997 年 10 月 31 日，在农业土地土壤污染政策计划框架下，在识别、修复土壤质量超标点或污染现场方面取得了进展。尤其是，在总面积为 7140hm^2 的污染土地中，大约有 76%的土地得到了修复。

2.2.2　我国土壤环境质量标准与技术导则

2.2.2.1　我国土壤环境质量标准

《土壤环境质量标准》（GB 15618—1995）是中国生态环境部规定给出的土壤中污染物

的最高容许含量。污染物在土壤中的残留积累，以不致作物生育障碍、籽粒或可食部分过量积累（不超过食品卫生标准）或影响土壤、水体等环境质量为界限。该标准按土壤应用功能、保护目标和土壤主要性质，规定了土壤中污染物的最高允许浓度指标值及相应的监测方法。该标准适用于农田、蔬菜地、茶园、果园、牧场、林地、自然保护区等地的土壤，具体规定的土壤环境质量标准值如表 2-6 所示。

表 2-6 土壤环境质量标准值 单位：mg/kg

项目	一级	二级			三级
	自然背景 pH 值	pH<6.5	pH 6.5～7.5	pH>7.5	pH>6.5
镉≤	0.20	0.30	0.60	1.0	—
汞≤	0.15	0.30	0.50	1.0	1.5
砷水田≤	15	30	25	20	30
旱地≤	15	40	30	25	40
铜农田等	35	50	100	100	400
果园≤	—	150	200	200	400
铅≤	35	250	300	350	500
铬水田≤	90	250	300	350	400
旱地≤	90	150	200	250	300
锌≤	100	200	250	300	500
镍≤	40	40	50	60	200
六六六≤	0.05	0.50	0.50	0.50	1.0
滴滴涕≤	0.05	0.50	0.50	0.50	1.0

注：1. 重金属（铬主要是三价）和砷均按元素量计，适用于阳离子交换量>5cmol（+）/kg 的土壤，若≤5cmol（+）/kg，其标准值为表内数值的半数。

2. 六六六为四种异构体总量，滴滴涕为四种衍生物总量。

3. 水旱轮作地的土壤环境质量标准，砷采用水田值，铬采用旱地值。

2018 年生态环境部批准《土壤环境质量　农用地土壤污染风险管控标准（试行）》和《土壤环境质量　建设用地土壤污染风险管控标准（试行）》两项标准为国家环境质量标准，由生态环境部与国家市场监督管理总局联合发布，自以上标准实施之日起，《土壤环境质量标准》（GB 15618—1995）废止。

《土壤环境质量　农用地土壤污染风险管控标准（试行）》规定了农用地土壤污染风险筛选值和管制值，以及监测、实施与监督要求，具体规定的农用地土壤污染风险筛选值（基本项目）（表 2-7），农用地土壤污染风险筛选值（其他项目）（表 2-8），农用地土壤污染风险管制值（表 2-9）。

表 2-7 农用地土壤污染风险筛选值（基本项目） 单位：mg/kg

序号	风险筛选值					
	污染物项目①②		pH≤5.5	5.5<pH≤6.5	6.5<pH≤7.5	pH>7.5
1	镉	水田	0.3	0.4	0.6	0.8
		其他	0.3	0.3	0.3	0.6
2	汞	水田	0.5	0.5	0.6	1.0
		其他	1.3	1.8	2.4	3.4
3	砷	水田	30	30	25	20
		其他	40	40	30	25

续表

序号	污染物项目①②		风险筛选值			
			pH≤5.5	5.5<pH≤6.5	6.5<pH≤7.5	pH>7.5
4	铅	水田	80	100	140	240
		其他	70	90	120	170
5	铬	水田	250	250	300	350
		其他	150	150	200	250
6	铜	果园	150	150	200	200
		其他	50	50	100	100
7	镍		60	70	100	190
8	锌		200	200	250	300

注：① 重金属和类金属砷均按元素总量计。

② 对于水旱轮作地，采用其中较严格的风险筛选值。

表 2-8　农用地土壤污染风险筛选值（其他项目）　　单位：mg/kg

序号	污染物项目	风险筛选值
1	六六六总量①	0.10
2	滴滴涕总量②	0.10
3	苯并[a]芘	0.55

注：① 六六六总量为 α-六六六、β-六六六、γ-六六六、δ-六六六四种异构体的含量总和。

② 滴滴涕总量为 p,p′-滴滴伊、p,p′-滴滴滴、o,p′-滴滴涕、p,p′-滴滴涕四种衍生物的含量总和。

表 2-9　农用地土壤污染风险管制值　　单位：mg/kg

序号	污染物项目	风险管制值			
		pH≤5.5	5.5<pH≤6.5	6.5<pH≤7.5	pH>7.5
1	镉	1.5	2.0	3.0	4.0
2	汞	2.0	2.5	4.0	6.0
3	砷	200	150	120	100
4	铅	400	500	700	1000
5	铬	800	850	1000	1300

《土壤环境质量　建设用地土壤污染风险管控标准（试行）》规定了保护人体健康的建设用地土壤污染风险筛选值和管制值，以及监测、实施与监督要求。具体规定的建设用地土壤污染风险筛选值和管制值（基本项目）（表 2-10），建设用地土壤污染风险筛选值和管制值（其他项目）（表 2-11）。

表 2-10　建设用地土壤污染风险筛选值和管制值（基本项目）　　单位：mg/kg

序号	污染物项目	CAS 号	筛选值		管制值	
			第一类用地	第二类用地	第一类用地	第二类用地
重金属和无机物						
1	砷	7440-38-2	20①	60①	120	140
2	镉	7440-43-9	20	65	47	174
3	铬(六价)	18540-29-9	3.0	5.7	30	78
4	铜	7440-50-8	2000	18000	8000	36000
5	铅	7439-92-1	400	800	800	2500
6	汞	7439-97-6	8	38	33	82
7	镍	7440-02-0	150	900	600	2000

续表

序号	污染物项目	CAS号	筛选值		管制值	
			第一类用地	第二类用地	第一类用地	第二类用地
挥发性有机物						
8	四氯化碳	56-23-5	0.9	2.8	9	36
9	氯仿	67-66-3	0.3	0.9	5	10
10	氯甲烷	74-87-3	12	37	21	120
11	1,1-二氯乙烷	75-34-3	3	9	20	100
12	1,2-二氯乙烷	107-06-2	0.52	5	206	21
13	1,1-二氯乙烯	75-35-4	12	66	40	200
14	顺-1,2-二氯乙烯	156-59-2	66	596	200	2000
15	反-1,2-二氯乙烯	156-60-5	10	54	31	163
16	二氯甲烷	75-09-2	94	616	300	2000
17	1,2-二氯丙烷	78-87-5	1	5	5	47
18	1,1,1,2-四氯乙烷	630-20-6	2.6	10	26	1000
19	1,1,2,2-四氯乙烷	79-34-5	1.6	6.8	14	50
20	四氯乙烯	127-18-4	11	53	34	183
21	1,1,1-三氯乙烷	71-55-6	701	840	840	840
22	1,1,2-三氯乙烷	79-00-5	0.6	2.8	5	15
23	三氯乙烯	79-01-6	0.7	2.8	7	20
24	1,2,3-三氯丙烷	96-18-4	0.05	0.5	0.5	5
25	氯乙烯	75-01-4	0.12	0.43	1.2	4.3
26	苯	71-43-2	1	4	10	40
27	氯苯	108-90-7	68	270	200	1000
28	1,2-二氯苯	95-50-1	560	560	560	560
29	1,4-二氯苯	106-46-7	5.6	20	56	200
30	乙苯	100-41-4	7.2	28	72	280
31	苯乙烯	100-42-5	1290	1290	1290	1290
32	甲苯	108-88-3	1200	1200	1200	1200
33	间二甲苯+对二甲苯	108-38-3,106-42-3	163	570	500	570
34	邻二甲苯	95-47-6	222	640	640	640
半挥发性有机物						
35	硝基苯	98-95-3	34	76	190	760
36	苯胺	62-53-3	92	260	211	663
37	2-氯酚	95-57-8	250	2256	500	4500
38	苯并[*a*]蒽	56-55-3	5.5	15	55	151
39	苯并[*a*]芘	50-32-8	0.55	1.5	5.5	15
40	苯并[*b*]荧蒽	205-99-2	5.5	15	55	151
41	苯并[*k*]荧蒽	207-28-9	55	151	550	1500
42	䓛	218-01-9	490	1293	4900	12900
43	二苯并[*a*,*h*]蒽	53-70-3	0.55	1.5	5.5	15
44	茚并[1,2,3-*cd*]芘	193-39-5	5.5	15	55	151
45	萘	91-20-5	25	70	255	700

注：具体地块土壤中污染物检测含量超过筛选值，但等于或者低于土壤环境背景值水平的，不纳入污染地块管理。

表 2-11　建设用地土壤污染风险筛选值和管制值（其他项目）　单位：mg/kg

序号	污染物项目	CAS 号	筛选值		管制值	
			第一类用地	第二类用地	第一类用地	第二类用地
重金属和无机物						
1	锑	7440-36-0	20	180	40	360
2	铍	7440-41-7	15	29	98	290
3	钴	7440-48-4	20①	70①	190	350
4	甲基汞	22967-92-6	5.0	45	10	120
5	钒	7440-62-2	165①	752	330	1500
6	氰化物	57-12-5	22	135	44	270
挥发性有机物						
7	一溴二氯甲烷	75-27-4	0.29	1.2	2.9	12
8	溴仿	75-25-2	32	103	320	1030
9	二溴氯甲烷	124-48-1	9.3	33	93	330
10	1,2-二溴乙烷	106-93-4	0.07	0.24	0.7	2.4
半挥发性有机物						
11	六氯环戊二烯	77-47-4	1.1	5.2	2.3	10
12	2,4-二硝基甲苯	121-14-2	1.8	5.2	18	52
13	2,4-二氯酚	120-83-2	117	843	234	1690
14	2,4,6-三氯酚	88-06-2	39	137	78	560
15	2,4-二硝基酚	51-28-5	78	562	156	1130
16	五氯酚	87-86-5	1.1	2.7	12	27
17	邻苯二甲酸二(2-乙基己基)酯	117-81-7	42	121	420	1210
18	邻苯二甲酸丁基苄酯	85-68-7	312	900	3120	9000
19	邻苯二甲酸二正辛酯	117-84-0	390	2812	800	5700
20	3,3′-二氯联苯胺	91-94-1	1.3	3.6	13	36
21	阿特拉津	1912-24-9	2.6	7.4	26	74
22	氯丹②	12789-03-6	2.0	6.2	20	62
23	*p*,*p*′-滴滴滴	72-54-8	2.5	7.1	25	71
24	*p*,*p*′-滴滴伊	72-55-99	2.0	7.0	20	70
25	滴滴涕③	50-29-3	2.0	6.7	21	67
26	敌敌畏	62-73-7	1.8	5.0	18	50
27	乐果	60-51-55	86	619	170	1240
28	硫丹④	115-29-7	234	1687	470	3400
29	七氯	76-44-8	0.13	0.37	1.3	3.7
30	α-六六六	319-84-6	0.09	0.3	0.9	3
31	β-六六六	319-85-7	0.32	0.92	3.2	9.2
32	γ-六六六	58-89-9	0.62	1.9	6.5	19
33	六氯苯	118-74-1	0.33	1	3.3	10
34	灭蚁灵	2385-85-5	0.03	0.09	0.3	0.9

续表

序号	污染物项目	CAS 号	筛选值		管制值	
			第一类用地	第二类用地	第一类用地	第二类用地
多氯联苯、多溴联苯和二噁英类						
35	多氯联苯(总量)⑤	—	0.14	0.38	1.4	3.8
36	3,3′,4,4′,5-五氯联苯(PCB 126)	57465-28-8	4×10^{-5}	1×10^{-4}	4×10^{-4}	1×10^{-3}
37	3,3′,4,4′,5,5′-六氯联苯(PCB 169)	32774-16-6	1×10^{-4}	4×10^{-4}	1×10^{-3}	4×10^{-3}
38	二噁英类(总毒性当量)	—	1×10^{-5}	4×10^{-5}	1×10^{-4}	4×10^{-4}
39	多溴联苯(总量)	—	0.02	0.06	0.2	0.6
石油烃类						
40	石油烃($C_{10}\sim C_{40}$)	—	826	4500	5000	9000

注：① 具体地块土壤中污染物检测含量超过筛选值，但等于或者低于土壤环境背景值水平的，不纳入污染地块管理。

② 氯丹为 α-氯丹、γ-氯丹两种物质含量总和。

③ 滴滴涕为 o,p'-滴滴涕、p,p'-滴滴涕两种物质含量总和。

④ 硫丹为 α-硫丹、γ-硫丹两种物质含量总和。

⑤ 多氯联苯（总量）为 PCB 77、PCB 81、PCB 105、PCB 114、PCB 118、PCB 123、PCB 126、PCB 156、PCB 157、PCB 167、PCB 169、PCB 189 十二种物质含量总和。

2.2.2.2 我国土壤环境质量导则

(1)《建设用地土壤污染状况调查技术导则》(HJ 25.1—2019)

根据《中华人民共和国环境保护法》《中华人民共和国土壤污染防治法》，为保障人体健康，保护生态环境，加强建设用地环境保护监督管理，规范建设用地土壤污染状况调查，制定了《建设用地土壤污染状况调查技术导则》(HJ 25.1—2019) 标准。该标准规定了建设用地土壤污染状况调查的原则、内容、程序和技术要求。

土壤污染状况调查 (investigation on soil contamination) 是指采用系统的调查方法，确定地块是否被污染及污染程度和范围的过程。建设用地土壤污染状况调查基本原则如下：

① 针对性原则。针对地块的特征和潜在污染物特性，进行污染物浓度和空间分布调查，为地块的环境管理提供依据。

② 规范性原则。采用程序化和系统化的方式规范土壤污染状况调查过程，保证调查过程的科学性和客观性。

③ 可操作性原则。综合考虑调查方法、时间和经费等因素，结合当前科技发展和专业技术水平，使调查过程切实可行。

土壤污染状况调查可分为三个阶段，调查的工作内容与程序如图 2-2 所示。

① 第一阶段：土壤污染状况调查。第一阶段土壤污染状况调查是以资料收集、现场踏勘和人员访谈为主的污染识别阶段，原则上不进行现场采样分析。若第一阶段调查确认地块内及周围区域当前和历史上均无可能的污染源，则认为地块的环境状况可以接受，调查活动可以结束。

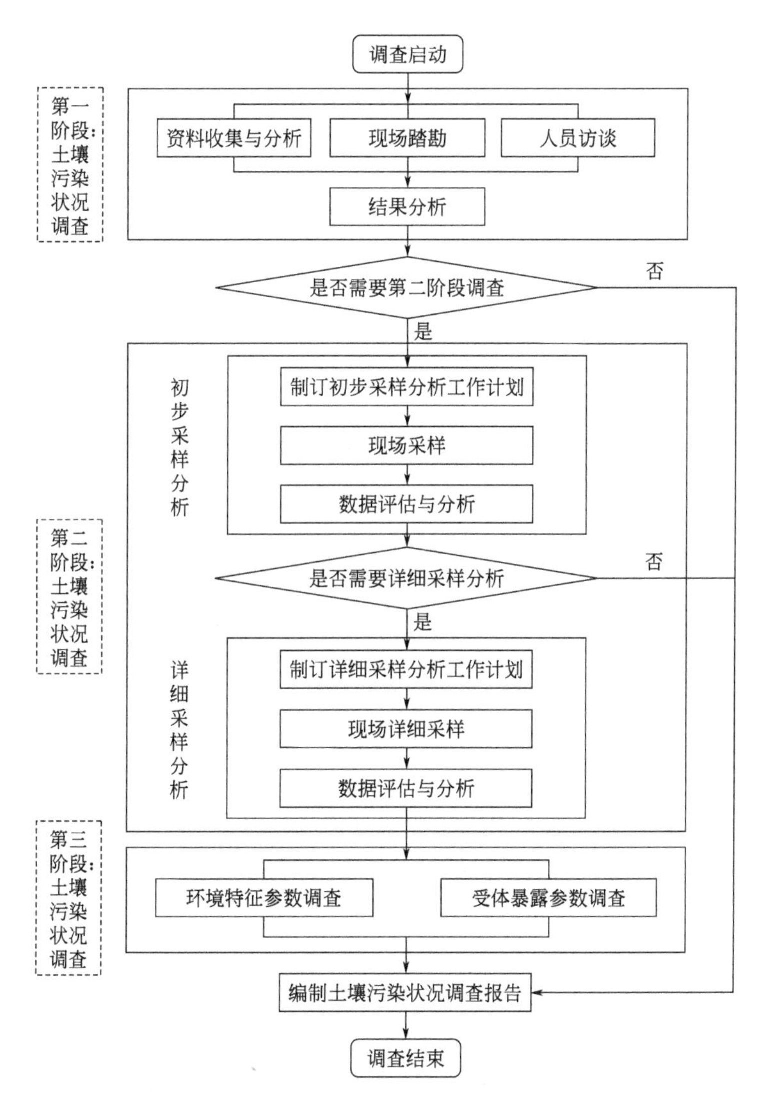

图 2-2　土壤污染状况调查的工作内容与程序

② 第二阶段：土壤污染状况调查。第二阶段土壤污染状况调查是以采样与分析为主的污染证实阶段。若第一阶段土壤污染状况调查表明地块内或周围区域存在可能的污染源，如化工厂、农药厂、冶炼厂、加油站、化学品储罐、固体废物处理等可能产生有毒有害物质的设施或活动，以及由于资料缺失等原因造成无法排除地块内外存在污染源时，进行第二阶段土壤污染状况调查，确定污染物种类、浓度（程度）和空间分布。

第二阶段土壤污染状况调查通常可以分为初步采样分析和详细采样分析两步进行，每步均包括制订工作计划、现场采样、数据评估和结果分析等步骤。初步采样分析和详细采样分析均可根据实际情况分批次实施，逐步减小调查的不确定性。

根据初步采样分析结果，如果污染物浓度均未超过 GB 36600—2018 等国家和地方相关标准以及清洁对照点浓度（有土壤环境背景的无机物），并且经过不确定性分析确认不需要进一步调查后，第二阶段土壤污染状况调查工作可以结束；否则认为可能存在环境风险，须进行详细调查。标准中没有涉及的污染物，可根据专业知识和经验综合判断。详细采样分析是在初步采样分析的基础上，进一步采样和分析，确定土壤污染程度和范围。

③ 第三阶段：土壤污染状况调查。第三阶段土壤污染状况调查以补充采样和测试为主，获得满足风险评估及土壤和地下水修复所需的参数。本阶段的调查工作可单独进行，也可在第二阶段调查过程中同时开展。

(2)《建设用地土壤污染风险管控和修复　监测技术导则》(HJ 25.2—2019)

根据《中华人民共和国环境保护法》《中华人民共和国土壤污染防治法》，为保障人体健康，保护生态环境，加强建设用地环境监督保护管理，规范建设用地土壤污染风险管控和修复监测，制定了《建设用地土壤污染风险管控和修复　监测技术导则》(HJ 25.2—2019) 标准。该标准规定了建设用地土壤污染风险管控和修复监测的原则、程序、工作内容和技术要求。该标准适用于建设用地土壤污染状况调查和土壤污染风险评估、风险管控、修复、风险管控效果评估、修复效果评估、后期管理等活动的环境监测。该标准不适用于建设用地的放射性及致病性生物污染监测。

建设用地土壤污染风险管控和修复监测的基本原则如下：

① 针对性原则。地块环境监测应针对土壤污染状况调查与土壤污染风险评估、治理修复、修复效果评估及回顾性评估等各阶段环境管理的目的和要求开展，确保监测结果的协调性、一致性和时效性，为地块环境管理提供依据。

② 规范性原则。以程序化和系统化的方式规范地块环境监测应遵循的基本原则、工作程序和工作方法，保证地块环境监测的科学性和客观性。

③ 可行性原则。在满足地块土壤污染状况调查与土壤污染风险评估、治理修复、修复效果评估及回顾性评估等各阶段监测要求的条件下，综合考虑监测成本、技术应用水平等方面因素，保证监测工作切实可行及后续工作的顺利开展。

建设用地土壤污染风险管控和修复监测的工作内容有以下几个方面：

① 地块土壤污染状况调查监测。地块土壤污染状况调查和土壤污染风险评估过程中的环境监测，主要工作是采用监测手段识别土壤、地下水、地表水、环境空气、残余废弃物中的关注污染物及水文地质特征，并全面分析和确定地块的污染物种类、污染程度和污染范围。

② 地块治理修复监测。地块治理修复过程中的环境监测，主要是指针对各项治理修复技术措施的实施效果所开展的相关监测，包括治理修复过程中涉及环境保护的工程质量监测和二次污染物排放监测。

③ 地块修复效果评估监测。对地块治理修复工程完成后的环境监测，主要工作是考核和评价治理修复后的地块是否达到已确定的修复目标及工程设计所提出的相关要求。

④ 地块回顾性评估监测。地块经过修复效果评估后，在特定的时间范围内，为评价治理修复后地块对土壤、地下水、地表水及环境空气的影响所进行的环境监测，同时也包括针对地块长期原位治理修复工程措施的效果开展验证性的环境监测。

地块环境监测的工作程序主要包括监测内容确定、监测计划制订、监测实施及监测报告编制。监测内容确定是监测启动后按照工作内容中的要求确定具体工作内容；监测计划制订包括资料收集分析，确定监测范围、监测介质、监测项目及监测工作组织等过程；监测实施包括监测点位布设、样品采集及样品分析等过程。

(3)《建设用地土壤污染风险评估技术导则》(HJ 25.3—2019)

根据《中华人民共和国环境保护法》《中华人民共和国土壤污染防治法》，为保障人体健康，保护生态环境，加强建设用地环境保护监督管理，规范建设用地土壤污染健康风险评估，制定了《建设用地土壤污染风险评估技术导则》(HJ 25.3—2019) 标准。该标准规定了建设用地土壤污染风险评估的原则、内容、程序、方法和技术要求。该标准适用于建设用地健康风险评估和土壤、地下水风险控制值的确定。该标准不适用于铅、放射性物质、致病性生物污染以及农用地土壤污染的风险评估。

地块风险评估工作内容包括危害识别、暴露评估、毒性评估、风险表征，以及土壤和地下水风险控制值计算。污染地块风险评估程序如图 2-3 所示。

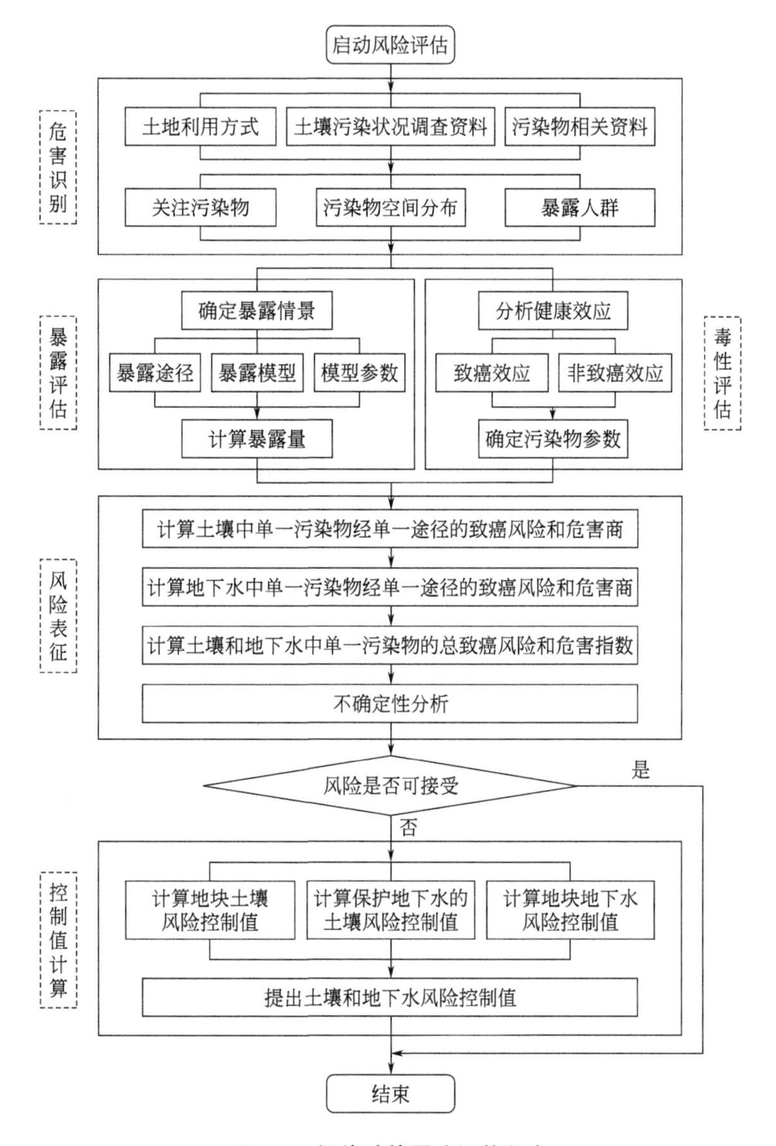

图 2-3　污染地块风险评估程序

① 危害识别。收集土壤污染状况调查阶段获得的相关资料和数据，掌握地块土壤和地

下水中关注污染物的浓度分布，明确规划土地利用方式，分析可能的敏感受体，如儿童、成人、地下水体等。

② 暴露评估。在危害识别的基础上，分析地块内关注污染物迁移和危害敏感受体的可能性，确定地块土壤和地下水污染物的主要暴露途径和暴露评估模型，确定评估模型参数取值，计算敏感人群对土壤和地下水中污染物的暴露量。

③ 毒性评估。在危害识别的基础上，分析关注污染物对人体健康的危害效应，包括致癌效应和非致癌效应，确定与关注污染物相关的参数，包括参考剂量、参考浓度、致癌斜率因子和呼吸吸入单位致癌因子等。

④ 风险表征。在暴露评估和毒性评估的基础上，采用风险评估模型计算土壤和地下水中单一污染物经单一途径的致癌风险和危害商，计算单一污染物的总致癌风险和危害指数，进行不确定性分析。

⑤ 土壤和地下水风险控制值计算。在风险表征的基础上，判断计算得到的风险值是否超过可接受风险水平。如地块风险评估结果未超过可接受风险水平，则结束风险评估工作；如地块风险评估结果超过可接受风险水平，则计算土壤、地下水中关注污染物的风险控制值；如调查结果表明，土壤中关注污染物可迁移进入地下水，则计算保护地下水的土壤风险控制值。根据计算结果，提出关注污染物的土壤和地下水风险控制值。

(4)《建设用地土壤修复技术导则》(HJ 25.4—2019)

根据《中华人民共和国环境保护法》《中华人民共和国土壤污染防治法》，为保障人体健康，保护生态环境，加强建设用地环境监督管理，规范建设用地土壤修复方案编制，制定了《建设用地土壤修复技术导则》(HJ 25.4—2019) 标准。该标准规定了建设用地土壤修复方案编制的基本原则、程序、内容和技术要求。该标准适用于建设用地土壤修复方案的制定。该标准不适用于放射性污染和致病性生物污染的土壤修复。

建设用地土壤修复基本原则如下：

① 科学性原则。采用科学的方法，综合考虑地块修复目标、土壤修复技术的处理效果、修复时间、修复成本、修复工程的环境影响等因素，制定修复方案。

② 可行性原则。制定的地块土壤修复方案要合理可行，要在前期工作的基础上，针对地块的污染性质、程度、范围以及对人体健康或生态环境造成的危害，合理选择土壤修复技术，因地制宜制定修复方案，使修复目标可达，且修复工程切实可行。

③ 安全性原则。制定地块土壤修复方案要确保地块修复工程实施安全，防止对施工人员、周边人群健康以及生态环境产生危害和二次污染。

地块土壤修复方案编制的工作程序如图 2-4 所示。

地块土壤修复方案编制分为以下三个阶段：

① 选择修复模式。在分析前期污染土壤污染状况调查和风险评估资料的基础上，根据地块特征条件、目标污染物、修复目标、修复范围和修复时间长短，选择确定地块修复总体思路。

② 筛选修复技术。根据地块的具体情况，按照确定的修复模式，筛选实用的土壤修复技术，开展必要的实验室小试和现场中试，或对土壤修复技术应用案例进行分析，从适用条件、对本地块土壤修复效果、成本和环境安全性等方面进行评估。

③ 制定修复方案。根据确定的修复技术，制定土壤修复技术路线，确定土壤修复技术

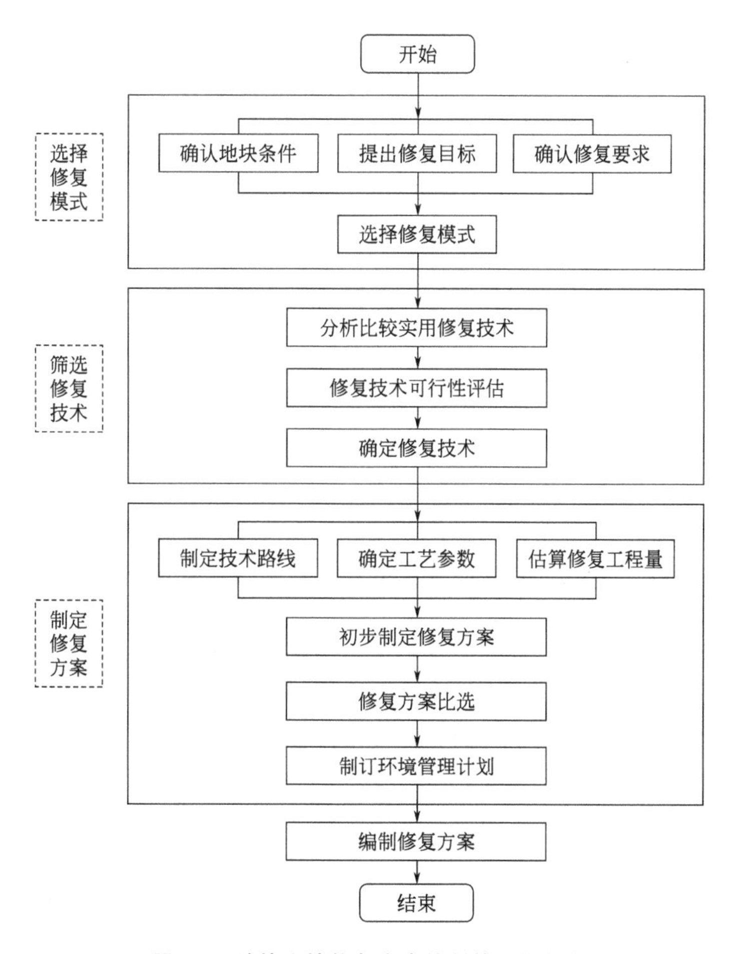

图 2-4　地块土壤修复方案编制的工作程序

的工艺参数，估算地块土壤修复的工程量，提出初步修复方案。从主要技术指标、修复工程费用以及二次污染防治措施等方面进行方案可行性比选，确定经济、实用和可行的修复方案。

(5)《污染地块风险管控与土壤修复效果评估技术导则》(HJ 25.5—2018)

根据《中华人民共和国环境保护法》《中华人民共和国土壤污染防治法》，为保护生态环境，保障人体健康，加强污染地块环境监督管理，规范污染地块风险管控与土壤修复效果评估工作，制定了《污染地块风险管控与土壤修复效果评估技术导则》(HJ 25.5—2018) 标准。该标准规定了建设用地污染地块风险管控与土壤修复效果评估的内容、程序、方法和技术要求。该标准适用于建设用地污染地块风险管控与土壤修复效果的评估。该标准不适用于含有放射性物质与致病性生物污染地块治理与修复效果的评估。

污染地块风险管控与土壤修复效果评估的基本原则是：污染地块风险管控与土壤修复效果评估应对土壤是否达到修复目标、风险管控是否达到规定要求、地块风险是否达到可接受水平等情况进行科学、系统的评估，提出后期环境监管建议，为污染地块管理提供科学依据。

污染地块风险管控与土壤修复效果评估的工作内容包括：更新地块概念模型、布点采样与实验室检测、风险管控与修复效果评估、提出后期环境监管建议、编制效果评估报告。

污染地块风险管控与土壤修复效果评估的工作程序如下：

① 更新地块概念模型。应根据风险管控与修复进度，以及掌握的地块信息对地块概念模型进行实时更新，为制定效果评估布点方案提供依据。

② 布点采样与实验室检测。布点方案包括效果评估的对象和范围、采样节点、采样周期和频次、布点数量和位置、检测指标等内容，并说明上述内容确定的依据。原则上应在风险管控与修复实施方案编制阶段编制效果评估初步布点方案，并在地块风险管控与修复效果评估工作开展之前，根据更新后的概念模型进行完善和更新布点方案，制订采样计划，确定检测指标和实验室分析方法，开展现场采样与实验室检测，明确现场和实验室质量保证与质量控制要求。

③ 风险管控与土壤修复效果评估。根据检测结果，评估土壤修复是否达到修复目标或可接受水平，评估风险管控是否达到规定要求。

对于土壤修复效果，可采用逐一对比和统计分析的方法进行评估，若达到修复效果，则根据情况提出后期环境监管建议并编制修复效果评估报告，若未达到修复效果，则应开展补充修复。

对于风险管控效果，若工程性能指标和污染物指标均达到评估标准，则判断风险管控达到预期效果，可继续开展运行与维护；若工程性能指标或污染物指标未达到评估标准，则判断风险管控未达到预期效果，须对风险管控措施进行优化或调整。

④ 提出后期环境监管建议。根据风险管控与修复工程实施情况与效果评估结论，提出后期环境监管建议。

⑤ 编制效果评估报告。汇总前述工作内容，编制效果评估报告。报告应包括风险管控与修复工程概况、环境保护措施落实情况、效果评估布点与采样、检测结果分析、效果评估结论及后期环境监管建议等内容。

污染地块风险管控与土壤修复效果评估工作程序如图 2-5 所示。

(6)《污染地块地下水修复和风险管控技术导则》(HJ 25.6—2019)

根据《中华人民共和国环境保护法》《中华人民共和国水污染防治法》和《中华人民共和国土壤污染防治法》，为保护生态环境，保障人体健康，加强污染地块环境监督管理，规范污染地块地下水修复和风险管控工作，制定了《污染地块地下水修复和风险管控技术导则》(HJ 25.6—2019) 标准。该标准规定了污染地块地下水修复和风险管控的基本原则、工作程序和技术要求。本标准适用于污染地块地下水修复和风险管控的技术方案制定、工程设计及施工、工程运行及监测、效果评估和后期环境监管。污染地块土壤修复技术方案制定参照 HJ 25.4 执行。该标准不适用于放射性污染和致病性生物污染地块的地下水修复和风险管控。

污染地块地下水修复和风险管控的基本原则如下：

① 统筹性原则。污染地块地下水修复和风险管控应兼顾土壤、地下水、地表水和大气，统筹地下水修复和风险管控，防止污染地下水对人体健康和生态受体产生影响。

② 规范性原则。根据地下水修复和风险管控法律法规要求，采用程序化、系统化方式规范地下水修复和风险管控过程，保证地下水修复和风险管控过程的科学性和客观性。

③ 可行性原则。根据污染地块水文地质条件、地下水使用功能、污染程度和范围以及

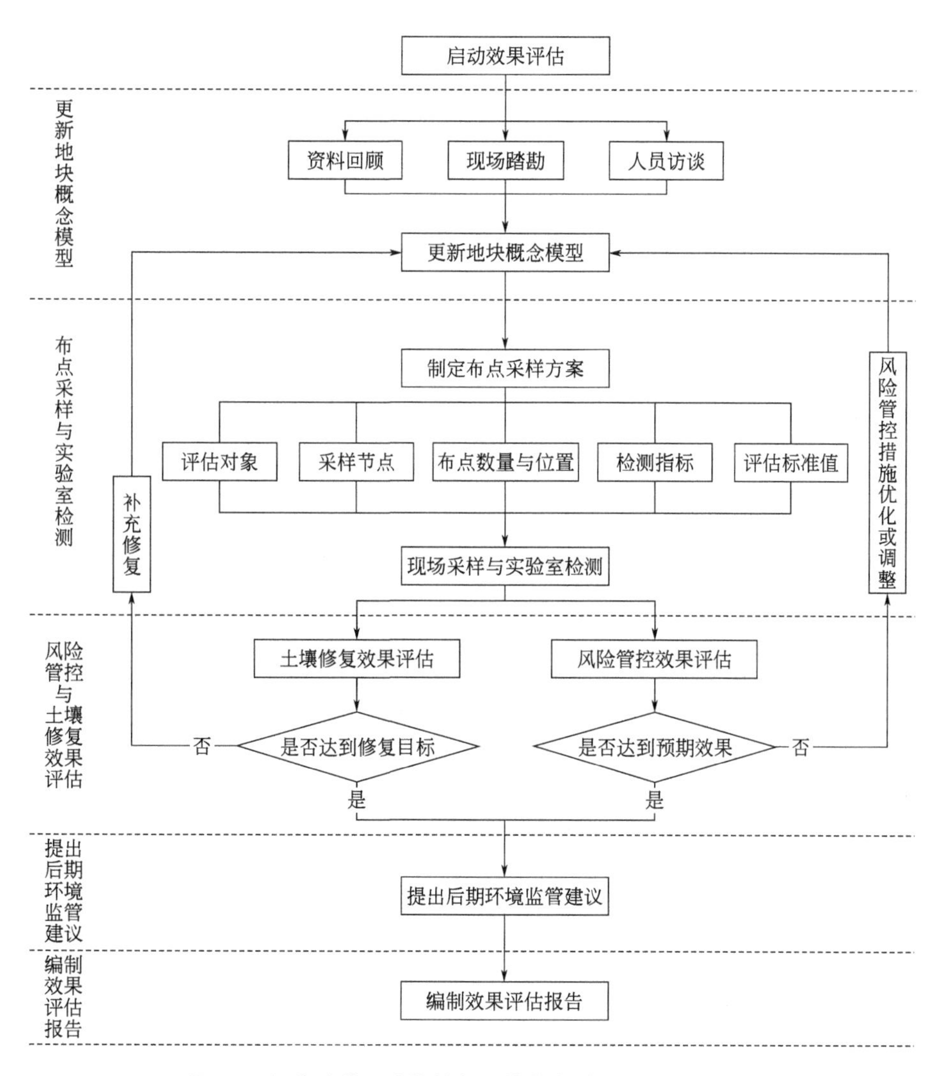

图 2-5　污染地块风险管控与土壤修复效果评估工作程序

对人体健康和生态受体造成的危害，合理选择修复和风险管控技术，因地制宜地制定修复和风险管控技术方案，使地下水修复和风险管控工程切实可行。

④ 安全性原则。污染地块地下水修复和风险管控技术方案制定、工程设计及施工时，要确保工程实施安全，应防止对施工人员、周边人群健康和生态受体产生危害。

污染地块地下水修复和风险管控工作程序如图 2-6 所示。

① 选择地下水修复和风险管控模式。确认地块条件，更新地块概念模型。根据地下水使用功能、风险可接受水平，经修复技术经济评估，提出地下水修复和风险管控目标。确认对地下水修复和风险管控的要求，结合地块水文地质条件、污染特征、修复和风险管控目标等，明确污染地块地下水修复和风险管控的总体思路。

② 筛选地下水修复和风险管控技术。根据污染地块的具体情况，按照确定的修复和风险管控模式，初步筛选地下水修复和风险管控技术。通过实验室小试、现场中试和模拟分析等，从技术成熟度、适用条件、效果、成本、时间和环境风险等方面确定适宜的修复和风险管控技术。

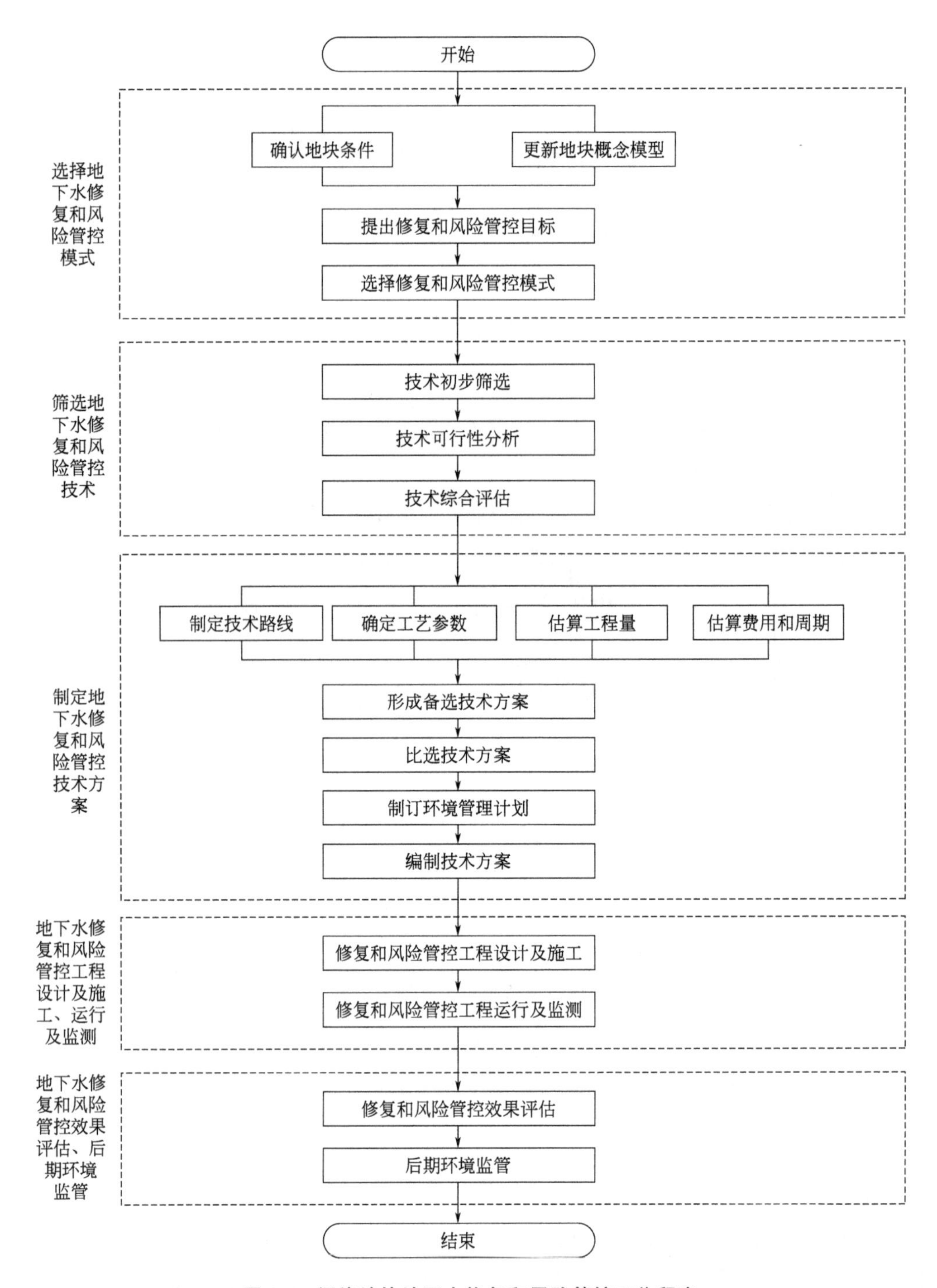

图 2-6　污染地块地下水修复和风险管控工作程序

③ 制定地下水修复和风险管控技术方案。根据确定的修复和风险管控技术，采用一种及一种以上技术进行优化组合集成，制定技术路线，确定地下水修复和风险管控技术工艺参数，估算工程量、费用和周期，形成备选技术方案。从技术指标、工程费用、环境及健康安全等方面比较备选技术方案，确定最优技术方案。

④ 地下水修复和风险管控工程设计及施工。根据确定的修复和风险管控技术方案，开

展修复和风险管控工程设计及施工。工程设计根据工作开展阶段划分为初步设计和施工图设计，根据专业划分为工艺设计和辅助专业设计。工程施工宜包括施工准备、施工过程，施工过程应同时开展环境管理。

⑤ 地下水修复和风险管控工程运行及监测。地下水修复和风险管控工程施工完成后，开展工程运行维护、运行监测、趋势预测和运行状况分析等。工程运行中应同时开展运行监测，对地下水修复和风险管控工程运行监测数据进行趋势预测。根据地下水监测数据及趋势预测结果开展工程运行状况分析，判断地下水修复和风险管控工程的目标可达性。

⑥ 地下水修复和风险管控效果评估。制定地下水修复和风险管控效果评估布点和采样方案，评估修复和风险管控是否达到工程性能指标和污染物指标要求。

对于地下水修复效果，当每口监测井中地下水检测指标持续稳定达标时，可判断达到修复效果。若未达到评估标准但判断地下水已达到修复极限，可在实施风险管控措施的前提下，对残留污染物进行风险评估。若地块残留污染物对受体和环境的风险可接受，则认为达到修复效果；若风险不可接受，需对风险管控措施进行优化或提出新的风险管控措施。

对于风险管控效果，若工程性能指标和污染物指标均达到评估标准，则判断风险管控达到预期效果，可对风险管控措施继续开展运行与维护；若工程性能指标或污染物指标未达到评估标准，则判断风险管控未达到预期效果，应对风险管控措施进行优化或调整。

⑦ 地下水修复和风险管控后期环境监管。根据修复和风险管控工程实施情况与效果评估结论，提出后期环境监管要求。

思考题

1. 请简述法国工业法和废物法的主要内容。

2. 请简述德国《联邦土壤保护法》和《联邦土壤保护与污染地条例》的作用和特点。

3. 列举几项美国关于土壤保护的法律法规，并与我国相关法律进行比较。

4. 我国土壤污染的发展主要分为哪几个阶段？每个阶段各有什么特点？

5. 请简述“土十条”的具体内容。

6. 请简述我国《土壤污染防治法》的内容，结合法律法规内容谈谈你的感受。

7. 比较荷兰的土壤质量目标值和调解值，指出它们的不同。

8. 分别列举英国对各种土壤金属污染物的临界值与行动值，并与我国农用地和建设用地土壤污染风险筛选值进行比较。

9. 查阅日本土壤污染相关标准，并指出与我国土壤污染风险管控标准相比较，指出其异同点。

10. 通过对我国和国外关于土壤污染法律法规和控制标准的学习，你觉得我国在土壤污染控制方面的工作有哪些亮点和不足之处？

第3章

土壤中污染物的迁移转化

3.1 污染物在土壤中的形态与分布

气体、水体中的污染物通过物质循环后都会进入到土壤中，从而致使各式各样的污染物积存于土壤中，因此，土壤是环境中各类污染物的最终受体。不同的污染物在土壤中的存在形态会有所不同，并且相同污染物在不同的土壤环境下其赋存的形态也具有差异。污染物在土壤中的形态大体可按其物理性质和化学组成两种方法进行划分：按其物理性质的不同可分为固体、流体、射线等形态；按其不同的化学组成进行划分，污染物可分为阳离子态（如Cd、Hg、Cu、Pb等）、阴离子态（如氧化物、硫化物、氟化物、氰化物、磷化物等）、分子态（如SO_2、CO_2、CO、Cl_2等）。沉降到土壤中的污染物会在土壤中发生迁移与扩散，其迁移扩散速度不仅与土壤的理化性质、生物数量和种类、土壤环境条件有关，同时也与污染物种类及其存在形态有关。土壤中各类污染物的存在形态对动植物的健康和环境污染也将产生重要影响。有研究表明，土壤污染物对生物的毒性并非取决于其总量，而更多的是取决于其存在形态，例如，甲基汞的毒性远远超过无机汞。可见，了解和掌握土壤污染物的存在形态以及其迁移与转化的基本规律，将为土壤污染的生态风险评价、土壤污染的治理修复以及提高土壤质量、保护环境和土壤资源提供基础依据和重要指导价值。

3.1.1 土壤中重金属的形态分类

土壤污染具有一定的隐蔽性，与“水体变黑、天空变灰”等显而易见的环境污染相比，土壤污染，尤其是重金属土壤污染往往不容易被察觉。近年来，随着重金属离子污染物在土壤中不断积累，其危害才逐渐引起人们的重视。在先前的土壤重金属离子污染研究中，土壤中重金属的总量一直是研究者们重点关注的问题，但随着研究的深入，研究者们发现重金属的生物毒性并不完全取决于土壤中重金属的总量，与重金属的形态也有重要的牵连，因为与重金属的总量相比，重金属的形态更多地影响着重金属在土壤中的活化程度、致毒性和迁移性。因此，阐明土壤污染物中重金属离子的不同存在形态及其对土壤的影响与危害，将为寻找土壤治理和修复提供新思路和新方法。

重金属形态主要包含了重金属化合态、价态、结构态和结合态四个方面，即某一重金属元素在环境中以某种离子或分子赋存的实际形式。重金属的毒性和环境行为可以由形态中某一个或几个方面不同而引起不同，因此，土壤中重金属的形态分析也成为环境土壤学中的一个重要内容。

对于土壤中重金属形态的分类，目前还没有一个统一的标准，学者们的见解也都不尽相同。例如，Forstner 提出了七步连续提取法，将重金属形态分为交换态、晶型氧化铁结合态、残渣态、有机态、氧化铁结合态、碳酸盐结合态、无定型氧化锰结合态。邵涛等则提出了六步法，将重金属形态分为铁锰结合态、碳酸盐结合态、交换态、水溶态、有机质结合态、残渣态。目前，国内外较常用的土壤重金属形态分类及提取方法是 Tseeier 五步连续提取法和 BCR 三步连续提取法。Tseeier 五步连续提取法是将土壤中金属元素的形态分为可交换态、碳酸盐结合态、铁-锰氧化物结合态、有机物结合态和残渣态 5 种。欧共体标准物质局在 Tseeier 法基础上提出了 BCR 三步连续提取法，将 Tseeier 分类法中的碳酸盐结合态和可交换态合并为酸可溶态，即将土壤中的重金属形态划分为酸可溶态、可还原态、可氧化态和残渣态，是目前较新的划分方法。常见的土壤重金属形态及其分类方法见表 3-1。

表 3-1 常见的土壤重金属形态及其分类方法

BCR 三步连续提取法	Tseeier 五步连续提取法	形态定义	活性	形态特性
酸可溶态	可交换态	吸附在土壤黏粒、腐殖质及其他成分上的重金属	活性最强	在灌溉或雨水作用下即可溶出，在环境中的迁移性最强，也最容易被植物吸收，对环境、生态和食物链的影响最大，是毒性最大的重金属形态
	碳酸盐结合态	在土壤碳酸盐矿物上形成的共沉淀结合态重金属	活性一般	极易受土壤理化性质及其他环境条件的影响，对土壤环境条件特别是 pH 值最敏感，在较低的 pH 值环境中易溶出，并释放出金属离子
可还原态	铁-锰氧化物结合态	与土壤矿物的外囊物和细粉散颗粒、铁-锰氧化物等吸附或共沉淀的重金属	相对稳定	该形态重金属被束缚得较紧。土壤中 pH 值和 Eh 值的变化对该形态重金属有重要影响，当土壤 pH 值和 Eh 值降低时，该形态重金属可被释放，对土壤造成危害
可氧化态	有机物结合态	与土壤中各种有机物如动植物残体、腐殖质及矿物颗粒的包裹层等螯合的重金属	相对稳定	该形态重金属较稳定，但是当 Eh 值升高时，少量重金属会溶出，对作物产生危害
残渣态	残渣态	存在于土壤硅酸盐、原生和次生矿物等土壤晶格中的重金属	活性最弱	该形态重金属来源于土壤矿物，性质稳定，在自然条件下不易释放，能长期稳定在沉积物中，也不易被植物所吸收，在整个土壤生态系统中对食物链影响较小，是最为稳定的形态。残渣态重金属主要受矿物成分及岩石风化和土壤侵蚀的影响，是重金属最主要的结合形式，是生物最难利用的形态

3.1.1.1 可交换态重金属

可交换态重金属元素主要是通过外层络合作用和扩散作用，非专一性地吸附在土壤沉积物表面而形成的。该形态下的重金属离子迁移性较强，可以直接被生物利用，因此能对食物链产生重要的影响。可交换态的重金属是毒性最大的重金属形态，由于离子交换作用，一般通过萃取操作即可将它们从样品上提取出来，此外在灌溉或雨水冲刷作用下也可溶出部分重金属离子。

3.1.1.2 碳酸盐结合态重金属

碳酸盐结合态重金属通常是由于金属离子在土壤碳酸盐矿物上沉淀或共沉淀形成的，该结合态下的金属离子往往不稳定，通过弱酸即可将它们浸出，很容易被生物吸收利用。碳酸盐结合态重金属受土壤环境条件特别是 pH 值的影响较大，具体可表现为：当 pH 值下降时易释放出来而进入环境中；而当 pH 值升高时有利于碳酸盐的生成和重金属元素在碳酸盐矿物上的共沉淀。

3.1.1.3 铁-锰氧化物结合态重金属

铁-锰氧化物结合态重金属一般是以矿物的外裹物和细分散颗粒的形式存在。高活性的铁-锰氧化物比表面积较大，极易吸附或共沉淀阴离子和阳离子，处于该形态状态下的重金属离子被严重束缚，只有当土壤的氧化还原电位降低时，重金属才有可能释放，因而对土壤、动植物具有一定的潜在危害。研究表明，土壤中 pH 值和氧化还原条件的变化，对铁-锰氧化物结合态有着重要影响，一般情况下。土壤 pH 值或氧化还原电位（Eh 值）较高时，有利于铁-锰氧化物结合态的形成。

3.1.1.4 有机物结合态重金属

土壤中存在各种有机物，如动植物残体、腐殖质及矿物的包裹体等。这些有机物自身具有较大螯合金属离子的能力，还能以有机膜的形式附着在矿物颗粒的表面，影响着矿物颗粒的表面性质，因而又可在一定程度上增强吸附重金属的能力。通常，把土壤中的重金属离子与这些有机质由于螯合作用而形成的形态称为有机物结合态，该形态下重金属较为稳定，但是当 Eh 值升高时，会有少量重金属离子溶出，从而对土壤及动植物产生危害。同时，有机物结合态重金属也反映了由于水生生物活动及人类排放有机污水而形成的结果。

3.1.1.5 残渣态重金属

残渣态重金属来源于土壤矿物，主要存在于原生和次生矿物、硅酸盐等土壤晶格中，其性质稳定，在一般条件下不易释放分解，因而能长期稳定地存在于沉积物中。残渣态重金属的活性比其他金属形态弱，不易被植物吸收，是生物最难利用的形态，但因其毒性最小，所以在整个土壤生态系统中对食物链影响较小，对环境相对比较安全。残渣态结合的重金属主要受矿物成分、岩石风化及土壤侵蚀的影响。

3.1.2 土壤中典型重金属的形态与分布

随着我国城市化进程的推进和产业结构的调整，大量工业企业关停、破产、搬迁，其遗留的场地将被作为城市建设用地再次开发利用。重金属对人体健康和生态环境有着严重的危害，已成为影响人民群众身心健康的突出环境污染问题之一。认识与分析土壤中主要重金属元素的形态与分布，了解各形态的毒性以及其对土壤环境的影响，可为寻找土壤治理和修复提供新思路和新方法，为进一步降低土壤重金属污染的危害奠定一定的理论依据。

3.1.2.1 砷的形态与分布

土壤中大多数金属砷，以三价和五价无机砷的形态赋存，而有机砷在土壤中赋存的浓度非常低，一般以甲基砷和二甲基砷的形态赋存。

依据砷与土壤结合差异度的不同，可以将土壤中的砷划分成各种不同的形态。一般土壤中的砷可分为弱吸附态砷（可交换态砷/非专性吸附态砷）、水溶态砷、强吸附态砷（专性吸附态砷）、无定型铁铝氧化物结合态砷、晶质铁铝氧化物结合态砷、钙结合态砷和难以提取的残渣态砷等多种形态。水溶态砷（water soluble As）主要以 AsO_4^{3-} 和 AsO_3^{3-} 形态存在，一般存在于沼泽湿地中。弱吸附态砷也被称为非专性吸附态砷（non-specifically adsorbed As），主要为吸附在土壤颗粒表面的砷，其可通过离子交换进入土壤溶液中。这两部分形态在土壤中所占比例一般较小（<3%），但生物可利用性和迁移能力较强。研究表明污染土壤中水溶态砷与弱吸附态砷的含量与植物中砷的含量呈现很好的相关性，大部分水溶态砷和弱吸附态砷可以被植物吸收。土壤中强吸附态砷又称专性吸附态砷（specifically adsorbed As），主要吸附在土壤颗粒中的铁锰氧化物表面，形成内层吸附，且不能通过离子交换而发生脱附。土壤中的强吸附态砷与土壤中锰/铁/铝的氧化物和氢氧化物形成内层单核或双核的单齿或双齿配合物，表现为强烈吸附的形式。强吸附态砷的迁移能力和生物可利用性比水溶态砷和弱吸附态砷弱。铁铝氧化物结合态砷是土壤中砷存在的重要形态。由于其可以被 $NH_2OH \cdot HCl$ 等还原剂提取，在土壤重金属形态提取中也被称为可还原态。铁铝氧化物结合态砷又可根据铁铝氧化物的存在形态分为晶质铁铝氧化物结合态砷和无定型铁铝氧化物结合态砷。因为铁铝氧化物能够强烈吸附砷，所以铁铝氧化物结合态砷在土壤中含量较高，可占到土壤中砷总量的50%～60%。但当土壤的氧化还原条件改变时，土壤中的 Fe^{3+} 可被还原为 Fe^{2+}，发生溶解，与之结合的砷也会随之进入土壤溶液，因此该部分砷也具有一定的迁移能力和生物可利用性。该部分砷还可分为铁结合态砷与铝结合态砷。铁结合态砷比铝结合态砷更加稳定，且一般土壤中铁结合态砷比铝结合态砷含量高。钙结合态砷只有在碱性且氧化还原电位较高的土壤中才能稳定存在，且钙结合态砷稳定性比铁结合态砷和铝结合态砷差。因此，对于pH值较高的石灰性土壤，钙结合态砷可能是砷的重要组成形态。

此外，还有部分提取方法将土壤中的砷分为硅酸盐结合态砷、砷氧化物态砷和无定型 As_2S_3。土壤中硅酸盐结合态砷、砷氧化物态砷和无定型 As_2S_3 含量一般较低，且其生物可利用性及迁移能力弱，大多数提取方法中将它们划分到残渣态，不再进一步提取。

3.1.2.2 镉的形态与分布

世界多数土壤镉含量为0.01～2.0mg/L，平均值为0.35mg/L。我国土壤的自然镉含量在0.010～1.800mg/L之间，平均值为0.163mg/L，比世界正常土壤的平均镉含量低。某些自然土壤镉含量稍高的主要原因是天然地球化学污染，其中植物对镉的富集能力以及植物在土壤中的分解是一种重要的影响因素，由于土壤腐殖质对镉有富集作用，有的土壤镉含量可高达4.5mg/L。随水流迁移到土壤中的镉可被土壤吸附，吸附的镉一般在0～15cm的土壤表层累积，15cm以下含量显著减少。

镉在生态系统中的迁移转化及活性高低与其在土壤中的存在形态相关。土壤中镉的存在形态大致分为水溶性镉和非水溶性镉。水溶性镉常以简单离子或简单配离子的形式存在，如 Cd^{2+}、$CdCl^{+}$、$CdSO_4$，石灰性土壤中还有 $CdHCO^{3+}$，其他形态如 $CdNO^{3+}$、$CdOH^{+}$、$CdHPO_4$ 及镉的有机配合物等则很少。非水溶性镉主要为 CdS、$CdCO_3$ 及胶体吸附态镉等。

3.1.2.3 铬的形态与分布

铬在土壤中主要以沉淀态、残渣态和有机物结合态存在，其中残渣态铬占铬总量的50%以上，各形态分布受土壤的种类、组成、性质、有机质含量、pH 值和 Eh 值等因素影响。一般情况下，交换态铬和水溶态铬含量很低。有机质和碳酸盐均能富集铬，而有机质的富集能力大于碳酸盐。相比之下，铁锰氧化物富集铬的能力是比较弱的，考虑到 $Cr(OH)_3$ 的溶度积很小，生成的 $Cr(OH)_3$ 沉淀十分稳定，很难溶解，因而选用合适的提取剂和提取方法，即可把氢氧化铬沉淀态与铁锰氧化物结合态分开。

土壤中 Cr^{6+} 和 Cr^{3+} 的相互转化主要受土壤 pH 值和 Eh 值制约。在一般土壤常见的 pH 值和 Eh 值范围内，Cr^{6+} 能很快被某些带羟基的有机物、亚铁离子和可溶性硫化物还原为 Cr^{3+}。土壤中 Cr^{6+} 的存在必须具有较高的 pH 值和很高的 Eh 值，所以有机质含量较高的酸性土壤中一般很少有 Cr^{6+} 化合物存在，只有在近中性或弱碱性的土壤中才可能有 Cr^{6+} 化合物存在。有研究表明，外加 Cr^{6+} 进入土壤后，只有微量水溶态和被土壤胶体吸附的交换态能以 Cr^{6+} 存在，其余的 Cr^{6+} 被土壤有机质等还原为 Cr^{3+}，而后生成难溶的氢氧化物沉淀并很快被土壤固相吸附固定。当外加 Cr^{3+} 进入土壤后，会很快和羟基生成氢氧化物沉淀，或少部分被土壤胶体吸附而与有机物络合而成有机配合物，使土壤溶液中维持微量的可溶态铬和交换态铬。Cr^{3+} 进入土壤后一般不会很快转化为残渣态铬，但随着进入土壤时间的延长，也会部分转化为残渣态铬。

3.1.2.4 铅的形态与分布

土壤环境中的铅浓度通常在 2～200mg/kg 的范围内。我国土壤中铅的浓度最高达到 1143mg/kg，最低至 0.168mg/kg，平均约为 26mg/kg。而铅含量在被污染的土壤中最高可达 26000mg/kg。表层土壤中铅的化学形态含量分布为残渣态＞硫化铅态＞弱有机物结合态＞铁锰氧化态＞硫酸铅态＞碳酸盐结合态＞强有机物结合态＞可交换态。其中可交换态铅对植物的有效性最高，对环境及生物的危害最大。碳酸盐态铅在酸雨的环境中也会发生脱附从而造成对环境的危害。硫化铅态、硫酸铅态、弱有机物结合态、铁锰氧化态、强有机物结合态的铅对植物的直接有效利用性较低，但若环境进一步污染，也有可能转化为易被植物吸收的形态铅，所以土壤铅污染的潜在危害大。一般情况下，土壤中非残渣态铅的比例越高，铅的活性越强，对环境的危险性越大。

3.1.2.5 汞的形态与分布

一般认为，地壳中汞的平均含量为 0.8mg/kg，土壤中的背景值为 0.01～0.05mg/kg：我国南方土壤汞的含量较低，为 0.032～0.05mg/kg；北方土壤汞的含量较高，为 0.17～0.24mg/kg。土壤中汞含量的重要来源是母岩石，其和成土母岩、母质的化学组成特性有着密切的关系。岩石中的汞主要通过风化作用（包括物理、化学和生物风化）进入土壤环境。

此外，岩石中的汞还可以通过人为作用进入到土壤环境，如矿山的开采等。

土壤中的汞按其化学形态可分为金属汞、无机化合态汞和有机化合态汞。汞能以零价状态存在是土壤汞的重要特点，土壤中金属汞的含量甚微，且很活泼、易挥发。而有机化合态汞以有机汞（如甲基汞、乙基汞等）和有机结合态汞的形式在土壤中普遍存在。一般情况下，土壤中有机化合态汞（如甲基汞等）易被植物吸收，而无机化合态汞则很少能被植物吸收利用，对环境的危害相对较小。

土壤中的汞顺着地表径流可以向其附近地区迁移，且随着水流向排水系统迁移的可能性较大。土壤具有淋溶型水分是土壤剖面汞淋溶的主要因素之一，以 HgO 和 Hg^{2+} 的形态存在的汞均可在土壤剖面中迁移。

3.1.3　土壤中有机污染物的形态与分布

如前文所述，为了研究重金属在土壤中的环境行为和环境效应，国内外研究人员对重金属的存在形态进行了划分，为土壤中重金属的环境行为研究和生态风险评价提供了强有力的理论依据，推进了人们对土壤中重金属环境行为及其环境效应的认识。然而与重金属的研究相比，土壤中有机污染物对环境的影响主要取决于其总浓度，所以很少将土壤中有机污染区分为不同的形态来研究其环境行为和生物可利用性。

进入土壤中的有机污染物，一小部分会溶解在土壤溶液中，其溶解性与有机物本身的水溶性、土壤的机械组成、土壤酸碱度以及土壤温度等都有一定关系；而大部分有机污染物进入土壤后，会与土壤有机质和土壤黏粒发生吸附作用，暂时保持吸附态或悬浮态存在于土壤颗粒表面；还有一部分有机污染物会进入土壤矿物和有机质内部形成结合态。国际纯粹与应用化学联合会（IUPAC）、联合国粮食及农业组织（FAO）和国际原子能机构（IAEA）确定的农药结合残留是指用甲醇连续提取 24h 后仍残存于样品中的农药残留物。因此，有机污染物在土壤中的存在形态一般可分为溶解态、吸附态、结合态和残留态等不同形态，且各形态间可以相互转化。溶解态有机污染物的生物活性较高，能够直接对环境产生危害，但同样其在环境中的代谢和降解也快。结合态和吸附态有机污染物会与土壤中的天然吸附剂通过各种相互作用结合在一起，它们的生物活性较低，除非在一定条件下转化为溶解态，而一般不会直接对环境产生危害。残留态有机污染物几乎没有生物活性，一般不会轻易转化为其他形态，因而也很少会对环境造成危害。

3.1.4　土壤中典型有机污染物的形态与分布

进入土壤环境中的有机污染物由于自身理化结构、土壤性质和环境条件的不同，在土壤中会呈现出不同的形态。土壤中有机污染物的种类比较多且复杂，以下就几种常见的典型有机污染物包括石油、多环芳烃、有机氯农药、多氯联苯的存在形态进行简要的叙述。

3.1.4.1　石油的存在形状态

由于石油的疏水性，石油类污染物进入土壤后，绝大部分以干态或亚干态的吸附形式吸附在固体表面。在这种情况下，土壤的湿度会影响平衡吸附量，因为湿度越大，石油类物质越容易吸附在土壤有机质上，因此，在较高湿度条件下，即淋溶时间越长时，石油类污染物在土壤中的含量越趋于最高，直至达到稳定水平。除了吸附态以外，石油类物质在土壤中还会以另外两种形式存在：一是以溶解态的形式存在于水相中；二是逸散于气态环境中，其在水、气中的分配比例与温度、地表风速、物质的溶解度和饱和蒸气压有关。溶解态的石油类物质随水流可以相对自由地向土层深处迁移或发生平面扩散运动；部分石油类物质逸散到大气中后可由空气携带漂移，在漂移过程中易吸附于大气的粉尘上，随着粉尘的降落进入远离污染源的地表土壤从而发生长距离迁移。而吸附于颗粒物上的部分石油类污染物在土层未被破坏的情况下，不会发生明显的迁移。从这个意义上讲，可以把水和空气中的部分石油类物质称为“迁移部分”；把颗粒物上的部分称为“滞留部分”，通常在土壤中稳定存在的就是石油类污染物的“滞留部分”。

3.1.4.2 多环芳烃的存在形态

土壤中的多环芳烃（PAHs）可分为结合残留态、有机溶剂提取态和可脱附态三种形态，提取剂分别为环糊精、二氯甲烷和丙酮的混合液以及氢氧化钠溶液。土壤中 PAHs 微生物降解的最大值可由 PAHs 可脱附态部分来代表，并以此来评估污染物的环境风险。土壤中 PAHs 的主要存在形态为可脱附态和有机溶剂提取态，而结合残留态所占比例较小可被忽略。随着有机污染物进入土壤后老化时间的延长，可脱附态的污染物浓度和比例显著降低，其中一部分被微生物降解，另一部分在土壤中转变为其他形态。相反，有机溶剂提取态的有机污染物随着老化时间的延长，浓度和比例却逐渐上升直至达到平衡，并且 PAHs 分子量越大，有机溶剂提取态比例越高，说明高分子量的 PAHs 主要以该种形态存在在于土壤中。

3.1.4.3 有机氯农药的存在形态

有机氯农药种（OCPs）类繁多，其中六六六和滴滴涕是我国土壤 OCPs 污染最常见的污染物种类，其主要原因是我国生产的六六六和滴滴涕产量巨大，使用范围广，从而导致我国大部分地区尤其以农村地区为首，土壤中普遍存在着六六六和滴滴涕有机农药的残留。土壤中 OCPs 的残留水平与土地利用模式有重要的联系，OCPs 残留水平表现为：水稻田＞蔬菜地＞茶叶地＞林地；不同的地形中 OCPs 的残留量情况也不尽相同，一般情况下，山区地带的 OCPs 残留量一般要高于平原地区。六六六在砂质土壤中的各形态含量依次为：吸附态＞残留态＞溶解态＞结合态。不同形态滴滴涕量依次为：吸附态＞残留态＞结合态＞溶解态。由此可以看出，六六六和滴滴涕的溶解态和结合态在砂质土壤中所占比例很小，主要以吸附态和残留态的形式存在于砂质土壤中。

3.1.4.4 多氯联苯的存在形态

土壤中的多氯联苯（PCBs）主要来源于颗粒沉降，少量来源于用作肥料的污泥、填埋场的渗漏以及在农药配方中使用的 PCBs 等。目前有关 PCBs 的研究以直接测定其同系物的含量为主，我国土壤中 PCBs 的同系物主要以三氯联苯为主，其他依次为二氯联苯、六氯联苯、四氯联苯、五氯联苯、七氯联苯、九氯联苯、八氯联苯。PCBs 的土壤残留量与不同土地的利用方式也有很大的关系，不同土地利用方式中 PCBs 残留量的顺序一般为：果园＞水田＞荒地＞林灌＞菜地。

3.2 污染物在土壤中的迁移

3.2.1 概述

土壤层是一个分布广泛且十分复杂的天然降解系统，研究土壤中污染物的迁移转化规律，工作量非常大，涉及土壤结构的辨别、污染物种类的确立等。不同种类的污染物在土壤中的迁移转化规律不同，现今许多学者都运用数值模拟的方法对污染物在土壤中的迁移行为进行研究，下文对运用较为广泛的污染物迁移模型做了相关的叙述。除此之外，对土壤中污染物的学习还需要了解影响污染物在土壤中迁移转化的因素。

污染物在土壤中的迁移规律与土壤的构成环境密切相关，包括土壤组成成分、土壤孔隙大小与分布、土壤含水率及其分布等，了解这些性质对土壤污染物迁移机理的理解大有作用。通常，土壤是一种多孔隙结构且孔隙的几何结构非常复杂，但由于在各个方向上基本是相通的，因而土壤中的孔隙是地下水运动的主要流动通道。此外，因为土壤本身的非均质性，导致地下水在土壤孔隙中各个方向的流速都会随着土壤水势和孔径大小的变化而变化。因此，在研究地下水的流速时，只能采用一定体积土层中全部流速的平均值来进行分析研究。

3.2.1.1 土壤含水率

土壤含水率是用来表示土壤的含水量。含水率可分别由质量含水率和体积含水率来表示。

(1) 质量含水率 (θ_m)

质量含水率是土壤中水的质量与土壤固体质量之比的百分数，这是土壤含水量最基本的表示方法，可直接测定。这种表示方法的特点是以计算 105～110℃下烘干的干土质量（m）为基数，具体表示为式(3-1)：

$$\theta_m=\frac{m_1-m}{m}\times 100\% \tag{3-1}$$

式中　m_1——湿土的质量，kg；

　　　m——干土的质量，kg。

(2) 体积含水率 (θ_v)

体积含水率是指土壤水的体积占土壤全部体积的百分数。它表示土壤水填充土壤孔隙的程度，具体表示为式(3-2)：

$$\theta_v=\frac{V_w}{V_n}\times 100\% \tag{3-2}$$

式中 V_n——土壤的总体积，m^3；

V_w——水所占的体积，m^3。

3.2.1.2 达西定律

1856 年达西通过饱和沙柱渗透实验，提出了著名的达西定律，即在单位水压梯度方向上单位时间内通过单位断面的水体积。表示为式(3-3)：

$$q=K_s\frac{\Delta h}{I} \tag{3-3}$$

式中 I——土柱的长度，m；

Δh——土柱两端势能之差，m；

q——土壤水分通量，kg/m^3；

K_s——土壤饱和导水率，m/(s·MPa)。

上式描述了一维情况下的水分通量，对于二维或三维空间的土壤水分运动，达西定律可表示为式(3-4)：

$$q=K_s\Delta h \tag{3-4}$$

达西定律反映了土壤水头损失和土壤水通量之间的关系。两断面间的水势差称作水力坡度。达西定律并不是对所有多孔介质的流体都有效，水力梯度和通量之间的线性关系在土壤水通量过高时不适用。

3.2.1.3 土壤系统的基本特性

土壤系统是以土壤为中心，由土壤环境条件组成的系统。它是许多相互联系、相互制约的因素的有机结合。具有多种复杂多变的特定结构、功能、组成和演化规律。在土壤环境系统中，外界环境不断向土壤输入物质和能量，从而导致土壤结构、成分、功能和性质发生变化。物质和能量也将从土壤中输出到环境中，这同样也会导致环境成分、结构和性质的变化。因此，土壤环境系统是一个为能量与物质所贯穿的复杂体系和开放体系，这种特点影响着土壤的物理和化学性质，对土壤溶质的迁移转化特性有直接的影响。

(1) 土壤是一个多孔介质体系

土壤是由固体、液体和气体组成的多孔介质。土壤中的溶质能够以气体的形式挥发和扩散，也能够以液体的形式稀释和浓缩。这些过程与土壤含水量、质地、温度、溶质性质和结构有关。

(2) 土壤是一个胶体体系

土壤是一个能吸附离子态和分子态污染物的胶体系统。土壤胶体是土壤固体物质中最活跃的部分，它与土壤溶质离子的交换吸附作用是土壤中重要的物理化学过程。土壤胶体可以吸附带相反电荷的离子。吸附量与土壤胶体的种类和数量、溶质含量、溶质离子特性、土壤含水量和土壤 pH 值有关。

(3) 土壤是一个化学平衡体系

土壤中的离子和化合物符合化学平衡的原理。这些化学平衡还会影响溶质迁移转化的速率、有机质的分解速率以及存在形式，也同样影响着土壤肥力以及溶质在土壤中的迁移转化过程。

(4) 土壤是一个自净体系

污染物进入土壤后，通过扩散、沉淀、稀释、吸附、挥发和降解等途径降低土壤的浓度和毒性。土壤的自净化能力主要取决于土壤物质的组成和特性以及污染物的种类、数量和性质。同时，土壤中含有大量的盐、酸和腐殖质，它们能够缓解土壤 pH 值的变化，保持土壤反应的相对稳定性。

(5) 土壤是一个生物体系

污染物在土壤中的迁移转化，取决于污染物和土壤的理化性质。土壤是自然界中微生物最活跃的聚集地。土壤中的微生物在有机质迁移转化过程中起着重要作用，因此生物降解在土壤中具有重要作用。植物根系对土壤溶质的吸收和利用是土壤溶质迁移转化的另一种重要途径。

(6) 土壤是一个动力体系

土壤中的溶质运移相应地也遵循能量原理，总是从高能处向低能处迁移，因此土壤中的溶质运移可以通过能量原理来描述。

3.2.2 土壤污染物的运移机理

土壤层是一个分布广泛、复杂的天然降解系统。研究污染物在土壤中迁移和转化的规律需要非常大的工作量。首先，我们需要了解土壤的结构。其次，需要确定污染物的种类。不同污染物在土壤中的迁移转化规律不同。此外，影响污染物在土壤中迁移转化的因素也需要着重了解。由于土壤中存在地下水，以及大量的有机和无机胶体、土壤动植物和微生物，从而导致土壤中的污染物通过土壤的化学、物理和生物过程不断地被迁移、转化、吸附和分解。扩散、对流、吸附、降解等因素共同影响着土壤中污染物浓度的变化。挥发性污染物也可以通过挥发进行自净，但影响土壤污染物浓度分布的决定性作用是对流、扩散、吸附和降解。

3.2.2.1 多孔介质

土壤是一种多孔介质，由许多形状不规则、分散的、排列错综复杂的固体颗粒组成。多孔介质最大的特点是孔隙的形状、大小和连通性均不同，这对污染物在土壤中的运动特性和性质具有很大的影响。研究污染物在土壤中的运移就需要先研究土壤这一多孔介质，这样就需要了解多孔介质的定义：a. 多孔介质是一由固相、液相、气相三相组成的多相物质。固相被称为固体骨架，比表面积大；气相或者液相所占据的空间被称为孔隙。孔隙的空间分布较为均匀，但分布较为狭窄。当孔隙全部被液体占据时，称此时的多孔介质为饱和状态，若孔隙中还有气相存在则叫非饱和状态。b. 在多孔介质中至少有些孔隙是相互连通的。相互连通的孔隙称为有效孔隙，不连通的孔隙可以看成是固体骨架部分。实际情况中，一些不相互连通的有效孔隙对污染物在多孔介质中的迁移是无效的。污染物不会在这种被称为“死端孔隙”的孔隙中流动。多孔介质特征是土壤介质的基本特征，是土壤污染物迁移转化的基本场所，所以研究土壤污染物在多孔介质中的迁移规律具有重要意义。

3.2.2.2 对流

在土壤介质中，污染物质随着地下水的运动而运动的过程称为对流。对流引起的污染物通量与土壤的水分通量和污染物的浓度有关，可表示为式(3-5)：

$$J_c = qc \tag{3-5}$$

式中 J_c——污染物的对流通量，kg/s；

q——水通量密度，m^3/s；

c——污染物在土壤介质中的浓度，mg/kg。

为了便于计算，流速一般采用地下水流动的平均孔隙流速，可表示为式(3-6)：

$$u = \frac{q}{\theta} \tag{3-6}$$

式中 θ——对非饱和土壤为体积含水率，对饱和土壤为有效孔隙度，可用 η_0 代替，在饱和土壤中体积含水率就是有效孔隙度；

u——平均孔隙流速。

因此对流通量可以表示为式(3-7)：

$$J_c = u\theta c \tag{3-7}$$

污染物在土壤中的对流，不仅发生在非饱和土壤中，也会发生于饱和土壤中。在非饱和流情况下，对流不一定是污染物迁移的主要过程；在饱和流情况下，当地下水流速较快时，污染物的迁移可视为对流。

3.2.2.3 弥散

土壤污染物的弥散作用是由分子扩散和机械弥散两种作用组成的。分子扩散是分子布朗运动的一种现象，是物理化学作用的结果，变化趋势是由浓度高处向浓度低处运移，最后达到浓度的平衡。在土壤中，污染物的分子扩散可以用 Fick 第一定律来描述，扩散通量 J_d 与浓度梯度 dc/dx 存在如式(3-8) 的关系：

$$J_d = -D_d \frac{dc}{dx} \tag{3-8}$$

式中 J_d——污染物的分子扩散通量，指单位时间通过土层的单位横截面积的溶质质量或者物质的量；

D_d——污染物的有效扩散系数，负号表示溶质从浓度高处向浓度低处运动。

机械弥散又被称为动力弥散或水力弥散。机械弥散的产生原因可以分为三方面：a. 由于孔隙的大小不同，使得溶液通过孔隙的流速不同；b. 由于在土壤水和土壤基质之间存在相互作用，使得孔隙边缘和孔隙中心的流速不同；c. 由于孔隙的弯曲程度不同使得微观流速不同。污染物质的机械弥散通量可以表示为式(3-9)：

$$J_h = -D_h \frac{dc}{dx} \tag{3-9}$$

式中 J_h——污染物的机械弥散通量；

D_h——机械弥散系数。

在实际应用中常常将机械弥散和分子扩散的作用叠加起来，称为水动力弥散，水动力弥散通量通常写作式(3-10)：

$$J=J_d+J_h=-D\frac{dc}{dx} \tag{3-10}$$

式中　D——水动力弥散系数，表示为分子扩散系数和机械弥散系数之和。

水动力弥散系数用式子表示为式(3-11)：

$$D=D_d+D_h \tag{3-11}$$

在自然界的大多数情况下，当对流速度很大时，机械弥散作用起主导作用，而当对流速度很小时，一般只考虑分子扩散作用。

3.2.2.4　衰变、降解和挥发

在土壤这一多孔介质中，污染物质可分为保守性和非保守性两类。保守污染物进入土壤后，只是受对流和弥散的共同作用，污染物总量通常不会发生变化。但对于非保守污染物，除了随地下水运动改变空间位置以降低浓度外，腐朽、降解和吸附也会导致浓度降低。在研究放射性物质在土壤中的迁移转化过程中，放射性物质的衰变会导致放射性物质浓度的降低。放射性物质的浓度变化可表示为式(3-12)：

$$c_t=c_0e^{-\lambda Rt} \tag{3-12}$$

式中　c_t——时间 t 时污染物的浓度；

c_0——初始浓度；

R——放射性物质的衰变常数；

t——时间。

土壤中存在大量的细菌、真菌等微生物，使得土壤有机污染物在迁移的同时，还在微生物的生物化学作用下转化和分解成其他物质，使土壤中污染物的浓度降低，这种现象称为降解。降解是土壤净化的重要途径之一，降解过程才是真正去除土壤中污染物的唯一途径。土壤中微生物的类型、数量和其他环境因素，如 pH 值、温度等影响着降解能力的大小。有机污染物的降解主要取决于两个因素：一是微生物和污染物本身的特性；二是控制反应速率的环境因素，如酸碱度、溶解氧、温度、湿度等。有机污染物的降解可以表示为式(3-13)：

$$\frac{dc}{dt}=-\frac{V_mC}{K_c+C}X \tag{3-13}$$

式中　X——t 时刻微生物的浓度，mg/L；

C——常数。

当土壤中有机物浓度较低时，上式可以转化为式(3-14)：

$$\frac{dc}{dt}=-\frac{V_mC}{K_c}X \tag{3-14}$$

式中　V_m——土壤中水所占的总体积；

K_c——常数。

由于微生物在低浓度下增长速度很慢，使得微生物的浓度基本保持稳定不变，因此上式可简化为式(3-15)：

$$\frac{dc}{dt}=-K_1C \tag{3-15}$$

当土壤中污染物浓度较低时，土壤中微生物达到生长平衡状态后，通常用一级动力学方程来表示降解作用。土壤中挥发性有机物的挥发也是污染物从土壤中消失的重要途径。采用式(3-16) 来表示挥发性对污染物在土壤中浓度的影响：

$$c_g=Hc\left(\frac{1}{r}+K_d\right) \tag{3-16}$$

式中 c——土壤溶液的浓度；

c_g——气相中污染物的浓度；

H——亨利系数；

K_d——吸附分配系数；

r——土壤中土壤与水的质量比。

3.2.2.5 吸附和脱附

在土壤污染的过程中，吸附和脱附是影响污染物浓度变化的重要因素。吸附与脱附是发生在液相和固相界面处的一种现象，吸附是污染物溶质以离子的形式通过离子交换从液相转移到固相表面，从而降低污染物浓度的过程。脱附是固相中的离子从固相表面进入溶液，增大了溶质浓度的过程。吸附会延迟和阻滞污染物的迁移，使得污染物迁移通过单位距离所需的时间比地下水的迁移时间要长。在均匀的土壤介质中，吸附模型可采用线性等温吸附方程式(3-17) 来表示：

$$S=K_dc \tag{3-17}$$

式中 S——吸附平衡时固相上的吸附浓度；

K_d——吸附分配系数；

c——吸附平衡时土壤中污染物的浓度。

在研究的浓度范围内，吸附分配系数 K_d 与液相浓度一般呈线性关系。K_d 受污染物的化学形态、浓度、pH 值和水温等因素的影响。吸附和脱附是同一种物理化学作用的两个不同过程，因此吸附模型也可用来描述脱附过程。大量的实验和理论证明土壤吸附过程十分复杂，所以精确描述土壤吸附过程几乎是不可能的，因此多采用经验表达式来表示吸附过程。吸附对溶质迁移的影响具体表现在对溶质迁移起阻滞作用。吸附对污染物迁移的迟滞效应可以用迟滞因子 R_d 来描述，地下水的迁移速度和污染物在土壤介质中的迁移速度之比即为迟滞因子。当用吸附分配系数来表示吸附时，迟滞因子 R_d 可以表示为式(3-18)：

$$R_d=\frac{\theta_s}{\theta}+\frac{\rho_s}{\theta}K_d \tag{3-18}$$

式中 θ_s——土壤介质的饱和含水率；

θ——土壤介质的实际含水率；

ρ_s——土壤的容重。

由于 θ_s 和 θ 差别不大，所以上式可以简化为式(3-19)：

$$R_d=1+\frac{\rho_s}{\theta}K_d \tag{3-19}$$

3.2.3　土壤污染物的迁移模型

随着土壤溶质运移机理研究的深入，对土壤溶质运移过程的定量描述也在不断加深。人们试图通过建立一个简单的数学模型来描述溶质迁移的过程，以及影响溶质迁移的各种因素。土壤污染物迁移模型不仅要考虑土壤溶质的迁移过程，而且要考虑各种溶质之间以及溶质与土壤孔隙物质之间的物理化学相互作用。对于保守性的污染物，不用考虑在迁移过程中的化学成分的转化；对于非保守性的污染物，则需要考虑降解等因素的影响。土壤污染物迁移模型的正确建立取决于对污染物在土壤中对流扩散等过程的认识以及定量表达影响污染物迁移的因素的能力。对污染物迁移转化机理的认识越深刻，建立的污染物迁移模型越准确，模型的预测能力将越高。目前建立的模型主要分为三类：一是确定性模型。确定性模型一般是指基本的对流扩散方程。对于要求精度较高的问题，可采用确定性模型，确定性模型可以预测污染物在土壤中的时空运移规律，应用非常广泛，具有一定的普遍性。二是随机模型。随机模型认为研究系统会受到某种不确定因素的影响，因此模型的输出是不确定的，存在一定的概率性。随机模型仍然处于不断的研究和发展之中，应用的实际性较低。三是简化模型。简化模型的特点是对土壤溶质迁移的过程和机理进行相应的简化，以方便计算。模型选用主要取决于研究问题的目的、计算所要求的精度和已经取得的实测资料。

3.2.3.1　确定性模型

确定性模型是土壤溶质迁移理论研究的基本方程。最基本、最简单的一维对流扩散模型，其形式如式(3-20)：

$$\frac{\partial(\theta C)}{\partial t}+\rho\frac{\partial S}{\partial t}=\frac{\partial}{\partial x}\left(D(v,\theta)\frac{\partial c}{\partial x}\right)-\frac{\partial(qc)}{\partial x} \tag{3-20}$$

式中　θ——土壤的含水率；

q——土壤水流通量；

c——土壤溶质的浓度；

S——土壤吸附的溶质的量；

$D(v,\theta)$——土壤水动力弥散系数；

ρ——土壤的容重。

学者 Coats 和 Smith 对上述模型进行了进一步的修正，建立了可动与不可动相的两区域模型，其形式如式(3-21)～式(3-24)：

稳态条件下：

$$\theta_{\mathrm{m}}=\frac{\partial c_{\mathrm{m}}}{\partial t}+\theta_{\mathrm{im}}=\frac{\partial(\theta c_{\mathrm{im}})}{\partial t}=\theta_{\mathrm{m}}D_{\mathrm{m}}\ \frac{(\partial^2 c_{\mathrm{m}})}{\partial x^2}-V_{\mathrm{m}}\theta_{\mathrm{m}}=\frac{\partial c_{\mathrm{m}}}{\partial x} \tag{3-21}$$

$$\theta_{\mathrm{im}}=\frac{\partial(\theta c_{\mathrm{im}})}{\partial t}=\alpha(c_{\mathrm{m}}-c_{\mathrm{im}}) \tag{3-22}$$

式中　θ_{m}——可动水的容积含水量；

θ_{im}——不动水的容积含水量；

c_{im}——不动水中的污染物浓度；

c_{m}——可动水中的污染物浓度；

α——质量转移系数；

V_{m}——可动水平均孔隙流速。

非稳态条件下，θ 和 D_{m} 都不是常数，故上两式分别写成式(3-23) 和式(3-24)：

$$\frac{\partial \theta_{\mathrm{m}} c_{\mathrm{m}}}{\partial t}+\frac{\theta_{\mathrm{im}} c_{\mathrm{im}}}{\partial t}=\frac{\partial}{\partial x}\left(\theta_{\mathrm{m}} D_{\mathrm{m}} \frac{\partial c_{\mathrm{m}}}{\partial x}\right)-\frac{\partial q_{\mathrm{m}} c_{\mathrm{m}}}{\partial x} \tag{3-23}$$

$$\frac{\partial \theta_{\mathrm{im}} c_{\mathrm{im}}}{\partial t}=\alpha\left(c_{\mathrm{m}}-c_{\mathrm{im}}\right) \tag{3-24}$$

式中 q_{m}——可动水的水流通量。

确定性模型的缺点是需要确定的参数较多，但土壤中的许多参数具有时空变异性。不同条件下不同参数的测量值与实际应用的值相差较大，这样也就限制了确定性模型的应用。

3.2.3.2 随机模型

针对确定性模型中存在的不足提出了随机模型。传递函数模型是比较成熟的随机模型，其形式如式(3-25) 所示：

$$Q_{\mathrm{out}}(t)=\int_0^t g\left(t-t' \mid t'\right) Q_{\mathrm{in}}(t') \mathrm{d} t' \tag{3-25}$$

式中 $Q_{\mathrm{out}}(t)$——流出土壤的速度；

t'——溶质输入的初始时间；

$Q_{\mathrm{in}}(t')$——溶质进入土壤中的速度；

$g(t-t' \mid t')$——溶质在土壤中滞留时间的条件概率密度函数。

Dyson 和 White 根据边界条件和初始条件的不同得到式(3-26) 的简化形式：

$$c_{\mathrm{s}}(z, t)=c_0 \int_0^t g \cdot z(t) \mathrm{d} t \tag{3-26}$$

式中 $c_{\mathrm{s}}(z, t)$——在 t 时刻 z 处流出溶质的浓度；

$g \cdot z(t)$——溶质传递到 z 处所需要时间的概率密度函数；

c_0——注入溶质的浓度。

3.2.3.3 简化模型

简化模型的特点在于抓住了溶质运移的主要迁移机理，形式简便，方便计算和应用。简化模型主要有活塞流模型和 CDE 简化模型。活塞流模型形式如式(3-27) 所示：

$$Z_{\mathrm{f}}=\frac{I_{\mathrm{e}}}{\theta_{\mathrm{f}}}=\frac{I_{\mathrm{n}}-\sum E-I_{\mathrm{wd}}}{\theta_{\mathrm{f}}} \tag{3-27}$$

式中 Z_{f}——土壤溶质前锋位置；

I_{e}——有效淋洗水量；

θ_{f}——土壤持水量；

$\sum E$——累积蒸发量；

I_{n}——有效灌水量；

I_{wd}——亏缺水量。

CDE 简化模型是根据不同条件下的运移特点对溶质迁移方程进行的简化。当入渗过程中对流占主导地位时，溶质迁移方程可表示为式(3-28)：

$$\theta \frac{\partial c}{\partial t}=-q \frac{\partial c}{\partial z} \tag{3-28}$$

当溶质的浓度变化主要是由于蒸发和根系吸收所致时，溶质迁移方程可以表示为式(3-29)：

$$\theta \frac{\partial c}{\partial t}=cS \tag{3-29}$$

式中　c——土壤溶质的浓度；

S——土壤吸附的溶质的量。

3.2.3.4　溶质运移模型

综合考虑到土壤-水环境系统中污染物的对流扩散、吸附与脱附、衰变挥发和微生物降解等条件，从基本模型的推导过程出发，建立了土壤水环境污染物迁移转化的数学模型，考虑到土壤中溶质运移的各种影响因素，建立了一个相对完善的三维溶质迁移模型，相应地给出了初始条件和边界条件。为进一步研究土壤污染物在土壤中的迁移转化过程提供了可靠的理论依据，同时为土壤环境质量评价及污染防治、污染预报预测提供了科学的根据与途径。

(1) 基本模型的推导

把土壤三维空间内一单元六面体定义为一单位容积土壤体，如图 3-1 所示，其边长各为 Δx、Δy、Δz。在 Δt 时段内，该单元体内溶质的变化符合质量守恒原理，没有源汇的发生，即进入单元体的溶质质量的差等于 t 时段内该单元体内溶质质量的变化。假设进入 $ABCD$ 面的溶质通量为 J_x，那么 Δt 时段内进入 $ABCD$ 面的溶质质量通过式(3-30) 计算：

$$M_x=J_x \Delta y \Delta z \Delta t \tag{3-30}$$

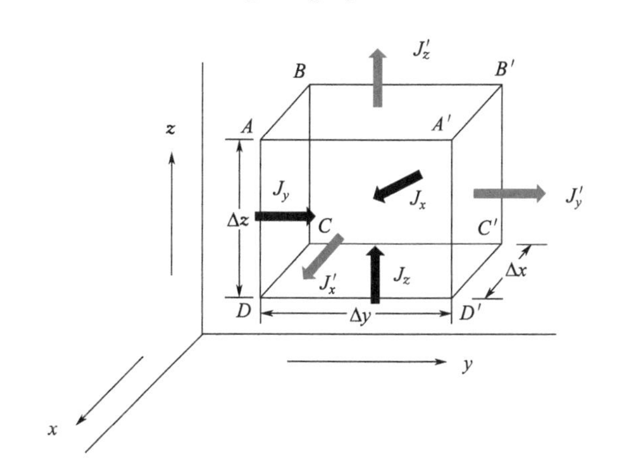

图 3-1　直角坐标系中连续方程中单元体示意图

流出 $A'B'C'D'$面的溶质通量通过式(3-31) 计算：

$$J'_x=J_x+\frac{\partial J_x}{\partial x}\Delta x \tag{3-31}$$

Δt 时间内流出 $A'B'C'D'$面的溶质质量通过式(3-32) 计算：

$$M'_x=\left(J_x+\frac{\partial J_x}{\partial x}\Delta x\right)\Delta y\Delta z\Delta t \tag{3-32}$$

在 Δt 时段内沿 x 轴方向的溶质流入与流出单元体的溶质质量差值通过式(3-33)计算：

$$\Delta M_x = J_x \Delta y \Delta z \Delta t - \left(J_x + \frac{\partial J_x}{\partial x}\Delta x\right)\Delta y \Delta z \Delta t = -\frac{\partial J_x}{\partial x}\Delta x \Delta y \Delta z \Delta t \tag{3-33}$$

在 Δt 时段内沿 y 轴和 z 轴方向的溶质流入与流出质量之差与式(3-33) 形式相同，见式(3-34) 和式(3-35)：

$$\Delta M_y = -\frac{\partial J_y}{\partial y}\Delta x \Delta y \Delta z \Delta t \tag{3-34}$$

$$\Delta M_z = -\frac{\partial J_z}{\partial z}\Delta x \Delta y \Delta z \Delta t \tag{3-35}$$

所以在 x、y、z 三个方向上溶质流入量和流出量的总差值 ΔM 可通过式(3-36) 和式(3-37) 计算：

$$\Delta M = -\left(\frac{\partial J_x}{\partial x} + \frac{\partial J_y}{\partial y} + \frac{\partial J_z}{\partial z}\right)\Delta x \Delta y \Delta z \Delta t \tag{3-36}$$

$$\Delta M = \frac{\partial c}{\partial t}\Delta x \Delta y \Delta z \Delta t \tag{3-37}$$

根据质量守恒原理，流入与流出单元体中的溶质质量的差值应等于 Δt 时段内该单元体中溶质质量的变化，见式(3-38)～式(3-46)：

$$\frac{\partial c}{\partial t}\Delta x \Delta y \Delta z \Delta t = -\left(\frac{\partial J_x}{\partial x} + \frac{\partial J_y}{\partial y} + \frac{\partial J_z}{\partial z}\right)\Delta x \Delta y \Delta z \Delta t \tag{3-38}$$

两边除以 $\Delta x \Delta y \Delta z \Delta t$ 得：

$$\frac{\partial c}{\partial t} = -\left(\frac{\partial J_x}{\partial x} + \frac{\partial J_y}{\partial y} + \frac{\partial J_z}{\partial z}\right) \tag{3-39}$$

令：

$$\frac{\partial c}{\partial t} = -\left(\frac{\partial J_i}{\partial x_i}\right) \tag{3-40}$$

在一维情况下：

$$\frac{\partial c}{\partial t} = -\left(\frac{\partial J_x}{\partial x}\right) \tag{3-41}$$

$$\frac{\partial c}{\partial t} = \frac{\partial}{\partial x}\left(D_{xx}\frac{\partial c}{\partial x}\right) - \frac{\partial (q_x c)}{\partial x} \tag{3-42}$$

在二维的情况下：

$$\frac{\partial c}{\partial t} = -\left(\frac{\partial J_x}{\partial x} + \frac{\partial J_y}{\partial y}\right) \tag{3-43}$$

$$\frac{\partial c}{\partial t} = \frac{\partial}{\partial x}\left(D_{xx}\frac{\partial c}{\partial x} + \theta D_{xy}\frac{\partial c}{\partial y}\right) + \frac{\partial}{\partial y}\left(D_{yy}\frac{\partial c}{\partial y} + D_{xy}\frac{\partial c}{\partial x}\right) - \frac{\partial (q_x c)}{\partial x} - \frac{\partial (q_y)}{\partial y} \tag{3-44}$$

同理可得在三维空间情况下的方程。通常情形下常用的对流-弥散传输模型如下：

$$\frac{\partial c}{\partial t} = \frac{\partial}{\partial x_i}\left(D_{ij}\frac{\partial c}{\partial x_i}\right) - \frac{\partial (q_i c)}{\partial x_i} \quad (i, j = 1, 2, 3 \text{ 或 } x, y, z) \tag{3-45}$$

考虑到土壤环境介质中的其他作用会引起污染物浓度的增减，例如挥发、降解、吸附、沉降等因素，可以将上述的各种因素合并作为一个附加的源汇项 $S(x, y, z, c, t)$，则式(3-45)

式可以化为式(3-46)：

$$\frac{\partial c}{\partial t}=\frac{\partial}{\partial x_i}\left(D_{ij}\frac{\partial c}{\partial x_i}\right)-\frac{\partial(q_i c)}{\partial x_i}+S(x,y,z,c,t)\quad(i,j=1,2,3\text{ 或 }x,y,z)\tag{3-46}$$

(2) 不同条件下模型的建立

污染物在土壤中迁移时常发生以下反应：污染物与土壤溶质的相互作用，污染物与固相的相互作用，如沉淀与溶解、吸附与脱附、降解与挥发、根系吸收等过程，也会发生生化反应，这些反应都会影响污染物在土壤中迁移时组成和数量上的变化。

① 考虑吸附-脱附作用时的模型。吸附作用是污染物与土壤固相之间相互作用的主要过程，直接或者间接影响着其他过程。如果把吸附脱附看作是一个可逆过程，则可得式(3-47)～式(3-52)：

$$S(x,y,z,c,t)=-\frac{\rho_b}{\eta_e}\frac{\partial S}{\partial t}\tag{3-47}$$

式中　ρ_b——土壤的容重；

η_e——土壤的孔隙率，在饱和土壤下，可以用含水率替代；

S——吸附在固相中的污染物浓度。

$$\frac{\partial c}{\partial t}=\frac{\partial}{\partial x_i}\left(D_{ij}\frac{\partial c}{\partial x_i}\right)-\frac{\partial(q_i c)}{\partial x_i}-\frac{\rho_b}{\eta_e}\frac{\partial S}{\partial t}\quad(i,j=1,2,3\text{ 或 }x,y,z)\tag{3-48}$$

再将等温线性吸附方程 dc 代入式(3-48) 中得到：

$$\frac{\partial c}{\partial t}=\frac{\partial}{\partial x_i}\left(D_{ij}\frac{\partial c}{\partial x_i}\right)-\frac{\partial(q_i c)}{\partial x_i}-K_d\frac{\rho_b}{\eta_e}\frac{\partial S}{\partial t}\tag{3-49}$$

整理得到式(3-50)：

$$\left(1+K_d\frac{\rho_b}{\eta_e}\right)\frac{\partial c}{\partial t}=\frac{\partial}{\partial x_i}\left(D_{ij}\frac{\partial c}{\partial x_i}\right)-\frac{\partial(q_i c)}{\partial x_i}\tag{3-50}$$

若令

$$R_d=1+K_d\frac{\rho_b}{\eta_e}\tag{3-51}$$

式中　R_d——阻滞因子。

则式(3-51) 可以写成：

$$R_d\frac{\partial c}{\partial t}=\frac{\partial}{\partial x_i}\left(D_{ij}\frac{\partial c}{\partial x_i}\right)-\frac{\partial(q_i c)}{\partial x_i}\tag{3-52}$$

② 发生降解衰变作用时的模型。当描述放射性物质或可降解污染物的迁移过程时，源汇项 $S(x,y,z,c,t)$ 中还应该包括一个描述放射性衰变和生物降解的表达式。如果考虑发生一级动力学衰变或者降解，可表示为式(3-53)：

$$S(x,y,z,c,t)=-\lambda\left(c+\frac{\rho_{bs}}{\eta_e}\right)=-\lambda c\left(1+\frac{\rho_b K_d}{\eta_e}\right)=-\lambda c R_d\tag{3-53}$$

式中　λ——降解系数，降解系数一般的取值范围是 $(0.5\sim10)\times10^5\,\mathrm{d}^{-1}$。

③ 挥发性污染物的传输模型。如果污染物是挥发性物质，在迁移过程中要考虑其在固相、液相和气相中浓度的变化，并且还有源汇的发生，考虑到气相中污染物的扩散，根据基本方程的推导可用式(3-54)表示挥发性物质的模型。

$$\frac{\partial}{\partial t}[\theta c+\rho c_{\mathrm{s}}+(P-\theta)c_{\mathrm{g}}]=\frac{\partial}{\partial x_j}\left(\theta D_{ij}\frac{\partial c}{\partial x_j}+(P-\theta)D_{\mathrm{g}ij}\frac{\partial c_{\mathrm{g}}}{\partial x_j}\right)-\frac{\partial(q_i c)}{\partial x_i} \tag{3-54}$$

式中 c——土壤溶液浓度；

c_{g}——气相中污染物浓度；

c_{s}——固相中污染物浓度

ρ——土壤容重；

r——土壤中土壤与水的质量比；

P——总孔隙度；

D_{g}——污染物在气相中的扩散系数。

将式(3-16)式代入式(3-54)得：

$$\frac{\partial}{\partial t}\left[\theta c+\rho c_{\mathrm{s}}+(P-\theta)Hc\left(\frac{1}{r}+K_{\mathrm{d}}\right)\right]=\frac{\partial}{\partial x_j}\left[\theta D_{ij}\frac{\partial c}{\partial x_j}+(P-\theta)D_{\mathrm{g}ij}\frac{\partial Hc\left(\frac{1}{r}+K_{\mathrm{d}}\right)}{\partial x_j}\right]-\frac{\partial(q_i c)}{\partial x_i} \tag{3-55}$$

整理上式得到：

$$\frac{\partial}{\partial t}\left\{\left[\theta+(P-\theta)\left(\frac{H}{r}+K_{\mathrm{d}}H\right)\right]c+\rho c_{\mathrm{s}}\right\}=\frac{\partial}{\partial x_j}\left\{\left[\theta D_{ij}+(P-\theta D_{\mathrm{g}ij})\left(\frac{H}{r}+HK_{\mathrm{d}}\right)\right]\frac{\partial c}{\partial x_j}\right\}-\frac{\partial(q_i c)}{\partial x_i} \tag{3-56}$$

(3) 定解条件

土壤污染物迁移模型描述了污染物在土壤中和地下水中迁移转化的一般规律，但污染物浓度的分布状况仅仅靠模型的描述还不能完全确定，这是因为污染物的迁移转化还与研究区域的初始条件和边界条件有关。初始条件和边界条件是控制模型有确定解的前提。对于边界条件与初始条件的处理，将直接影响计算结果的精度。为了求解迁移模型，模型所对应的初始条件和边界条件必须确定。

① 初始条件。初始条件是所研究对象在过程开始时刻各个求解变量的空间分布情况，对于瞬态问题，必须给定初始条件；对于稳态问题，则不用给定。假定在研究区域上给定初始时刻的浓度分布，则数学模型对应的初始条件表达式可表示为式(3-57)：

$$C(x,y,z,t)=f(x,y,z)\quad t=0,(x,y,z)\in\mathbf{R} \tag{3-57}$$

式中 $(x,\ y,\ z)$——已知数，一般都假定研究区域中的初始浓度为定常数。

② 边界条件。边界条件是指在求解域的边界上所求解的变量或其一阶导数随地点及时间变化的规律。对于任何问题，都需要给定边界条件。边界条件一般可以分为三种类型：本质边界条件（Dirichlet 边界）、自然边界条件（Neuman 边界）、混合边界条件（Cauchy 边界）。对于自然边界条件，一般在积分表达式中可自动得到满足。对于本质边界条件和混合边界条件，需按一定法则对总体有限元方程进行修正满足。上下边界通常可用

Dirichlet 边界和 Cauchy 边界来描述。Dirichlet 边界描述的是边界的浓度分布，其数学表达式为式(3-58)：

$$c(x,y,z,t)=c_0(x,y,z,t) \quad t>0,(x,y,z)\in \mathbf{R}_1 \tag{3-58}$$

式中　$c_0(x,y,z,t)$——边界 R_1 上的时间和空间的已知函数。

Neuman 边界描述的是边界 R_2 上的浓度梯度。其数学表达式为式(3-59)：

$$\left[D_{ij}\frac{\partial c}{\partial x_i}\right]=q(x,y,z,t) \quad t>0,(x,y,z)\in \mathbf{R}_2 \tag{3-59}$$

式中　$q(x,y,z,t)$——已知函数。

Cauchy 边界描述的是边界 R_3 上的浓度分布和浓度梯度，其数学表达式为式(3-60)：

$$\left[D_{ij}\frac{\partial c}{\partial x_i}-vc\right]=g(x,y,z,t) \quad t>0,(x,y,z)\in \mathbf{R}_3 \tag{3-60}$$

式中　$g(x,y,z,t)$——已知函数，左边第一项代表扩散通量，第二项代表对流效应。

3.2.4 土壤中重金属的迁移

重金属元素在土壤中的迁移及形态转化是指其在土壤中的溶解及沉淀作用过程在空间上的分布形式。重金属元素在土壤中既可以进行垂直方向上的迁移，又可以进行水平方向上的迁移，在物理化学作用、生物降解、土壤溶液等条件的影响下易发生形态的转化，进而更加容易从土壤中迁移至其他介质中。土壤中重金属元素的迁移及形态转化主要包括物理迁移、化学迁移及生物迁移。

3.2.4.1 土壤中重金属元素的物理迁移

重金属元素在土壤溶液的作用下，发生从左到右的水平迁移时会引起重金属污染面积的扩大，而发生自上而下的垂直迁移时，则会污染深层土壤或地下水。除此之外，重金属元素会附着在粉尘表面进而随着扬尘进入大气，对大气环境造成污染；还会与黏土矿物及土壤胶体进行吸附-脱附作用，或发生专属性吸附及交换吸附，与黏土矿物或土壤胶体共同造成土壤及周围环境的污染。

3.2.4.2 土壤中重金属元素的化学迁移

土壤中重金属元素以不同的形态存在，大致可分为在液相物质中的形态和在固相物质中的形态，而土壤中重金属的难溶电解质，会在土壤液相和固相之间形成多相平衡，这种多相平衡受土壤溶液 pH 值变化的影响。此外，土壤胶体和有机质通过络合-螯合反应也会在一定程度上破坏重金属在土壤中的相态平衡，在土壤 pH 值及络合-螯合化学反应的作用下，使得重金属污染物在土壤中发生迁移与转化。离子交换吸附及络合-螯合反应是土壤对重金属离子的两种主要作用，在土壤重金属含量较高时以离子交换吸附为主，在土壤重金属含量较低时则以络合-螯合作用为主，一般情况下，两种作用会同时存在并共同决定着土壤中重金属污染物的迁移及形态转化规律。

3.2.4.3 土壤中重金属元素的生物迁移

土壤是一个复杂的生物系统，是各种微生物生存和繁殖的理想场所之一。重金属离子在土壤中的生物迁移主要是指其在土壤微生物作用下的迁移和形态转化。土壤中的微生物不仅可以对有效态重金属进行吸收和固定，还可以通过改变重金属元素的化学形态，而引发重金属的迁移转化。重金属元素在土壤中的生物迁移过程相对比较复杂，但由于微生物固化是减少土壤重金属污染的有效措施，因而研究土壤中重金属元素在微生物作用下的形态变化及迁移转化规律，已成为现阶段的研究热点和前沿领域。

3.2.5 土壤中有机污染物的迁移

土壤中的有机污染物主要来源于污水灌溉、农药施用、污泥处理、废弃土地的利用以及污染物泄漏等。土壤中的有机污染物有多种存在形式：吸附于土壤固相表面或有机质中；随地表径流污染附近的地表水；通过挥发进入大气；随降雨或灌溉水向下迁移，在土壤剖面形成垂直分布，直至渗滤到地下水，造成地下水污染；通过生物或非生物的相互作用而发生降解；农作物吸收。这些存在形式及迁移过程往往同时发生并相互作用，有时难以区分，并受多种因素影响。

3.2.5.1 有机污染物的物理迁移

有机物在土壤中的物理迁移通常包括物理挥发、吸附和水迁移三种形式。土壤中有机污染物的物理挥发实际上是其化学位降低后向气相迁移的过程，有机污染物的物理化学性质、土壤的环境温度及特性都会对物理挥发过程产生一定的影响。物理吸附主要是由于土壤胶体带有一定量的负电荷，有机污染物进入土壤后，由于极化或解离作用而被土壤吸附。不同胶体及土壤矿物对有机污染物的吸附作用不同，通常是有机胶体＞蛭石＞蒙脱石＞伊利石＞绿泥石＞高岭石。土壤对有机污染物的吸附量也会随着有机质含量的增加和含水量的降低而增加。有机污染物的水迁移方式一般有两种形式：一是可直接溶于水而进行的物理迁移，二是被吸附在土壤固体细粒表面上而随水分进行的移动。一般来说，被土壤有机质和黏土矿物强烈吸附的有机污染物，特别是难溶性有机污染物，不易在土体中随水向下淋溶；相反，由于在砂质土壤中有机质和黏土矿物含量较少，一般的有机污染物尤其是水溶性有机污染物，则在砂质土壤中发生淋移。

3.2.5.2 有机污染物的化学迁移

有机物污染的化学迁移主要包括了化学降解与光降解。化学降解可分为催化反应降解和非催化反应降解。催化反应降解主要是由土壤硅酸盐黏土矿物表面的化学活性而引起的化学反应，特别是土壤为酸性时催化反应降解作用将更剧烈。非催化反应降解主要是由氧化、水解、离子化和异构化等作用而产生的有机污染物的降解反应，其中以氧化和水解较为重要。土壤中的氨基酸、硫氢基以及铜、铁和锰等金属离子，均能在一定程度上促进某些有机磷农药的水解和氧化还原作用。光降解也是土壤中化学迁移的一种主要形式，其原理是有机污染物中一般含有 C—H、C—C、C—N 和 C—O 等化学键，而这些化学键断裂时所需的解离能正好在太阳光的波长范围内，因此当该类污染物在吸收光子之后，会变成为激发态的分子，导致化学键断裂，发生光解反应进行降解。大部分滴滴涕和除草剂都能发生光解反应。

3.2.5.3 有机污染物的生物迁移

有机污染物的生物迁移是指有机污染物通过生物体的吸附、吸收、代谢、死亡等过程而发生的迁移，是有机污染物在环境迁移中最复杂、最具有重要意义的迁移方式，总体可分为生物浓缩、生物放大和生物积累（摄取和消除）三种形式。生物迁移与不同生物的种属特性及生理结构特征有关，植物和微生物的选择性吸收作用及动植物的积累效应是土壤有机污染物生物迁移的主要表现形式。植物吸收土壤有机污染物的主要器官是根，污染物可通过植物细胞膜特殊的运输方式进入植物体内。此外，植物叶片也能吸收空气中的一些特定的污染物。当土壤污染物通过物理挥发作用挥发到大气中，漂浮在大气中的污染物将通过黏附、从叶片气孔或茎部皮孔侵入的方式进入到植物体内从而发生迁移。通常来说，不同植物对污染物的吸收和累积作用差异较大。

3.3 污染物在土壤中的转化

3.3.1 基本概述

土壤中污染物的转化是指污染物在环境中通过物理的、化学的或生物的作用改变其形态，或者转化为另一种物质的过程。污染物的转化和迁移是不同的，迁移只是空间位置的相对运动，而转化涉及物质性质和形态的变化。然而，污染物的转化和迁移往往又是伴随进行的。根据污染物在土壤中转化过程的形式可主要分为物理转化、化学转化和生物转化三大类型，但大多数情况下，化学转化是污染物最为主要的转化方式。污染物转化的形式过程与最终的形态主要取决于污染物本身的属性和所处的环境条件。如重金属离子污染物在土壤中的形态转化主要受 pH 值、Eh 值（氧化还原条件）、土壤类型、含水率和有机质含量等因素的影响，而有机污染物的转化则主要受到土壤质地、水分、温度、pH 值、共存矿物、土层厚度、矿物组分和老化作用等因素的影响。此外，同种污染物在转化的过程中可能同时进行多种形式的转化，例如有机污染物进入土壤环境中，其中的一部分可能通过生物转化，被分解成微生物所需要的能量而被吸收，也可以通过化学转化被分解成小分子有机物以及二氧化碳和水，也有一部分可通过物理转化直接被植物吸收或挥发到空气中。环境污染物的转化通常有两个结果：一是污染物的毒性降低，分子结构更容易降解；二是污染物的毒性增加，分子结构变得更难降解。研究污染物的物理、化学和生物转化的机制和过程，是阐明污染物的环境行为、迁移、归宿和污染趋势的基础性工作，对土壤的保护起着至关重要的作用。

3.3.2 土壤中重金属的转化

土壤中重金属对植物的影响主要通过吸收累积，从而抑制其生长并造成重金属在植物体内残留。重金属在土壤植物系统中的转化与重金属的种类和存在形态、土壤的类型和物理化学性质、植物的种类有关。不同的重金属形态在土壤中往往有不同的环境化学行为及生态效应。

重金属进入土壤后，能够以可溶性自由态或络合离子的形式存在于土壤溶液中。重金属主要被土壤胶体吸附，或以各种难溶化合物的形态存在。因此，土壤中重金属总量并不能反映植物对金属吸收的有效性。重金属在土壤植物系统中的转化与重金属的性质和土壤的物理化学性质有关，还与环境条件（如耕作状况、灌溉用水性质等）有关。例如，稻田灌水时，氧化还原电位明显降低，重金属可以硫化物的形态存在于土壤中，植物难以吸收；而当排水时，稻田变成氧化环境，S^{2-} 转化为 SO_4^{2-}，重金属硫化物可转化为较易迁移的可溶性硫酸盐，被植物吸收。不同的重金属形态对生物的毒性差异很大。因此，了解土壤中重金属形态的转化及影响因素对控制重金属的生物有效性具有重要意义。例如，硒是生命必需元素，土壤缺硒会引起人体克山病、大骨节病；高浓度硒可使人、畜中毒。土壤中的硒多以硒酸盐、亚硒酸盐、元素硒、硒化物及有机硒化物等多种形态存在，但在土壤溶液中主要存在形态是亚硒酸盐，其他形态的硒，通过氧化、水解或还原作用均可转变为稳定的亚硒酸盐；土壤pH值、Eh值、黏土矿物和铁、铝水合氧化物以及有机质都会直接影响土壤硒对植物的有效性。研究表明，在低硒土壤中施用亚硒酸盐可增加植物对硒的吸收，但亚硒酸盐易被黏土矿物复合体吸收，与铁、铝氧化物形成难溶盐，大大减少硒对植物的有效性。因此，了解硒在土壤中的存在形态及其转化，就可采取相应措施为解决土壤缺硒和改变高硒土壤提供科学依据。

土壤酸碱性是土壤的重要物理化学性质之一，它随土壤矿物组成和有机成分而变。由于酸雨导致土壤酸化，从而影响金属在土壤中的存在形态。研究表明，土壤酸化的直接后果是铝离子增多，致使植物生长受到影响，还能从土壤胶体中置换出其他碱性阳离子，使之遭受淋溶损失，而加速土壤酸化、淋溶。人为灌溉也可引起土壤酸化。土壤酸化可引起重金属存在形态的变化，从而影响重金属在土壤中的迁移转化及生物效应。

3.3.3 土壤中有机污染物的转化

(1) 有机污染物在土壤中的物理转化

有机污染物在土壤中主要以挥发态、自由态、溶解态和固定态四种形态存在，而绝大多数有机污染物都属于挥发态有机污染物，所以一般情况下挥发是有机污染物在土壤中发生物理转化的重要形式，可以用亨利定律进行描述，例如，有机氯农药（OCPs）是土壤中常见的一种污染物，主要通过挥发作用直接从土壤挥发到大气中，然后在大气中通过干湿沉降作用再次进入土壤，从而达到土壤与大气的动态平衡。有机污染物的物理转化机制主要包括扩散、流动和进入大气中三种主要的运动方式，其中以进入大气中的作用方式较为常见，受农药的物理化学性质、农药的浓度、土壤中水分的含量及吸附性能、空气的流动速度、温度及扩散系数的影响。一般来说，污染物的物理转化只是转化过程的初级形式，随后往往伴随化学转化从而达到最终的转化产物的形态。

(2) 有机污染物在土壤中的化学转化

土壤中有机污染物常见的化学转化主要包括水解反应、光解反应、氧化-还原反应等几种形式。由于土壤体系中含有水分，因此水解是有机物在土壤中的重要转化途径。水解过程指的是有机污染物（RX）与水的化学反应。在反应中，—X基团与—OH基团发生交换：$RX+H_2O \longrightarrow ROH+HX$。水解作用的结果往往可以改变有机污染物的结构，一般情况下水解产物的毒性比母体化合物小，但也存在一些特例，如2,4-D酯类的水解作用就生成了毒性更大的2,4-D酸。此外，水解后的产物有可能比母体化合物更易或更难挥发。光解过程是指吸附于土壤表面的污染物分子在太阳光的作用下，将光能直接或间接转移到分子键，使分子变为激发态而裂解或转化的现象。由于有机污染物中一般含有C—C、C—H、C—O、C—N等键，而这些化学键发生离解所需要的能量正好在太阳光的波长范围内，因此，有机物在吸收光子之后就变成激发态的分子，导致上述化学键的断裂而发生光解反应，可分为直接光解反应和间接光解反应两种。有机物在土壤中的光解作用是有机污染物转化的重要途径之一，同时也对土壤的保护和应用产生重要的影响。有机污染物在不同环境下的光解速率有所不同，相比较而言，农药在土壤表面的光解速率要比其在溶液中慢得多，导致这种现象的原因可能有很多，例如光线在土壤中的迅速衰减可能是导致有机农药在土壤中光解速率减慢的重要原因；土壤颗粒吸附农药分子后发生内部滤光现象，也是有机农药在土壤中光解速率减慢的另一个重要原因。此外，土壤中可能存在的光猝灭物质可猝灭光活化的农药分子，也会对农药的光解速率产生一定的影响。在土壤中，一些有机农药的水解反应由于土壤颗粒的吸附、催化等作用而被呈现加速状态。此外，研究还发现土壤中存在比较多的自由基，这些自由基在引发土壤污染物转化和降解方面也具有重要意义。

氧化还原反应也是有机污染物在土壤环境中所发生的一种常见的非生物转化过程。主要是指有机污染物得失电子而发生的电子转移的化学反应过程，与有机物的理化性质、土壤环境及相应组成介质有关。

(3) 有机污染物在土壤中的生物转化

相比于土壤中的重金属离子污染物，生物转化也是土壤有机污染物转化的重要形式之一。生物转化是指在有关酶系统的催化作用下，可通过各种生物化学反应过程改变它的化学结构和理化性质。各种植物和微生物在土壤污染物的生物转化中均能发挥重要作用，其中土壤中的微生物因具有个体小、比表面积大、种类繁多、分布广泛、代谢强度高、易于适应环境等特点，在环境有机污染物的转化和降解方面显示出巨大的潜能。土壤中的微生物在合适的环境条件下能使含氮、磷、硫的有机污染物转化成无毒或毒性不大的化合物。如有机氮可被微生物转化为氨态氮或硝态氮，有机氯农药（如DDT）的转化受微生物的代谢作用和降解作用的影响较大，许多有机物通过微生物的作用分解转化为其他衍生物和二氧化碳及水等无害物，强致癌物苯并［a］芘，可以被水稻从根部吸收送往茎叶，并转化成二氧化碳和有机酸。此外，一些有机氯农药很容易被植物吸收并代谢转化成其他有机氯化合物。

3.4 土壤环境因子对污染物迁移转化的影响

3.4.1 影响土壤中重金属迁移转化的因素

重金属元素在土壤中的迁移和形态转化会受多种因素的影响，其主要包括土壤理化性质、金属元素种类、组成肥料的元素种类、伴生阴离子种类、土壤生物等。

3.4.1.1 土壤 pH 值

在所有影响因素中，土壤 pH 值对重金属迁移转化的影响最为重要，因为重金属在土壤中的化学形态变化及其生物有效性主要受到土壤 pH 值的影响，土壤中可交换态、碳酸盐结合态重金属对土壤 pH 值较敏感。当土壤 pH 值升高时，土壤中的可交换态重金属会向碳酸盐结合态重金属转化；当土壤 pH 值下降时，碳酸盐结合态、残渣态等重金属形态会向可交换态重金属转化，使重金属重新释放进入土壤环境中，从而更易被生物利用。土壤 pH 值升高也会引起土壤中铁锰氧化物结合态、有机物结合态重金属含量增加。同时重金属元素在土壤中的溶解能力也受到土壤 pH 值的调控。研究表明，土壤 pH 值降低时，土壤中吸附性正电荷增多，氢离子在土壤中的竞争吸附能力增强，使得重金属游离于土壤中，生物有效性增强，迁移转化能力增强，更容易造成污染；当土壤 pH 值升高时，土壤中氢离子的竞争吸附能力降低，重金属主要以氢氧化物或碳酸结合态存在，生物有效性降低，不利于其在土壤中迁移转化。因此，受重金属污染的酸性土壤可通过提高 pH 值来降低其生物有效性，减少土壤重金属污染。

3.4.1.2 土壤中的有机质

土壤有机质含量会显著影响土壤中重金属的形态分布和转化，主要是因为土壤有机质可与重金属离子形成具有不同化学和生物学稳定性的物质。土壤有机质对土壤重金属化学形态的影响与有机质种类及含量、重金属种类、土壤性质、微生物种类及作物类型等多种因素相关。例如，土壤有机质含量增加时，Zn 的可交换态、铁锰氧化物结合态、有机物结合态的比例均显著增加，而 Zn 的残渣态含量变化不明显；也有研究表明，土壤有机质对 Cd 的形态分布影响较小，但对 Pb 的形态分布影响较大。

同时，土壤中的有机质对重金属的迁移能力具有一定的影响，其影响主要表现在两方面：一方面土壤中的重金属元素容易被有机官能团以及有机质分解后产生的有机小分子化合物及腐殖酸所吸附，形成稳定的化合物，其吸附能力大于土壤中其他胶体吸附；另一方面，有机质彻底分解后又会使重金属解吸出来，从而使重金属活性增强。研究发现，增施有机肥可显著增加土壤中有机物结合态的重金属含量，降低有效态重金属的含量。有机肥可显著调控土壤中重金属污染物，降低重金属污染物的生物有效性，减少重金属从土壤到植物的迁移转化，从而能有效提高作物的产量。

3.4.1.3 土壤氧化还原电位

氧化还原电位（Eh 值）是表征土壤电性的重要因素，也是影响土壤中重金属元素存在形态的重要参数。一方面，土壤中氧化还原作用会影响土壤中有机质的分解转化效率。在氧化状态，土壤有机物分解，重金属元素发生脱附反应；在还原状态下，土壤有机物积累，重金属元素发生吸附反应，从而影响重金属的形态分布。例如，土壤 Eh 值对土壤中的铁锰氧化物结合态重金属影响最明显，当土壤 Eh 值降低时，由于离子间的竞争作用，土壤中已经和铁锰氧化物结合的重金属会重新被释放出来，从而导致结合态的重金属含量减少，可交换态的重金属含量增加。另一方面土壤氧化还原反应直接影响重金属元素在土壤中的溶解度，影响重金属在土壤中的迁移转化。同时氧化还原反应的本质是元素的电子得失反应，而重金属本身多为变价元素，在化学反应过程中更容易造成电子得失，从而在土壤中发生价态和形态的变化，易于迁移转化。

3.4.1.4　土壤胶体

土壤胶体是土壤的重要组成部分。它一般由有机大分子、层状硅酸盐、铁铝氧化物、细菌以及病毒组成。其一般具有较大的表面积，同时带有电荷。重金属元素进入土壤后会被土壤胶体吸附，从而降低重金属的生物有效性以及其在土壤中的迁移转化能力。另一方面，土壤胶体与土壤固体和土壤溶液一样，均属于土壤介质。土壤中的重金属元素以胶体为载体，在土壤中迁移转化。

3.4.1.5　土壤阳离子交换量

土壤阳离子交换量（CEC）主要通过影响土壤胶体对重金属的吸附作用而影响土壤重金属的形态。土壤 CEC 升高，土壤对镉的吸附作用增强，土壤中镉的有效性降低。

土壤胶体的存在使得土壤具有吸附性，而重金属在土壤中吸附的过程不仅是物理吸附，还伴随着电荷的得失及离子价态的变化。在土壤阳离子交换过程中，重金属与土壤胶体原吸附离子 K^+、Na^+、Mg^{2+}、NH^{4+}、H^+、Al^{3+} 等发生等价交换，从而使重金属固化，而当土壤溶液中大量存在 K^+、Na^+、Mg^{2+}、NH^{4+}、H^+、Al^{3+} 等阳离子时，又会使吸附态的重金属活化，从而影响重金属在土壤中的迁移转化。土壤的吸附性和离子交换性又能使它成为重金属类污染物的主要归宿，因此，土壤离子交换性对重金属污染物在土壤中的环境行为具有重大意义。

3.4.1.6　土壤黏粒含量

土壤黏粒含量主要影响土壤物理吸附、化学吸附等过程以及土壤离子交换作用的强弱，从而对土壤中重金属的形态和转化产生影响。土壤黏粒含量越高，重金属离子会更多地被吸附在土壤表面，从而迁移性降低。

3.4.2　影响土壤中有机污染物迁移转化的因素

土壤中的微生物、水分、温度、气候、含水量、土壤机械组成、植物根际环境、pH 值、二氧化碳浓度等因素对土壤中所含有机质的分解转化有着很大的影响。除了有机污染物自身的难降解性以及生物迁移性会对有机物降解速率和效果产生影响外，土壤环境因素也会影响有机污染物的迁移转化。

3.4.2.1　土壤微生物

有机污染物在土壤中的降解分为非生物降解与生物降解两大类。在生物酶作用下，农药在动植物体内或是微生物体内外的降解即生物降解。微生物降解是指利用微生物降解有机污染物的生物降解过程，降解微生物有细菌、真菌和藻类。虽然在厌氧和需氧条件下多氯化合物都可以降解，但是在厌氧条件下降解速率更快。尽管在好气条件下土壤也有很多分解菌存在，但是在好气的旱田条件下，由于有机氯污染物被土壤吸附，生物活性降低，因而可以长期残留。微生物降解是消除有机氯农药的最佳途径，通常药剂在土壤中的分解要比在蒸馏水中的分解更迅速，将土壤灭菌处理后，药剂在大部分土壤中对有机污染物的分解速率明显受到抑制。迄今为止，已从土壤、污泥、污水、天然水体、垃圾场和厩肥中分离得到可降解不同农药的活性微生物。活性微生物主要以转化和矿化两种方式，通过胞内或胞外酶直接作用于周围环境中的农药。尽管矿化作用是消除环境中农药污染的最佳方式，但是自然界中此类微生物的种类和数量都十分缺乏，而转化作用却相当普遍。常规环境条件下能降解目标污染物的微生物数量少，且活性比较低，当添加某些营养物包括碳源与能源性物质或提供目标污染物降解过程所需因子，将促进与降解菌生长相关联的有机物的降解代谢，即微生物只能使有机污染物发生转化，而不能利用它们作为碳源和能源维持生长，必须补充其他可以利用的基质，微生物才能生长。在共代谢过程中，微生物通过酶来降解某些能维持自身生长的物质，同时也降解了某些非微生物生长所必需的物质。

3.4.2.2 土壤温度

气候变暖是当今全球性的环境问题，大气中 CO_2 浓度的不断增加对全球气候变化起着极其重要的作用。土壤中 CO_2 的排放主要来自土壤原有有机质和外源有机质（如植物的凋落物、根茬及人为的有机污染物投入）的分解过程。全球气候不断变暖将改变各地的温度场、蒸发量和降水量，而这些变化又影响着土壤有机污染物的分解。土壤温度影响土壤微生物和酶的活性及土壤中溶质的运移，还影响土壤反应速率和土壤呼吸速率，最终影响土壤中有机污染物的降解转化。在一定温度范围内，温度升高会促进土壤有机污染物的分解，但随着温度的进一步升高，土壤有机污染物对温度的响应程度降低。

3.4.2.3 土壤 pH 值

土壤 pH 值对有机污染物的形态分布起着重要作用。有研究表明，当改变土壤的 pH 值时，土壤中腐殖酸的结构也会相应发生一定的变化，这会影响腐殖酸与有机氯农药的吸附作用，进而影响到有机氯农药在土壤中的形态分布。当 $pH<5$ 时，有机污染物处于酸性状态，亲脂性较强，亲水性较弱，此时部分溶解态有机污染物会转化为吸附态和结合态。当 pH 值接近农药的 pH 值时，吸附最强，吸附态含量最高。当 $pH>10$ 时，亲脂性较弱，亲水性较强，会使部分吸附态和结合态的有机污染物转化为溶解态，增强了有机污染物的迁移性，对环境危害较大。

3.4.2.4 土壤机械组成

土壤质地的差异形成不同的土壤结构和通透性状，因而对环境污染物的截留、迁移、转化产生不同的效应。由于黏土类富含黏粒，土壤物理吸附、化学吸附及离子交换作用强，具有较强的保肥、保水性能，同时也把进入土壤中的污染物质的有机分子、无机分子、离子吸附到土粒表面保存起来，增加了污染物转移的难度。在黏土中加入砂粒，可相对减少黏粒含量，增加土壤通气孔隙，可以减少对污染物的分子吸附，提高淋溶的强度，促进污染物的转移，但要注意到可能因此引起的地下水污染等问题。砂质土类的优点是有机污染物容易从土壤表层淋溶至下层，减轻表土污染物的数量和危害，但是有可能进一步污染地下水，造成二次污染。壤土的性质介于黏土和砂土之间，其性状差异取决于壤土中砂粒、黏粒含量比例，黏粒含量多，性质偏于黏土类，砂粒含量多则偏于砂土类。一般而言，黏性土壤中的空气比砂性土壤少，好气性微生物活性受到抑制。土壤黏粒具有保持碳的能力，其含量影响外源有机质（有机化合物、植物残体）及其转化产物的分解速率。随着土壤黏粒含量的增加，土壤有机碳和土壤微生物碳量也增加，土壤有机碳与黏粒含量呈正相关，随着土壤黏粒含量的增加，碳、氮矿化量减少，但矿化部分的 C/N 比并不受土壤质地的影响。

3.4.2.5　土壤有机质

有机质是土壤有机物质的主体，主要是由微生物、小动植物的生命活动产物及生物残体分解和合成的各种有机物质组成，主要包括腐殖物质（经土壤微生物作用后，由多酚和多醌类物质聚合而成的含芳香环结构的、新形成的黄色至棕黄色的非晶形高分子有机化合物）和非腐殖物质（一些结构简单、易被分辨、具有明确物理化学性质的物质，包括糖类物质、有机酸和一些化学结构已知的含氮化合物等）。土壤有机质是影响土壤中疏水性有机污染物环境行为的重要因素，同时也是影响疏水性有机污染物形态分布的重要因素。土壤有机质对有机氯农药不仅有增溶和溶解作用，还对有机氯农药具有明显的吸附作用，这是因为土壤有机质的腐殖酸结构中具有可以与有机氯农药相结合的特殊点位。有机质的聚合程度越高，有机污染物的脱附滞后程度就越大，脱附速率就越慢，生物有效性就越低。土壤中有机质含量是影响疏水性有机污染物吸附态含量的一个重要因素。除此之外，有机质的结构对疏水性有机污染物的形态分布也有较大影响。

3.4.2.6　土壤含水率

土壤含水率对亲水性有机污染物的形态分布具有很大影响。小部分进入土壤的有机污染物会溶解在土壤水溶液中。土壤含水率越高，可溶解的有机污染物也就越多，溶解态有机污染物的含量相应地也就越高。这大大增加了有机污染物的迁移性，因此，对环境的危害也就越大。另外，土壤有机污染物的分解速率在很大程度上受控于环境条件，其中含水率对微生物代谢活动的影响起着决定性作用。

3.4.2.7　土壤矿物质

矿物质构成土壤的骨架，被喻为“土壤的骨骼”，对土壤中有机污染物的吸附和滞留起着至关重要的作用。土壤中所含矿物可分为原生矿物和次生矿物。原生矿物是指那些岩石或矿石经过不同程度的物理风化，没有改变其化学组成和晶体结构的矿物，其中原生矿物的种类和数量可根据母质类型、风化强度和成土过程的不同而有所不同。土壤中原生矿物主要包括长石、白云母、石英、辉石和角闪石，另外还有少量的赤铁矿、磷灰石和黄铁矿等。次生矿物是指那些岩石或矿石在形成之后，其中的矿物通过化学变化而生成的新生矿物，其化学组成和构造与原生矿物相比已发生改变。土壤中的次生矿物主要包括三类：一是碳酸盐、硫酸盐和氯化物等简单盐类；二是氧化铝、氧化铁和氧化硅等氧化物类；三是黏土矿物如蒙脱石、高岭土和水花云母等铝硅酸盐类，它们以黏粒形式存在于土壤中，且粒径极小，具有胶体性质。黏土矿物表面上含有大量吸附点位，对有机污染物具有一定的吸附结合作用。土壤的矿物结构会影响土壤对农药的吸附，土壤中矿物质和黏粒含量越高，其比表面积就越大，从而与有机氯农药结合就越紧密。土壤中矿物质对有机污染物在土壤中的形态分布的影响还取决于有机污染物本身的性质。

3.5 典型污染物在土壤中的迁移转化

3.5.1 土壤中典型重金属的迁移转化

3.5.1.1 土壤中砷的迁移转化行为

砷是类金属元素，但从它的环境污染效应来看，常把它作为重金属来研究。砷主要以正三价和正五价存在于土壤环境中。其存在形式可分为水溶性砷、吸附态砷和难溶性砷。三者之间在一定的条件下可以相互转化。当土壤中含硫量较高且在还原性条件下，可以形成稳定的难溶性 As_2S_3。在土壤厌氧条件下，砷与汞相似，可经微生物的甲基化过程转化为二甲基砷［$(CH_3)_2AsH$］之类的化合物。由于土壤中的砷主要以非水溶性形式存在，因而土壤中的砷，特别是排污进入土壤中的砷，主要累积于土壤表层，难以向下移动。

一般认为，砷不是植物、动物和人体的必需元素。但植物对砷有强烈的吸收积累作用，其吸收作用与土壤中砷的含量、植物品种等有关。砷在植物中主要分布在根部。在浸水土壤中生长的作物，砷含量较高。

3.5.1.2 土壤中镉的迁移转化行为

由于土壤的强吸附作用，镉很少发生向下的再迁移而累积于土壤表层。在降水的影响下，土壤表层的镉的可溶态部分随水流动可能发生水平迁移，进入界面土壤、附近河流或湖泊而造成次生污染。土壤中水溶性镉和非水溶性镉在一定的条件下可相互转化，其主要影响因素为土壤的 pH 值、氧化还原条件和碳酸盐含量。除此之外，土壤中的镉易被植物所吸收，在被镉污染的稻田中种植的水稻其各器官对镉的浓缩系数按根＞杆＞枝＞叶鞘＞叶身＞稻壳＞糙米的顺序递减。镉在植物体内可取代锌，破坏参与呼吸和其他生理过程的含锌酶的功能，从而抑制植物生长并导致其死亡。与铅、铜、锌、砷及铬等相比较，土壤中镉的环境容量要小得多，这是土壤镉污染的一个重要特点。

3.5.1.3 土壤中铬的迁移转化行为

金属铬无毒性，三价铬有毒，六价铬毒性更大且有腐蚀性。表现为对皮肤和黏膜有强烈的刺激和腐蚀作用，对全身的毒性作用，以及对种子萌发、作物生长的毒害作用。土壤中的有机质可促进对铬的吸附与螯合作用，同时还有助于土壤中六价铬还原为三价铬。有机质对六价铬的还原作用随土壤 pH 值的升高而减弱。土壤中黏土矿物对铬有较强的吸附作用，黏土矿物对三价铬的吸附能力为六价铬的 30～300 倍，且这种吸附作用随 pH 值的升高而减弱，土壤 pH 值及 Eh 值均可改变铬的化合物形态。在低 Eh 值时，Cr^{6+} 被还原成 Cr^{3+}；而在中性和碱性条件下，Cr^{3+} 可以 $Cr(OH)_3$ 形态沉淀。Cr^{6+} 进入土壤后大部分游离在土壤溶液中，仅有8.5%～36.2%被土壤胶体吸附固定。不同类型的土壤或黏土矿物对Cr^{6+}的吸附能力有明显的差异，吸附能力由大到小顺序为：红壤>黄棕壤>黑土>黄壤，高岭石>伊利石>蒙脱石。研究发现，土壤对Cr^{6+}的物理吸附（静电、范德华力、机械阻滞吸附）占90%以上；物理化学吸附（与带正电荷土壤胶体进行离子交换）占5%～8%；化学吸附（Cr^{6+}还原为Cr^{3+}）占比不到1%。竞争阴离子，如SO_4^{2-}、HCO_3^-等离子浓度的增加可能会显著减少铬在土壤中吸附。

由于土壤中的铬多为难溶性化合物，其迁移能力一般较弱，而含铬废水中的铬进入土壤后，也多转变为难溶性铬，故通过污染进入土壤中的铬主要残留积累于土壤表层。土壤中的铬多以不能被植物所吸收利用的形式存在，因而生物迁移作用较小，故铬对植物的危害不像镉、汞等重金属严重。有研究结果表明，植物从土壤溶液中吸收的铬，绝大多数保留在根部，而转移到种子或果实中的铬则很少。

3.5.1.4　土壤中铅的迁移转化行为

铅是人体的非必需元素。土壤中铅的污染主要是通过空气、水等介质形成的二次污染。铅在土壤中主要以二价态的无机化合物形式存在，极少数为四价态。多以$Pb(OH)_2$、$PbCO_3$或$Pb_3(PO_4)_2$等难溶态形式存在，故铅的迁移性和生物利用性都大大降低。在酸性土壤中可溶性铅含量一般较高，因为酸性土壤中的H^+可将铅从不溶的铅化合物中溶解出来。在中性至碱性条件下形成的$Pb_3(PO_4)_2$和$PbCO_3$的溶解度很小，植物难以吸收，故在石灰性及碱性土中，铅的污染实际上并不严重。土壤中的黏土矿物及有机质对铅也起着强吸附作用，且随土壤pH值的升高而增强。植物吸收的铅是土壤溶液中的可溶性铅，绝大多数积累于植物根部，转移到茎、叶、种子中的较少。植物除通过根系吸收土壤中的铅以外，还可以通过叶片上的气孔吸收污染空气中的铅。

3.5.1.5　土壤中汞的迁移转化行为

土壤中的汞有三种价态形式：Hg、Hg^{2+}和Hg_2^{2+}。汞的三种价态在一定的条件下可以相互转化。二价汞和有机汞在还原条件下的土壤中可以被还原为零价的金属汞。金属汞可挥发进入大气环境，而且会随着土壤温度的升高，其挥发的速度加快。土壤中的金属汞可被植物的根系和叶片吸收。土壤胶体对汞有强烈的表面吸附（物理吸附）和离子交换吸附作用。从而使汞及其他微量重金属从被污染的水体中转入土壤固相。土壤对汞的吸附还受土壤的pH值及土壤中汞的浓度影响。当土壤pH值在1～8的范围内时，其吸附量随着pH值的升高而逐渐增大；当pH>8时，吸附的汞量基本不变。除此之外，在土壤中的厌气细菌的作用下，无机汞化合物可转化为甲基汞（CH_3Hg^+）和二甲基汞［$(CH_3)_2Hg$］。当无机汞转化为甲基汞后，随水迁移的能力就会增强。由于二甲基汞［$(CH_3)_2Hg$］的挥发性较强，而被土壤胶体吸附的能力相对较弱，因此二甲基汞较易进行气迁移和水迁移。汞的甲基化作用还可在非生物因素的作用下进行，只要有甲基供体，汞就可以被甲基化。

3.5.1.6　土壤中锌、铜、镍的迁移转化行为

土壤pH值、有机质含量以及氧化还原条件等显著影响锌、铜和镍在土壤中的变化。在pH>6.5、土壤通气良好时，它们可分别形成植物不易吸收的氧化物或氢氧化物而沉

淀。黏土矿物可牢固地吸附锌、铜、镍而使它们失去活性。有机质能对这些离子进行螯合从而增加了它们的移动性，植物的吸收可能增加。有机质对它们的螯合能力大小为：铜＞镍＞锌。

3.5.2 土壤中典型有机污染物的迁移转化

3.5.2.1 多氯联苯的迁移转化

土壤中的多氯联苯（PCBs）主要来源于颗粒沉降，有少量来源于污泥肥料、填埋场的渗漏以及在农药配方中使用的PCBs等。据报道，土壤中的PCBs含量一般比空气高出10倍以上，其挥发速率随着温度的升高而加快，但随着土壤中黏土含量和联苯氯化程度的增加而降低。挥发过程是最有可能引起PCBs损失的主要途径，尤其对高氯联苯更是如此。土壤中的PCBs很难随滤过的水渗漏出来，特别是在含黏土高的土壤中，PCBs在不同土壤中的渗滤顺序为：砂壤土＞粉砂壤土＞粉砂黏壤土。

PCBs是一类稳定化合物，一般不易被生物降解转化，尤其是高氯取代的异构体，但在优势菌种和其他环境适宜条件下，PCBs的生物降解不但可以发生而且速率较快。高氯（Cl＞4）PCBs在有氧条件下一般是稳定的。厌氧条件下的脱氯反应时间一般都比较长，而且PCBs浓度、营养物质浓度以及其他物质（如表面活性剂）的存在对PCBs的脱氯速率也都有影响。理论上PCBs通过无氧-有氧联合处理有可完全降解成CO_2、H_2O和氯化物等，但实际土壤是一个开放的复杂环境，PCBs的生物转化由于受光、温度、菌种、酸碱度、化学物质及其他物理过程的影响，速度很缓慢，相对其他转化过程几乎可以忽略不计，因此PCBs的污染难以从根本上消除，它的污染会给整个生态环境带来长期影响。

3.5.2.2 多环芳烃的迁移转化

多环芳烃（PAHs）在土壤中可以被土壤吸附、发生迁移以及被微生物降解。根据土壤的水文特征，表层土壤的PAHs污染可由液态迁移引发到下层土壤污染和地下水污染。由于土壤是矿物质和有机物复合体的团粒结构混合物，所以它可有效地吸附有机物，总吸附能力取决于土壤有机物的性质、矿物质含量、土壤含水率和土壤中其他溶剂的类型。土壤中的PAHs在矿物质的作用下会发生化学反应产生转化，由于土壤含有过渡金属，所以电子可由芳烃传递到矿物表面的电子受体。这种不完全的电子转移导致生成由有机物和矿物共享的带电配合物，电子转移完成后将生成自由基，它可进行链反应产生高分子量的聚合物。由于PAHs水溶性低、辛醇-水分配系数高，因此，PAHs在土壤中有较高的稳定性，其苯环数与其生物可降解性明显呈负相关关系。有研究表明，高分子量PAHs的生物降解一般均以共代谢方式开始。共代谢作用可以提高微生物降解PAHs的效率，改变微生物碳源与能源的底物结构，增大微生物对碳源和能源的选择范围，从而达到PAHs最终被微生物利用并降解的目的。由于PAHs的种类和相互关系复杂，被污染土壤中往往含有多种PAHs，以及PAHs之间存在着共代谢降解作用，故可利用此关系筛选出具有共代谢降解能力的微生物，在无另外投加其他共代谢底物的条件下实现土壤中PAHs共代谢降解。这种方法的优点是不需投加诱导物，避免了二次污染，提高了PAHs的降解率。

3.5.2.3 多氯代二噁英的迁移转化

土壤中的多氯代二噁英（PCDDs/PCDFs）可通过微生物分解、光降解、挥发、作物蒸腾作用、淋溶等途径损失或降解。土壤中的 PCDDs/PCDFs 水溶性较低，但易溶于类脂化合物被土壤矿物表面吸附，通过垂直迁移、蒸发或降解的损失率很低。复合污染和扩散介质对 PCDDs/PCDFs 的沉积和归宿影响很大，PCDDs/PCDFs 迁移取决于载体溶剂体积及黏性、土壤孔隙度、PCDDs/PCDFs 在载体与土壤间的分配系数。由于 PCDDs/PCDFs 具有相对稳定的芳香环，在环境中具有稳定性、亲脂性、热稳定性，同时耐酸、碱、氧化剂和还原剂，且抵抗能力随着分子中卤素含量增加而增强，因而土壤和城市污泥中的 PCDDs/PCDFs，不管是在有氧条件还是缺氧条件下几乎不发生化学降解，生物代谢也很缓慢，主要是光降解。PCDDs/PCDFs 是高度抗微生物降解的有机污染物，可以在土壤中保留 15 个月以上，仅有 5%的微生物菌种能降解 PCDDs/PCDFs，而且降解的半衰期与菌种类型有关。因此，从自然界中分离和选育能降解 PCDDs/PCDFs 的菌种，可对 PCDDs/PCDFs 有效降解。PCDDs/PCDFs 在自然环境中难以化学降解，但存在有机溶剂时，臭氧（O_3）可以促进 PCDDs/PCDFs 的降解和提高降解速率。PCDDs/PCDFs 吸收太阳光近紫外部分能进行光降解反应。PCDDs/PCDFs 的降解主要由直接辐射引起，继而进行脱氯反应。土壤表面的 PCDDs/PCDFs 在太阳光辐射下，能很快降解脱氯，生成低氯的同系物。土壤中加入有机溶剂，可以提高 PCDDs/PCDFs 的紫外光降解率，反应速率加快。当 PCDDs/PCDFs 被输送到有机溶剂膜表面时，有利于碳-氧键断裂。

3.5.2.4 农药在土壤中的迁移转化

土壤中的农药，在被土壤固相吸附的同时，还通过气体挥发和水的淋溶在土体中扩散迁移，因而导致大气、水和生物的污染。大量资料证明，不仅易挥发的农药，而且不易挥发的农药都可以通过土壤、水及植物表面挥发。对于低水溶性和持久性的化学农药来说，挥发是农药进入大气中的重要途径。农药在土壤中的挥发作用大小，主要取决于农药本身的溶解度和蒸气压，也与土壤的温度、湿度等有关。农药除以气体形式扩散外，还能以水为介质进行迁移，其主要方式有两种：一是直接溶于水；二是被吸附于土壤固体细粒表面上随水分移动而进行机械迁移。一般来说，农药在吸附性能小的砂性土壤中容易移动，而在黏粒含量高或有机质含量多的土壤中则不易移动，大多积累于土壤表层 30cm 范围内。因此，有研究者指出，农药对地下水的污染并不严重，主要是由于土壤侵蚀，通过地表径流流入地面水体造成地表水体的污染。土壤中的农药质体流动是非水相流体（NAPL）迁移的主要方式之一。农药等 NAPL 类污染物在土壤开挖、施工、修复工程等过程中一旦暴露于环境中，会造成其二次挥发、迁移，成为许多农药类地下水 NAPL 污染场地中重要的污染方式。另外，农药在土壤中的降解，包括光化学降解、化学降解和微生物降解等过程。

（1）光化学降解

光化学降解是指农药在土壤表面受到太阳辐射和紫外光的分解作用。由于农药分子对光能的吸收，使得农药分子具有过剩的能量，处于“激发态”。这些多余的能量可以以光或热的形式释放出来，使化合物回到原来的状态，但这些能量也可以产生光化学反应，从而引起农药分子发生光分解、光氧化、光水解或光异构化。其中光分解反应是最重要的一种形式。紫外线辐射产生的能量足以破坏农药分子结构中的碳-碳键和碳-氢键使其发生断裂，引起农药分子结构的变化，这可能是农药发生转化或降解的一个重要途径。然而，紫外光很难穿透土壤，因此光化学降解主要对落到土壤表面与土壤结合的农药起作用，而对土表以下农药的作用较小。

（2）化学降解

化学降解以水解和氧化最为重要，水解是最重要的反应过程之一。土壤 pH 值和吸附是影响水解反应的重要因素。

（3）微生物降解

土壤中微生物（包括细菌、霉菌、放线菌等各种微生物）对有机农药的降解起着重要的作用。土壤中的微生物能够通过各种生物化学作用参与分解土壤中的有机农药。由于微生物的菌属不同，破坏化学物质的机理和速度也不同，土壤中微生物对有机农药的生物化学作用主要有脱氯作用、氧化还原作用、脱烷基作用、水解作用、环裂解作用等。土壤中微生物降解作用也受到土壤 pH 值、有机物、温度、湿度、通气状况、代换吸附能力等因素的影响。农药在土壤中经生物降解和非生物降解作用，化学结构发生明显变化，有些剧毒农药，一经降解就失去了毒性；而另一些农药，虽然自身的毒性不大，但它的降解产物可能增加毒性；还有些农药，其本身和代谢产物都有较大的毒性。所以，在评价一种农药是否对环境有污染作用时，不仅要看药剂本身的毒性，而且还要注意降解产物是否有潜在危害性。

思考题

1. 土壤中典型污染物有哪些？
2. 重金属在土壤中是怎样迁移转化的？
3. 请叙述重金属污染物在土壤环境中迁移转化的主要过程及其影响因素。
4. 请叙述有机污染物在土壤环境中迁移转化的主要过程及其影响因素。
5. 土壤中重金属形态一般可分成几种？
6. 土壤重金属污染来源包括哪些方面？
7. 请列举土壤环境中常见有机污染物的来源、分布特征与主要危害。
8. 简述有机污染物的土壤复合污染类型与特征。
9. 土壤的机械组成有哪些划分？
10. 土壤中离子吸附与交换的主要机理有哪些？土壤胶体体系在土壤物质运动过程中的作用及意义是什么？
11. 土壤中的主要氧化还原过程有哪些？机理是什么？
12. 举例说明有机污染物在环境中的迁移和转化过程。

第4章

重金属污染土壤修复技术

4.1 概述

在生态系统中，土壤是基本的环境要素，是人类生存和发展的重要物质基础。然而，土壤也成为污染物进入环境的一种重要介质。土壤污染是由各种农业和工业活动造成的，包括化石燃料燃烧、化肥和农药使用、采矿废物暴露和垃圾填埋渗滤。自20世纪80年代以来，为了满足经济社会快速发展的需要，人类不断从矿石中提取重金属并进行不同用途的加工，使得大量不同类型的重金属通过各种方式和途径进入土壤中，造成土壤重金属污染。根据中华人民共和国生态环境部发布的《2019年中国生态环境状况公报》，农用地土壤污染状况详查结果显示，全国农用地土壤环境状况总体稳定，影响农用地土壤环境质量的主要污染物是重金属，其中镉为首要污染物。重金属和准金属因其不可生物降解性、毒性、持久性和在食物链中的生物累积性，一直是人类和环境健康的主要威胁。已发现它们导致人类各种疾病，包括心血管疾病、癌症、认知障碍、慢性贫血以及肾脏、神经系统、大脑、皮肤和骨骼损伤。例如，铅暴露与血红蛋白合成不当、肿瘤感染、血压升高和生殖系统功能障碍有关。

与大气和水环境相比，土壤重金属污染具有长期性、不可逆性、隐蔽性和不可降解性等特点，又因为土壤与人类的农业生产活动息息相关，重金属污染会直接影响农产品的安全，因此，重金属污染土壤的修复技术值得重视。针对重金属污染修复治理，国内外相关工作人员开展了大量的基础研究并开发了诸多应用技术。土壤重金属的污染修复是指利用物理、化学和生物的方法转移、吸收和转化土壤中的重金属，使其浓度降低到可接受水平。根据处理方式以及处理后土壤位置是否改变，重金属污染土壤的治理又可以分为原位治理和异位治理，异位治理环境风险较低、见效快且系统处理预测性较高。异位土壤修复包括从受污染场地挖掘土壤，将受污染土壤运送到场外处理设施，并在允许的地点处置处理过的土壤。相对于原位修复，异位修复需要额外的土壤挖掘、运输、处置和场地回填成本，但处理可以控制和加速，在更短的时间内获得更好的效果。原位修复不需要将受污染的土壤挖掘和运输到场外处理设施，因此，土壤扰动最小化，工人和周围公众对污染物的暴露减少，并且处理成本可以显著降低。然而，该方法的应用容易受到具体现场条件的限制，如天气、土壤渗透性、污染深度和潜在的化学品深层浸出。相对来说，原位治理更经济实用、操作简单，符合我国可持续农业发展的需要，受到土壤、环境学家越来越广泛的关注。

此外，根据治理工艺和原理的不同，污染土壤治理技术又可分为物理修复技术、化学修复技术以及生物修复技术。物理修复技术是指根据污染物的物理性状（如挥发性）及其在环境中的行为（如电中的行为），通过机械分离、挥发、电解和解吸等物理过程，消除、降低、稳定或转化土壤中的污染物。物理修复技术主要包括换土、去表土、客土和深耕翻土技术，热脱附技术，电动修复技术，冷冻土壤技术和玻璃化技术等。化学修复技术是指利用化学处理技术，通过化学物质或制剂与污染物发生氧化、还原、吸附、沉淀、聚合、络合等反应，使污染物从土壤或地下水中分离、降解、转化或稳定成低毒、无毒、无害等形式（形态），或形成沉淀除去。化学修复技术主要包括土壤淋洗技术、化学萃取技术和固化/稳定化技术等。物理和化学修复技术具有实验周期短、应用范围广等优点。生物修复技术是近些年发展起来的一项绿色环境修复技术，是指一切以利用生物为主体的土壤污染治理技术，包括利用植物、动物和微生物吸收、降解、转化土壤中的污染物，使污染物的浓度降低到可接受的水平，或将有毒有害的污染物转化为无毒无害的物质，也包括将污染物固定或稳定，以减少其向周边环境的扩散。生物修复技术包括植物修复技术、微生物修复技术、动物修复技术以及结合了这三种修复技术特点的联合修复技术等。其中植物修复技术包括植物提取技术、植物稳定技术和植物挥发技术；微生物修复技术中根据微生物种类的不同，微生物对土壤中重金属的作用主要有微生物吸附和富集作用、氧化还原作用以及沉淀和溶解作用等；动物修复技术是指通过土壤动物的食物链等吸收、转移或降解重金属。生物修复技术经济高效，通常不需要或很少需要后续处理，尤其适用于量大、面积广的污染土壤修复，但生物修复可能会导致土壤中残留更难降解且毒性更高的污染物。

表 4-1 总结了这些技术的操作方法和优缺点。大多数技术都是原位修复，而填埋和土壤清洗是异位修复，土壤处理需要挖掘和运输，固化和玻璃化可以在原位和异位进行。总的来说，原位土壤修复比异位处理更具成本竞争力，从土壤中去除、提取污染物比遏制和固化土壤中的污染物更受欢迎，因为清洁后的土壤可以重新投入农业用途中。然而，通过污染物去除、提取进行土壤修复比土壤封闭和固化、玻璃化需要更长的时间。在各种修复方法中，化学稳定化是一种高效、经济的选择，适用于轻度至中度污染土壤的修复；表面覆盖、土壤置换适用于整治小型重度污染场地；只有在由于时间、预算和地理限制而无法实现其他修复技术时，固化和玻璃化才是最后的选择。植物修复，特别是植物提取，是一种具有前途的修复大范围与低浓度污染物浅源污染的方法。与其他修复技术相比，植物修复具有成本效益高、生态效益高和公众接受度高的特点。然而，植物修复费时低效，目前该技术仍处于开发阶段，需要更多的研究来寻找具有高生物量潜力的可培养的重金属超积累植物。土壤修复技术的适用性因项目而异，受多种因素影响，包括场地和污染特征、修复目标、修复效率、成本效益、时间和公众可接受性。可处理性研究有助于选择最佳可行的修复技术，应在全面修复实施之前进行。

表 4-1 重金属污染土壤修复技术

修复技术	操作方法	优点	缺点
土壤置换	使用未受污染的土壤替代或部分替代受污染的土壤	适用于小面积的少量重度污染浅层土壤	移除污染土壤成本高，可能需要进一步处理和处置，由于高成本和土壤肥力的潜在损失，可能不适用于农业场地

续表

修复技术	操作方法	优点	缺点
玻璃化技术	使用高温熔化土壤，并在固化的玻璃体内冷却后稳定重金属	具有良好长期效果的永久性补救措施，潜在的材料体积减小，具有潜在再利用选项的产品，广泛的应用范围	成本高、功率损耗大、可能产生废气，必须进行处理，不适合大面积修复
电动修复	电流在装有饱和污染土壤的电解槽两侧的应用	适用于地下水流量小、修复时间短、能耗低、修复彻底的饱和污染土壤	处理深度有限，土体的任何不均匀性都会降低该方法的有效性
热处理	通过蒸汽、微波和红外辐射加热受污染的土壤，使污染物挥发，而不使介质或污染物燃烧	工艺简单，设备具有移动性，汞的有效提取和回收安全	高投资成本，仅在相当高的土壤总汞含量下有效，需要气体排放控制和专用设施，容易损坏土壤结构
化学稳定	向污染土壤中添加固定剂，以降低土壤中重金属的流动性、生物有效性和生物可利用性	相对经济高效、简单快速的补救方法	不能去除土壤中的重金属，改变土壤的理化性质
固化/稳定化	稳定化是指向受污染的土壤中添加试剂，将有毒废物转化为物理和化学上更稳定的形式的过程。固化是将废料封装在具有高度结构完整性的整体固体中的过程	成本相对较低，使用方便，综合强度高，抗生物降解，工程适用性好	增加处理材料的体积，需要长期监测
土壤清洗	用各种试剂和萃取剂从土壤基质中浸出重金属	永久去除土壤中的金属污染物，这是一种快速、高效的方法，用于清除重度污染的土壤	土壤结构恶化，修复过程中养分可同时从土壤中释放，成本高，工作过程繁重
植物稳定	利用耐污染植物降低土壤中有毒污染物的迁移性，从而减小污染物被淋滤到地下水或通过空气扩散进一步污染环境的可能性	性价比高，无二次污染	修复能力和处理深度有限，修复周期长，植物和土壤需要长期监测
植物提取	植物根系对土壤污染物的吸收及其在地上生物量中的迁移和积累		
植物挥发	金属以挥发性形式被吸收和蒸发，并通过气孔释放到大气中		
微生物修复	利用微生物即细菌、真菌和藻类，诱导土壤中重金属的吸附、沉淀、氧化和还原的过程		
微生物辅助植物修复	植物生长促进细菌与植物修复的协同作用		

综上所述，土壤重金属污染治理的方法虽然能够暂时降低土壤中重金属的活性或者将土壤中的重金属转移到植物或者动物中，但是在生命循环的过程中，这些被络合或沉淀的重金属离子有可能又重新恢复活性，而且被转移到植物或者动物中的重金属也会随着新陈代谢再次回到环境中。所以，土壤重金属污染的治理固然重要，但是还要从源头减少重金属的使用和排放才能够切实维护好生态环境。

4.2 物理修复技术

物理修复技术是根据污染物的物理性状（如挥发性）及其在环境中的行为（如在电场中的行为），通过机械分离、挥发、电解和脱附等物理过程，消除、降低、稳定或转化土壤中的污染物。

4.2.1 置换技术

土壤置换是指用干净的土壤全部置换或部分置换受重金属污染的土壤，目的是稀释污染物浓度，增加土壤环境容量，从而修复土壤。土壤置换也分为三种类型，包括换土、铲土和新土壤输入。换土是将被污染的土壤清除，放入新的土壤。该方法适用于面积较小、污染较重的污染土壤。此外，被置换的土壤应进行可行的处理，否则会造成二次污染。铲土是将受污染的土壤深挖，使污染物扩散到深处，达到稀释和自然降解的目的。新土壤输入是在污染土壤中加入大量干净的土壤，覆盖在表面或与污染土壤混合，使污染物浓度降低。

土壤置换是比较经典的土壤重金属污染治理技术，它的优点是修复彻底、稳定，但是该技术工作量大、成本高，适用于面积小、污染严重的土壤。此外，被清除的污染土壤通常属于危险废物，需要进一步处理和处置。由于高成本和土壤肥力的损失，它可能不适用于土壤体积大、污染物浓度低的农业场地。

4.2.2 表面覆盖技术

表面覆盖技术是简单地用一层防水材料覆盖污染的场地，形成一个稳定的保护表面。这种基于密封的技术不是真正的土壤“修复”方法，因为没有去除重金属污染物或降低它们在土壤中的反应能力。然而，该方法有效地消除了通过皮肤接触或偶然摄入从而暴露于污染土壤的风险。地表覆盖层作为地表水渗透的不可渗透屏障，防止土壤污染物进一步扩散到地表水和地下水。然而，被覆盖的土壤失去了它的自然环境功能，尤其是在支持植物生长方面。经过处理的区域可用于其他民用目的，如停车场或运动场。

选择合适的封盖系统因场地特征和补救目标而异，可以使用单层封盖或多层封盖系统，如图 4-1 所示。封盖材料有多种选择，包括黏土、混凝土、沥青和高密度聚乙烯（HDPE）。表面覆盖层需要具有足够的结构强度和动态稳定性，应超出污染场地水平范围 60～90cm。沟渠、堤坝和斜坡等控水结构通常用于分流地表径流和排水。如果在不透水的覆盖层上覆盖一层表土，可以在多层封盖系统中实现植被重建。

表面覆盖技术是重度污染土壤的一种处理选择。该方法仅适用于修复小面积（如$<2000m^2$）受污染土壤，否则覆盖表面的构建会很困难，需要全面考虑修复场地地下水位的深度和季节性波动以及附近可能影响覆盖稳定性的水文地质特征（如池塘、径流）。如果覆土在斜坡上，必须评估滑动风险，如果修复地点靠近居民区、公园或人行道，则需要考虑社区的接受程度。总的来说，表面覆盖技术是消除土壤污染风险的一种简单、快速和有效的方法。就项目

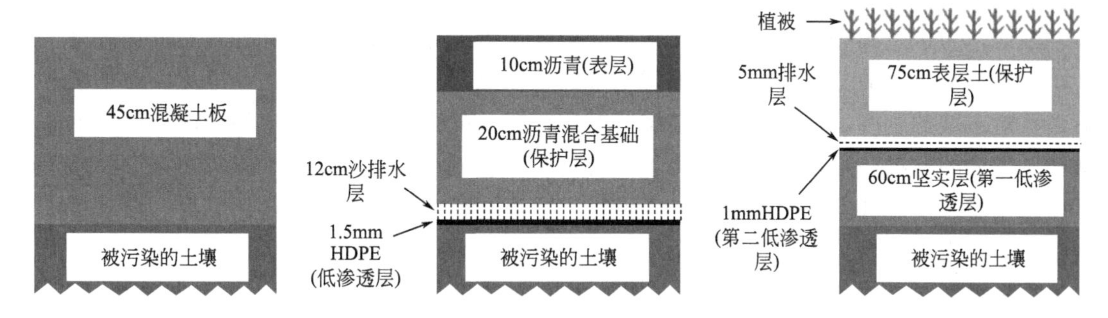

图 4-1　各种表面封盖系统的示例

时间和预算而言，这是首选，但就土地使用和土壤生态系统功能变化而言，这并不是优先选择。该方法已被广泛用于修复受重金属和有机污染物污染的小面积土壤。表面覆盖项目的成本主要由基本工程设计、材料、人工和后续操作（如检查、维护）等构成。

4.2.3　物理分离技术

重金属污染土壤的物理分离技术是一项根据污染物的物理特征借助物理手段将重金属颗粒从土壤胶体上分离出来的技术，特点在于工艺简单、费用低，但这种分离方式不具备高度选择性。通常情况下，物理分离技术被用作初步的分选手段，以减少待处理土壤的体积，优化后续的一系列处理工作。一般来说，物理分离技术不能充分达到土壤修复的要求。经验表明，物理分离技术主要应用在污染土壤中无机污染物的修复处理上，比如从土壤、沉积物、废渣中富集重金属以清洁土壤并恢复土壤正常功能。物理分离修复的方法主要包括粒径分离、水动力分离、密度（或重力）分离、泡沫浮选分离、磁分离等。

在大多数情况下，物理分离技术的开展都是基于颗粒直径的。各种技术的适用粒径范围列于表 4-2。从表 4-2 可见，大多数技术都比较适合于中等粒径范围（100～1000μm）土壤的处理，少数技术适合细质地土壤。在泡沫浮选分离法中，最大粒度限制要根据气泡所能支持的颗粒直径或质量来确定。

表 4-2　采用物理分离技术的适用粒径范围

分离过程		粒径范围/μm
粒径分离	干筛分	＞3000
	湿筛分	＞150
水动力学分离	淘选机	＞50
	水力旋风分离器	5～15
	机械粒度分级机	5～100
密度分离	振动筛	＞150
	螺旋富集器	75～3000
	摇床	75～3000
	比目床	5～100
泡沫浮选分离	—	5～500

考虑到实际待处理土壤通常粒度范围较大，单一物理分离技术难以获得良好的分离效果。因此，为了达到分离目的，往往需要联合应用多种分离方式以达到处理要求和效果。

物理分离技术的分离性能与待处理土壤的粒度范围和密度关系密切，因此，在土壤修复前需要对土壤的这些关键特征和重金属浓度进行充分的测试分析。在实验室内利用风干的土壤和一系列的标准筛可以很快地获得土壤粒度特征。对于水分含量较高、质地黏重的土壤，可以采用摩擦清洗和湿筛分的方式，确保黏土球落在相应的粒度范围内。然后，再对每一粒度范围内的土壤进行分析以确定重金属在不同粒度范围内的分布情况。

如果重金属以粒状物存在，那么还要对土壤和重金属颗粒之间的密度差别进行测定。如果这种差别比较显著，那么粒度分级后采取重力分离法会收到良好的分离效果。不对具体场地的土壤进行分析，则很难预测真正的分离结果。

物理筛分修复主要是基于土壤介质及污染物物理特征不同而采用不同的操作方法（表 4-3）。

表 4-3 物理分离修复技术的主要属性

技术种类	粒径分离	水动力分离	密度分离	泡沫浮选分离	磁分离
技术优点	设备简单，费用低廉，可持续高处理产出	设备简单，费用低廉，可持续高处理产出	设备简单，费用低廉，可持续高处理产出	尤其适合于细粒级的处理	如果采用高梯度的磁场，可以恢复较宽范围的污染介质
局限性	筛孔容易被堵塞，干筛过程产生粉尘	当土壤中存在较大比例黏粒和腐殖质时很难操作	当土壤中存在较大比例黏粒和腐殖质时很难操作	颗粒必须以较低的浓度存在	处理费用比较高
所需装备	筛子、过筛器	澄清池、淘析器	振荡床、螺旋浓缩器	空气浮选室	电磁装置、磁过滤器

4.2.3.1 粒径分离

粒径分离是根据颗粒直径分离固体，又称为筛分或过滤，是一种采用特定网格筛分离出不同粒径固体的过程。粒径大于筛子网格的部分留在筛子上，粒径小的部分通过筛子。在实际操作中，筛子通常要有一定的倾斜度，使大颗粒滑下。物理筛分主要包括干筛分（图 4-2）、

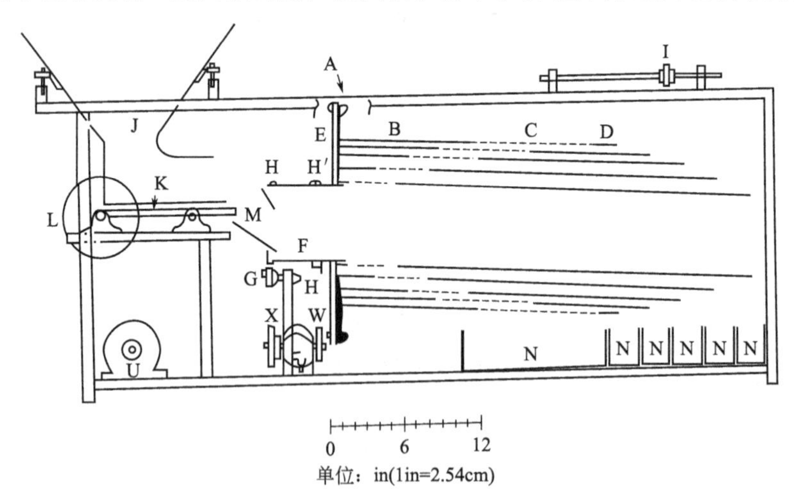

图 4-2 紧凑型旋转筛的横截面示意图

湿筛分和摩擦洗涤等。

4.2.3.2　水动力分离

除了干筛分方式，物理分离技术大多要用到水，以利于固体颗粒的运输和分离。通常采用的脱水方法有过滤、压滤、离心和沉淀等方法。过滤是将泥浆通过可渗透介质，从而阻滞固体，只让液体通过。压滤处理是压缩液体，使液体可以从可渗透的多孔介质中透过的处理方式。离心是通过滚筒旋转产生的离心力而使固液分离，通常使用的仪器是滚筒式离心设备。沉淀是指固体颗粒在水中的沉降，由于细小颗粒物的沉降速度很慢，因此，为了加速颗粒物的沉淀必须在沉淀处理中加入絮凝剂。水力旋风除尘器示意图如图4-3所示。

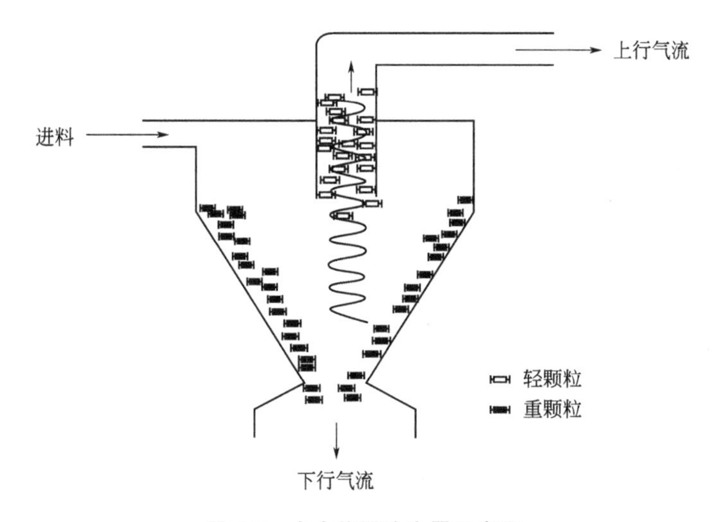

图4-3　水力旋风除尘器示意图

4.2.3.3　密度分离

密度（或重力）分离是一种基于物质密度差异采用重力积累的方式分离固体颗粒的方法。尽管密度不同是重力分离的主要标准，但是颗粒大小和形状也在一定程度上影响分离效率。重力分离常用的主要设备有振动筛（图4-4）、螺旋富集器、摇床和比目床等。

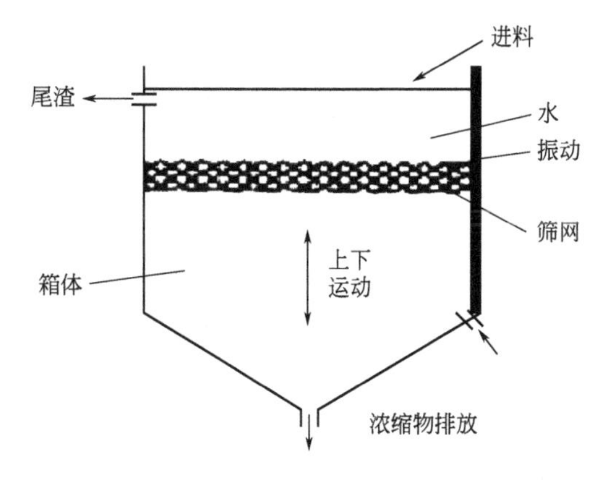

图4-4　振动筛原理示意图

4.2.3.4　泡沫浮选分离

基于不同矿物有不同表面特性的原理，泡沫浮选分离被用来进行粒度分级。通过向含有矿物的泥浆中添加合适的化学试剂，强化矿物表面特性而达到分离目的。一般气体由底部喷射进入泥浆池，这样特定类型的矿物有选择性地黏附在气泡上并随气泡上升到顶部，形成泡沫，进而收集这种矿物。目前重金属污染土壤也开始使用这种修复方式。

4.2.3.5 磁分离

磁分离是一种基于各种物质的磁性差别的分离技术。一些污染物本身具有磁感应效应，将颗粒流连续不断地通过强磁场，从而最终达到分离的目的。

4.2.4 固化/稳定化技术

固化/稳定化技术（图 4-5）是向污染土壤中添加固化剂/稳定化剂，经充分混合，使其与污染介质、污染物发生物理、化学作用，将污染土壤固封为结构完整的具有低渗透性的固化体，或将污染物转化成化学性质不活泼形态，降低污染物在环境中的迁移和扩散。该方法既可以将污染土壤挖掘出来，在地面混合后，投放到适当形状的模具中或放置到空地进行稳定化处理，也可以在污染土地原位稳定化处理。原位固化/稳定化技术是指通过一定的机械力在原位向污染介质中添加固化剂/稳定化剂，在充分混合的基础上，使其与污染介质、污染物发生物理或化学作用，将污染土壤固封为结构完整的具有低渗透系数的固化体，或将污染物转化成化学性质不活泼的形态，降低污染物在环境中的迁移和扩散。异位固化/稳定化技术是向污染土壤中添加氧化剂或还原剂，通过氧化或还原作用，使土壤中的污染物转化为无毒或相对毒性较小的物质。相较而言，现场原位稳定处理较经济，并且能够处理深达 30m 的污染物。

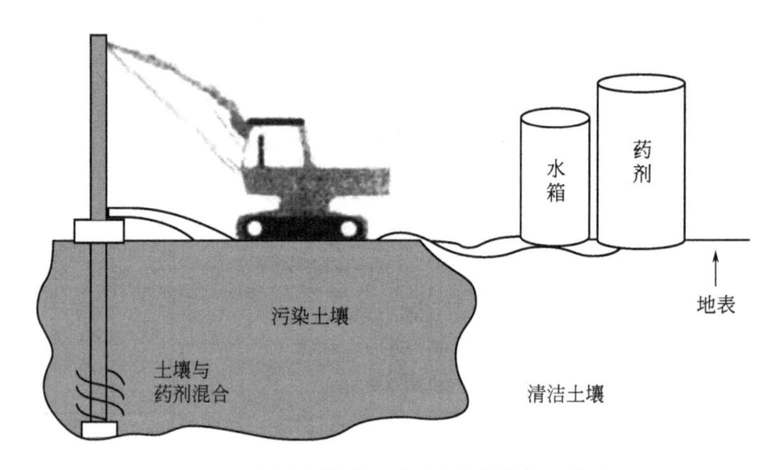

图 4-5 污染土壤的固化/稳定化修复示意图

实际上，固化/稳定化技术包含了两个概念。其中，固化是指将污染物包被起来，使之呈颗粒状或大块状存在，进而使污染物处于相对稳定的状态。在通常情况下，它主要是将污染土壤转化成固体形式，也就是将污染物封存在结构完整的固态物质中的过程。封存可以对污染土壤进行压缩，也可以由容器来进行封装。固化不涉及固化物或者固化的污染物之间的化学反应，只是机械地将污染物固定约束在结构完整的固态物质中。通过密封隔离含有污染物的土壤，或者大幅降低污染暴露的易泄漏、释放的表面积，从而达到控制污染物迁移的目的。稳定化是指将污染物转化为不易溶解、迁移能力或毒性变小的状态和形式，即通过降低污染物的生物有效性，实现其无害化或降低其对生物系统危害性的风险。稳定化不一定改变污染物及其污染土壤的物理、化学性质。通常，磷酸盐、硫化物、碳酸盐等都可以作为污染物稳定化处理的反应剂。许多情况下，稳定化过程与固化过程不同，稳定化结果使污染土壤中的污染物具有较低的浸出风险。

在实践上，固化是将污染土壤与水泥等一类物质相混合，使土壤变干、变硬。混合物形成稳定的固体，可以留在原地或者运至别处。化学污染物经历固化过程后，无法溶在雨水或地表径流或其他水流进入周围环境。固化过程并未除去有害化学物质，只是简单地将它们封闭在特定的小环境中。稳定化则将有害化学物质转化为毒性较低或迁移性较差的物质，如采用石灰或者水泥与金属污染土壤混合，这些修复物质与金属反应形成低溶解性的金属化合物后，金属污染物的迁移性大大降低。

尽管如此，由于这两项技术有共通性，即固化污染物使污染物失活后，通常不破坏化学物质，只是阻止这些物质进入环境危害人体健康，而且这两种方法通常联合使用以防止有害化学物质对人体、环境带来污染。也就是说，固化和稳定化处理紧密相关，两者都涉及利用化学、物理或热力学过程使有害废物无毒害化，涉及将特殊添加剂或试剂与污染土壤混合以降低污染物的物理、化学溶解性或在环境中的活性，所以经常列在一起讨论。

如果采用固化/稳定化技术对深层污染土壤进行原位修复，则需要利用机械装置进行深翻松动，通过高压方式有次序地注入固化剂/稳定化剂，充分混合后自然凝固。固化/稳定化处理过程中放出的气体要通过出气收集罩输送到处理系统进行无害化处理后才能排放。影响原位固化/稳定化技术的应用和有效性发挥的因素有很多，主要包括：许多污染物相互复合作用的长期效应尚未有现场实际经验可参考；污染物的埋藏深度会影响、限制一些具体的应用过程；必须控制黏结剂的注射和混合过程，防止污染物扩散进入清洁土壤区域；与水的接触或者结冰/解冻循环过程会降低污染物的固化效果；黏结剂的输送和混合要比异位固化/稳定化过程困难，成本也相对高很多。为克服上述因素对该技术的影响，也有一些新型的固化/稳定化技术，如螺旋搅拌土壤混合，即利用螺旋土钻将黏结剂混合进入土壤，随着钻头的转动，黏结剂通过土钻底部的小孔进入待处理的土壤中并与之混合，但该技术只适用于地下深度在 45m 以内的待处理土壤。

异位固化/稳定化土壤修复技术通过将污染土壤与黏结剂混合形成物理封闭（如降低孔隙率等）或者发生化学反应（如形成氢氧化物或硫化物沉淀等），从而达到降低污染土壤中污染物活性的目的。这一技术的主要特征是将污染土壤或污泥挖出后，在地面上利用大型混合搅拌装置将污染土壤与修复物质（如石灰或水泥等）进行完全混合，处理后的土壤或污泥再被送回原处或者进行填埋处理。异位固化/稳定化用于处理挖掘出的土壤，操作时间取决于处理单元的处理速度和处理量等，通常使用移动的处理设备，目前一般处理能力为 8～380m^3/d。

在固化/稳定化过程中，最常用的改良剂包括黏土矿物、磷酸盐化合物、石灰材料、有机堆肥、金属氧化物和生物炭。黏土矿物通常被认为是包含在土壤和沉积物的胶体部分中的细颗粒。它们可以通过离子交换、吸附和沉淀、成核和结晶等表面过程作为重金属的天然清除剂，如铝硅酸盐、海泡石、坡缕石和膨润土，已被广泛用于在田间固定重金属。黏土矿物的使用有几个限制：第一，很难将矿物输送到深层污染区，因此限制了它们在原位土壤修复中的用途；第二，是反应速率受限于重金属或类金属从土壤中的脱附速率；第三，田间土壤处理通常需要机械搅拌；第四，黏土矿物对金属的吸附能力和选择性有限。因此，通常需要大剂量，固定的金属/准金属很可能被再活化，需要提高修复效果并减少剂量以降低成本。此外，需要长期监测来评估长期稳定性。可溶性磷酸盐化合物和颗粒状磷酸盐矿物同样已被广泛用于重金属的固定化研究。常用的磷酸盐矿物包括天然和合成磷灰石和羟基磷灰石，而可溶性磷酸盐化合物包括磷酸盐和磷酸。原则上，含磷酸盐的矿物通过直接金属吸附/置换、磷酸盐诱导的金属吸附或表面络合以及金属的化学沉淀来固定重金属。可溶性磷酸盐可与多价金属阳离子反应形成不溶性金属正磷酸盐，类似于天然矿物，通常微溶（低溶度积），在自然生物地球化学环境中稳定。磷酸盐能与许多常见重金属形成强配合物或沉淀，如镉[$Cd_3(PO_4)_2OH$，$K_{sp}=10^{-42.5}$] 等。

相较于其他土壤修复技术，固化/稳定化技术具有明显的优势：操作简单，费用相对较低；修复材料多是来自自然界的原生物质，具有环境安全性，基本不存在次生污染；固定后土壤基质的物化性质具有长期稳定性，综合效益好；固化材料的抗生物降解性能强且渗透性差。不过这种方法也存在一些局限性：虽然降低了污染物的可溶性和迁移性，但并没有减少土壤中污染物的总含量，反而增大了污染土壤的总体积。此外，修复后的残留物还需要进行后续处理，固化后的土壤难以进行再利用等都是存在的现实问题。

4.2.5 热脱附技术

热脱附是指通过直接或间接加热，将污染土壤加热至目标污染物的沸点以上，通过控制系统温度和物料停留时间有选择地促使污染物气化挥发，使目标污染物与土壤颗粒分离，去除。适用于重金属汞的去除。理论上热脱附法是一个物理过程，但在实际过程中，加热温度和大气中的氧含量可能导致化学反应的出现，如热解、降解和氧化，反应强度可能随着温度和氧气含量增强。在目前的工作中，常见的热脱附系统流程图如图 4-6 所示。

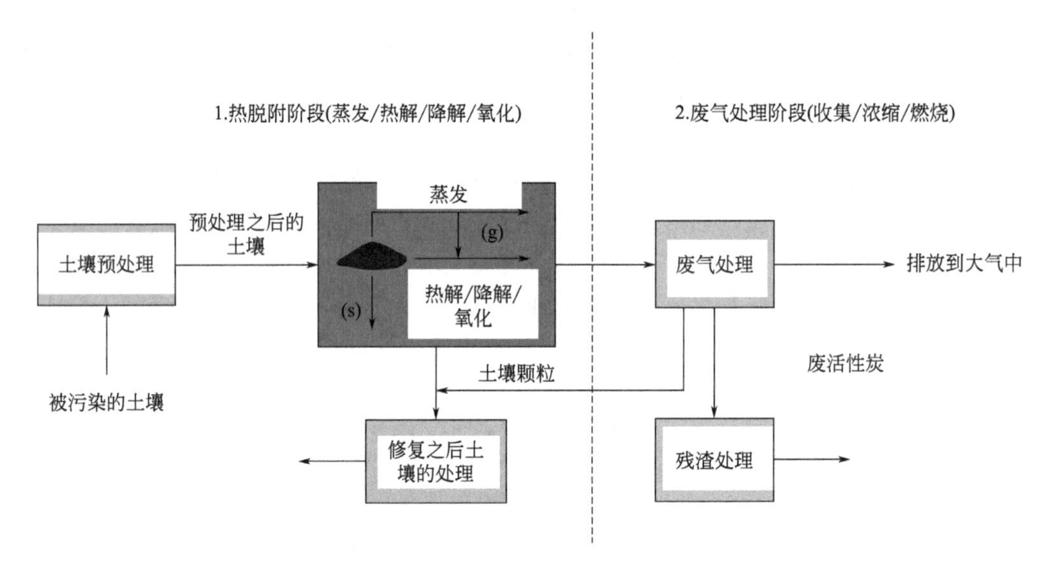

图 4-6 常见的热脱附系统流程图

4.2.5.1 结构组成

如图 4-6 所示，热脱附系统可分为两部分：热脱附阶段和废气处理阶段。热脱附阶段包括通过加热预处理的污染土壤和其他反应（如热解、降解和氧化）使目标污染物挥发。热脱附阶段产生的气体均匀排入尾气处理装置，剩余固体集中处理。在尾气处理阶段，对上一阶段产生的气态污染物进行进一步的吸附、冷凝、焚烧等处理以安全排放尾气，避免二次污染。在此过程中捕获的土壤颗粒被送回前一阶段，废水和废活性炭应统一处理。

与直接焚烧相比，热脱附作为一种非燃烧技术，具有以下优势：热脱附可以处理不同类型的污染物；热脱附降解率和氧化率低，可回收有价值的污染物；工艺相对稳定，设备可移动；对土壤的损害小，可以回收利用。

4.2.5.2 分类

(1) 根据温度

根据用于去除污染物的理论温度，热脱附可分为低温热脱附和高温热脱附。边界温度不清楚，但边界线一般在300～350℃。当加热温度低于该温度范围时，该过程称为低温热脱附，适用于处理低沸点的挥发性有机化合物，如汽油和苯。当加热温度高于该温度范围时，该过程称为高温热脱附过程，适用于处理高沸点的挥发性有机化合物（如多环芳烃、多氯联苯）或无机物（如汞）。

高温热脱附与标准土壤蒸气提取过程类似，利用汽提井和鼓风机（适用于高温情况）将水蒸气和污染物收集起来，通过热传导加热，可以通过加热毯从地表进行加热（加热深度可达到地下1m左右），也可以通过安装在加热井中的加热器件进行加热，可以处理地下深层的土壤污染。在土壤不饱和层利用各种加热手段甚至可以使土壤温度升至1000℃。如果系统温度足够高，地下水流速较低，输入的热量足以将进水很快加热至沸腾，那么即使在土壤饱和层也可以达到这样的高温。

(2) 根据修复地点

工程应用中，根据修复地点，热脱附可分为原位热脱附和非原位热脱附。原位热脱附可以避免挖掘和运输泥土，该方法操作简单，处理成本低，但是需要很长的修复时间。根据加热设备的不同，原位热脱附可分为热井（图4-7）、热毯和强化土壤蒸汽提取。非原位热脱

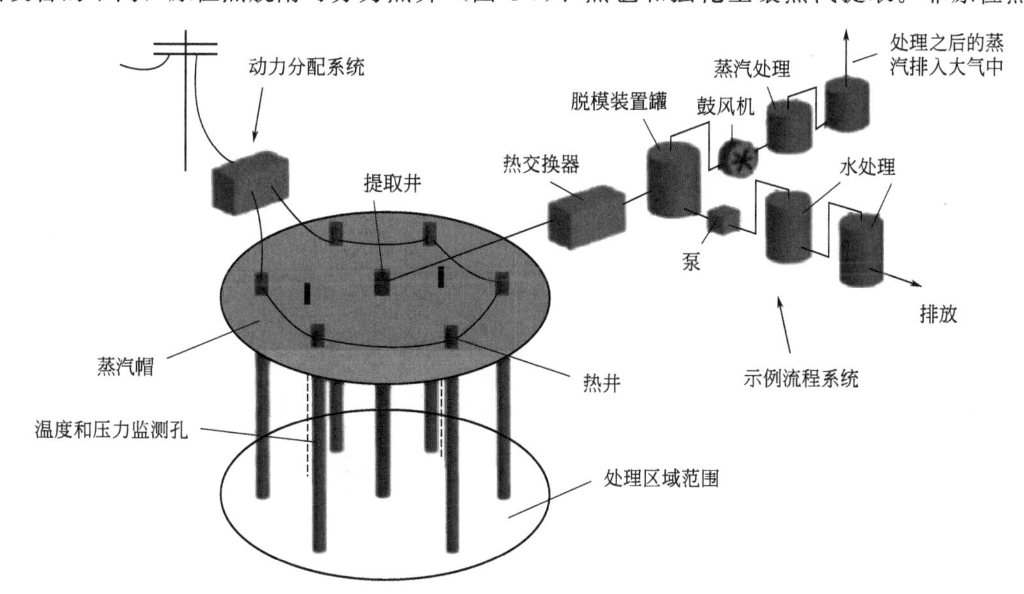

图4-7 原位热脱附——利用热传导加热的热井

附适合处理小范围、高浓度、高风险污染场地。这种方法处理效率高，但成本高，在运输过程中容易泄漏。

热毯系统使用覆盖在污染土壤表层的标准组件加热毯进行加热，加热毯操作温度可高达1000℃，热量传递到地下1m左右的深度，使这一深度内土壤中的污染物挥发而得以去除。每一块标准组件加热毯上面都覆盖一层防渗膜，内部设有管道和气体排放收集口，各个管道内的气体由总管引至真空段。土壤加热以及加热毯下面抽风机造成的负压，使得污染物蒸发、气化迁移到土壤表层，再利用管道将气态的污染物引入热处理设施进行氧化处理。

热井系统则需要将电子加热元件埋入间隔2～3m远的竖直加热井中，加热元件升温至1000℃来加热周围的土壤。与热毯系统相似，热量从井中向周围土壤中传递依靠热传导，井中都安装了筛网，所有加热井的上部都有特殊装置连接至一个总管，利用真空将气流引入处理设施进行热氧化、炭吸附等过程去除污染物。

(3) 根据加热方式

根据加热方式的不同，非原位热脱附可以分为直接接触热脱附（图4-8）和间接接触热脱附（图4-9）。直接接触热脱附的热源是燃烧火焰的辐射和可燃气体的对流。被污染的土壤直接与热源接触。因此，该方法具有高传热效率和低成本。然而，产生的废气量高，并且随后的废气处理复杂。在间接接触热脱附中，热量由热传导间接提供。热源不与污染土壤直接接触。因此，热量利用率低，加工成本高。然而，产生的废气量低，并且需要简单且小的废气处理系统。当可燃气体是相对清洁的燃料时，例如天然气或丙烷，燃烧废气可以直接排放到大气中。

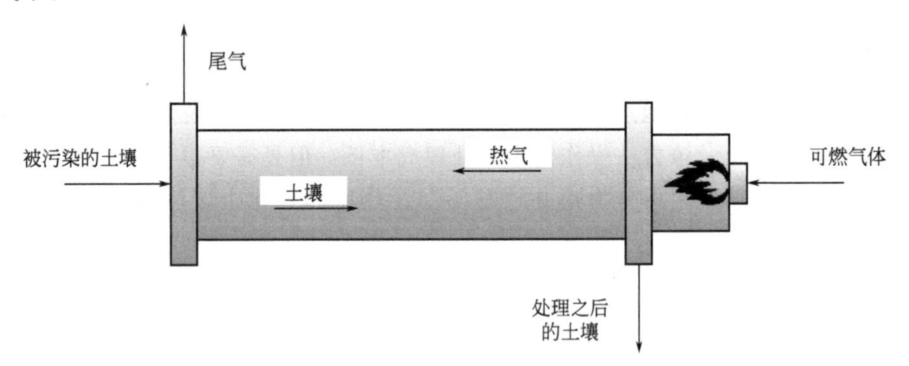

图4-8 非原位热脱附——直接接触旋转式干燥机

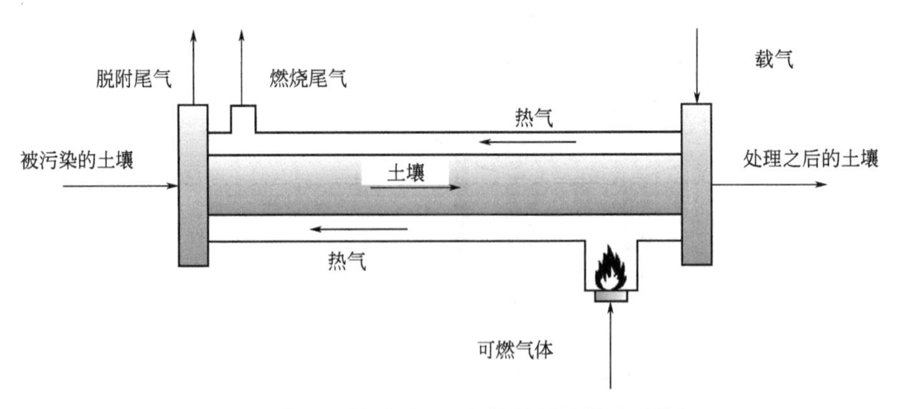

图4-9 非原位热脱附——间接接触旋转式干燥机

(4) 根据加热设备

根据加热设备的不同，热脱附可以分为不同的类型。传统的滚筒式烘干机通常使用旋转烘干机作为烘干阶段的主要设备。通过在轧制过程中在微负压炉中加热被污染的土壤，有效地降低了污染物的沸点。根据土壤层之间的热传导，污染物可以在低温下从受污染的介质中挥发出来，并在废气处理系统中得到净化。微波增强的热脱附利用电磁波加热土壤，使热量穿透土壤表面并扩散到土壤内部。在这种方法中，加热速率不再受表面温度、温度梯度和热导率的限制，从而缩短了加热时间。流化床通过促进土壤与悬浮液中流体的接触来增大接触面积和混合程度，以获得均匀的温度和浓度，并增大传热系数。与微波增强的热脱附类似，真空增强的远红外热脱附在真空条件下通过远红外线从土壤颗粒内部加热土壤。在这种方法中，颗粒内部的污染物很容易被去除，从而提高了效率并降低了能耗。

4.2.5.3　影响因素

热脱附在实际工程中得到广泛应用，因为它可以快速有效地去除污染物，并使土壤得到再利用和污染物的回收。这种方法缩短了处理时间，提高了场地利用率。因此，未来的研究应着眼于提高脱附效率，确定其影响因素。实验研究表明，除了通过改变加热设备（如微波强化、流化床和真空强化远红外）来强化传热传质外，调节加热温度是提高传热传质效率最直接的方法。其他提高热脱附效率的方法包括改变加热温度、加热时间、加热速率、载气、土壤粒度、污染物初始浓度和添加剂类型。

操作参数的影响如下所述。

(1) 加热温度

作为一种热处理方法，热处理的基本原理是通过在足够高的温度下加热土壤来去除污染物。因此，加热温度是影响热脱附效率的首要和关键因素。低加热温度不利于污染物的去除。一般来说，随着加热温度的升高，去除效率逐渐提高。然而，在过高的温度下，即使温度进一步升高，热脱附的效率也不会改变。

热脱附作为工程上广泛使用的技术，如果要求的温度过高或者只能通过提高加热温度来提高效率，就不理想，也不科学。在高加热温度下，消耗大量热量，并且热量的能级高，这是不期望的。此外，研究人员发现，极高的加热温度会破坏土壤结构，挥发和热解土壤中的有机物和土壤矿物中的碳酸盐，这种情况不利于后处理或复垦后的土壤再利用。因此，一个亟待解决的问题是如何在低加热温度下提高去除效率或如何在高去除效率下大幅度降低温度，以减少优质能源的消耗和对土壤的破坏。

(2) 加热时间

短时间加热不利于去除污染物。加热时间对去除效率的影响取决于加热温度，即低加热温度需要长加热时间来确保有效去除污染物。对于热脱附系统，可以通过延长低温加热时间来避免高温对土壤结构的损害，从而实现高效的热脱附。

(3) 加热速率

污染物在污染土壤中的去除效率与升温速率呈正线性关系。随着升温速率的加快，去除率总体呈上升趋势。加热速率直接控制土壤和载气之间的热传递速率以及脱附和降解速率，从而影响去除过程的效率。

(4) 载气

在热脱附阶段，污染物通过挥发和热解从土壤中分离出来，转化为气态，由载气输送到尾气处理系统进行集中处理，确保安全排放。因此，载气的性质在一定程度上影响着热脱附的效率。

载气的工作机理可以解释如下：土壤的挥发性成分决定了它们相对于周围气体的分压。挥发性化合物必须不断挥发达到分压。挥发性化合物的挥发速率可以通过增大载气的流速来加快，从而在一定程度上提高热脱附的效率。

土壤理化性质的影响如下：在实际项目中，土壤的物理和化学性质，如土壤颗粒大小、含水量和污染物的初始浓度，必须在热脱附之前进行分析。应确定待处理土壤的条件，对不符合处理要求的土壤进行预处理。土壤预处理调节土壤条件，以增强热量和质量传递，从而提高热脱附系统的效率，确定加热温度的一般范围，以有效地避免过度加热或处理不当。

(5) 土壤粒度

在实际工程实施中，粗颗粒很难聚集，其大部分表面应暴露在热介质中，以便与热源充分接触，并具有良好的导热性，从而使热脱附的处理效果令人满意。当土壤黏稠潮湿时，细颗粒容易聚集，导致团聚体加热困难，土壤导热性能差，这样一来，热脱附的效率就降低了。

(6) 污染物的初始浓度

在适当的污染物浓度范围内，去除效率随着初始浓度的增大而提高。当初始浓度较低时，污染物被土壤中的高能吸附位点吸附，因此，污染物难以脱附，相应的脱附效率低；当初始浓度较高时，污染物在土壤中高能吸附位点的吸附达到饱和，大量污染物直接暴露在土壤表面，因此，污染物可以很容易地从土壤中去除。

(7) 添加剂类型

在热脱附前向土壤中加入适当的添加剂，可以通过改变材料的物理或化学性质，有效提高污染物去除效率。

4.2.6 电动修复技术

电动修复技术是通过电吸附去除污染土壤中的重金属。当通过插入地下的电极施加低密度直流电时，受污染土壤溶液中的阳离子迁移到阴极，而阴离子在已建立的电场的吸引力下迁移到阳极（图 4-10）。集中在极化电极上的金属污染物随后通过电镀、（共）沉淀、溶液泵送或离子交换树脂络合被去除。

从 20 世纪 80 年代末开始，电动提取已经被用于从土壤中去除污染物。总的来说，该技术对于净化具有低水力传导率的细粒土壤是有效的，并且适用于水饱和与非饱和土壤。然而，电化学修复的成功取决于现场遇到的具体条件，包括污染物的类型和数量、土壤类型、

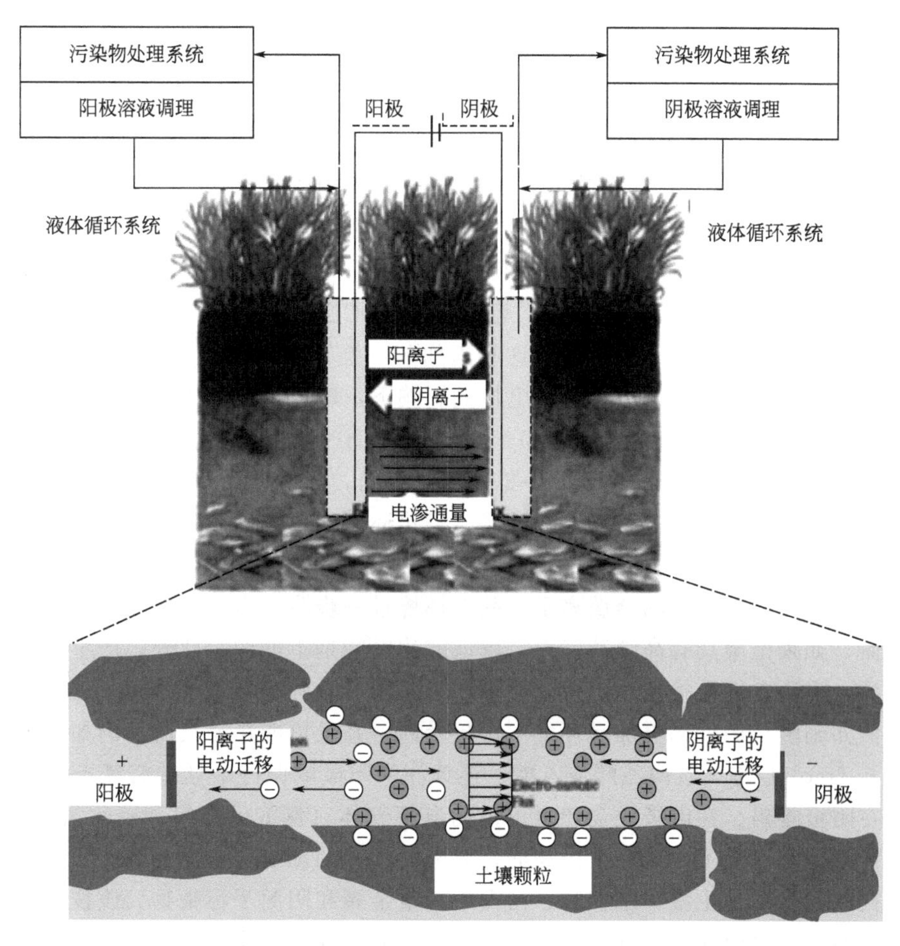

图 4-10　土壤中离子污染物的电动处理、电动修复主要机制的概念化表示

酸碱度和有机物含量。

根据金属离子在土壤中运动的总速率，电动修复可能需要几天到几年的时间。金属离子在低密度直流电电场下的迁移主要是通过电渗（土壤孔隙表面带有的负电荷在与孔隙水中的离子形成双电层后，由扩散双电层引起的孔隙水从阴极向阳极的流动；甚至非离子物质也可以随着电渗引起的水流一起输送）、电迁移（带电离子在土壤溶液中朝与其自身所带电荷电性相反的电极方向的运动）、电泳（土壤溶液中带电胶体微粒，如：细小土壤颗粒、腐殖质和微生物细胞，在电场作用下的迁移）和扩散（浓度梯度引起的传输）这几种机理来完成。重金属迁移的方向、速率和数量由金属种类、金属离子的移动性（通过电荷密度和水合半径）、含水金属浓度、土壤类型、土壤结构、土壤含水量和土壤溶液的化学性质决定。在此过程中，迁移进一步受到潜在吸附、沉淀和溶解的影响。金属离子在电场中的迁移速率可以用 Helmholtz-Smoluchowski 方程［式(4-1)］来预测：

$$U_{EO}=\frac{\varepsilon\zeta}{\mu}\frac{\partial\delta}{\partial x} \tag{4-1}$$

式中　U_{EO}——电渗速度；

ε——土壤溶液的介电常数；

ζ——金属离子的电位；

μ——土壤溶液的黏度。

在单位电梯度下，金属离子在细粒土壤中的移动速率远高于单位水力梯度下的移动速率，但其绝对值较低。

重金属主要以吸附和沉淀的形式存在于土壤中。重金属的电动提取包括脱附/溶解，然后是运输。当土壤溶液中的重金属浓度低于土壤吸附能力时，通常需要化学添加剂来帮助动员被吸附的金属。为了促进低浓度金属离子的传输，还需要更高的能量消耗。测试的化学添加剂包括乙二胺四乙酸（EDTA）、乙二胺二琥珀酸（EDDS）、二乙烯三胺五乙酸（DTPA）、氨三乙酸（NTA）、乙酸（CH_3COOH）、碘化钾（KI）和柠檬酸[$(HOOC—CH_2)_2C(OH)(COOH)$]。这些添加剂（强化液）对土壤中的不同金属物种表现出不同的动员效率。在低密度直流电电场的影响下，电极周围的水发生水解，在阳极形成低酸碱度、高氧化还原电位区域（$H_2O-2e^- \longrightarrow 2H^+ + 1/2O_2$），在阴极形成高酸碱度、低氧化还原电位区域（$2H_2O+2e^- \longrightarrow 2OH^- + H_2$），导致氧化酸锋和还原碱锋缓慢向对电极迁移。因此，在正负电极之间，酸碱度、氧化还原电位和电导率的分布是短暂的、非线性的和不均匀的。尤其是 pH 值的变化影响土壤颗粒的表面电荷和金属离子的迁移率。产生的酸性条件有助于动员吸附的金属离子。酸性环境进一步防止金属氢氧化物和碳酸盐沉淀的形成。然而，如果土壤具有高缓冲能力，就地酸化可能是不够的。此外，产生的碱锋导致金属离子沉淀，阻碍它们最终到达阴极。显然，人工酸化在电动土壤修复中是必要的。然而，无机酸（例如硝酸）的外部添加是环境不可接受的，并且可能是昂贵的。例如，水或化学溶液（例如 0.1mol/L 乙二胺四乙酸或乙酸）连续注入阳极以保持最佳的修复条件，被污染的水通过泵在阴极排出。在电极处会产生少量的电解气体（例如，氯气和硫化氢），但是如果允许它们连续地起泡而不附着在电极表面，对电动过程的影响很小。

电动提取的目标是土壤、沉积物、污泥中的重金属和阴离子污染物。该技术可去除金属污染物的水溶性和可交换性部分，对修复饱和或部分饱和（如含水量 15%～25%）、低渗透性、低电导率、细纹理土壤最为有效。土壤中的砾石、矿床和金属物体等绝缘和导电材料会降低电动提取的效率。在实践中，由陶瓷、碳、石墨、钛、不锈钢或塑料制成的惰性电极阵列以 1.0～1.5m 的间距安装在污染土壤的陶瓷井中，施加的低密度直流电电流为 1.0～1.5V/cm 或 100～500(kW・h)/m^3。阴极装有泵和处理装置，以去除和处理被污染的水。该系统可以具有平行或圆形布置的多个阳极/阴极对或多个阳极/单个阴极。电极的大小、形状和排列影响已建立的电场的分布和强度，从而影响处理效率。除了最佳电极配置之外，还可以采取其他措施来提高金属去除效率，例如延长处理时间、提高电势梯度、改变电场模式（从连续到周期性）以及向电极添加阳离子/阴离子交换膜。电动土壤修复的总成本因污染和田间条件而异。美国联邦修复技术圆桌会议（FRTR）在 2012 年根据试点规模试验估计，在 26～295 美元/m^3的大范围内，平均成本为 117 美元/m^3，其中 15 美元/m^3用于电费支出。

目前电动修复仍处于发展阶段。有许多采用该技术的示范和试点项目，但全面应用很少。美国的一项试点研究表明，对铅污染场地进行为期 30 周的电动处理，可将土壤铅含量从 4500mg/kg 降至 300mg/kg 以下。在美国的另一项试点研究中，22 周的电动提取没有从受污染的土壤中去除大量的铬和镉，这可能是因为土壤中含有大量的氯化钠和金属硫化物。

近年来，国内外学者从提高重金属迁移能力、优化电极以及采用联用技术等方面对电动强化修复技术进行研究。电动强化修复技术包括重金属迁移能力强化技术、电极优化技术等。

4.2.6.1　重金属迁移能力强化技术

（1）土壤酸碱度调控技术

在污染土壤的电动修复中，pH 值对沉淀/溶解、吸附/脱附或离子交换等不同物理化学过程的影响很大。调节污染土壤 pH 值可提高污染物的活性和迁移能力，从而提高污染物的去除效率，因此调控土壤 pH 值是电动修复强化技术的重要研究内容。调节 pH 值的方法主要包括添加电解质、循环电解液和使用离子交换膜。

在电动修复过程中，通常用酸性或碱性的电解液调控 pH 值，以减弱聚焦效应的影响。比如向阴极添加有机酸作为电解质，可有效抑制阴极液体的碱化，也可用酸碱溶液对土壤和电解液进行预处理。循环电解液可以克服两电极附近土壤 pH 值变化对电动修复的不利影响。为防止阳极室产生的 H^+ 和阴极室产生的 OH^- 进入土壤而使土壤酸碱化，在阴、阳极室分别放置阳、阴离子交换膜，可有效控制土壤 pH 值。离子交换膜是一种含有离子基团并对离子具有选择性透过能力的高分子膜。阳离子交换膜一般紧贴阴极槽，可将阴极区域产生的 OH^- 阻隔在阴极槽内，使其无法进入土壤；阴离子交换膜则紧贴阳极槽，可将阳极生成的 H^+ 阻隔在阳极槽内，使阳极区土壤 pH 值不至于过低。将电动修复的土壤保持在一定酸碱度下，可提高重金属的去除效果。

（2）重金属赋存状态调控技术

重金属种类和赋存状态是其在土壤中的溶解性和迁移性的重要影响因素，可通过氧化还原、螯合和表面活性调控，以及后两种技术联用 4 种方式改变重金属的形态，从而提高其迁移性和溶解性，进而提升电动修复的效果。

4.2.6.2　电极优化技术

（1）电极材料优化技术

电极提供电子传递所需的活性界面，电极材料的反应活性会影响阴、阳两极水解反应的进行。因此优化电极材料可提高重金属电动修复效率，主要有两种方法，一是改变电极材料，二是在电极表层附着活性材料。

（2）电极构型与形状优化技术

电动修复过程中，土壤 pH 值、重金属去除速度与电场分布之间有密切关系，而电极构型与形状决定电场的强度、面积和分布，因此电极的空间构型和形状对修复效果影响较大。通过电极操作改变电极空间布局进而改变电场分布，可加快重金属的定向积累与分离。

（3）交换电极法

交换电极法是指在电动修复过程中，周期性切换电极的极性，使水电解产生的 OH^-、H^+ 轮流在两极生成，从而保持土壤的 pH 值处于中性范围，可防止阴极区域的土壤形成过多的重金属沉淀，以此减小聚焦效应对电动修复的限制，从而提高重金属的去除率。

(4) 阳极逼近法

电动修复过程中，距离阳极越近，重金属越易从土壤颗粒表面脱附出来，土壤修复速率越快，基于此原理开发出的阳极不断逼近阴极的电动修复强化技术称为阳极逼近法。在电动修复系统中将阴极固定，随着修复的进行，阳极每隔一定时间向阴极移动适当距离。阳极逼近法不仅能有效提高电动修复效率，还能降低修复能耗。

(5) 多维电极联用法

在电动修复系统中添加辅助电极的三维电极法是一种新兴技术。常用的三维电极指在传统电解槽两端电极间装填碎屑或颗粒状工作电极材料，并使装填工作材料表面带电，从而形成第三极，土壤中可移动离子在第三极表面发生电化学反应。相比传统二维电极，三维电极可有效增大电极的比表面积，缩短污染物的迁移路径，提高 EKR 系统的电导率，加快物质的移动速度，提升传质效果，从而提高重金属去除率。使用具有良好吸附能力的电极作为辅助电极能进一步提高重金属的去除率。

4.2.7 玻璃化技术

玻璃化技术是使污染物形成玻璃化固体之后从土壤中去除的一种修复技术。玻璃化技术包括原位和异位玻璃化两方面。其中，原位玻璃化技术发展源于 20 世纪 50—60 年代核废料的玻璃化处理技术，近年来该技术被推广应用于污染土壤的修复治理。1991 年，美国爱达荷州工程实验室把各种重金属废物及挥发性有机组分填埋于 0.66m 地下后，使用原位玻璃化技术证明了该技术的可行性。

原位玻璃化技术指通过向污染土壤插入电极，对污染土壤固体组分给予 1600～2000℃的高温处理，使有机污染物和一部分无机化合物如硝酸盐、硫酸盐和碳酸盐等得以挥发或热解，从而从土壤中去除的过程。熔化的污染土壤（或废弃物）冷却后形成化学惰性的、非扩散的整块坚硬玻璃体，有害无机离子得到固化。

原位玻璃化技术的处理对象可以是放射性物质、无机物等多种干湿污染物质。通常情况下，原位玻璃化系统包括电力系统、封闭系统（使逸出气相不进入大气)、逸出气体冷却系统、逸出气体处理系统、控制站和石墨电极。现场电极大多为正方形排列，间距约 0.5m，插入土壤深度为 0.3～1.5m。电加热可以使土壤局部温度高达 1600～2000℃，玻璃化深度可达 6m，逸出气体经冷却后进入封闭系统，处理达标后排放。开始时，需在污染土壤表层铺设一层导体材料（石墨），这样保证在土壤熔点（高于水的沸点）温度下电流仍有载体(干燥土壤中的水分蒸发后其导电性很差)，电源热效应使土壤温度升高至其熔点（具体温度由土壤中的碱金属氧化物含量决定)，土壤熔化后导电性增强成为导体，熔化区域逐渐向外、向下扩张。在革新的技术中，电极是活动的，以便能够达到最大的土壤深度。一个负压罩子覆盖在玻璃化区域上方收集、处理玻璃化过程中逸出的气态污染物。玻璃化的结果是生成类似岩石的化学性质稳定、防泄漏性能好的玻璃态物质。经验表明，原位玻璃化技术可以固化大部分无机污染物，包括金属污染物和放射性污染物等。

原位玻璃化技术适用于含水量低、污染深度不超过 6m 的土壤，修复污染土壤通常需要 6～24 个月，因其修复目标要求、原位处理量、污染浓度及分布和土壤湿度的不同而不同。

影响该技术效果的因素也较多，如埋设的导体通路、质量分数超过 20%的石块、介质加热引起的污染物向清洁介质的迁移、易燃易爆物质的积累、土壤中可燃有机物的质量分数、固化的物质、对今后现场的土地利用与开发等。

异位玻璃化技术可以破坏、去除污染土壤和污泥等泥土类物质中的大部分无机污染物。其应用受以下因素影响：需要控制尾气中的一些挥发的重金属蒸气；需要处理玻璃化后的残渣；湿度太高会影响成本。通常，移动的玻璃化设备的处理能力为 3.8～23.0m^3/d，需要投入的修复费用为 650～1350 美元/m^3。

温度是影响固定效果和工艺成本的关键因素。虽然传统的燃油加热或电加热通常成本高昂，但最近的太阳能技术可能有助于显著节能。例如，Navarro 等利用太阳能技术调查了西班牙旧汞矿和银-铅矿的危险矿山废物和尾矿的玻璃化，并观察到铁、锰、镍、铜和锌在 1350℃时成功固化。此外，目标土壤的导电性可能会限制有效性。由于土壤玻璃化涉及将电极插入土壤，故介质能够携带电流至关重要。所以，原位玻璃化的一个主要限制是土壤熔化的可能性，以便电流可以通过它。因此，只能对低碱含量的湿土进行原位玻璃化。这种技术可用于严重污染场地的小规模修复。它可以长期有效地永久修复土壤，大大减少废物量，并可能生产出具有潜在再利用选择的产品，常用于抢救性修复重金属污染比较重的土壤。然而，在野外条件下或大规模情况下，这种技术可能非常昂贵。

4.2.8 冷冻修复技术

冷冻剂在工程项目中的应用已经非常广泛，应用时间也比较久。在隧道、矿井及其他一些地下工程建设中，利用冷冻技术冻结土壤，以增强土壤的抗载荷力，防止地下水进入而引起事故，或者在挖掘过程中稳定上层的土壤。在一些大型的地铁、高速公路及供水隧道的建设中，冷冻技术都有很好的应用效果。

不过，温度降低到 0℃以下冻结土壤，形成地下冻土层以容纳土壤或者地下水中的有害和辐射性污染物还是一门新兴的污染土壤修复技术。冷冻土壤修复技术通过适当的管道布置，在地下以等间距的形式围绕已知的污染源垂直安放，然后将对环境无害的冷冻剂溶液送入管道从而冻结土壤中的水分，形成地下冻土屏障，防止土壤和地下水中的有害和辐射性污染物扩散。冻土屏障提供了一个与外层土壤相隔离的“空间”。此外，还需要一个冷冻厂或冷冻车间来维持冻土屏障层的温度处于 0℃以下。

据有关方面报道表明，污染土壤的冷冻修复技术的优点主要有：能够提供一个与外界相隔离的独立“空间”；其中的介质（如水和冰）是对环境无害的物质；冻土层可以通过升温融化而去除，也就是说，冷冻土壤技术形成的冻土层屏障可以很容易完全去除，不留任何残留；如果冻土屏障出现破损泄漏处可以通过原位注水加以复原。

地上的冷冻厂用于冷凝地下冷冻管道中循环出来的 CO_2 等冷冻气体。交换出来的热量通过换热装置排出系统。另外，还需绝热材料以防止冷冻气体与地表的热量传递以及覆膜以防止降水进入隔离区的土壤内部。通常，冰冻层最深可达 300m，安装时无须土石方挖掘。在土层为细致均匀情况下，冷冻技术可以提供完全可靠的冻土层屏障。

低温冷冻修复技术可用于隔离和控制饱和土层中的辐射性物质、金属和有机污染物的迁移。研究表明，在饱和土层中，可以形成低水力穿透性的冻土屏障。在干燥土层中，需要合适的方法均匀引入水分使土壤达到饱和，以便于现有技术的应用。该技术适用于中短期修复项目，当对土壤进行长期隔离时，则需要联合其他辅助措施，修复后需及时去离隔离层。

4.3 化学修复技术

化学修复是指利用化学处理技术，通过化学物质或制剂与污染物发生氧化、还原、吸附、沉淀、聚合、络合等反应，使污染物从土壤或地下水中分离、降解、转化或稳定成低毒、无毒、无害等形式（形态），或形成沉淀除去。

4.3.1 淋洗技术

土壤淋洗技术是指将能够促进土壤中污染物溶解或迁移的溶剂注入或渗透到污染土层中，使其穿过污染土壤并与污染物发生脱附、螯合、溶解或络合等物理化学反应，最终形成迁移态的化合物，再利用抽提井或其他手段把包含有污染物的液体从土层中抽提出来，进行处理的技术。

土壤淋洗按照处理土壤的位置可分为原位土壤淋洗和异位土壤淋洗。原位土壤淋洗通过注射井等向土壤施加淋洗剂，使其向下渗透，穿过污染带与污染物结合，通过脱附、溶解或络合等作用，最终形成可迁移态化合物。含有污染物的溶液可以用提取井等方式收集、存储，再进一步处理，以再次处理被污染的土壤。如图 4-11 所示，该技术需要在原地搭建修复设施，包括清洗液投加系统、土壤下层淋出液收集系统和淋出液处理系统。同时，有必要把污染区域封闭起来，通常采用物理屏障或分割技术。

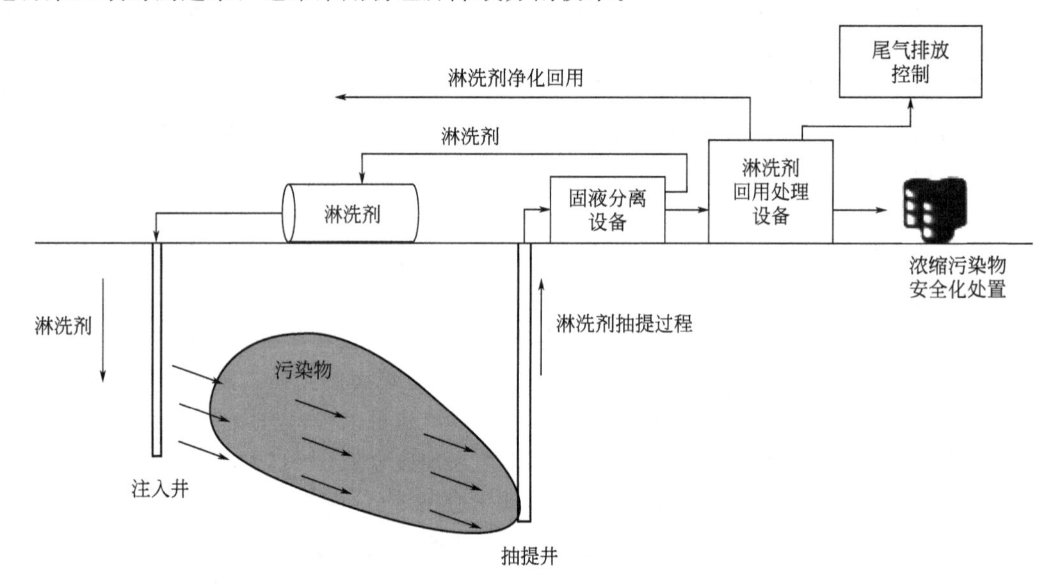

图 4-11 土壤淋洗技术原位修复示意图

影响原位土壤淋洗技术的因素很多，包括重金属存在形态、淋洗剂的选用、土壤质地和土壤中有机质含量等。土壤中重金属可吸附于土壤颗粒表层，或以一种微溶固体形态覆盖于土壤颗粒物表层，或者通过化学键与土壤颗粒表面相结合，当土壤受到重金属复合污染时，重金属以不同的状态而存在，导致处理过程的选择性淋洗。淋洗剂的选用可能会导致土壤环境中物理和化学特性的变化，进而影响其生物修复潜力。此外，在下雨的过程中还会增加地下水二次污染的风险，因此在选用淋洗剂之前必须慎重考虑。土壤质地对土壤淋洗的效果有重要影响。当土壤属于砂质土壤类型时，淋洗效果较好；当土壤中黏粒含量达 20%～30%时，其处理效果不佳；而黏粒含量达到 40%时则不宜使用。土壤有机质的含量与污染物的吸附量成正相关，土壤有机质含量较高时不利于污染物的去除，例如，土壤中的有机质特别是腐殖质对土壤中的重金属有比较强的螯合作用，这种螯合作用的强弱和重金属螯合物在淋洗剂中的可溶性对土壤中重金属的淋洗有比较大的影响。

该技术对于多孔隙均质、易渗透的土壤中的污染物具有较高的分离与去除效率。优点包括：无须进行污染土壤挖掘、运输，适用于饱气带和饱水带多种污染物去除，适用于组合工艺中。缺点有：可能会污染地下水，无法对去除效果与持续修复时间进行预测，去除效果受制于场地地质情况等。

异位土壤淋洗指把污染土壤挖掘出来，通过筛分去除超大的组分并把土壤分为粗料和细料，然后用淋洗剂来清洗、去除污染物，再处理含有污染物的淋出液，并将洁净的土壤回填或运到其他地点。异位土壤淋洗修复示意图见图 4-12。该技术操作的核心是通过水力学方式机械地悬浮或搅动土壤颗粒，土壤颗粒尺寸的最低下限是 9.5mm，大于这个尺寸的石砾和粒子才会较易由该方式将污染物从土壤中洗去。通常将异位土壤淋洗技术用于降低受污染土壤的预处理，主要与其他修复技术联合使用。当污染土壤中砂粒与砾石含量超过 50%时，异位土壤淋洗技术就会十分有效。而对于黏粒、粉粒含量在 30%～50%之间，或者腐殖质含量较高的污染土壤，异位土壤淋洗技术分离去除效果较差。

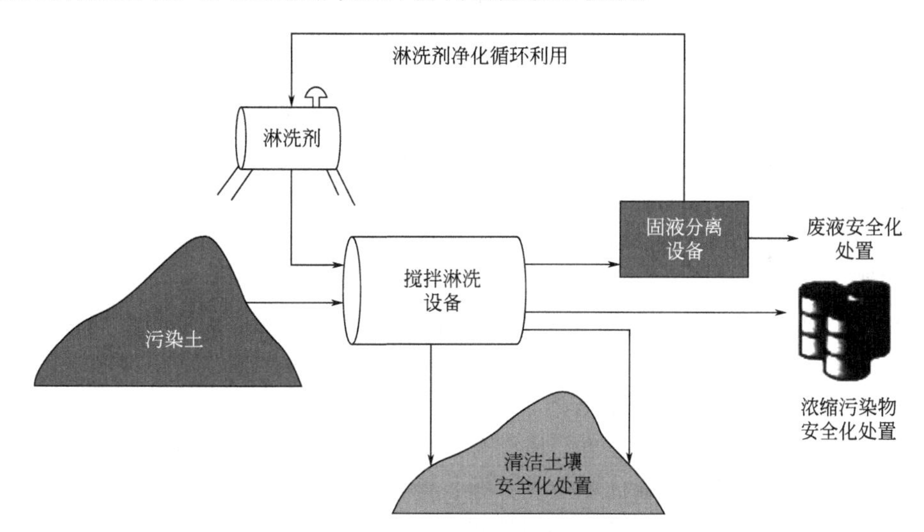

图 4-12　异位土壤淋洗修复示意图

一般的异位土壤淋洗修复技术流程为：挖掘土壤；土壤颗粒筛分，剔除杂物如垃圾、有机残体、玻璃碎片等，并将粒径较大的砾石移除；淋洗处理，在一定的土液比下将污染土壤与淋洗液混合搅拌，待淋洗液将土壤污染物萃取后，静置，进行固液分离；淋洗废液处理，含有悬浮颗粒的淋洗废液经处理后，可再次用于淋洗；淋洗后的土壤符合控制标准，进行回填或安全利用，淋洗废液处理中产生的污泥经脱水后可再进行淋洗或送至最终处置场处理。

常用的土壤淋洗剂包括无机淋洗剂、络合剂、表面活性剂等。无机淋洗剂，如酸、碱、盐等无机化合物，其作用机制主要是通过酸解或离子交换等作用来破坏土壤表面官能团与重金属形成的配合物，从而将重金属交换脱附下来，从土壤溶液中分离出来，适用于砷等重金属类污染物的处理。络合剂，如乙二胺四乙酸（EDTA）、氨三乙酸（NTA）、二乙基三胺五乙酸（DTPA）、柠檬酸、苹果酸等，其作用机制是首先通过络合作用，将吸附在土壤颗粒及胶体表面的金属离子解络，然后利用自身更强的络合作用与重金属形成新的络合体，从土壤中分离出来，适用于重金属类污染物的处理。表面活性剂，主要指阳离子、阴离子型表面活性剂，表面活性剂的乳化、起泡和分散作用等在一定程度上有助于土壤重金属的去除，适用于重金属类污染物的处理。

土壤淋洗技术也存在一些问题。第一，在淋洗修复过程中由于使用了人为添加的化学、生物物质等，土壤质量，如土壤中的微生物含量可能会因此受到一定的影响。在土壤淋洗修复后，一般需采用适当的农艺措施加快土壤质量的恢复进程。第二，采用人工络合剂虽可取得较高的淋洗效率，但这些化学物质难以生物降解，可能会向地下迁移而污染地下水，需要筛选无毒或毒性较小、易生物降解的淋洗剂，来提高淋洗修复技术的可接受性。另外，采用异位土壤淋洗技术则便于回收淋出液进行后续处理，也能起到很好的作用。第三，在实际情况下，土壤中的污染物可能会在不同的介质中存在，单靠土壤淋洗技术不能很好地解决问题，需要结合其他的土壤修复技术，设计更全面的修复工程来解决一些实际的污染问题。

4.3.2 化学萃取技术

化学萃取技术指通过化学试剂溶解土壤中的金属污染物。萃取过程包括了萃取液向土壤表面扩散、对污染物质的溶解、萃取出的污染物在土壤内部扩散、萃取出的污染物从土壤表面向流体扩散等过程。根据其修复方式可以分为原位萃取技术和异位萃取技术。原位萃取技术主要通过原位萃取液灌注和滤液回收来去除土壤中的重金属，优点是成本较低，工艺较为简单，缺点是重金属去除效率低，对地下水污染存在一定的风险性。异位萃取技术主要通过土壤柱清洗工艺来去除土壤中的重金属，优点是可以克服对地下水的二次污染，缺点是重金属去除效率低，处理成本偏高。常用的土壤重金属化学萃取剂主要有螯合剂、酸、表面活性剂和氧化还原剂等。

① 螯合剂萃取。螯合剂通过形成水溶性金属-螯合剂化合物从土壤固相中脱附金属。这些化合物十分稳定，防止了金属的沉淀和吸附，并且如果 pH 值没发生显著下降，不会释放出金属离子。通常认为，相比于酸溶液，螯合剂对环境的破坏影响较小。关于螯合剂的选择，应从以后几方面考虑：萃取强度，该螯合剂应在较宽的 pH 范围内能够与重金属形成强而稳定的化合物；对目标重金属的萃取选择性；螯合剂的再生性，螯合剂在工艺过程中若需要回收利用多次，其应具有较低的生物可降解性；金属-螯合剂化合物应对土壤固体表面有较低的吸附亲和性；螯合剂应该有低毒性和低潜力来损害环境；螯合剂应符合成本效益。

② 酸萃取。酸萃取是一项成熟的重金属污染土壤处理技术。常用的酸有盐酸、硝酸、硫酸。清洗液的 pH 值对土壤中重金属的萃取有较大影响。用酸溶液来萃取重金属主要有以下几种机理：通过离子交换脱附金属离子；溶解金属化合物；溶解可能含有金属污染物的土壤矿物成分（如铁锰氧化物）。所使用的酸包括强矿物酸如乙酸、硫酸、硝酸、磷酸等和弱有机酸如乙酸。不同矿物酸的去除效率主要与金属类型、土壤地球化学性质和试剂浓度有关。盐酸是最常用的酸萃取液。同时，酸萃取有许多缺点：强酸可能损毁土壤的基本结构性

质；废水和处理过的土壤需为中性，增加成本；废水的中和作用产生大量新的有毒残留物。

③ 表面活性剂萃取。表面活性剂目的为协助污染物在土壤中的脱附和分散，同时对重金属具有一定去除率，可分为阳离子、阴离子和非离子表面活性剂 3 种类型。阳离子表面活性剂是通过改变土壤表面性质，使金属阳离子从固相转移到液相中；阴离子表面活性剂是先吸附到土壤颗粒表面，然后再与金属发生配合作用，使金属溶于土壤溶液中。

化学萃取技术具有方法简便、成本低、处理量大、见效快等优点，适合大面积、重度污染土壤的治理。化学萃取修复技术在应用过程中受多种因素的影响：

① 土壤质地。不同质地的土壤，与重金属的结合力不同。根据试验结果，黏土对重金属离子的结合力较强，而砂土较弱，因此黏土质地的重金属离子萃取效率较低。

② 土壤中有机质含量。土壤中有机质特别是腐殖质与重金属之间容易产生较强的螯合作用，螯合作用的强弱和重金属螯合物在萃取剂中的可溶性对萃取效果影响较大。

③ 土壤阳离子交换容量。阳离子交换容量是指土壤胶体带有的负电荷，负电荷能对溶液中的阳离子产生静电作用，因此离子交换容量越大，对重金属阳离子的吸附能力就越强，从而增加重金属从土壤胶体脱附下来的难度。

④ 重金属种类及含量。重金属离子与土壤矿物质的结合力不同，而且重金属含量越低，与土壤颗粒结合力越强，其萃取效果就越差。

⑤ 重金属的存在形态。各种不同形态的重金属有不同的迁移能力和可脱附性，一般地，可交换态、碳酸盐组合态金属容易被萃取出来，而铁锰氧化物结合态和残留态则难以被萃取。

⑥ 萃取剂。一方面，萃取剂种类不同，与重金属离子之间的螯合作用则不同，螯合作用越强，其萃取效果越好；另一方面，萃取液浓度也会影响萃取效果。不同萃取剂在萃取重金属离子时，需要配置不同浓度，确保重金属去除效率和萃取剂用量配比达到最佳。萃取液酸碱性对螯合作用也会产生影响，一般来说，萃取剂酸性越强，重金属离子越容易被脱附下来。

4.3.3 化学改良技术

化学改良技术相对于化学萃取技术而言，具有更广泛的实用性，且技术成本较低。化学改良技术是向土壤中投加改良剂，对土壤酸碱性、化学组分进行调节，使重金属离子能以生物有效性较低、毒性较弱的形式存在。常用的改良剂分为无机改良剂和有机改良剂两大类，其中无机改良剂主要包括石灰、碳酸钙、粉煤灰等碱性物质；羟基磷灰石、磷矿粉、磷酸氢钙等磷酸盐以及天然、天然改性或人工合成的沸石、膨润土等矿物。有机改良剂包括农家肥、绿肥、草炭等有机肥料。

① 石灰性物质。经常采用的石灰性物质有熟石灰、硅酸钙、硅酸镁钙和碳酸钙等。石灰性物质能提高土壤 pH 值，促使重金属（如铜、镉、锌）形成氢氧化物沉淀，因此可作为土壤改良剂施加到重金属污染的土壤中，减少植物对重金属的吸收。

石灰性物质对土壤的改良作用体现在：施用石灰性物质能够在很大程度上改变土壤固相中的阳离子构成，使氢被钙取代，增加了土壤的阳离子交换量。另外，由于钙还能够改善土壤结构、增强土壤胶体凝聚性，增强其在植物根表面对重金属离子的拮抗作用，因此综合以上几点，石灰性物质对重金属污染土壤起到了积极的保护效果。

② 天然、人工合成矿物。矿物修复指向重金属污染的土壤中添加天然矿物或改性矿物，利用矿物的特性改变重金属在土壤中的存在形态，以便固定重金属，降低其移动性和毒性，

从而抑制其对地表水、地下水和动植物等的危害，最终达到污染治理和生态修复的目的。而矿物修复又以黏土矿物修复最为引人瞩目。常用于修复土壤重金属污染的黏土矿物有蒙脱石、凹凸棒石、沸石、高岭石、海泡石、蛭石和伊利石等。当前国内外学者在研究土壤重金属污染治理中一直强调土壤的自净功能，土壤自净功能是土壤各种组分与其结构共同作用的体现，黏土矿物在土壤自净过程中作用重大。黏土矿物是土壤中最活跃的组分，在大多数情况下带有负电荷，且比表面积较大，促使它可以有效地控制土壤中固液界面之间的作用。在重金属污染土壤中，以黏土矿物为主体的土壤胶体吸附带相反电荷的重金属离子及其配合物，减小了土壤中交换态重金属比例，从而降低了重金属污染物质在土壤中的生物活性。此外，黏土矿物不但在层内表面可吸附交换性离子，而且还可以通过将重金属离子固定在层间的晶格结构内，减轻了重金属污染物质的危害性。

③ 化学沉淀剂。磷酸盐化合物很容易与重金属形成难溶态沉淀物，因此可利用这一化学反应改良被铅、铁、锰、镉、锌、铬等污染的土壤。向土壤施加磷酸盐化合物，一方面可改善土壤缺磷状况；另一方面也可作为化学沉淀剂降低重金属的溶解度，减轻毒害，因此不失为一种一举两得的办法。土壤施磷的效果依磷酸盐种类的不同而不同，溶磷效果最好，因为它含有的钙、镁作为共沉淀剂可促进重金属的沉淀。

④ 土壤有机改良剂。施加廉价易得的有机物料对土壤进行修复是一种切实可行的方法。有机物料多为农业废弃物，对其加以利用既可避免其对环境的污染，还可减少化肥的使用，从而降低农业成本。施加有机改良剂可改善土壤结构，提高土壤养分，从而促进农作物生长，发展具有可持续性的生态农业。同时，使用有机物料可减少农作物对重金属的吸收积累，缓解重金属通过食物链对人体健康的威胁。因此，研究使用有机物料来加强对重金属污染农田的利用，提高农作物的安全性和产量具有一定现实意义。用于治理土壤重金属污染的有机改良剂主要有有机肥、泥炭、家畜粪肥以及腐殖酸等。向土壤中施用有机质能够增强土壤对污染物的吸附能力，有机物质中的含氧功能团，如羧基、羟基等，能与重金属化合物、金属氢氧化物及矿物的金属离子形成化学和生物学稳定性不同的金属-有机配合物，从而使污染物分子失去活性，减轻土壤污染对植物和生态环境的危害。然而，有机物料对重金属离子活性的影响在不同土壤中表现不一。有研究表明，有机物料在后茬作物中促进了重金属的生物积累和毒性。因为有机物质在刚施入土壤时可以增强重金属的吸附和固定，降低其有效性，减少植物的吸收；但是随着有机物质的矿化分解，有可能导致被吸附的重金属离子在之后被重新释放出来，又导致了植物的再吸收。因此，利用有机物料改良重金属污染土壤具有一定的风险，有机物料对重金属离子的钝化及降低其生物有效性主要取决于有机物的种类、重金属离子类型和施用时间。

⑤ 离子拮抗剂。由于土壤环境中化学性质相似的重金属元素之间，可能会因为竞争植物根部同一吸收点位而产生离子拮抗作用，因此，可向某一重金属元素轻度污染的土壤中施入少量的与该金属有拮抗作用的另一种金属元素。以减少植物对该重金属的吸收，减轻重金属对植物的毒害。例如，锌和镉的化学性质相近，在镉污染的土壤，比较便利的改良措施之一是按一定比例施入含锌的肥料，以缓解对农作物的毒害作用。

4.3.4 化学氧化/还原技术

化学氧化/还原技术主要是向土壤或地下水的污染区域注入氧化剂或还原剂，通过氧化或还原作用，使土壤或地下水中的污染物转化为无毒或相对毒性较小的物质的一项修复技术。常见的氧化剂包括高锰酸盐、过氧化氢、芬顿（Fenton）试剂、过硫酸盐和臭氧。常见的还原剂包括还原性硫化物（硫化氢、连二亚硫酸钠、亚硫酸氢钠、硫酸亚铁、多硫化钙等）和含铁类还原剂（二价铁、零价铁等）。

化学氧化技术适用于高价态情况下离子生物毒性较小的重金属，如砷。高锰酸盐是一种强氧化剂，常用的有 $NaMnO_4$ 和 $KMnO_4$。Mn 是地壳中储量丰富的元素，MnO_2 在土壤中天然存在。因此向土壤中引入高锰酸盐，氧化反应产生的 MnO_2 环境风险较小。高锰酸盐可以在较宽的 pH 值范围内使用，在地下起反应的时间较长，因而能够有效地渗入土壤并接触到吸附的污染物。对于 H_2O_2 来说，可以利用芬顿反应开展原位化学氧化技术，即利用 Fe^{2+} 和 H_2O_2 之间的链反应催化生成羟基自由基（·OH），而·OH 具有强氧化性，可将部分低价态的重金属离子氧化至高价态、低生物毒性形态，以达到去除污染物的目的。然而，由于 H_2O_2 进入土壤后会分解成水蒸气和氧气，所以要采取特别的分散技术避免氧化剂的失效。O_3 是活性非常强的化学物质，在土壤下表层反应速率较快，与 H_2O_2 类似，通过形成自由基氧化重金属，在酸性环境中最有效。

化学还原技术适用于低价态情况下离子生物毒性较小的重金属，如汞、铬和铅。土壤中的硫以无机和有机两种形态存在，在氧化条件下以硫酸盐的形式存在，在还原条件下以硫化氢或金属硫化物的形式存在。H_2S 本身具有较强的还原性，可以改变土壤氧化还原条件，将部分高价态重金属离子转化为低价态、低毒性形态，同时还可以将土壤中部分重金属离子形成硫化物沉淀。H_2S 能够将 Cr^{6+} 还原成 Cr^{3+}，并继续转化成氢氧化铬沉淀，H_2S 转化成硫化物。由于硫化物被认为是没有危险的，$Cr(OH)_3$ 的溶解度又非常低，因此不会导致环境风险。原位实施修复工程时，由于 H_2S 呈气态，因此处理装置要特别设计。总的思路是，气体通过钻井注射方法注入污染土壤的中部，一系列的抽提井建造在其外围，除去多余的还原剂并控制气流状态。为了防止废气逸出地表，地面上还要覆盖一层不透气的遮盖物。在处理过程的最后阶段，整个系统通入空气将残余的还原剂清洁出去。土壤中的 HgS 是极难溶的，可看作是汞在土壤中的最终产物，当土壤环境为还原条件时，HgS 易于生成。在这种条件下，利用硫单质或 Na_2S 可使土壤中的汞生成稳定的 HgS。

铁是活泼金属，在弱酸性的环境中可将土壤中高价态重金属离子还原。同时铁屑是具有很大比表面积和很强表面活性的物质，能够吸附多种与铁发生置换作用而沉积的重金属离子，从而促进重金属离子的去除。Fe^0 和 Fe^{2+} 可将 Cr^{6+} 还原为 Cr^{3+}，Cr^{3+} 的生物学毒性低于 Cr^{6+}，同时最终可形成 $Cr(OH)_3$ 沉淀，同时降低了铬的生物学毒性和迁移性。利用纳米级 Fe^0 将 Pb^{2+} 还原为 Pb，Pb 再被 $Fe(OH)^{2+}$、$Fe(OH)^{2+}$ 等络离子吸附，降低了铅的生物学毒性和迁移性。

4.4 生物修复技术

生物修复指利用微生物、植物和动物将土壤和地下水中的危险污染物降解、吸收或富集的生物工程技术系统。按处置地点分为原位和异位生物修复。广义的生物修复，是指一切以利用生物为主体的土壤或地下水污染治理技术，包括利用植物和动物以及微生物吸收、降解、转化土壤和地下水中的污染物，使污染物的浓度降低到可接受的水平，或将有毒有害的污染物转化为无毒无害的物质，也包括将污染物固定或稳定，以减少其向周边环境的扩散。狭义的生物修复，是指通过真菌、细菌等微生物的作用清除土壤和地下水中的污染物，或是使污染物无害化的过程。现已开发使用的生物制剂包括细菌、真菌、藻类和植物等。这些生物制剂可用于改变土壤和水环境中重金属的生物有效性和毒性。

这种技术主要通过两种途径来达到对土壤中重金属的净化作用：a. 通过生物作用，改变重金属在土壤中的化学形态，使重金属固定或降解，降低其在土壤环境中的移动性和生物可利用性；b. 通过生物吸收、代谢，达到对重金属的削减、净化与固定。

4.4.1 植物修复

植物修复是根据植物可耐受或超积累某些特定化合物的特性，利用植物及其共生微生物提取、转移、吸收、分解、转化或固定地块土壤和地下水中的有机或无机污染物，从而达到移除、削减或稳定污染物，或降低污染物毒性等目的的技术。它被认为是一种环境友好的、非侵入性的、节能和具有成本效益的技术，用于清理具有低至中等水平重金属污染的场所。现代植物修复技术按照不同的吸收机制可以分为植物稳定、植物提取和植物挥发技术。

4.4.1.1 植物提取

植物提取，也称为植物积累、植物吸收或植物隔离，是指利用重金属富集植物或者超积累植物将土壤中的重金属提取出来，富集于植物根部可收割部位和植物根上部位，最后通过收割的方式带走土壤中的重金属。根据植物聚集、吸收、运输、富集污染物的特性，植物提取有两种基本策略：螯合辅助植物提取（图 4-13），即利用速生且重金属富集作物与螯合辅助剂 EDTA、柠檬酸等配合，促进植物的吸收，人们称之为诱导植物提取；长期连续植物提取，即把重金属富集植物种植于污染土壤，利用植物长期吸收（图 4-14）。

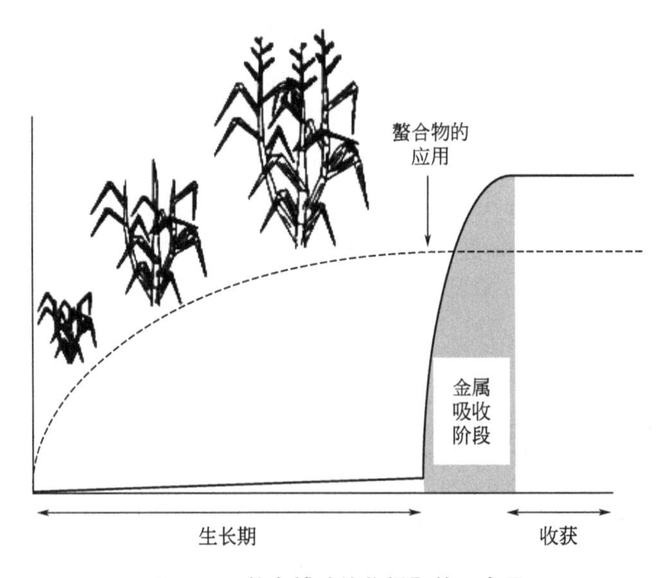

图 4-13　螯合辅助植物提取的示意图

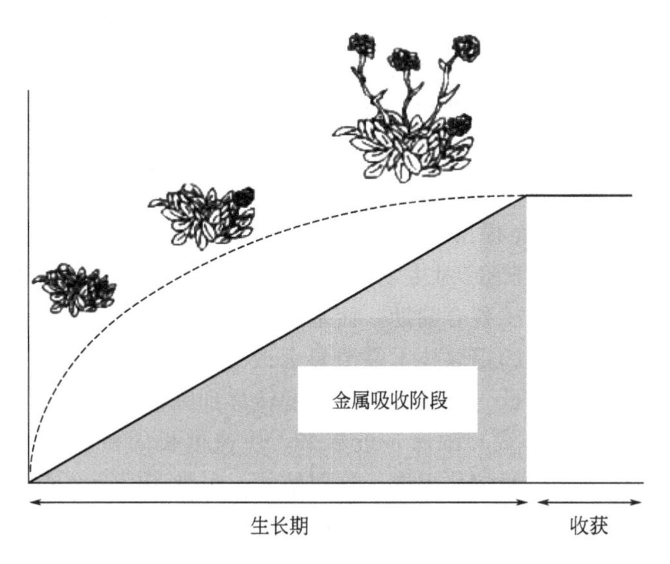

图 4-14 长期连续植物提取的示意图

螯合辅助植物提取金属是近些年才发现的，螯合辅助植物提取由两个基本过程组成：将结合的金属释放到土壤溶液中，同时将金属转移到可收获的嫩枝上。螯合物在增加土壤溶液中可溶性金属浓度方面的作用可以用公认的平衡原理来解释。然而，金属螯合物诱导的植物吸收和转运重金属的机制还不清楚。与诱导重金属吸收不同，长期连续植物提取是基于专门植物积累、转移和抵抗大量重金属毒性的遗传和生理能力。使用天然存在的重金属超积累植物进行长期连续植物提取的主要缺点是它们的生物量相对较低，生长速度慢。

在植物提取中，超积累植物能够将大于10g/kg（1%）的锰或锌、大于1g/kg（0.1%）的砷、钴、铬、铜、镍、铅、锑、硒和铊以及高于0.1g/kg（0.01%）的镉富集在植物体的地上部分。迄今为止，已有721种植物被鉴定为金属超积累植物。这些植物耐受高浓度的重金属，在含金属的土壤中生长良好，并具有独特的能力来有效地从土壤中吸收特定的金属离子，将金属从根转移到茎叶中，并在叶组织中解毒和隔离金属。例如，喜树是一种原产于新喀里多尼亚的镍超积累植物，能够在其胶乳中积累高达26%干重的镍。

为了成功估计植物提取所需的时间，通常使用式(4-2)和式(4-3)进行估算：

$$M=Ad\rho_b\Delta c \tag{4-2}$$

式中 M——去除的金属量，mg；
A——污染场地的面积，m^2；
d——土壤污染深度，m；
ρ_b——土壤容重，kg/m^3；
Δc——预期的浓度降，mg/kg。

$$t=\frac{M}{APB} \tag{4-3}$$

式中 t——时间，a；
P——植物组织中的金属浓度，mg/kg；
B——植物年生物量产量，kg/m^2。

田间土壤在空间上是不均匀的，植物产量在时间上是可变的。已鉴定的超积累植物通常对金属有选择性，局限于它们的自然栖息地，根系浅，生长速度慢，生物量产量低，培养超积累植物的知识普遍缺乏。此外，重金属的植物积累与土壤中的有效浓度相关。随着连续的作物生长，重金属在土壤中的生物可利用浓度呈线性甚至对数下降，植物提取量也是如此，随着时间的推移，植物生物量产量也可能由于养分耗尽或害虫感染而降低。所有这些因素表明，植物提取是一种低效的技术。在修复实践中，其修复时间显然是不可接受的（预计10年）。为了加速植物提取，已经提出了许多方法，包括螯合剂增强和植物遗传操作。然而，金属螯合物（如EDTA和DTPA）对生物降解有抵抗力，可能会被淋溶到深层土壤和地下水中。植物提取中不应考虑人工螯合辅助，而基因工程超积累植物的开发可能需要进一步深入研究。总的来说，目前的植物提取技术需要显著改进，以实现实际可行性。更现实地说，植物提取可以将修复目标从降低土壤总重金属浓度转移到降低不稳定的和生物可利用的重金属（例如，水溶性和可交换形式）浓度。近年来，快速生长的植物，如印度芥菜、灌木柳树，以及杂交杨已被用于重金属植物提取。这些植物，虽然不是金属超积累植物，但具有显著更高的空中生物量产量，并显示出整体可比的重金属提取能力。更重要的是，生产的生物质可以作为生物燃料原料而被回收利用。为了最大限度地降低潜在的生态风险，植物提取区应该用栅栏围起来，以避免重金属通过野生动物对超积累植物的消费而进入食物链。植物提取生物质应在收获后燃烧，灰烬应进行处理以回收重金属或简单填埋，禁止用作动物饲料或人类食物。如果树木被用于提取重金属，则需要在提取过程结束时挖掘和处理树根。

4.4.1.2 植物稳定

植物稳定化或植物固定化是指利用植物，通过某些机制，包括根的吸附、化学沉淀和根区的络合作用，降低污染物的流动性和生物利用度。植物稳定是利用重金属耐受植物或者超积累植物，将高毒性的重金属转化为低毒性的形态，从而减少重金属污染物被淋洗到地下水中或者通过空气扩散而污染环境的风险性。在这一过程中，土壤的重金属总量并不发生改变。例如植物根系可以向土壤中释放分泌物，这些物质影响根际土壤的性质，可以改变具有多种价态的重金属元素（As、Cr、Hg等）的结合状态，影响其致毒效应。这种技术植物通过根系吸收、根系吸附、分泌物络合/沉淀、根际还原和土壤稳定化将重金属固定在土壤中。用于植物稳定的植物对重金属具有耐受性，具有高的根生物量产量，并且几乎不将吸收的重金属从根转移到地上组织。植物细条草、红羊茅、铁线草、茅草、叙利亚豆和河马草是稳定被铅、锌、铬和铜污染的土壤的优良候选植物。植物稳定已被证明能有效降低污染土壤中铅、砷、镉、铬、铜和锌的迁移性，并通过有效的植物种植稳定受干扰的含金属场地。它是减轻受污染场地生态风险的临时战略，特别是对于因金属浓度高而缺乏天然植被的地区。然而，这种技术不适用于污染严重的地区，在那里植物几乎不可能生长和存活。在实践中，该技术经常与化学稳定结合使用，以恢复废弃的矿区。添加到土壤中的化学改良剂（如石灰、磷酸盐、堆肥）降低了固有重金属的生物有效性和生物毒性，为用于植物稳定的植物的生长提供了更好的环境。

植物在植物稳定中有两种主要功能：保护污染土壤不受侵蚀，减少土壤渗漏来防止金属污染物的淋移；通过在根部累积和沉淀或通过根表吸收金属来加强对污染物的固定。此外，植物还可以通过改变根际环境（如pH值、氧化还原电位）来改变污染物的化学形态。在这个过程中根际微生物（如细菌和真菌）也可能发挥重要作用。已有研究表明，植物根可有效地固定土壤中的铅，从而降低其对环境的风险。金属污染土壤的植物稳定是一项正在发展中的技术，这种技术与原位化学钝化技术相结合将会显示出更大的应用潜力。

4.4.1.3 植物挥发

植物挥发是与植物提取相关的。它是利用植物的吸取、积累、挥发而减少土壤污染物。目前在这方面研究最多的是类金属元素汞和非金属元素硒，但尚未见有植物挥发砷的报道。通过植物或与微生物复合代谢，形成甲基砷化物或砷气体是可能的。在过去的半个世纪中，汞污染被认为是一种危害很大的环境灾害，在一些发展中国家的很多地方，还存在严重的汞污染，含汞废弃物还在不断产生。工业产生的典型含汞废弃物都具有生物毒性，例如，离子态汞（Hg^{2+}），它在厌氧细菌的作用下可以转化成对环境危害最大的甲基汞（MeHg）。利用细菌先在污染位点存活繁衍，然后通过酶的作用将甲基汞和离子态汞转化成毒性小得多、可挥发的单质汞（Hg），已被作为一种降低汞毒性的生物途径之一。当今的研究目标是利用转基因植物降解生物毒性汞，即运用分子生物学技术将细菌体内对汞的抗性基因（汞还原酶基因）转导到植物（如烟草和郁金香）中，进行汞污染的植物修复。将来源于细菌中的汞的抗性基因转导入植物中，可以使其在通常生物中毒的汞浓度条件下具有生长能力，而且还能将从土壤中吸取的汞还原成挥发性的单质汞。

许多植物可从污染土壤中吸收硒并将其转化成可挥发状态（二甲基硒和二甲基二硒），从而降低硒对土壤生态系统的毒性。在美国加利福尼亚州的一个人工构建的二级湿地功能区中，种植的不同湿地植物品种显著地降低了该区农田灌溉水中硒的含量（在一些场地硒含量从25mg/kg降低到5mg/kg以下），这证明含硒的工业和农业废水可以通过构建人工湿地进行净化。因硒的生物化学特性在许多方面与硫类似，所以常常从研究硫的角度研究硒。在植物组织内，硫是通过腺嘌呤核苷三磷酸（ATP）硫化酶的作用还原为硫化物，硒酸根以一种与硫类似的方式被植物吸收和同化，分子生物学技术证明硒的还原作用也是由该酶催化的，而且在硒酸根被植物同化成有机态硒的过程中，该酶是主要的转化速率限制酶。根际细菌在植物挥发硒的过程中也能起作用。根际细菌不仅能增强植物对硒的吸收，而且还能提高硒的挥发率。这种刺激作用部分应归功于细菌对根须发育的促进作用，从而使根表有效吸收面积增大。更重要的是，根际细菌能刺激产生一种热稳定化合物，它使硒酸根通过质膜进入根内，当将这种热稳定化合物进入植物根际后，植物体内出现硒盐的显著积累。

植物修复过程中的技术参数包括污染物初始浓度、土壤pH值、土壤养分含量、土壤含水率、气温条件、植物对重金属的富集率及生物量。

① 污染物初始浓度。采用该技术修复时，土壤中污染物的初始浓度不能过高，必要时采用清洁土或低浓度污染土对其进行稀释，否则修复植物难以生存，处理效果受到影响。

② 土壤pH值。通常土壤pH值适合于大多数植物生长，但适宜不同植物生长的pH值不一定相同。

③ 土壤养分含量。土壤中有机质或肥力应能维持植物较好生长，以满足植物的生长繁殖和获取最大生物量以及污染物的富集效果。

④ 土壤含水率。为确保植物生长过程中的水分需求，一般情况下土壤的水分含量应控制在确保植物较好生长的土壤田间持水量。

⑤ 气温条件。低温条件下植物生长会受到抑制。在气候寒冷地区，需通过地膜或冷棚等工程措施确保植物生长。

⑥ 植物对重金属的富集率及生物量。由于主要以植物富集为主，因此，对于生物量大

且有可供选择的超积累植物的重金属（如砷、铅、镉、锌、铜等），植物修复技术的处理效果往往较好。但是，对于富集率不高或植物生物量小的重金属污染土壤，植物修复技术对污染重金属的处理效果有限。

植物修复技术与物理、化学修复技术相比，有着其独特的优点。修复过程消耗费用较低，同时可以净化、美化周围环境，并且由于属于原位处理技术，对环境的扰动较小，还可以起到保持水土的作用。

植物修复的未来研究方向有以下几个方面。

① 植物修复与传统修复技术相结合。将电化学、土壤淋洗技术等传统土壤物理化学修复技术和植物修复综合应用到土壤修复中，比使用任何单一方法效果要好。电化学修复中的电流能有效地将吸附的重金属从土壤颗粒中释放出来，而含配体的溶液能提高土壤溶液中重金属的浓度，再利用植物根系巨大的表面积将溶液中的金属离子或金属配位离子吸附、吸收和进一步转运。这些物理化学修复技术与植物修复的结合，往往能有效克服各自修复技术中的缺陷，达到理想的土壤修复目的。

② 超积累植物发掘及富集重金属的机理研究。目前发现的400多种超积累植物主要集中在北美洲、大洋洲和欧洲等发达国家，中国物种资源丰富，但发现的超积累植物比较少。超积累植物鉴别的一个简单而有效的方法是到矿区采集各种植物进行分析，如在稀土矿区、铜矿区发现了各自的超积累植物，但这样做的缺点是工作量大，并且可能失去许多潜在的有价值的超积累植物。利用根毛在实验室内确定植物对重金属的生物吸收能力和长期累积能力的新方法正在被建立，该方法的意义是能克服自然条件的限制，加快对超积累植物的筛选速度。多种重金属超积累植物的寻找是一项有意义的基础性工作，是超累积机理研究的前提并能提供丰富的基因资源。

③ 基因工程。目前，将基因技术应用于植物修复的研究才刚刚起步，但已有令人鼓舞的研究成果。基因技术的研究将是植物修复研究中的一个重要并很有价值的方向，包括有价值基因的筛选、基因技术、基因工程立法等研究。转基因技术在植物修复中的应用前景为土壤重金属污染的植物修复提供了更大的发展空间，虽然进行基因导入可能会对当地生物群落产生威胁，或使杂交后代失去转基因植物的某些特征，但总的来说，转基因技术在植物修复方面有着广阔的前景，在今后的研究中，还应加强以下方面的研究。首先，目前采用的基因大多数是增强植物对某些重金属的抗性，或改变重金属的形态，而促进植物吸收重金属的基因发现得很少。由于重金属抗性和积累是非常独立的特性，因此应加大对利于植物吸收、富集重金属的基因的开发。其次，采用现代遗传学方法，将高生物量的植物与重金属超积累植物进行杂交，使后代兼具高生物量和高富集能力，这种可行性还有待进一步研究。最后，加大对受重金属胁迫影响的突变体的遗传分析，有助于理解植物对重金属的积累机制。转基因技术与环境土壤学（特别是根际环境重金属行为）、遗传育种学、植物学等多门学科结合，进行土壤重金属污染的植物修复，将成为今后该领域研究的重要发展方向。

④ 植物-微生物联合修复。自然界中，与许多植物共生的微生物尤其是真菌类紧靠着植物根系，它们发达的菌丝提高了植物根系吸收营养的范围，能促进植物对营养物质和重金属的吸收；同时，许多真菌对重金属有很高的耐受性和积累性，真菌的活动能降低重金属对植物的毒性，提高了对植物根系的保护，有利于修复植物的生长。将适合某种污染的真菌接种在超积累植物的根部，有可能促进植物修复。丛枝菌根广泛分布于各陆地生态系统中，它们能在植物根系的表面形成大量的菌丝，吸收更多的营养元素，并通过寄生在植物根系内部的丛枝

状结构输送给植物；而植物根系则将光合作用形成的糖类输送给菌根，维持它的生长和发育。菌根与其宿主植物形成了世界上最古老的互利共生关系。应用丛枝菌根和植物一起联合修复污染土壤的方法称为菌根修复，其核心仍然是植物修复。菌根修复作为植物修复的延伸，其主要研究内容包括：菌根真菌的筛选、土壤性质对菌根修复的影响和植物-微生物相互作用机理等。

4.4.2　微生物修复

微生物修复技术是利用土壤中某些微生物对重金属的吸收、沉淀、氧化还原等作用，降低土壤重金属毒性。利用微生物对重金属进行生物修复是一种经济、高效和生态友好的技术，可以最大限度地减少化学生物修复方法在工业中的应用。重金属解毒过程是利用微生物通过化合价转化、胞外化学沉淀和/或挥发来进行的。一些重金属也可以在微生物的代谢过程中通过酶的还原作用被降解，修复的水平和效果取决于重金属和微生物。

用于重金属生物修复的各种微生物列于表 4-4。微生物为细菌（枯草芽孢杆菌、阴沟肠杆菌、恶臭假单胞菌、脱硫弧菌、维罗纳假单胞菌等）、真菌（四棱青霉、杂色曲霉等）、藻类（刚毛藻等）以及酵母（酿酒酵母和产朊假丝酵母）。在这些微生物中，细菌被广泛用于处理土壤或水中的重金属，因为金属还原细菌参与分解污染物，并将非常有毒的可溶性形式转化为毒性较低的形式。通常，金属离子可能吸附在细菌细胞壁中带负电荷的羧基、羟基和磷酰基上。一些细菌，如阴沟肠杆菌和恶臭假单胞菌，可有效地将有毒的六价铬转化为毒性较低的三价铬。这些有毒的金属离子会对环境和人类健康造成危害。由于细胞壁中肽聚糖和磷壁酸含量最大，革兰氏阳性菌具有极好的吸附能力。因此，它也用于将亚硒酸盐还原成毒性较低的元素硒，并用于还原非金属元素。硫酸盐还原菌用于处理由产生硫酸的硫杆菌属形成的金属沥滤液。另一种硫酸盐还原菌（脱硫弧菌）通过生物沉淀将硫酸盐间接转化为硫酸氢盐，从而与重金属如锌和镉相互作用，产生这些金属硫化物的不溶性形式。

表 4-4　用于重金属生物修复的各种微生物

微生物	种类	重金属
细菌	枯草芽孢杆菌	Cr、Zn、Se
	脱硫弧菌	Cd、Zn
	绿脓杆菌	U、Cu、Ni
	维罗纳假单胞菌	Cd、Zn、Cu
真菌	杂色曲霉	Cr、Ni、Cu
	四针青霉	Cr
藻类	刚毛藻	Pb、Cu
	螺旋藻	Cr、Cu、Zn
酵母	酿酒酵母	Cd
	产朊假丝酵母	Cu

微生物对环境中重金属的生物修复可以利用多种方法。一般来说，三种类型的机制可用于通过微生物修复土壤或水中的重金属污染，解释如下：在第一种类型中，进行生物吸附（生物累积）过程来浓缩微生物以及将金属污染物整合到细胞壁上；在第二种类型中，细胞

外沉淀和吸收过程是由纯化的生物聚合物进行的；在第三种类型中，来自微生物细胞的特定分子可能参与了这一过程。

生物修复可分为生物吸附和生物累积两大类。生物吸附是快速和可逆的，是一个被动的吸附过程。金属离子和细胞表面的官能团之间可能发生物理化学相互作用，如吸附、离子交换、络合、结晶和沉淀。影响重金属生物吸附的主要因素是生物量浓度、离子强度、酸碱度、溶液中某些其他金属离子的存在以及颗粒大小。由于不依赖于细胞的新陈代谢，生物吸附可以用生物量和非生物量来进行。但是，细胞内和细胞外过程都参与了生物累积，在生物累积过程中，可能会发生最低限度的被动吸收。因此，生物量只参与这一生物累积过程。生物吸附过程是一个经济、可回收和可重复使用的过程。对于这个过程，生物质可以从工业废料中获得。但是，生物累积是一个非常昂贵的过程。活细胞参与了这一过程，这些细胞的再利用受到限制。由于物理化学相互作用，生物吸附中的最小选择性是可能的，这可以通过进一步修饰生物质来改善。然而，与生物吸附相比，生物累积通常更大。

4.4.2.1 微生物修复与富集

活性微生物对重金属的生物富集作用主要表现在胞外络合、沉淀以及胞内积累三种形式，其作用方式有以下几种：金属磷酸盐、金属硫化物沉淀；细菌胞外多聚体；金属硫蛋白、植物螯合肽和其他金属结合蛋白；铁载体；真菌来源物质及其分泌物对重金属的去除。微生物中的阴离子基团，如—NH、—SH、PO_4^{3-} 等，可以与带正电的重金属离子通过离子交换、络合、螯合、静电吸附以及共价吸附等作用进行结合，从而实现微生物对重金属离子的吸附。微生物富集是一个主动运输的过程，发生在活细胞中，在这个过程中需要细胞代谢活动来提供能量。在一定的环境中，以通过多种金属运送机制如脂类过度氧化、复合物渗透、载体协助、离子泵等实现微生物对重金属的富集。

由于微生物对重金属具有很强的亲和吸附性能，有毒重金属离子可以沉积在细胞的不同部位或结合到胞外基质上，或被轻度螯合在可溶性或不溶性生物多聚物上。研究表明，许多微生物，包括细菌、真菌和放线菌可以生物积累和生物吸附环境中多种重金属和核素。一些微生物如动胶菌、蓝细菌、硫酸盐还原菌以及某些藻类，能够产生胞外聚合物如多糖、糖蛋白等具有大量的阴离子基团，与重金属离子形成配合物。

4.4.2.2 氧化还原作用

金属离子，如铜、砷、铬、汞、硒等，是最常发生微生物氧化还原反应的金属离子。微生物氧化还原反应过程可以影响金属离子的价态、毒性、溶解性和流动性等。例如，铜和汞在其高价氧化态时通常是不易溶的，其溶解性和流动性依赖于其氧化态和离子形式。重金属参与的微生物氧化还原反应可以分为同化氧化还原反应和异化氧化还原反应。在同化氧化还原反应中，金属离子作为末端电子受体参与生物体的代谢过程，而在异化反应中，金属离子在生物体的代谢过程未起到直接作用，而是间接参与氧化还原反应。

某些微生物在新陈代谢的过程中会分泌氧化还原酶，催化重金属离子进行变价，发生氧化还原反应，使土壤中某些毒性强的氧化态的金属离子还原为无毒性或低毒性的离子，进而降低重金属污染的危害。例如，可以利用微生物作用将高毒性的 Cr^{6+} 还原为低毒性的 Cr^{3+}。通过生物氧化还原来降低 Cr^{3+} 毒性的方法由于其环境友好性和经济性，引起了持续的关注。

在生命系统中，硒更容易被还原而不是被氧化，还原过程可以在有氧和厌氧条件下发生。Se^{4+}异化还原成Se的过程可以在化学还原剂如硫化物或羟胺或生物化学还原剂（如谷胱甘肽还原酶）的作用下完成，后者是缺氧沉积物中硒的生物转化的主要形式。Se^{4+}到Se的异化还原过程与细菌密切相关，具有重要的环保意义。微生物尤其是细菌在将活性的Hg^{2+}还原为非活性Hg的过程中起到了重要作用，Hg可以通过挥发减少其在土壤中的含量。Hg^{2+}可以在汞还原酶作用下被还原成Hg，也可以在有电子供体的条件下，由异化还原细菌还原为Hg。

微生物氧化还原反应在降低高价重金属离子毒性方面具有重要地位，该过程受到环境pH值、微生物生长状态，以及土壤性质、污染物特点等多种因素的共同影响。

4.4.2.3　沉淀作用及矿化作用

一般认为重金属沉淀是由于微生物对金属离子的氧化还原作用或是由于微生物自身新陈代谢的结果。一些微生物的代谢产物（如S^{2-}、PO_4^{3-}）与金属离子发生沉淀反应，使有毒有害的金属元素转化为无毒或低毒的金属沉淀物。van Roy等的研究表明，硫酸盐还原细菌可将硫酸盐还原成硫化物，进而使土壤环境中重金属产生沉淀而钝化。特别是沸石与碳源配合使用的情况下，在2天内能钝化100%的处于可交换态的Ba和Sr。

生物矿化作用是指在生物的特定部位，在有机物质的控制或影响下，将离子态重金属离子转变为固相矿物。生物矿化作用是自然界广泛发生的一种作用，它与地质上的矿化作用明显不同的是无机相的结晶严格受生物分泌的有机质的控制。生物矿化的独特之处在于高分子膜表面的有序基团引发无机离子的定向结晶，可对晶体在三维空间的生长情况和反应动力学等方面进行调控。

微生物修复的影响因素：从污染环境中去除污染物的生物修复过程的控制和优化是一个由多种因素组成的复杂系统。一般来说，有三个主要因素影响微生物修复过程，即微生物种群、生化因素（污染物的生物可利用性和生物降解性）和环境因素（温度、pH值、营养物质、水分含量和水分利用率）。

（1）微生物种群

微生物被广泛用于土壤和水污染物的生物修复。这些微生物是从不同的环境条件中分离出来的。微生物可以在冰冻的温度下生长，也可以在有氧气的水中和无氧的条件下生长。这些微生物通常分为四种类型：需氧型、厌氧型、木质素降解型真菌和甲基营养型。需氧细菌可以在氧气的存在下生长。需氧细菌的例子包括鞘氨醇单胞菌、假单胞菌、产碱杆菌、分枝杆菌和红球菌。它们可以把污染物作为碳和能量的来源。厌氧菌可在缺氧的情况下生长。然而，它们大多不像需氧细菌那样使用。这些细菌可用于多氯联苯的生物修复。真菌也具有降解环境中有毒污染物的能力，如黄孢原毛平革菌。甲基营养菌是好氧细菌，可以利用甲烷作为碳和能量的来源。

（2）生化因素

① 污染物的生物可利用性。生物利用度可以明确定义为容易被微生物消耗和降解的污染物数量。生物利用度也被解释为污染物和微生物之间有效接触的可能性。最大的微生物-

污染物界面导致更好的接触，一般来说，微生物从水介质中吸收污染物，并且在污染物被脱附、扩散或溶解之前，不能有效降解污染物。因此，这些脱附、扩散或溶解速率控制着生物的降解速率。水溶性和极性污染物更容易被生物利用。表面活性剂用于增加微生物与污染物的接触。

② 污染物的生物降解性。成功的生物修复通常取决于污染环境中存在的有机分子的化学结构。有机分子（取代物，如氢被 NO_2、Cl、CN 和 SO_3 基团取代）很难被微生物代谢。因此，含有污染物的取代物往往难以被微生物降解。污染物中有机分子降解的几种机理已经得到了解释，大多数代谢反应都使用酶。加氧酶因其非特异性底物亲和力而具有更高的降解芳香烃的能力。

(3) 环境因素

① 温度。温度是一个重要的因素，可以通过控制微生物内的酶促反应来影响降解速率。通常，温度每升高 10℃，细胞中的酶促反应就会加快一倍。超过特定的温度，细胞就会死亡。大多数微生物在 10～38℃的温度范围内生长良好。原位过程的温度很难控制，而非原位过程的温度会受到轻微影响。

② pH 值。大多数生物修复过程是在 pH=5.5～8 的酸碱度范围内进行的。在这个最佳的酸碱度范围内，大多数微生物，特别是异养细菌，被用于许多生物修复技术。微生物、污染物的化学特征和当地环境的物理化学特征之间的复杂关系影响着酸碱度。在污染物的生物修复过程中，可能会出现酸碱度变化，因此需要定期监测。加入酸性或碱性物质，将酸碱度调节到所需的范围。酸碱度是影响土壤分散性和渗透性的重要因素。

③ 营养物质。养分对于刺激受污染土壤或水中的土著微生物种群至关重要。营养物质的主要成分是碳、氧、氮和磷。

④ 水分含量和水分利用率。水分含量是生物修复的因素。土壤中的水分含量会影响污染物的生物利用度、气体的转移、污染物的有效毒性、微生物的移动性及其生长阶段。过量水分的存在将使大气中的氧气难以进入土壤，这可能是限制生长效率的一个因素。估计土壤中的水分含量，可以获得一些关于微生物代谢的水分有效性的信息。

重金属污染土壤微生物修复目前还存在以下几个方面的问题：修复效率低，不能修复重度污染土壤；加入修复现场中的微生物会与土著菌株竞争，可能因其竞争不过土著微生物导致目标微生物数量减少或其代谢活性丧失，达不到预期的修复效果；重金属污染土壤原位微生物修复技术大多还处于研究阶段和田间试验与示范阶段。今后应该在以下几个方面加强研究和应用。首先，应加强具有高效修复能力的微生物的研究。分子生物学和基因工程技术的应用有助于构建具有高效转化和固定重金属能力的菌株，尤其是微生物表面展示技术的不断成熟与完善将会极大地提高微生物对重金属的固定能力，在重金属修复中发挥重要作用。其次，加强微生物修复技术与其他环境修复技术的有效集成。可以采用植物-微生物联合修复技术，充分发挥植物与微生物修复技术各自的优势，弥补它们的不足；研究土壤环境条件变化对重金属微生物转化的影响，通过应用化学试剂（络合剂、螯合剂）或土壤改良剂、酸碱调节剂等加速微生物修复作用；结合生物刺激技术添加修复微生物所需的营养物质，以增加其竞争力和修复效果。最后，评价指标体系的建立。建立重金属污染土壤修复的评价指标体系是一项艰巨且十分重要的工作，可以明确土壤修复的方向，并为广大的科研工作者提供重要参考。

4.4.3　动物修复

动物修复技术是指通过土壤动物的食物链等吸收、转移或降解重金属，事实上动物修复是指一些低等动物吸收重金属，然后降解和迁移重金属，从而消除和抑制其毒性。较常见的动物修复技术中以对蚯蚓的研究最多。蚯蚓对重金属污染土壤的修复作用主要有两个方面：一是蚯蚓的活动能够改变土壤的结构和通透性，促进土壤中有机质和微生物的转化；二是蚯蚓的代谢产物还能够起到改善土壤肥力的作用。从这个角度来看，动物修复的本质实际上是微生物修复，能够起到修复作用的实际上是土壤中的微生物，不过这种微生物包括土壤中原有的微生物和蚯蚓代谢产物中的微生物。动物修复途径虽能在一定程度上减少土壤中重金属含量，但低等动物吸收重金属后可能再次释放到土壤中造成二次污染。

植物修复作用和动物修复作用虽然是绿色环保的修复技术，不会给环境带来其他的污染，但是这种修复技术，重金属容易通过动植物的生命活动重新释放到土壤或环境中。土壤重金属污染比较复杂，治理起来难度也比较大，每种修复方法都有局限性，使用单一修复方法很难达到修复目标和要求，而联合运用两种或两种以上不同工艺的修复技术就成为土壤污染修复的重要研究方向。

4.5　联合修复技术

虽然重金属污染土壤的修复方法多样，但任何一种修复技术都有其不足，已有修复技术在修复效率、经济成本、对生态扰动等方面有各自的局限性，也因其某一局限性而无法大面积推广。许多研究尝试着将多种修复技术综合应用进行土壤修复，并取得较好的效果。如通过植物、微生物和化学药剂之间的相互作用和相互配合进行重金属污染土壤的修复，如植物-微生物联合定向修复重金属污染土壤的方法、重金属污染土壤改良剂及植物和化学联合修复方法等。多种修复技术的综合应用必将是土壤修复技术研究的趋势。

4.5.1　植物联合修复

4.5.1.1　微生物-植物联合修复

微生物在自然界中广泛存在，甚至生活在极端环境条件下的栖息地。它们中的许多可以形成生物膜，以耐受恶劣的环境，包括干旱条件和高温。植物根部周围的土壤是各种微生物的自然栖息地，包括真菌、细菌、原生动物和藻类。与植物相关的微生物对它们的宿主很重要，在不同的情况下会极大地影响它们的整体表现，在根表面，它们通过信号分子进行交流，以获得胞外多糖基质的结构稳定性。根际和内生微生物群有助于植物保护、稳定性、生产力、生长和植物修复。利用根际或内生微生物的金属抗性和植物生长促进特性是最具成本效益和生态友好的策略之一。

一般来说，重金属污染往往会导致土壤微生物生物量的减少和种类的改变，然而微生物代谢活性并未显示明显的降低。这意味着污染区的微生物对重金属污染可能产生了耐受性。

因此，在污染区往往可以发现大量的耐受微生物菌体，这些耐受菌体的存在有助于土壤重金属污染植物修复的进行。

土壤中许多细菌不仅能够刺激并保护植物的生长，而且还具有活化土壤中重金属污染物的能力。细菌的分泌物质，如多聚体（主要是多糖、蛋白质和核酸），含有多种具有金属络合、配位能力的基团，如羧基等，这些基团能通过离子交换或络合作用与金属结合形成金属-有机复合物，使有毒金属元素毒性降低或变成无毒化合物。因此，在土壤环境中，微生物的活动及其代谢产物不仅可以促进植物对营养物质的吸收，增加生物量，提高植物对重金属的抗性，而且可通过改变重金属的形态，影响其有效态含量，优化植物对重金属的提取效果。

在土壤重金属污染修复过程中，微生物和植物存在多种协同机制：超积累植物对重金属元素的吸收具有专一性，但许多内生细菌具有多种重金属抗性，根际或内生微生物可通过自身的吸收富集降低土壤中重金属的毒性，促进超积累植物生长；微生物可通过直接或间接作用改善植物营养、抑制病菌感染，增加植物生物量；微生物代谢产生的有机酸、表面活性剂、铁载体、螯合剂及其氧化还原作用等可改重金属的存在形态，活化重金属，促进重金属在植物体内的运输。

4.5.1.2 植物-植物联合修复

超积累植物的提取能力是植物修复重金属污染土壤取得良好效果的又一限制性因素，针对这一问题研究人员提出了两种或者两种以上超积累植物联合提取的构想，构建物种间（垂直）的群落结构。树木也是一种低耗、环境友好型的重金属污染修复植物，相对于草本植物来说具有更高的生物量和更强的重金属耐受性；多数木本植物和草本植物在生态系统中占有不同的生态位，可充分利用不同植物的生态位差异，避免两者间生态位的滞空和竞争，提高植物提取污染土壤重金属的效率，缩短修复周期。

4.5.1.3 动物-植物联合修复

动物修复技术以研究蚯蚓修复居多。蚯蚓的活动不仅可以增加土壤中的速效养分，提高植物的生物量，而且可以通过吞食、排泄等生命活动调整土壤 pH 值，改变土壤中重金属的存在形态，提高重金属有效态含量。动物的活动强化植物修复重金属污染土壤效果明显，低能耗，无二次污染。但可用于修复重金属污染土壤的动物种类少，且对环境的适应性较差，在一定程度上限制了其应用和发展。

4.5.1.4 电动-植物联合修复

电场对植物富集土壤中重金属的原理，主要是在植物生长的污染土壤中施加低强度的电场，电场可以通过对重金属进行脱附和短距离运输来提高其生物有效性，进而促进植物对其吸收与积累。土壤施加电场后，电迁移和电渗析是重金属发生运移的两种主要运动现象。具体来说，带正电荷的金属离子通过电迁移作用向阴极移动，而土壤中的水通过电渗析作用向阴极移动。通过重金属在土壤中的这种适当运移，可有效提高植物根际周围有效性重金属的含量，使距离根际较远的重金属也可被有效地吸收积累，进而显著提高植物对重金属的富集。强化植物细胞抗氧化能力和丰富水分中的营养成分是电场刺激植物生长的一般机制。根据作用机理，可以构建电动-植物联合修复技术体系。

4.5.2 物理-化学联合修复

传统物化修复技术（换土、客土、去表土、深耕法、热脱附法等）修复费用高、工程量大、不适合大面积污染土壤的修复，在一定程度上限制了其推广和应用。物理-化学联合修复可以结合两种技术的优点，避免缺点，即采用物理修复法将土壤分为不同污染浓度的组分，再根据污染浓度采用化学淋洗对重金属富集的组分进行重点修复，在达到修复效果的同时，减少了化学淋洗剂的使用，降低了二次污染的风险。例如，电动修复是一项新兴的土壤重金属污染修复技术，其基本原理是在污染土壤的两端植入惰性电极，形成直流电场，利用电场的驱动作用使土壤中的带电污染物向电极方向迁移，将污染物富集后可通过化学修复技术进行处理，具有修复效果明显、操作方便等优势。

4.5.3 电动联合修复

4.5.3.1 电动-淋洗联用技术

土壤淋洗技术是指通过离子交换及螯合作用将吸附在土壤固相中的重金属转移到土壤液相中，然后对淋洗废水进行处理，再回收重金属和提取剂以达到从土壤中分离重金属的目的，是一种有效的土壤重金属分离方法。研究表明，土壤淋洗中伴随电动过程不仅可以为脱附的重金属（如 Pb）运离土壤提供额外驱动力，还可以大幅度减少淋洗剂用量。

4.5.3.2 电动-超声波联用技术

超声波的振动作用会加速带电离子的运动，从而提高金属离子的迁移效率，且超声波的空化作用及伴随的热效应也能促进金属离子的脱附、迁移和富集。然而超声波会引起土壤 pH 值发生较大变化，因此需要添加 pH 值调节液，以防止系统因酸化发生反渗流和在碱性带发生沉淀的现象。研究表明，通过施加超声波强化电动修复重金属（如 Cu、Pb、Zn、Cd 等）污染的土壤，都能够获得较高的重金属去除率。

4.5.3.3 电动-微生物联用技术

电动-微生物联用技术是利用微生物的新陈代谢作用（生物浸出）改变土壤中重金属的赋存状态，从而提高重金属的迁移能力。电动修复过程中，土壤 pH 值会有所波动，此时要考虑微生物活性是否会受到影响。高质量浓度的金属对土壤微生物群落有毒性作用，因此需要同时考虑微生物对重金属毒性的耐受能力。

思考题

1. 重金属污染土壤修复有哪些物理修复技术？请分别简述。

2. 何为土壤置换？它的优缺点是什么？土壤置换适用于什么类型的污染土壤？

3. 何为物理分离技术？其有几种类型？每种类型各适用于什么类型的污染土壤？

4. 请解释粒径分离、脱水分离、密度分离、泡沫浮选分离和磁分离。

5. 何为热脱附法？简述热脱附系统的结构组成。

6. 简述热脱附过程的影响因素。

7. 何为电动修复技术？

8. 何为玻璃化技术？原位玻璃化技术和异位玻璃化技术有什么区别？

9. 何为冷冻修复技术？若在干燥土层中，需如何预处理土壤？

10. 重金属污染土壤修复有哪些化学修复技术？请分别简述。

11. 何为土壤淋洗技术？原位土壤淋洗技术和异位土壤淋洗技术有什么区别？影响原位土壤淋洗技术的因素有哪些？

12. 何为化学萃取技术？萃取剂有哪些？其影响因素有哪些？

13. 何为化学改良技术？常用的化学改良剂有哪些？其各有什么优点？

14. 何为化学氧化/还原技术？常用的氧化剂和还原剂有哪些？化学氧化和化学还原技术各适用于何种情况？

15. 重金属污染土壤修复有哪些生物修复技术？请分别简述。

16. 何为植物修复？植物修复主要包括哪几种机制？

17. 请简述植物在植物修复技术中植物稳定阶段的作用。

18. 何为微生物修复技术？可用于微生物修复技术的微生物有哪些？

19. 微生物修复技术主要利用了哪些原理？

20. 影响微生物修复技术的影响因素有哪些？

21. 何为动物修复技术？蚯蚓对重金属的修复作用是什么？

第5章

有机污染土壤修复技术

5.1 概述

随着现代农业的快速发展，农药使用量逐年增加，对土壤造成的危害日趋严峻。据统计，我国每年农药使用量高达50多万吨，主要包括杀虫剂、杀菌剂和除草剂，多为有机氯、有机氮、有机硫农药。在使用这些农药过程中，无论采取什么方式，大多数农药都会渗透到土壤中，附着在作物中的农药和飘浮在空气中的农药也会因风吹而落入土壤中，对土壤硝化、呼吸和固氮产生暂时性或永久性的影响，导致土壤生产力和农产品质量明显下降。此外，石油行业对土壤的污染也日益严重。烃类化合物（包括烷烃、烯烃、苯、甲苯、二甲苯等复合芳烃）是石油的主要成分，是重要的工业原料，也是常用的燃料和能源，这些物质（特别是多环芳烃）可引起癌症、基因突变，在开采、运输、储存和加工过程中，由于事故或管理不当，排到农田、地下水中，往往也会造成严重的土壤污染，影响土壤的渗透性和活性，降低土壤的质量，阻碍植物根部的呼吸和吸收过程，破坏植被，从而直接影响人类的生产生活。

环境中有毒物质种类繁多，许多国家在大量污染物中重点筛选潜在有害化合物作为优先研究和控制对象，这些化合物被称为优先污染物，俗称污染物“黑名单”。我国根据有毒化学品环境安全综合调查结果，提出了14大类68项重点控制污染物清单。由于土壤是环境中有机污染物分布和融合的重要媒介，所以对土壤中优先污染物的研究与控制具有重要意义。土壤中的有机污染物主要包括有机农药、石油、塑料制品、染料、表面活性剂、增塑剂和阻燃剂等，其来源主要为农药施用、污水灌溉、污泥和废弃物的土地处置与利用，以及污染物泄漏等途径。开展土壤修复活动、促进土壤的保护和可持续利用，对实现社会经济可持续发展具有重要作用和意义。同时，由于我国土壤恢复技术研究启动较晚，加之区域发展不平衡、土壤类型多样性、污染类型复杂性、技术需求多样性等因素，也使得目前土壤问题更加严重。

针对土壤中的有机污染物，必须采取适当的修复技术。目前，有机物污染土壤修复技术主要分为物理修复技术、化学修复技术、生物修复技术（植物修复技术、微生物修复技术）。其中，生物修复技术是土壤中有机污染修复的重要技术之一，也是最具有应用价值和发展前景的土壤修复环境保护技术。

5.2 物理修复技术

物理修复法是目前最常见的土壤修复方法，被广泛应用于各种受污染土壤，比较常见的有土壤置换技术、气相抽提技术、电动修复技术、热脱附技术。物理修复法具有操作简单、处理效果好、土壤保护力强等优点，且不会影响原有土壤结构。该法唯一缺陷是其应用过程受多种因素的影响，没有稳定的修复效果，且该技术运行成本高，在实际工作中应根据土壤质地、渗透性和污染物类型，以及修复后土壤的具体再利用价值，采用不同的土壤修复方法，期望以一定的成本获得良好的土壤修复效果。

5.2.1 置换技术

5.2.1.1 概念

土壤置换技术就是指用未受到污染的土壤替换掉受到污染的土壤的一种处理方法。土壤置换后，土壤基质中的微生物含量和碳、氮、磷的含量明显增加，且土壤的活性有所提高。土壤置换方法的主要工艺有直接全部换土置换法、地下土置换表层土法、部分土壤置换法、覆盖新土壤降低土壤污染物浓度法。在采用换土法时需要实地考察，根据实际情况选择一种换土法或多种换土方法综合利用等，该法一般可以快速达到土壤恢复的目的，但并不能减少污染物总量，仅仅是污染土壤的转移，在转移过程中可能存在污染扩散和二次污染的风险。此外，土壤置换法在污染土壤的异位修复中具有独特的优势，常用于我国土壤恢复工业，在施工方法和二次污染防治方面也积累了一定的经验。但由于土壤置换法对受污染土壤的接收点有许多限制，而且大多数含有机污染物的土壤具有很强的刺激性气味，使得土壤置换的接收点更加难以选择，限制了该法在污染土壤异位修复中的应用。目前，我国土壤修复业起步较晚，现行土壤污染防治法律法规、标准体系和修复技术已不能满足土壤环境保护的需要。因此，加强转移后对受污染土壤的跟踪监督，防止污染土壤的非法倾倒和无序外流，进而完善土壤置换法异位修复污染土壤。

5.2.1.2 适用范围

土壤置换法具有操作简单、直接高效、效果立竿见影的优点，但因换土时工程量大，成本高，且更换后的土壤仍需处理，只能适用于修复后利用价值很高的土壤，比如景区花园、科研场所土壤等。

5.2.2 气相抽提技术

5.2.2.1 概念

土壤气相抽提（soil vapor extraction，SVE），又称土壤通风、真空抽提或原位挥发，利用空气喷射或抽提人为驱动力，通过注水井向受污染区域注入新鲜空气，之后通过真空泵产生负压，当空气流经污染区域时，土壤毛孔中的挥发性有机污染物被分析并夹紧到气流中，并通过抽水井流回地上。

SVE 技术于 1984 年由英国 TerraVac 公司开发并申请专利，并在 20 世纪 80 年代逐渐发展成为最常用的土壤和地下水有机物污染修复技术。目前，SVE 可能是修复包气带最成功的技术，欧美等国家和地区都有很多实践经验。SVE技术作为最常用的污染源处理技术占美国国家重点污染地污染源治理项目的25%。SVE系统在场地修复应用中所涉及的受污染土壤的深度范围为1.5～90m，主要用于挥发性有机物（VOCs）和燃料油的土壤污染。有机污染物的亨利常数一般要求大于0.01，或蒸气压力大于66.7Pa。

综合SVE应用的效果来看，该技术具有低成本、可操作性强、有机污染物处理范围广、对土壤结构无破坏、处理周期短等优点，已成为一种非常广泛使用的修复VOCs污染土壤的技术，被美国环境保护署（EPA）作为“革命性技术”大力倡导应用。同时，SVE也存在处理含水量高、透气性差的受污染土壤时效率低等缺点，处理效率一般难以超过90%，连续作业的去除率会随着时间的推移而降低，导致难以达到标准和造成二次污染。

5.2.2.2　适用范围

SVE技术适用于去除非饱和区的VOCs，但土壤中某些条件会影响SVE去除效率。SVE要求经过处理的污染物必须是挥发性或半挥发性有机污染物，蒸气压力不得低于66.7Pa，且污染物必须具有较低的水溶性以及土壤湿度不得过高，污染物所处位置必须高于地下水位，修复后的污染土壤应具有较高的渗透性。所以对于容重大、水分含量大、低孔隙或低渗透率的土壤，蒸气迁移将受到极大限制。在实际应用中，可以在地表铺设膜来避免短路。同时，可以通过增大抽提井的影响半径、抽取地下水以降低水位、增加包气带的厚度等方式来提高SVE对目标污染物的去除效率。

5.2.2.3　影响因素

SVE修复效果的影响因素（如土壤的渗透性、土壤含水率、污染物的性质等）较多，不同的场地会有不同的修复效果。下面介绍不同因素对SVE的影响。

（1）土壤的渗透性

土壤的渗透性影响着土壤的气流速率和气相运动，进而直接影响SVE的处理效果。SVE需要引起地下气流，土壤的渗透性决定了土壤中气体流动的难易程度，土壤的渗透性越高，气相运动越快，被抽提的量也越大。土壤渗透率越高，气流越好，也就越适合SVE的应用。因此，土壤的渗透性对SVE技术的应用具有决定性意义。

（2）土壤含水率

土壤水分会影响SVE过程中地下气体的流动。一般来说，土壤的含水率越高，土壤的渗透性越低，对有机物的挥发越不利。此外，土壤中的水分也会影响土壤中污染物的状态。在受有机物污染的土壤中，污染物的相态主要是土壤毛孔中的非水相（non-aqueous phase liquids，NAPLs）、土壤气相中的气态、土壤水相的溶解状态，以及吸附到土壤表面的吸附状态。当土壤水分含量高时，土壤水相中溶解的有机物含量会相应增加，不利于VOCs进入气相。但是也并不是土壤水分含量越低越有利于去除VOCs，当土壤水分含量低于一定值时，由于土壤表面吸附作用使得污染物不易脱附，从而降低了污染物向气相的传递速率。

(3) 污染物的性质

污染物的物理和化学性质对污染物在土壤中的传递有着重要影响。SVE适用于受VOCs污染的土壤，通常情况下挥发性较差的有机物不适合使用SVE修复。污染物进入土壤的难易程度通常用蒸气压力、亨利常数和沸点来衡量，SVE适用于蒸气压力大于66.7Pa的物质，即亨利常数大于1.013×10^{7}Pa的物质，或沸点低于300℃的物质。

(4) 土壤颗粒粒径

土壤的渗透性与土壤的粒径分布相关，土壤的粒径分布决定了SVE的适用性。如果土壤粒径过小，土壤的平均孔隙越小，阻碍了土壤中空气的流动，导致气相抽提污染物无法进行。有研究表明，土壤颗粒大小对甲苯、乙苯、正丙苯等有机污染物的去除都有很大影响，土壤颗粒粒径变小，堆积紧密度增加，降低了非水相液体与气相间的传质系数，污染物去除难度增大，从而使SVE通风效率降低，导致SVE去除有机污染物的效率降低。

(5) 蒸气压与环境温度

SVE技术受有机污染物蒸气压力影响很大，即使气体流动良好，污染物挥发性差，也不能使土壤中挥发性有机物随气流挥发去除，因此，低挥发性有机污染物不宜用SVE进行修复。饱和蒸气压力（saturated vapor pressure）是蒸气在一定温度下与液体或固体平衡的蒸气压力。同一物质在不同的温度下具有不同的蒸气压力，并且随着温度的升高而增大。饱和蒸气压力越高，越有利于实施SVE技术，气相抽提一般适用于饱和蒸气压力大于66.7Pa的污染物，一般来说，SVE对汽油等高挥发性有机污染物去除效果良好，对柴油等低挥发性有机污染物处理效果一般，不适用于受绝缘油、润滑油等污染的土壤的修复。表5-1列出了常见石油类化合物的饱和蒸气压。此外，沸点也是评估石油污染物挥发性的重要指标，世界卫生组织将挥发性有机化合物界定为熔点低于室温和沸点在50～260℃的有机化合物，表5-2列出了石油类化合物的沸点范围。

表5-1 常见石油类化合物的饱和蒸气压

石油类化合物	饱和蒸气压(20℃)/mmHg	石油类化合物	饱和蒸气压(20℃)/mmHg
甲基丁基醚	245	乙苯	7
苯	76	二甲苯	6
甲苯	22	萘	0.5

注：1mmHg=101325Pa。

表5-2 石油类化合物的沸点范围

石油类化合物	沸点/℃	石油类化合物	沸点/℃
汽油	40～205	重油	＞275
煤油	175～325	润滑油	难挥发
柴油	200～338		

然而，石油污染物往往组成复杂，含有多种化合物组分，沸点小于250～300℃的油品污染土壤适合采用SVE技术，而受到重油、润滑油等高沸点油污染的土壤不适合采用SVE

技术，但是可以使用生物通风等增强的技术，或采用联合修复技术，如将SVE和生物修复技术相结合可用于修复较高沸点油污染的土壤。

5.2.2.4 气相抽提改进技术

20世纪80年代后，欧美等发达国家开始重视土壤污染问题，并研发了一些新兴原位土壤修复技术，其中修复不饱和区土壤的气相抽提和生物通风（bioventing，BV）技术以及修复饱和区土壤的空气喷射（air sparging，AS）技术因其效率高、成本低、设计灵活和操作简单等特点而得到迅速发展，成为“革命性”土壤修复技术中应用最广的几种方法。其他气相抽提增强技术主要包括双相抽提技术、直接钻井技术、热强化技术、风力和水力压裂技术等。

(1) 空气喷射技术

空气喷射技术主要用于地下水修复，在适当的条件下也可以应用于污染土壤的修复，也称为土壤曝气。这项技术起源于20世纪80年代，其原理是通过挖地下井，将新鲜空气压缩到受污染的土壤中，加快土壤污染物的生物降解，将其转化为无毒物质。该技术主要用于低渗透性受污染的黏土物质，利用生物技术分解污染物并实现修复。然而，该工艺复杂程度高，主要应用于欧美，对开挖地下井空气流通通道的分布有严格要求，适用于湿度较低的土壤。

(2) 双相抽提技术

双相抽提技术的主要原理是联合修复土壤中受污染的土壤和受污染的地下水，修复整个受污染区域。该技术是最为复杂的，但是拥有最好的修复效果，只有美国少数企业采用该技术。双相抽提技术适用于质地均匀的土壤，由于采取了多种加强版的抽提技术，所以该技术是最昂贵的。

(3) 直接钻井技术

直接钻井技术的原理是安装取污井和注入井，直接钻井从土壤中提取污染物，该技术直接直观。直接钻井可分为水平井和垂直井，一般垂直井成本低，但存在短路回流的风险。水平井的建造成本相对较高，且修复效果有待提高，随着工艺技术的进步，其效果可以进一步提高，成本也在不断下降。直接钻井技术在20世纪80年代开始流行起来，技术和规模也一年比一年增加。但直接钻井存在一些缺陷，由于是直接钻井，对土壤区域的要求是长而窄，且存在钻井工具安装困难的缺点。

(4) 热强化技术

热强化技术又称土壤原位加热技术。加热方法主要有微波、热空气、电波加热及蒸汽注入加热等，热效应可加速土壤中挥发性有机物的气化和蒸发，从而降低土壤中重油和轻油的含量，降低土壤毒性，特别适用于突发性燃油的泄漏。然而，其缺点也比较明显，热效应只对挥发性有机物有效，对于那些低挥发性物质，热强化技术不仅没有起到土壤修复的目的，可能还加速了这些污染物在土壤中的扩散。

5.2.3 电动修复技术

5.2.3.1 概念

电动修复技术的原理与电池相似，是将电极插入土壤液相系统中，通过在两端加低压直流电场，在直流电场作用下，土壤孔隙水和带电离子会发生迁移，土壤颗粒表面的水溶性或吸附性污染物根据其电荷的不同向不同的电极方向移动，使污染物在电极区域集中或分离，之后通过定期去除电极，进而去除污染物，或由于土壤颗粒表面电荷的存在使得接近土壤表面处形成带相反电荷的水分子层，它可在电场作用下向带相反电荷的电极方向移动，而其中溶解的中性污染物分子能够随水层移动而被迁移出土体。

电动修复技术是一种原位土壤修复技术，起源于 20 世纪 80 年代末，早些年主要应用于土木工程中水坝和地基的脱水与夯实，近些年开始被应用于受污染土壤的修复过程中。电动修复技术仅适用于污染范围小的区域，但易受污染物溶解和脱附的影响，也不适合在酸性条件下使用。虽然这项技术在经济上是可行的，但由于土壤环境的复杂性，它往往与预期结果相反，从而限制了其使用。目前，电动修复技术作为一种具有巨大土壤污染防治潜力的技术，已受到国内外研究人员的广泛关注。电动修复技术可用于从地下水和土壤中抽提重金属离子，以及去除土壤中的有机污染物。污染物的去除过程主要涉及电迁移、电泳和电渗析三种电动力学现象。

下面简单介绍这三种电动力学现象：

① 电迁移通常是指在电场作用下使金属离子发生迁移的现象。分别为发生在相邻导体表面的离子（如常见的银离子）迁移和发生在金属导体内部的金属化电子迁移。

② 电泳指的是带电颗粒在电场作用下，向着与其电性相反的电极移动的现象。利用带电粒子在电场中移动速度不同而达到分离的技术称为电泳技术。

③ 电渗析是指在外加直流电场作用下，利用离子交换膜对溶液中离子的选择透过性，使溶液中阴、阳离子发生离子迁移，分别通过阴、阳离子交换膜而达到除盐或浓缩的目的。

通过将电极放置在被污染的土壤中，使用低压直流电流形成电场。电势梯度产生的电效应会驱动土壤中流体介质发生定向运动，从而使污染物随流体主体流动进而从土壤中去除。但由于电动修复对实施技术要求比较高，且操作过程复杂，大都不能满足实际工程应用的需要，因此电动修复技术在国内外污染现场没有大规模应用。美国环境保护署的《超级基金修复报告》分析显示，到目前为止，超级基金场地修复项目的技术应用近 4000 项中，仅提到 1998 年的电动修复。近年来，我国科研院所在电动修复研究上取得了突破性进展，但工程应用尚未报道。

5.2.3.2 适用范围

电动修复技术一般以原位方式进行，往往需要与其他修复技术一起使用。在点源污染场地的处理中，电动修复具有良好的应用前景，但仍存在许多局限性的因素需要突破。电动修复适用于去除重金属（铜、锌、铅、镉、镍、砷、汞、锰等）、放射性元素（铀）和某些有机污染物，包括苯、甲苯、酸、三氯乙烯（TCE）、石油物质、六氯丁二烯、六氯丙胺和丙酮等。电动修复技术也可应用于其他污染土壤修复技术难以修复的污染场地，该技术可以去除碳酸盐和可交换态重金属形式的金属氧化物，但是不能去除有机态、残留态的重金属。目前的一些研究发现，土壤中水溶性和可交换形式的重金属更适合采用电动修复，去除率高达90%，而对于硫化物、有机物结合态和残留物中的重金属去除效率低下，去除率约为30%。

5.2.3.3 影响因素

影响电动修复的因素有许多，电解液组分和pH值、土壤电导率和电场强度、土壤化学性质、土壤含水率、土壤结构、重金属污染物的存在形态以及电极特性分布和组织等，都可能对电动修复过程和效率产生影响。

(1) 电解液组分和pH值

电解液组分随着修复时间不断发生变化，阳极产生H^+，阴极产生OH^-。土壤中的重金属污染物、离子（H^+、Na^+、Ca^{2+}、Mg^{2+}、Al^{3+}、Cr_2O^{7-}、OH^-等）在电场的作用下，分别进入阴、阳极溶液中。H^+、Cu^{2+}、Pb^{2+}和Cd^{2+}等分别在阴极发生还原反应，生成H_2和金属单质；OH^-在阳极发生氧化反应，生成O_2。

但对于一些有机物污染物来说，则必须考虑有机物的离解反应平衡。如苯酚，在弱酸性环境下基本上以中性分子形式存在，它的迁移方式以向阴极流动的电渗流为主；然而，当pH>9时，大部分苯酚以$C_6H_5O^-$形式存在，在电场力的作用下，它将向阳极迁移。因而，电动土壤修复必须根据污染物的性质来控制pH值条件。

(2) 土壤电导率和电场强度

由于土壤电动修复过程中土壤pH值和离子强度不断变化，不同土壤区域的电导率和电场强度也发生变化，特别是阴极区附近土壤的电导率显著降低，电场强度明显加大。这些现象是由阴极附近土壤的pH值突然跳跃和重金属沉降引起的。阴极区域的土壤高电场强度会导致该区域的Zeta电势（为负号）增大，进一步导致该区域逆向电渗，逆向电渗通量可能大于其他土壤区域产生的向阴极迁移的物质流，从而形成整个系统污染物流动的动态平衡，加上阳极产生的酸区会向阴极迁移，减少土壤中污染物的总量。

(3) 土壤化学性质

土壤的化学性质（如土壤中的有机物和铁、锰氧化物含量）可以通过吸附、离子交换和缓冲作用影响土壤污染物的迁移，从而对土壤电动修复效果产生一定影响。土壤pH值的变化也会影响土壤吸收污染物的能力。

(4) 土壤含水率

饱和土壤的水分含量影响土壤的电渗透速率。在电动修复过程中，不同区域的土壤具有不同的pH值，pH值的差异导致不同区域的电场强度和Zeta电势不同，促使不同土壤区域的电渗速率不同，从而土壤中的水分分布变得不均匀，并产生负孔压。此外，在电动修复过程中，土壤温度升高引起的水分蒸发也会影响土壤的水分含量。虽然温度的升高可以加快土壤的化学反应速率，但是在野外和大规模实验中，升高温度通常会导致土壤干燥，使土壤的电渗速率下降。

(5) 电极特性、分布和组织

除上述几种因素外，电极材料也会影响电动修复的效果。在实际的应用过程中，由于成本的限制，常用的电极具有易生产、耐腐蚀且不造成新的污染等特点。在实验室和实际应用中最常使用的电极是石墨电极，镀膜钛电极在实际中也会有应用，有时也会将还原电极（如铁电极）用作特殊需要的阳极。电极的形状、尺寸、排列和距离均会影响电动修复的效果。

5.2.4 热脱附技术

5.2.4.1 概念

热脱附技术主要是通过提高温度来增加空气中污染物的分压，从而将污染物分子与土壤颗粒分离。作为一种非燃烧技术，该技术具有污染物的处理范围广、设备可移动、修复后可对土壤进行再利用，特别是对于含氯有机物，非氧化燃烧处理可避免产生二噁英等优点，被广泛应用于有机污染土壤的修复。目前，污染土壤的传统热脱附技术是滚轮式热脱附技术，新兴的热脱附技术包括流化床热脱附技术、微波热脱附技术和远红外热脱附技术。热脱附不是焚烧，因为在土壤的修复过程对有机污染物没有破坏性影响，而是有选择地控制热脱附系统的床温和材料停留时间，并不是氧化和降解这些有机污染物，而使污染物通过蒸发的形式去除。热脱附技术可分为两个步骤：首先，加热使受污染的污染物到挥发状态；其次，通过末端控制技术处理产生的废气，防止污染物扩散到大气中。该技术可分为两类：a. 土壤或沉积物加热温度为150～315℃的低温热脱附技术；b. 温度达到315～540℃的高温热脱附技术。

5.2.4.2 适用范围

热脱附技术主要用于修复被高浓度挥发性或半挥发性有机物污染的土壤。对挥发性有机物、石油烃类、多环芳烃、有机农药等都有很好的去除效果，在修复高浓度污染场地时具有优势，污染物去除率可达99%。土壤颗粒上有机污染物的热脱附主要有三个阶段：a. 污染物在土壤孔隙内的气化过程；b. 土壤颗粒内污染物气体分子的内部扩散过程；c. 污染物分子从土壤表面扩散到大气环境表面的过程。热脱附技术并不适合受无机污染的土壤（汞除外）或腐蚀性有机物、活性氧化剂和还原剂含量较高的土壤。目前，欧美已进行土壤热脱附技术的工程化，并且广泛应用于重度污染场所的有机污染土壤的异位或原位修复，但是热脱附的相关设备价格昂贵，且脱附时间过长、处理成本过高等问题尚未解决，限制了热脱附技术在持久性有机土壤修复中的应用。开发不同类型的土壤预处理和脱附废气处理等技术，优化工艺和研究相关自动化成套设备是目前热脱附的主要研究方向。目前，热脱附技术已成功应用于与以下污染物有关的污染现场修复项目：多环芳烃、其他非卤素半挥发性有机物、苯、其他非卤素挥发性有机物、有机农药和除草剂、其他卤素半挥发性有机物、卤素挥发性有机物、多氯联苯。显然，热脱附技术的主要应用是半挥发和挥发性有机污染物，包括多环芳烃、有机农药、多氯联苯等。

5.2.4.3 影响因素

在该技术的使用过程中，处理结果会受土壤含水率、粒径大小、渗透性以及系统温度的影响。应用热脱附系统应考虑的问题：场地特性、水分含量、土壤粒级分布与组成、土壤密度、土壤渗透性与可塑性、热容量、污染物与化学成分等。热脱附技术的影响因素主要包括土壤特性和污染物特征两类。

(1) 土壤特性

① 土壤质地。土壤质地一般可以划分为砂土、黏土等。砂土土质疏松，对液体物质的吸附力及保水能力相对较弱，但是受热均匀，故容易热脱附；黏土土壤颗粒细，性质正好相反，不宜采用热脱附。

② 水分含量。水分在受热挥发的过程中会消耗大量的热量。土壤的含水率一般在5%～35%之间，所需热量约在490～1197kJ/kg。为保证热脱附的效能，进料时土壤的含水率应该低于25%。

③ 土壤粒径分布。如果超过50%的土壤粒径小于200目，那么细颗粒的土壤可能会随气流排出，导致气体处理系统超过负荷。所以土壤颗粒的最大粒径不应超过5cm。

(2) 污染物特征

① 污染物浓度。有机污染物浓度越高，土壤的热值也越高，从而使热脱附设备受到高温的影响导致损坏，甚至会发生燃烧爆炸的状况，故排气中有机物浓度要低于爆炸下限25%。有机物含量高于1%～3%的土壤不适用于采取直接热脱附系统，但是可采用间接热脱附处理。

② 沸点范围。一般情况下，直接热脱附处理土壤的温度范围为150～650℃，间接热脱附处理土壤的温度范围为120～530℃。

③ 二噁英的形成。多氯联苯及其他含氯化合物在受到低温热分解或者高温热破坏后，低温过程极易产生二噁英。故在废气燃烧破坏时还需要特别的急冷装置，使高温气体的温度迅速降低至200℃，防止二噁英的生成。

5.3 化学修复技术

化学修复是指利用化学处理技术，通过化学修复剂与污染物发生氧化、还原、吸附、沉淀、聚合、络合等反应，使污染物从土壤中分离、降解、转化或稳定成低毒、无毒、无害等形式或形成沉淀除去。根据作用原理不同，化学修复技术主要包括化学氧化技术、光催化降解技术、溶剂萃取技术、固化/稳定化技术以及土壤淋洗技术等。化学修复的各项技术相比较而言，化学氧化技术是一种快捷、对污染物类型和浓度不是很敏感的修复方式。其中，化学淋洗技术对去除溶解度和吸附力较强的污染物更加有效。究竟选择何种修复手段要依赖于土壤实地勘察和预备试验的结果。目前化学氧化技术已经相对成熟，经常被用于修复石油烃、苯系物（BTEX，如苯、甲苯、乙苯、二甲苯）、酚类、甲基叔丁基醚（MTBE）、含氯有机溶剂、多环芳烃、农药等所造成的有机污染土壤。常见的氧化剂包括高锰酸盐、过氧化氢、芬顿试剂、过硫酸盐和臭氧。但是需要注意的是，化学氧化方法的实际处理效果受腐殖酸含量、土壤渗透性、pH 值变化等影响较大。

5.3.1 化学氧化技术

5.3.1.1 概念

化学氧化技术是指向污染土壤中添加氧化剂或还原剂，通过氧化或还原作用使土壤中的污染物转化为无毒或相对毒性较小物质的一种技术。化学氧化法已经在废水处理中应用了数十年，可以有效去除难降解有机污染物，逐渐应用于土壤和地下水修复中。根据处置地点不同，化学氧化技术可分为原位和异位两种工艺。原位化学氧化系统主要包括注射井、氧化剂输送管道和监测井三部分。异位化学氧化系统包括土壤预处理系统、药剂混合系统和防渗系统等。对于低渗土壤，可以采取一些新的技术方法（如土壤深度混合、液压破裂等方式）对氧化剂进行分散。化学氧化修复技术多应用于土壤中的毛细区和季节性饱和区域污染土壤的净化，但土壤修复的经济性欠佳，污染物浓度过高或者非水相流体（NAPL）过多时，需要考虑和其他技术联合治理。为了同时处理饱和区和包气带的有机污染物，一般采用联合气相抽提和热脱附的复合技术，有利于收集处理化学氧化法产生的尾气。原位化学氧化修复技术主要用来修复被油类、有机溶剂、多环芳烃、多氯联苯、农药以及非水溶性氯化物等污染物污染的土壤，通常这些污染物在污染土壤中长期存在，很难被生物降解。而化学氧化修复技术不但可以对这些污染物起到降解脱毒的效果，而且反应产生的热量能够使土壤中的一些污染物和反应产物挥发或变成气态逸出地表，这样可以通过地表的气体收集系统进行集中处理。该技术缺点是加入氧化剂后可能生成有毒副产物，使土壤生物量减少或影响重金属存在形态，从而会降低土壤中的生物质活性和可利用性。

化学氧化修复技术具有二次污染小、修复污染物的速度快两大优势，能节约修复过程中的材料、监测和维护成本。其次，化学氧化修复技术具有药剂投放方式多样、治理方案灵活性高等特点，可根据场地实际情况需要因地制宜调整优化，已被广泛应用于许多工程案例中。

化学氧化修复中经常使用的氧化剂有高锰酸盐，一般为高锰酸钾（$KMnO_4$）和高锰酸钠（$NaMnO_4$）。高锰酸钾是固体晶体，通过与水以一定比例混合，可获得浓度不高于 4% 的溶液，但其固体的性质使得高锰酸钾的传输受限。高锰酸钠通常为液态（浓度约为 40%），经稀释后应用。高锰酸钠的高浓度赋予其更高的灵活性。但是高锰酸钠的高反应活性还可能与土壤中高浓缩的还原剂发生氧化还原放热反应进而产生一定的毒害作用。

虽然高锰酸盐氧化剂具有高稳定性和高持久性的优势，但不适用于氯烷烃类污染物，如 1,1,1-三氯乙烷。因为饱和脂肪族化合物不含有可以自由移动的电子对，因此不容易被氧化。对于含有碳-碳双键的不饱和脂肪族化合物，因其具有更多的自由电子对，所以高锰酸盐氧化剂对其具有很高的氧化效率，但是芳香族化合物除外。当芳环或脂肪链上含有取代基（如—CH_3 或—Cl 等）时，双键键长增加，稳定性反倒降低，所以氧化反应的活性会增强。与大多数氧化剂相同，高锰酸盐氧化不具选择性，当其用于土壤修复中，除了将污染物氧化，同时也会氧化土壤中的天然有机质。此外，高锰酸盐在土壤污染处理中的应用中还有诸多限制：

① 对于含氯有机物（如氯苯、氯烷、三氯乙烷等）的氧化有效性差；

② 氧化还原反应会生成 MnO_2 沉淀，降低土壤表面下层的渗透性；

③ 由于微环境的 pH 值及氧化态的改变，金属的移动性增强，毒性增强；

④ 高锰酸钾可能在土壤修复过程中引起粉尘危害；

⑤ 高锰酸盐氧化酚类化合物时消耗量过大。

基于污染场地的复杂性，氧化剂的选择要根据土壤所在的地理环境和土壤的质地特征，而且化学氧化的理论研究与实际应用存在一定的不匹配性。氧化剂的氧化能力（氧化剂类型、相对氧化强度、标准氧化势）、环境因素（pH 值、反应物浓度、催化剂、副产物及系统杂质等）对化学氧化速率及效果都起着至关重要的作用。化学氧化修复技术的优势在于费用低、高反应速率。但由于氧化剂的高反应活性，有可能改变污染物的浓度和分散性，破坏三相平衡。

5.3.1.2 适用范围

采用化学氧化技术修复有机污染土壤时，针对土壤和污染物特性，首先快速判断化学氧化技术处理目标污染土壤的可行性，然后通过实验室试验，研究各种影响因子，评价化学氧化的技术和经济可行性，进而考察各种设计参数的可靠性，然后要充分考虑试运行、调试、运营、监理、监控指标、应急预案等。下面介绍两种适用于处理有机污染物的化学氧化技术。

(1) 原位化学氧化技术

原位化学氧化技术能够有效处理的有机污染物包括：挥发性有机物如二氯乙烯（DCE）、三氯乙烯（TCE）、四氯乙烯（PCE）等氯化溶剂，以及苯、甲苯、乙苯和二甲苯等苯系物（BTEX）；半挥发性有机物，如农药、多环芳烃（PAHs）和多氯联苯（PCBs）等。对含有不饱和碳键的化合物（如石蜡、氯代芳香族化合物）的处理十分高效且有助于生物修复作用。

(2) 异位化学氧化技术

异位化学氧化技术可处理石油烃、苯系物（BTEX，如苯、甲苯、乙苯、二甲苯）、酚类、甲基叔丁基醚（MTBE）、含氯有机溶剂、多环芳烃、农药等大部分有机物。异位化学氧化不适用于重金属污染土壤的修复，对于吸附性强、水溶性差的有机污染物应考虑必要的增溶、脱附方式。

5.3.1.3 影响因素

(1) 土壤的渗透性

土壤渗透系数是一个代表土壤渗透性强弱的定量指标，也是渗流计算时必须用到的一个基本参数。不同种类的土壤，其渗透系数差别很大，一般土壤的渗透系数在 10^{-6}～$10^{-3}cm^2$。化学氧化技术适用于渗透系数大于 $10^{-9}cm^2$ 的土壤，随着化学氧化技术对土壤的修复，渗透系数会因为一些重金属阳离子（Fe^{2+}、Al^{3+}等）被氧化生成沉淀物从而堵塞土壤微孔导致其渗透系数有所降低。同时，土壤的非均质性也会影响氧化剂、催化剂和活性剂在土层中的扩散，如在砂质、淤泥和黏土混杂土壤中，砂质中的污染物相对比较容易被氧化去除。如果淤泥和黏土层较厚而且污染较重时，氧化剂会向砂土层扩散，使净化程度达不到预期效果。在采用芬顿试剂或者臭氧氧化时，还容易使污染物扩散，加大修复难度。很多土壤中黏土、淤泥和砂质土壤混杂在一起，需要调查污染物分别在各种土质中的分布，分别考虑不同土质中的净化效率，以判断是否能够到达总净化效率目标。化学氧化剂在土壤中的输送扩散还与地下水水力梯度相关，土壤多孔介质中，流体通过整个土层横截面积的流动速度叫作渗流速度，渗流速度与地下水水力梯度和水力渗透系数成正比，与土壤孔隙体积成反比，渗流速度大有利于氧化剂在土壤中的扩散过程。

（2）土壤有机碳含量

有机污染物种类复杂繁多，比如油类污染物质就由成百上千种烃类化合物组成，由于其结构不同，被氧化分解的特性也不同，上述提到的所有氧化剂都可以氧化分解除苯系物以外的大部分油类烃类化合物，而且氧化剂对苯系物（BTEX）和甲基叔丁基醚（MTBE）等污染物在实际应用过程中的修复经验还远远不足。大部分油类污染物在水中的溶解度都较低，油类污染物分子量越小，极性越强，其溶解度也越高；当污染物的分子量太大时，其极性会降低，难以溶解，水中溶解度低的污染物在土壤中的吸附能力较强，所以更难采用化学氧化法降解。污染物在地下水中的溶解浓度和在土壤中有机碳吸附之间的相关关系称为有机碳分配系数（K_{OC}），有机碳分配系数由污染物的性质和土壤中的有机碳含量决定，一般表层土壤中有机碳含量为1%～3.5%，深层土壤一般在0.01%～0.1%，因此同一污染物在不同土壤中的分配系数也不尽相同。而化学氧化技术更加适用于有机碳分配系数小、溶解度高的有机污染土壤的修复。

（3）氧化剂种类和投加量

化学氧化剂、催化剂和活化剂等注入土壤饱和带后，在输送和扩散的过程中，会不断与土壤和地下水中的有机质和还原性物质反应而被消耗，从而在计算氧化剂投加量时，需要考虑自然需氧量（natural oxidant demand，NOD）。自然需氧量与土壤中天然有机质（natural organic material，NOM）和地下水中还原性物质含量相关，但是在实际工程中很难准确估算自然需氧量。为了达到良好的土壤修复目标，往往要注入高出3～3.5倍理论值的氧化剂。

5.3.2 焚烧技术

5.3.2.1 概念

焚烧法是指将受到污染的土壤在焚烧炉中焚烧，使大分子量的有机污染物蒸发或者燃烧分解的方法。在使用焚烧法时，一般需要外加燃料来保持燃烧所需的高温。这种方法去除污染物的效率能够超过99.99%，对多氯联苯和二噁英等污染物的去除率甚至高达99.9999%。

焚烧法可以处理大部分受污染的土壤，但是针对不同的污染土壤，修复的方法也有所差别，并非都是“一烧了之”。对于一些受污染较轻的土壤可以采取隔离填埋法，填埋坑的四周和底部采取防渗阻隔后，将土壤置入其中，填埋后进行顶部阻隔，防止雨水下渗，随着时间的推移，污染土壤将会自然降解，不会对周围环境造成污染。

5.3.2.2　适用范围

一般来说，污染严重的土壤都会采用焚烧法，该法适用于处理土壤中难降解、毒性较强的有机污染物。由于在焚烧过程中会产生有害气体，因此应注意控制焚烧温度在 1000℃ 以上。土壤经过高温焚烧处理后，其中的大量病菌、病毒、寄生虫卵等病原体被彻底消灭。但土壤焚烧法也具有一些缺点，例如对设备要求较高，且需配备烟气处理设备，项目投资大，回收周期长等。土壤在焚烧的过程中会产生二次污染，尽管配有除尘和降低有毒有害物质排放的设施，但依然存在微量有害物质的长期排放和积淀，仍然可对地球生物造成慢性的病理伤害。所以对于污染较轻或者稳定性较差的有机污染土壤来说，采取其他修复技术更加合理。

5.3.2.3　影响因素

土壤燃烧的效果决定了焚烧法处理的质量。燃烧效果受多方面因素的影响，主要有燃烧时间、操作温度以及空气间的混合程度等。

(1) 燃烧时间

燃烧时间是固体废物燃烧反应的时间，这要求固体废物在燃烧层有适当的停留时间，燃料在高温区的停留时间应该超过燃料燃烧所需的时间，燃烧时间与固体废物粒度的 1～2 次方成正比，与加热时间的近似 2 次方成正比。固体的粒度越细，与空气的接触面积越大，反应速率越快，固体在燃烧炉中的时间就越短。

(2) 操作温度

物料的温度至少应该达到着火温度，这样才能与氧气发生反应充分燃烧。原炉的温度应维持在燃料的着火点以上。通常情况下，较高的温度能促使颗粒表面积增大，提高传热速率，从而使燃烧速率加快，废物在炉内的停留时间缩短。但在温度高达一定程度后，燃烧速率提高的幅度就不大了。因此，综合考虑，要选择合适的温度，从而有利于固废的充分燃烧，节约修复成本。

(3) 空气间的混合程度

为了使固体完全燃烧，焚烧时氧气应该是过量的。而且氧气的浓度越高，焚烧时的燃烧速率越快。另外，空气在炉内的分布状况和流动形态也是一个重要的参数。总的来说，应该充分地混合均匀，提高氧气在炉内的传质效率。

5.3.3　光催化降解技术

5.3.3.1　概念

光催化降解技术是指利用辐射、光催化剂在反应体系中产生活性极强的自由基，再通过自由基与有机污染物之间的加合、取代、电子转移等过程将污染物全部降解为无机物的过程。光催化降解技术是一项新兴的深度土壤化学修复技术，可应用于污染源为农药等有机污染物的土壤的修复过程。该技术可在常温、常压条件下，将污染土壤置于与光源可以充分接触的特殊仪器中进行处理，从而使其中的挥发性有机物分解成 CO_2、H_2O 等无机物质，光催化降解的反应过程快速高效，易于操作，价格相对不高且无二次污染问题，因此具有巨大的潜在应用价值。

由于有机污染物在自然光照条件下降解速率极慢，所以光催化降解技术的关键是找到合适的光敏剂来提高降解效率，目前比较常用的光敏剂有 TiO_2、Fe_2O_3、腐殖质等。但是单一光敏剂存在可见光响应性能差和化学吸附性能不能满足某些反应物吸附活化等缺点，因此，复合光敏剂在环境污染治理中的应用越来越多，开发更多具有高效率且对大部分有机污染物都能适用的复合光敏剂是光催化降解技术的研究重点。

光降解技术主要有土壤表层直接光解、土壤悬浮液光解、溶剂萃取与光降解联合处理、光催化氧化等。土壤表层直接光降解技术对水溶性差、具有强光降解活性的化学物质有较好的降解效果。土壤悬浮液光降解即把土壤或土壤中的组分等与水按一定比例混合，使其形成悬浮状态，然后放置在反应器中进行光化学降解。溶剂萃取与光降解联合处理即先用表面活性剂或有机溶剂将污染物提取出来，然后再进行光降解。

5.3.3.2 适用范围

光催化降解技术可应用于污染源为农药等有机污染物的土壤的修复过程，已成为挥发性有机物（VOCs）治理技术中一个活跃的研究方向。目前光催化降解被广泛地应用于土壤中农药、多氯联苯及石油污染物等的降解。在 20 世纪 80 年代后期，光催化降解法就开始应用于环境污染控制领域。

5.3.3.3 影响因素

目前，光催化降解技术主要以太阳光和紫外光为光源，反应速率受土壤的理化性质（组成、质地、湿度、粒径、氧化铁含量、pH 值和土壤厚度）、照射光强度、化学催化剂、混合效率、污染物浓度等因素的影响。

5.3.4 溶剂萃取技术

5.3.4.1 概念

溶剂萃取是一种利用溶剂来分离和去除沉积物、污泥、土壤中危险性有机污染物的修复技术，这些危险性有机污染物包括多氯联苯（PCBs）、二噁英、多环芳烃（PAHs）、润滑油、石油产品等。这些有机污染物通常均不溶于水，会牢固地吸附在土壤以及沉积物和污泥中，使用一般的修复技术难以将其去除。而采用溶剂萃取技术，由于相似相溶原理，则可以有效地溶解并去除相应的污染物。另外，由于溶剂萃取不会破坏污染物，因此污染物经溶剂萃取技术收集和浓缩后，可以用其他技术进行无害化处理或者回收利用。溶剂萃取修复技术的主要原理是利用批量平衡法，即将污染土壤挖掘出来并放置在一系列提取箱（除出口外密封很严的容器）内，在提取箱中溶剂会与污染物离子发生交换等化学反应。溶剂的类型依赖于污染物的化学结构和土壤特性。有监测数据显示，当土壤中的污染物基本溶解于浸取剂时，再借助泵的力量将其中的浸出液排出提取箱并引导到溶剂恢复系统中。按照这种方式重复进行提取过程，直到目标土壤中污染物水平达到预期标准。同时，要对处理后的土壤引入活性微生物群落和富营养介质，这样可以快速降解残留的浸出液。

由于溶剂萃取可以有效地清除污染介质中的危险性有机污染物，其中对于从土壤中提取或浓缩后的污染物，其中具有一定经济价值的物质可以进行回收利用，而对于不可利用的部分可进行相应的无害化处理。从物质循环的角度讲，由于溶剂萃取技术在运行过程中不会破坏污染物的结构，所以可以使得污染物的资源化和价值化达到最大值。同时，萃取过程中所使用的溶剂经过一定的手段也可以再生和重复利用。因此，可以说溶剂萃取技术是一种可持续的修复技术。

5.3.4.2　适用范围

溶剂萃取技术主要采用相似相溶原理，所以可以适用于多种有机污染物类型，如PCBs、杀虫剂、除草剂、PAHs、焦油、石油等，但其对重金属和无机污染物的去除效果不太理想。这种方法也能用于修复如黏土之类的含有较多细颗粒的土壤以及底泥等。其修复的最佳的条件是黏粒含量低于15%，湿度低于20%。当黏粒含量越高时，循环提取的次数要相应增加。如果黏粒含量高于15%，该方法的效率较低，因为污染物会强烈地吸附于土壤胶体上。同时土壤胶体本身也形成很难打破的聚合物，妨碍了萃取剂有效地渗透到土壤中，因此，对于这类土壤还要采取额外的处理方式以降低黏粒含量。对于湿度更高的土壤则要求土壤通风，以降低溶剂中水分的累积，防止水分稀释萃取剂，从而降低污染物的溶解度和去除效率。溶剂萃取技术具有选择性高、分离效果好和适应性强等特点，很多萃取剂都可以有效地去除土壤中不同性质的有机污染物。因此，对于不同的有机污染物，需要选择合适的萃取剂。目前溶剂萃取技术中常用的萃取剂有三乙胺、丙酮、甲醇、乙醇、正己烷等。表5-3为溶剂萃取技术的污染物类型及相应的萃取溶剂。

表5-3　溶剂萃取技术的污染物类型及相应的萃取溶剂

污染物类型	萃取溶剂	污染物类型	萃取溶剂
除草剂(环丙氟等)	乙腈-水	烃类污染物	丙酮、乙酸乙酯
除草剂(丙酸)	甲醇、异丙醇	石油烃类污染物	三氯乙烯、正庚烷
五氯苯酚	乙醇-水	含氯化合物	丙酮、乙酸乙酯
PCBs、PAHs	丙酮、乙酸乙酯	PAHs	环糊精
2,4-二硝基甲苯	丙酮	五氯苯酚	乳酸
PCBs	烷烃	PAHs、石油烃	超临界乙烷

由于溶剂萃取过程中所用的大部分有机溶剂具有一定的毒性、易挥发和易燃易爆的特点，因此，在萃取过程中任何溶剂的挥发以及萃取后土壤中任何溶剂的存在都会对人类健康和环境带来一定的风险。为降低这种环境风险，在实际的萃取操作过程中，大部分萃取设备都是在密闭条件下运行的。此外，对于萃取后滞留在土壤中的残余溶剂，可通过相应的处理方法来进行去除和回收，如对土壤进行加热处理，使残余溶剂由液态变成气态而从土壤中逸出，然后冷凝成液态后回收，从而达到残余溶剂去除和回收的目的。最后，还要监测修复后的土壤中所含污染物和溶剂的含量是否降到所要求的标准以下。

5.3.4.3 影响因素

在溶剂萃取过程中，污染物的萃取效率通常会受到很多因素的影响，如污染物初始浓度、水分含量、萃取剂用量、萃取剂类型等。萃取所选的萃取剂必须对被去除的污染物有较大的溶解性，且萃取剂的蒸气压必须足够低，这样被萃取的污染物才会更容易从萃取剂中分离出来。同时萃取剂要具有较好的化学稳定性和无毒无害性，萃取剂摩尔质量也应尽可能低，这样可以使它的萃取能力达到最大化。其他影响因素还有黏土含量、土壤有机质含量、污染物浓度、水分含量等。

5.3.5 水泥窑协同处置技术

5.3.5.1 概念

水泥窑协同处置技术是将满足或经过预处理后满足入窑要求的固体废物投入水泥窑，在进行水泥熟料生产的同时实现对废物的无害化处置的过程。水泥窑协同处置具有焚烧温度高、停留时间长、焚烧状态稳定、没有废渣排出、焚烧处置点多和废气处理效果好等特点，已经作为一种成熟的处理废物的技术，可以用来修复土壤中的有机污染物，其中有机污染土壤又可分为挥发性有机污染土壤、半挥发性有机污染土壤、POPs有机污染土壤和石油类污染土壤等。由于水泥窑内物料温度一般高于1450℃，水泥窑协同处置技术能彻底去除土壤中的有机物。随着产业结构调整的深入，污染场地修复法规和标准的日益规范和严格，将涌现出更多污染程度严重和污染成分复杂的场地，这将给土壤修复技术提出更多的挑战，而水泥窑协同处置技术由于受污染土壤性质和污染物性质影响较小，且去除率高和无废渣排放等特点，将成为一项极具竞争力的土壤修复技术。近年来，国家陆续出台了污染土壤修复和水泥窑协同处置的标准和规范，这为水泥窑协同处置污染土壤技术的推广创造了条件和提供了依据。水泥窑协同处置技术对于污染土壤的修复、资源循环再利用、加强环境保护和促进水泥工业可持续发展均具有重要的现实意义，水泥窑协同处置技术在修复污染土壤中有较好的应用前景。

5.3.5.2 适用范围

水泥窑协同处置技术可处理有机污染土壤，包括受到氯丹、灭蚁灵、苯系物、六六六、滴滴涕、多环芳烃、总石油烃等污染的土壤。但入窑物料中氟元素含量应不大于5%，氯元素含量应不大于0.04%，通过配料系统投加的物料中硫化物硫与有机硫总含量应不大于0.014%，从窑头、窑尾高温区投加的全硫与配料系统投加的硫酸盐硫总投加量不应大于3000mg/kg。

5.3.5.3 影响因素

利用水泥窑协同处置技术处理污染土壤前，应对污染土壤及土壤中污染物质进行分析，以确定污染土壤的投加点及投加量。污染土壤分析指标包括污染土壤的含水量，烧失量，SiO_2、Al_2O_3、Fe_2O_3、CaO、MgO、K_2O和Na_2O成分等，污染物质分析指标包括污染物成分，氯、氟、硫和重金属含量等。水泥窑协同处置技术处理污染土壤时，土壤中有机污染物在分解炉内的燃尽率受到化学反应速率和反应时间的影响。

5.3.6 土壤淋洗技术

5.3.6.1 概念

土壤淋洗技术是指将能够促进土壤中污染物迁移或者具有溶解作用的淋洗剂注入或渗透到受到污染的土层中，使其穿过污染土壤并与污染物发生脱附、螯合、溶解或络合等物理化学反应，最终形成迁移态的化合物，然后利用抽提井或其他方法从土壤中把含有污染物的液体抽出并进行处理。土壤淋洗主要包括三个阶段：将淋洗液施加到土壤中，收集下层的淋出液，处理淋出液。在采用土壤淋洗修复技术之前，应充分了解土壤特征、主要污染物等基本条件，对不同污染物选择不同的淋洗剂和淋洗方法并进行可处理性的实验，从而达到最佳的淋洗效果，最大限度地减少对土壤理化性质的影响和对微生物群落的损伤。土壤淋洗方法根据处理土壤的位置可分为原位土壤淋洗和异位土壤淋洗；按照淋洗液分类可分为水洗、无机溶液洗涤、有机溶液洗涤和有机溶剂洗涤4种；按照淋洗的机理可分为物理洗涤和化学洗涤；根据运行方式可以分为单级淋洗和多级淋洗。

单级淋洗的主要原理是物质分配的平衡规律，即物料平衡定律，也就是说，在稳态洗涤的过程中，从土壤中去除的受污染物质的量应等于淋洗中积累的受污染物质的量。单级淋洗可分为单级平衡淋洗和单级非平衡淋洗。当淋洗浓度受平衡控制时，只有达到平衡状态，即达到平衡状态的淋洗速率，才能达到最大去除率。当污染物的去除不受平衡条件限制时，淋洗速率会成为一个重要因素，在这些条件下的洗涤称为单级不平衡淋洗。当洗涤效果受平衡条件限制时，通常需要使用多级淋洗来提高洗涤效率，多级淋洗主要有两种操作方式，即反向流淋洗和交叉流淋洗。

原位土壤淋洗是指通过注射井等把淋洗剂施加到土壤中，使淋洗剂向下渗透并与污染物相互作用。在这个过程中，淋洗去除土壤中的污染物，并结合污染物，通过脱附、溶解或络合等作用，最终形成可迁移态化合物从土壤中去除。含有污染物的溶液可以通过提取井等方式收集、储存和进一步处理，可以用于受污染土壤的再利用。从受污染土壤的性质来看，它适用于多孔和渗透性好的土壤，从污染物性质的角度来看，它适用于重金属、辛烷值/水分布系数低的有机化合物、羟基化合物、低分子量醇和羟基酸。但是该技术需要就地建设维修设施，包括淋洗液投加系统、土壤下层淋洗液收集系统和淋出液处理系统。同时，必须把受污染区域封闭起来，一般采用分割或物理屏障技术。影响原位化学淋洗技术的因素有很多，这些因素中起决定作用的是土壤、沉积物或污泥等其他介质的渗透性。

异位土壤淋洗是指对受污染土壤进行挖掘，通过筛选将大部分颗粒和土壤划分成粗质材料和细质材料，然后使用淋洗液清洗，去除污染物，最后处理含有污染物的淋洗液，并将干净的土壤进行回填或运到其他地点。通常根据处理土壤的物理状况分为不同的部分，然后根据二次使用和最终处理需要进行不同程度的清洁。在固液分离过程和淋洗液的处理过程中，污染物被降解破坏或者被分离出去，最后将经过处理的清洁土壤转移到适当的位置。该技术运行的核心是通过流体动力学手段机械悬浮或搅动土壤颗粒，保持土壤颗粒的最小尺寸为9.5mm，这是因为大于这种尺寸的砾石和颗粒将更容易通过这种方式清洗土壤中的污染物。

异位土壤淋洗技术通常用于预处理，以减少受污染土壤的数量，还可以与其他修复技术相结合。当受污染土壤中的砂砾含量超过50%时，异位淋洗技术非常有效。对于黏性颗粒、粉末含量在30%～50%以上以及腐殖质含量高的土壤中，异位土壤淋洗技术分离去除效果较差。

5.3.6.2 适用范围

该技术对于均质、渗透性较高的土壤中的污染物具有较高的分离与去除效率。土壤淋洗技术的优点包括：无须进行污染土壤的挖掘、运输；可以用于包气带和饱水带中多种污染物去除，也可以与其他工艺相结合使用。缺点主要包括：有可能会污染地下水；无法对去除效果与持续修复时间进行预测；去除效果受制于场地地质情况等。

5.3.6.3 影响因素

(1) 土壤质地特征

土壤质地特征对土壤淋洗的效果有重要影响。把土壤淋洗法应用于黏土或壤土时，必须先做可行性研究，一般认为土壤淋洗法对含20%～30%以上的黏质土壤处理效果不佳。对于砂质土、壤质土、黏土的处理可以采用不同的淋洗方法，对于质地过细的土壤可能需要使土壤颗粒凝聚来增强土壤的渗透性。在某些土壤淋洗实践中，还需要打碎大粒径土壤，缩短土壤淋洗过程中污染物和淋洗液的扩散路径。

土壤细粒的百分含量是决定土壤淋洗修复效果和成本的关键因素。细粒一般是指粒径小于63～75μm的粉黏粒。通常异位土壤淋洗技术处理对于细粒含量达到25%以上的土壤不具有成本优势。

(2) 污染物类型及存在状态

对于土壤淋洗来说，污染物类型及存在状态也是一个重要的影响因素。污染物可能以一种微溶固体形态覆盖于或吸附于土壤颗粒物的表层，也可能通过物理作用与土壤结合，甚至可能通过化学键与土壤颗粒表面结合。同时土壤内多种污染物的复合存在也是影响淋洗效果的因素之一，因为土壤受到复合污染，且污染物类型多样，存在状态也有差别，常常导致淋洗法只能去除其中某种类型的污染物。

污染物在土壤中分布不均也会影响土壤淋洗的效果。例如当采集污染土壤时，为了确保使污染土壤都能够得到处理，会使得污染土壤周围的未污染土壤也被采集。而且有时候未搅动系统内的污染物，导致污染物的分布不均匀，对淋洗速率也有影响，但是对这个问题面面俱到地研究是很不切实际的，因为这些影响不但和污染物的分布方式有关，还和土壤与淋洗液的接触方式有关。当土壤受到污染的时间较长时，通常采用土壤淋洗技术难以被修复，因为污染物有足够的时间进入土壤颗粒内部，通过物理或化学作用与土壤颗粒结合，其中长期残留的污染物都是土壤自然修复难以去除的物质，这种物质具有难挥发、难降解的特性。

污染物的水溶性和迁移性直接影响土壤淋洗修复的效果，特别是影响增效淋洗修复的效果，同时污染物的浓度也是影响修复效果和成本的重要因素。

(3) 淋洗液的类型及其在质量转移中受到的阻力

土壤按污染源可以大致分为无机污染物或有机污染物，淋洗液的选择可以是清水、化学溶剂或其他可能把污染物从土壤中淋洗出来的流体，甚至是气体。

无机淋洗液的作用机制主要是通过酸解或离子交换等作用来破坏土壤表面的官能团进而与重金属或放射性核素形成配合物，从而将重金属或放射性核素交换脱附下来，之后从土壤中分离出来。

表面活性剂去除土壤中有机污染物主要通过卷缩（rollup）和增溶（solubilization）两种方式。卷缩就是指土壤吸附的油滴在表面活性剂的作用下从土壤表面卷离，它主要靠表面活性剂降低界面张力而发生，一般在临界胶束浓度（critical micelle concentration，CMC，表面活性剂分子在溶剂中缔合形成胶束的最低浓度）以下就能发生；增溶就是指土壤吸附的难溶性有机污染物在表面活性剂作用下从土壤脱附下来而分配到水相中，它主要靠表面活性剂在水溶液中形成胶束相，溶解难溶性有机污染物。增溶一般要在 CMC 以上才能发生。还有的研究者认为表面活性剂的乳化、起泡和分散作用等也在一定程度上有助于土壤有机污染物的去除。此外，生物表面活性剂还可通过以下两种方式促进土壤中重金属的脱附，一是与土壤液相中的游离金属离子络合；二是通过降低界面张力使土壤中重金属离子与表面活性剂直接接触。

淋洗液的选择取决于污染物的性质和土壤的理化特征，这也是大量土壤淋洗法研究的重点之一。酸和螯合剂通常被用来淋洗有机物和重金属污染土壤；氧化剂（如过氧化氢和次氯酸钠）能改变污染物化学性质，促进土壤淋洗的效果；有机溶剂常用来去除疏水性有机物。土壤淋洗过程包括了淋洗液向土壤表面扩散、对污染物质的溶解、淋洗出的污染物在土壤内部扩散、淋洗出的污染物从土壤表面向流体扩散等过程。淋洗液在土壤中的迁移及其对污染物质的溶解也受到了多种阻力作用，影响淋洗率的某些机制见表 5-4。一般有机污染选择的增效剂为表面活性剂，重金属增效剂为无机酸、有机酸、络合剂等。增效剂的种类和剂量根据可行性实验的结果确定。对于有机物和重金属复合污染，一般可考虑两类增效剂的复配。

表 5-4　影响淋洗率的某些机制

机制	具体方法或过程
液膜质量转移	淋洗液向土壤表面扩散 污染物从土壤表面扩散
土壤孔隙内扩散	淋洗液在土壤孔隙内的扩散 污染物的土壤孔隙内的扩散
土壤颗粒的破碎	增加表面积，缩短扩散途径

(4) 淋洗液的可处理性和循环性

土壤淋洗法通常需要消耗大量的淋洗液，而且这一方法从某种程度上来说只是将污染物转入淋洗液中，因此有必要对淋洗液进行处理及循环利用，否则土壤淋洗法的优势也难以发挥。有些污染淋洗液可送入常规水处理厂进行污水处理，有些需要特殊处理。

对于土壤重金属洗脱废水，一般采用铁盐加碱沉淀的方法去除水中的重金属，加酸回调后可回用增效剂；有机物污染土壤的表面活性剂洗脱废水可采用溶剂增效等方法去除污染物并实现增效剂回用。

(5) 水土比

采用旋流器分级时，一般控制给料的土壤污染物浓度在10%左右，然后通过机械筛分的手段根据土壤机械组成情况及筛分效率选择合适的水土比，一般为（5～10）∶1。增效洗脱单元的水土比可根据可行性实验的结果来设置，一般水土比为（3～10）∶1。

(6) 洗脱时间

物理分离的物料停留时间可以根据分级效果及处理设备的容量来确定，洗脱时间一般为20～120min，延长洗脱时间有利于污染物去除，但同时也增加了处理成本。因此，应根据可行性实验以及现场运行情况来选择合适的洗脱时间。

(7) 洗脱次数

当一次淋洗或增效洗脱不能达到预定土壤修复的目标时，可采用多级连续洗脱或循环洗脱，但是当洗脱次数过多时，会增加处理成本和污染土壤的处理时间，所以要根据土壤受污染程度来选择适当的洗脱次数。

5.4 植物修复技术

环境污染物清除治理的方法有很多，常用的主要是物理和化学方法，包括化学淋洗、填埋、客土改良、焚烧等。这些方法虽然行之有效，但通常成本很高，并且物理化学试剂在土壤修复中的应用通常会造成二次污染。采用生物清除环境中污染物的生物修复技术则极具应用前景，代表了未来的发展方向。生物修复是指一切以利用生物为主体的环境污染的治理技术。它包括利用植物、动物和微生物吸收、降解、转化土壤和水体中的污染物，使污染物的浓度降低到可接受的水平，或将有毒有害的污染物转化为无毒无害的物质，也包括将污染物稳定化，以减少其向周边环境的扩散。

生物修复污染土壤主要是利用植物和微生物对有毒有害物质的吸收和降解作用。生物修复技术是将土壤环境中的危害性污染物降解成二氧化碳和水或其他无公害物质的工程技术。其中植物修复是指利用植物忍耐或超量吸收积累某种或某些化学元素的特性，或利用植物及其根际微生物通过吸收、降解、过滤和固定等过程将污染物降解转化为无毒无害物质以达到净化环境污染的技术。

植物修复旨在以植物忍耐、分解或超量积累某种或某些化学元素的生理功能为基础，利用植物及其共存微生物体系来吸收、降解、挥发和富集土壤中的污染物，是一种绿色、低成本的土壤修复技术。相对于传统的物理化学土壤修复技术，污染土壤的植物修复对土壤扰动小，对环境也更加友好，显示出良好的应用前景。植物修复的概念是由美国科学家Chaney于1983年提出的，主要包括植物提取（又称作植物萃取或植物吸取）、植物稳定、植物挥发和植物降解等。植物提取是指利用植物将土壤中的污染物提取出来，富集于植物根部可收割部位和植物根上部位，之后有机污染物在根部被降解或者分解成小分子物质。植物稳定是指利用植物提取和植物根际作用，将土壤中的污染物转化为相对无害或者低毒物质，从而达到减轻污染的效果。植物挥发则是植物将污染物吸收到体内后并将其转化为气态物质，释放到大气中的一种植物修复方法，经常应用于有机污染物及甲基汞的土壤修复治理。植物降解修复指的是利用植物吸收、富集有机物后对其进行降解。实际上，植物修复是利用土壤-植物-微生物组成的复合体系来共同降解有机污染物，该体系是一个强大的“活净化器”，它包括以太阳能为动力的“水泵”和“植物反应器”及与之相连的“微生物转化器”和“土壤过滤器”。该系统中活性有机体的密度高，生命活性旺盛，由于植物、土壤胶体、土壤微生物和酶的多样性，该系统可通过一系列的物理、化学和生物过程去除污染物，达到净化土壤的目的。植物修复是颇有潜力的土壤有机污染治理技术。与其他土壤有机污染修复措施相比，植物修复经济、有效、实用、美观，且作为土壤原位处理方法其对环境扰动少；修复过程中常伴随着土壤有机质的积累和土壤肥力的提高，净化后的土壤更适合于作物生长，植物修复中的植物固定措施对于稳定土表、防止水土流失具有重要意义。与微生物修复相比，植物修复更适用于现场修复且操作简单，能够处理大面积面源污染的土壤；另外，植物修复土壤有机污染的成本远低于物理、化学和微生物修复措施，这为植物修复的工程应用奠定了基础。

5.4.1　根际降解

根际降解是指利用植物根系和根际技术提高污染物生物去除效率的一种方法。根际降解包括植物根系分泌物、根际微生物与植物相互作用实现对有机污染物的降解作用。植物对有机污染物的吸收主要有两种途径：一是植物根部吸收并通过植物蒸腾流沿木质部向地上部分迁移转运；二是以气态扩散或者大气颗粒物沉降等方式被植物叶面吸收。研究表明，对于低挥发性有机污染物，植物对其吸收积累主要是通过根部吸收的方式，而对于高挥发性有机污染物则主要是通过植物叶片的吸收富集。

有机污染物的根际修复主要是植物-微生物的协同修复。根系分泌物是植物根系释放到周围环境（包括土壤、水体和大气）中的各种物质的总称。根系分泌物营造了特殊的根际环境，影响了根际环境的微生物活性和有机污染物的生物可利用性。根系分泌物通过为根际的微生物提供丰富的营养和能源，使植物根际的微生物数量、群落结构和代谢活力比非根际区高，增强了微生物对有机污染物的降解能力。而且植物根系分泌到根际的酶可直接参与有机污染物降解的生化过程，提高降解效率。植物本身能直接吸收代谢污染物，另外根系还能增加微生物数量和根际特殊微生物区系的选择性，改善土壤的理化性质，增加共代谢过程中所需根系分泌物的排放量，提高污染物的腐殖质化和吸附性能，从而增加污染物的生物有效性。在根际环境中，降解多环芳烃的功能微生物、植物的根表脱落物和水溶性根系分泌物以及植物和微生物分泌的生物表面活性剂类物质是植物和微生物相互作用促进多环芳烃降解的三个主要因素，也是目前在机理研究方面的主要关注对象，特别对前两者的研究在近几年取得了大量的成果。其中含有降解多环芳烃功能基因的微生物是根际环境中去除土壤中多环芳烃的最主要和最直接的贡献者，在植物-微生物相互作用体系中，功能微生物对多环芳烃的降解量占到了多环芳烃总去除量的 90%以上。这主要是由于这些微生物体内具有单、双加氧酶基因及其他相关下游基因，能够将多环芳烃作为底物进行代谢，当生长条件合适时，这种代谢能力会非常明显地体现出来，从而能够大量去除土壤中的多环芳烃。植物在该体系中的作用主要是向根际微生物提供生长所需的碳源。虽然功能微生物能够降解土壤中的多环芳烃、但这种能力只有在外界条件合适时，才能较为明显地体现出来，而被多环芳烃污染的土壤养分低，毒性大，对微生物的生长具有一定的抑制作用，使其无法最大限度地降解多环芳烃。但在污染土壤中种植植物后，其根系能向根际环境释放大量的水溶性分泌物和根系脱落物（含木质素和纤维素的残体），这些物质能够为微生物提供碳源，使其生物量增加，相应地也使功能基因表达量增加，从而提高微生物对多环芳烃的降解能力。植物和微生物分泌的生物表面活性剂类物质是最近才开始关注的根际环境中促进多环芳烃降解的因素。由于多环芳烃的高疏水性，使其无法进入土壤水相，但另一方面，植物和微生物在根际环境中的作用主要发生在土壤水相，因此，当多环芳烃无法存在于土壤水溶液中时，功能微生物降解多环芳烃的能力将不能体现。

有机污染物的根际降解根据其修复机制又可分为根系分泌物促进有机污染物降解和植物强化根际微生物的降解作用。植物根系可以吸收土壤中的有机污染物，并将其吸收的一部分转移、积累到地上部分。根际修复的机理有植物增强根际微生物的活性、生物过程（微生物质粒的转移）和物理过程（污染物通过蒸腾流改变根际、土壤结构）。根际微生物可能不会通过降解有机污染物来获得能量，而主要是利用植物产生的有机化合物对污染物进行共代谢。根际自由生存的微生物可利用植物产生的降解有机物的酶来降解持久性有机污染物。

植物根系能分泌过氧化物酶、多酚氧化酶等能降解特定有机污染物的酶，从而促进土壤中有机污染物降解。但也有研究表明，游离到土壤中的酶在土壤多种环境因素的作用下会很快失活，所以通过植物根系分泌降解酶到环境中去降解有机污染物效果有限。在土壤有机污染修复的过程中，植物促进土壤微生物的活动增加，其对有机污染物的降解是一个重要的机制，因此，可以通过开发利用根际微生物的综合作用来加速土壤有机污染物的污染修复过程。图 5-1 为污染物在植物中的吸收过程。

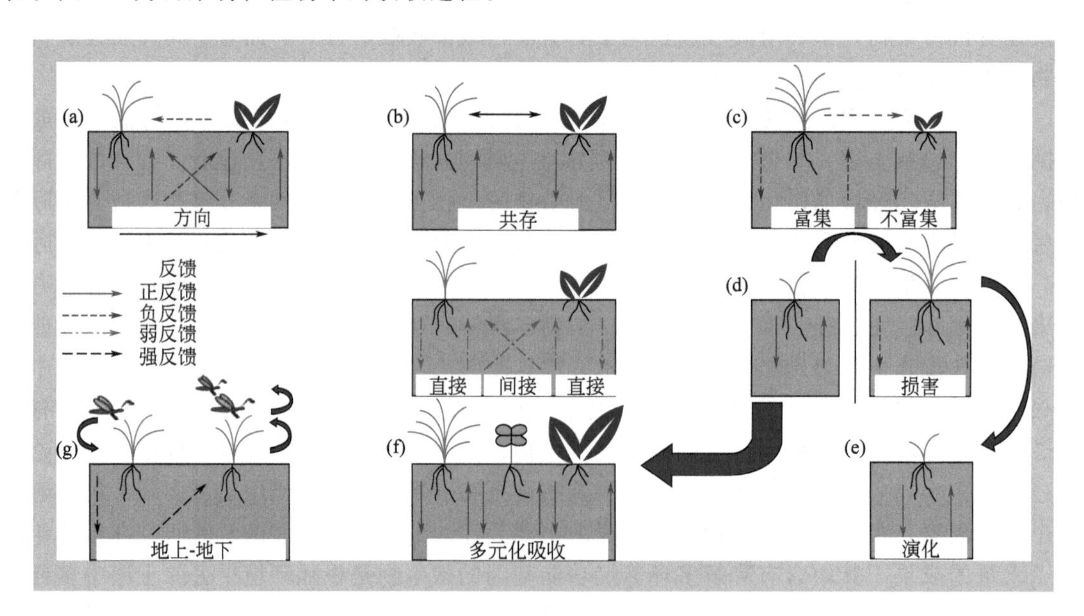

图 5-1 污染物在植物中的吸收过程

虽然植物吸收以及植物的根际降解作用可以降低土壤中有机污染物含量，但是由于一般有机污染都具有显著的疏水特性，在水相中的溶解度极低。因此，环境中的有机污染往往与受污染的土壤紧密结合而难以被生物吸收利用，大大限制了土壤有机污染物的修复效率，因此土壤中污染物的生物可利用性在有机污染土壤的修复中扮演着重要的角色。有研究表明，向污染环境接种微生物是提高环境中有机污染物的生物降解、加速污染修复的一个重要手段。

5.4.2 植物降解

植物降解也称植物转化，是指通过植物体内的新陈代谢作用将吸收的污染物进行分解，或者通过植物分泌出的化合物（比如酶）的作用对植物外部的污染物进行分解。其修复途径主要有两个方面：一条途径是污染物质被吸收到体内，植物将这些化合物分解的碎片通过木质化作用储存在新的植物组织中，或者使化合物完全挥发，或者矿化成二氧化碳和水，从而将污染物转化成毒性小或无毒的物质。另一条途径是在土壤中，根据上述提到的植物根系分泌物直接降解根际圈内有机污染物质，从而达到修复土壤污染物的目的。植物降解技术适用于疏水性适中的污染物，如 BTEX、TCE、TNT 等军用排废。对于疏水性非常强的污染物，由于其会紧密结合在根系表面和土壤中，从而无法发生迁移，对于这类污染物，更适合采用植物固定和联合生物修复技术。

5.4.3 植物挥发

植物挥发是指通过植物蒸腾作用将挥发性化合物或者新陈代谢产物释放到大气的过程。羟基是光化学循环中形成的一种氧化剂，地下环境中许多难处理的有机化合物在进入大气后可很快与羟基产生化学反应。然而，将污染物从土壤或地下水转移到大气中并不容易。植物中的硝酸盐还原酶和树胶氧化酶可分解炸药废弃物如 TNT，并将降解后的环形结构物结合到新的植物组织或有机残渣中，成为有机物质的组成部分，从而达到去毒的目的。当然，植物挥发方法要求排放后的物质毒性远远低于之前，若处理不当，容易污染空气。

5.4.4 植物提取

植物提取就是植物将有机污染物吸收到体内储存、降解或通过蒸腾作用将污染物从叶子表面挥发到大气中，从而清除或降低土壤污染物。植物可在体内转化有机污染物达到解毒效果，其中有些污染物可被植物完全降解为二氧化碳和水。植物提取有机污染物的效果因植物的种类、部位和特性的不同而有差异，也与有机污染物性质、土壤性质、修复时间等因素有关。

5.5 微生物修复技术

土壤是微生物的大本营，是微生物生长和繁殖的天然培养基。土壤中微生物具有以下特点：类群丰富，一般包含细菌、放线菌、真菌、藻类和原生动物五大类；数量繁多，一般来说，在 1g 耕作层土壤中，细菌数量约为 10^8 个，放线菌（孢子）数量约为 10^7 个，真菌

（孢子）数量约为 10^6 个，酵母菌数量约为 10^5 个，藻类数量约为 10^4 个，原生动物约为 10^3 个。由于土壤质地、发育历史、发育母质、季节、肥力、作物种植状况、土壤层次和深度等不同，其所含的微生物种类和数量会表现出很大差异，一般在微生物修复过程中起作用最大的是细菌，其次是放线菌和真菌类。土壤微生物可以通过固氮、降解无机磷和钾等改善土壤的物理、化学结构并提高肥力，又可促进植物光合作用，抑制植物病原菌增殖，促进作物生长，还可降解多种有机污染实现对污染土壤的修复。土壤中的多环芳烃（PAHs）和多氯联苯（PCBs）属于典型的持久性有机污染物，具有潜在的致癌性和致畸性。土壤微生物对这类物质的修复机制近年来受到广泛关注。PAHs 和 PCBs 具有庞大的衍生物体系，在土壤中可以长期滞留而不被分解。近年来针对 PAHs 和 PCBs 污染特征、污染控制与削减、修复关键技术等方面取得了明显的研究进展，特别是在其微生物修复原理与技术研究方面的成果较为突出。微生物修复技术是利用微生物的分解作用即代谢过程分解土壤中的污染物，实现污染土壤的修复。在这个过程中污染物会被转化或者分解成无害物质，一般都是将其转化为水、二氧化碳等。微生物修复主要利用微生物的代谢功能降低有毒污染物的活性，或将其降解为无毒物质。该技术作用范围广，操作简单，是目前土壤污染修复研究的热点。这种技术在石油泄漏污染、废弃物堆置场的修复中较为常见。但是微生物修复技术有着一定的限制，如不能将土壤中的污染物全部去除，对重金属类污染物的修复效果较差等，目前主要用来修复土壤中的有机污染物。

微生物降解和转化土壤中的有机污染物，通常主要依靠氧化作用、还原作用、基团转移作用、水解作用以及其他机制进行。进入土壤中的农药通过吸附与脱附、径流与淋溶、挥发与扩散等过程，可从土壤中转移和消失，但往往会造成生态环境的二次污染。能够彻底消除农药土壤污染的途径是农药的降解，包括土壤生物降解和土壤化学降解。前者是首要的降解途径，亦是污染土壤生物修复的理论基础。生物降解的生物类型主要为土壤微生物，此外有植物和动物。土壤微生物是污染土壤生物降解的主体，由于微生物具有种类多、分布广、个体小、繁殖快、表面积大、容易变异、代谢多样性的特点，当环境中存在新的有机化合物（如农药）时，其中部分微生物通过自然突变形成新的变种，并由基因调控产生诱导酶，在新的微生物酶作用下产生了与环境相适应的代谢功能，从而具备了降解新污染物的能力。

环境中存在的各种天然物质，包括人工合成的有机污染物，几乎都有使之降解的相应微生物。经过多年的努力，微生物修复已在许多农药污染土壤的修复实践中取得了成功，近年来人们开始尝试着运用基因工程的手段创建农药降解工程菌株。下面介绍生物修复常用的几种技术。

5.5.1 生物刺激

生物刺激是指一种旨在通过添加养分和增加空气量来改变生物降解中微生物的活性和强度的技术，从而促进微生物的繁殖和生长，增强土壤中微生物的活性，实现微生物对有机污染物的降解。生物刺激主要通过定期向受污染土壤添加养分和碳源，以满足土壤降解细菌的需要，来改善土壤中微生物的代谢活性，将污染物充分矿化为二氧化碳和水的一种方法。

我国陕北石油勘探区荒漠化比较严重，研究表明，生物刺激修复技术对受到石油污染的荒漠土壤具有明显的修复作用，所以在干旱地区采用生物刺激修复受石油污染的沙漠土壤是可行的。由于土壤微生物降解污染物的巨大潜力，该方法已经被应用于有机污染土壤的修复工程中。

5.5.2　生物通风

生物通风（bioventing，BV）也称为土壤曝气，旨在改变生物降解的环境条件，是一种原位土壤生物修复的方式。该技术是将空气或氧气输送到地下环境，促进微生物的有氧活动，使土壤中的污染物降解的修复技术。也可以理解为土壤中不饱和地区的有机污染物被土壤中的微生物所降解，而毛细管区的土壤不会受到影响。将空气或氧气注入不饱和区域、添加营养物质（氮和磷酸盐）和接种特定工程细菌等措施可用于改善生物通风修复技术中微生物的降解能力，可以使用注射井或抽提井将空气注入所需区域。1989年，美国希尔空军基地使用土壤气相抽提（SVE）修复技术来修复由航空燃料油泄漏而造成的土壤污染。在修复过程中，研究人员发现现场微生物对污染物具有高降解性，约占去除污染物的15%～20%。在人为采取促进生物降解的措施后，生物降解的贡献率上升到40%以上。由此在使用SVE的过程中生物降解引起了美国环境保护署和研究人员的注意。因此，可以说BV是在SVE的基础上开发出来的，并快速应用于有机污染土壤修复领域。它使用与SVE相同或类似的基础设施，包括真空泵、鼓风机、注入井或抽提井以及用于向地下渗透营养的管道等。

生物通风法处理石油污染土壤的优点有以下几个方面：

① 生物通风属于土壤原位修复技术，不会破坏土壤结构，不用挖土且设计、安装过程简便易行。

② 与SVE相比，BV不用考虑尾气的后续处理，使得操作成本下降；生物通风的应用范围也较宽，不仅能适用于挥发性污染物，还能用于半挥发性污染物及重组分有机物；BV修复也不用满足SVE修复的要求，如需要高含水率土壤、石油污染的低渗透性等。

③ 操作过程灵活，可采用升高土壤温度、添加表面活性剂、注入纯氧气到土壤中或添加工程菌等方法将石油类物质从其所吸附的土壤颗粒上剥落下来，从而使生物的可利用性大大提高。

④ 因BV修复后最终的产物是CO_2、H_2O和脂肪酸，所以对环产生的副作用小，即使中间产物是污染物，产生量也较小，可以通过在出口处安装气体净化装置来避免二次污染。

5.5.3　生物强化

生物强化是指通过添加细菌或古菌来提高生物降解速率的过程。源自受污染地区的生物可能已经能够分解废物，但可能效率低下、速度慢。因此，科学家通常需要研究本地物种特性，以确定是否有可能进行生物刺激。如果土著品种不具备可以补救的代谢能力，则引入具有降解复杂污染物途径的外源品种。生物强化是解决有机污染经济而有效的途径。生物强化通过育种或培养手段提高现有微生物对于有机物的吸收量。可以通过传统的杂交育种，也可以通过转基因技术来培育出可过量吸收有机物的微生物。

生物刺激与生物强化可以结合使用，生物刺激-生物强化联合修复技术是在生物强化的基础上开发出来的，在添加降解细菌的过程中，同时添加有利于微生物生长的营养物质，使污染物的降解效果达到最佳。联合修复具有生物刺激修复的许多优点，同时具有微生物修复的特点。生物强化-生物刺激联合修复模式是改善石油污染物快速降解和转化的主要生物修复模式。国内外研究结果表明，从降解和去除效果来看，生物刺激<生物强化<生物强化-生物刺激联合修复技术。

5.5.4 生物耕作

生物耕作是一种通过地面上的生物降解作用降低土壤中石油组分浓度的方法。该方法一般挖掘受污染的土壤，并放在表面的薄层，通过向土壤中加入水、养分和矿物质来促进土壤中有氧微生物的活性，从而降解土壤中的石油吸附。当污染深度小于 1m 时，可以进行原位修复，当污染深度大于 1.5m 时，需要进行异位修复。

生物耕作的主要原理是土壤中含有多种微生物，排水较好的土壤适合用于生物耕作，其中微生物一般为好氧微生物。在修复石油污染土壤的过程中起作用的主要是有氧微生物和异氧微生物。生物耕作的修复效率主要取决于污染物性质、土壤特性和气候条件等。土壤特性包括渗透性、湿度、密度、pH 值等。黏土类土壤容易黏附，也不方便排湿，添加氧气、营养物质等也不能很好地分布，不适合微生物生长，所以不适合使用生物耕作。挥发性有机物在耕作时主要通过挥发去除，可生物降解量很小。根据各地有机化合物排放标准，需要对产生的相应废气进行处理。除了某些天气条件外，一般生物耕作是在开放的环境中进行的。但是需要避免雨雪天气，当大雨后，土壤水分显著增加，不利于一些微生物的降解。此外，干旱会降低土壤水分，也不利于微生物活动。风对土壤会造成一些侵蚀，为了减少风的侵蚀，可以在室内进行耕作或增加土壤湿度。温度是影响微生物活动的一个重要因素，在寒冷地区应当考虑在温室中进行耕作修复。生物耕作修复技术的主要优点是：设计和实施相对简单；修复时间较短，一般在半个月到两年内即可完成土壤修复；修复成本约每吨土壤 30～60 美元，修复成本相对便宜；对土壤自身的结构影响较小。主要的不足之处是难以达到 95%以上的去除率，当污染物浓度过高时，如总油浓度高于 5000mg/kg 或土壤中的重金属含量大于 2500mg/kg 时，这种方法不适用，高浓度的污染物会影响微生物的生长过程，不利于土壤的修复。同时，挥发性有机物主要通过蒸发去除，而不是生物降解，在进行大面积场地修复时，需要注意在修复过程中产生的 VOCs 和粉尘。当有渗滤液产生时，需要对土壤做衬底。

生物耕作已被证明在修复几乎所有受到油污染的土壤方面是有效的，例如挥发性较好的汽油、挥发性较差的燃料油和润滑油，都有良好的修复效果。但油的成分非常复杂，含有数百种物质，其波动性也大不相同。一般来说，汽油、柴油和煤油含有一定量的挥发性成分。这些成分主要通过在生物耕作过程中蒸发去除，部分成分也会通过降解去除。在修复过程中，应该根据当地的 VOCs 排放标准，对排放气体进行相应的处理。与汽油相比，柴油和煤油的挥发性含量较低，生物降解的比例较大。高沸点油（如燃料油和润滑油）的挥发性较差，主要是生物降解，因此比柴油和煤油成分需要更长的时间才能降解。

5.5.5 生物堆肥

生物堆肥（composting）一般分为好氧堆肥和厌氧堆肥。好氧堆肥是有机物在氧气充足的条件下被微生物分解的一种方式，主要分解产物是二氧化碳、水和热量。厌氧堆肥是有机物在缺氧条件下被微生物分解的一种方式，厌氧分解最后的代谢产物是甲烷、二氧化碳和许多分子量低的中间产物，如有机酸等。与好氧堆肥相比，厌氧堆肥每单位质量的有机物降解产生的热量较少，而且厌氧堆肥通常容易产生异味。由于这些原因，几乎所有的堆肥工程系统都采用好氧堆肥工艺。堆肥工艺可以使污泥更好地脱水，并且杀灭了污泥中的病原体。堆肥处理污泥的方法成本较低，处理后污泥一般可以完全满足进入垃圾填埋场的要求，如果再进一步进行制肥工艺，成品可以直接用于土地的再次使用。好氧堆肥是在氧气充足的条件下，借助好氧微生物或兼性好氧微生物（主要是好氧细菌）的作用，使得有机物不断被分解转化的过程，好氧堆肥一般可以分为如下三个阶段。

（1）升温阶段

一般是指堆肥过程的初期。在该阶段，堆体的温度逐渐从环境温度上升到45℃左右，起作用的微生物主要是以嗜温微生物，包括真菌、放线菌和细菌，分解的底物以糖类为主。

（2）高温阶段

堆体温度升至45℃以上即进入高温阶段。在这一阶段，嗜温微生物会受到抑制甚至可能出现死亡，而嗜热微生物开始发挥作用。堆肥过程中残留的和新形成的可溶性有机物质会被继续氧化分解，复杂的有机物如蛋白质、半纤维素和纤维素也开始被快速分解。微生物的活动会随温度的升高而发生改变，通常在50℃左右时最活跃的是放线菌和嗜热真菌；当温度上升到60℃时，大部分真菌都会完全停止活动，仅有部分嗜热细菌和放线菌继续活动；当温度上升到70℃时，大多数嗜热微生物已也不能适应，大批进入休眠和死亡阶段。所以目前堆肥的最佳温度一般为55℃左右，这是因为大多数微生物在该范围内最活跃、最易分解有机物，而且一些病毒、虫卵和病原微生物大多数可被杀死。

（3）降温阶段

高温阶段必然造成微生物活动减弱和死亡，之后自然进入降温阶段。在这一阶段，嗜温微生物又开始占据优势，起主导作用，对残余较难分解的有机污染物进一步地分解，但在该阶段微生物活性普遍下降，有机物也趋于稳定化，需氧量大大减少，堆肥开始进入腐熟或后熟阶段。

下面介绍堆肥过程中的一些重要因素。

（1）充氧方式

有氧堆肥的供氧主要包括动态翻抛充氧和静态鼓风曝气充氧两种方式。鼓风曝气充氧是利用位于堆肥材料下部风管不断将空气传输到堆体中，达到补充氧气的目的。翻抛充氧是使用翻转机让物料和空气进行短时间的接触，从而补充部分氧气。两种充氧方法各有优缺点。

鼓风曝气充氧时间较长，但是充氧时间比较灵活，氧气供应可以根据需要随时进行，特别是在氧气监测和制氧条件下使用自动监测系统，根据反应器的耗氧量随时对氧气进行补充，保证反应器中的氧气充足供应，这可以降体堆体出现厌氧发臭的可能性，并确保厂区的环境卫生。然而，过量或连续的曝气不仅会导致由于进气过多而使得堆中大量热量流失、反应器温度降低，也会增加能耗。因此，通风时间既要合适，通风量也必须适当，不要过多或过少。

翻抛充氧是利用与空气接触的瞬间将堆体翻转，实现充氧。翻抛充氧可以保证整个堆体的均匀性，避免发酵出现死角，但翻抛充氧时间较短，而且每天翻转的次数有限（一般每天只翻转一次），在堆肥过程中大部分时间都存在严重的供氧问题。同时当在堆肥的快速发酵阶段时，氧气消耗非常迅速，因此堆体的氧气浓度有时在半小时内降低到产生硫化氢等臭气的阈值（7%～8%）。因此，堆肥过程只靠翻抛进行充氧，必然会出现大多数时间缺氧的问题，导致臭味和蚊虫传播的环境卫生问题。而且在堆肥高温阶段频繁翻抛会导致大量氨气的挥发，产生安全隐患。

污泥好氧堆肥工程的运行实验表明，在堆肥的初期和中期，有氧发酵的耗氧速率非常快，特别是在高温阶段，依靠翻抛机的充氧作用无法满足对氧气的需求，因此会出现长时间的厌氧期，导致臭味和蚊蝇问题，同时大大降低堆肥的稳定性。同时由于翻抛机的翻抛作用，反应器的温度会迅速从高温降低到室温，使反应器的温度发生锯齿状变化，破坏理想的有氧发酵升温和保持温度的过程，不利于实现堆肥灭菌和杀灭杂草种子等无害化过程，也不利于微生物在高温阶段的快速降解。

(2) 堆肥过程的氧气监测与控制

氧气是影响微生物活动和堆肥过程的重要参数，需要充足的氧气来保证好氧堆肥过程的顺利完成。利用自动在线监测装置监测堆肥的含氧量，可以清楚地判断堆肥的状态，为鼓风机的控制提供依据。

堆肥的初始阶段（起爆期和加热期）微生物数量较少，活性低，堆肥对氧气需求不大，现阶段的鼓风策略是基于堆肥的含氧量，建议使用小气量鼓风，这样不会带走堆体的热量。当温度上升到高温期后，微生物得到大量的繁殖，活性也较高，耗氧速率也更快，这个阶段使用较大的鼓风量来带走堆体的水分，为堆体提供足够的氧气。当堆体进入冷却期时，堆体的耗氧速率降低，氧气需求降低，所以此阶段采用曝气充氧与翻抛充氧相结合的方式。

(3) 堆肥过程的温度监测与控制

堆肥温度是高温好氧堆肥的另一个重要指标，与堆肥过程中发酵速率、稳定化效果、脱水效率、灭菌和生物灭活等都有关联。在高温阶段，堆体中的高温微生物可以大量繁殖，高温微生物的生物降解效率高于其他微生物，高温不仅有利于加速堆肥过程，它还有利于杀菌和杀灭杂草种子，因此是堆肥无害化处理的最关键阶段。但是，如果温度过高，可能导致所有微生物被杀死或休眠。这降低了堆肥过程的发酵效率，对堆肥过程产生了不良影响。在好氧堆肥的三个阶段，高温不利于堆肥的发酵过程。因此，必须监测和控制堆肥的温度，以达到最佳的温度条件，以最大限度地提高堆肥中有益微生物的繁殖和生长。

5.5.6 微生物共代谢

共代谢是指微生物在利用营养物质的同时降解污染物，Leadbetter 等最早发现共代谢现象，并命名为共氧化（cooxidation），这意味着微生物可以氧化三氯乙烯（TCE）和其他氯系污染物，但不能利用在氧化过程中产生的中间物和能量来维持其生长，必须在存在营养物质的情况下保持细胞生长。目前大多数难以降解的有机物是通过共代谢途径降解的。TCE是环境中常见的一类重要有机污染物，是一种无色透明的液体，常被用作有机溶剂，在环境中可以持久存在，对生物体的毒性极强，具有致癌性和致畸性，被认为是危险物质。TCE的大规模使用使它成为地表水和地下水中分布最广泛的污染物。但到目前为止，还没有微生物将 TCE 作为碳和能量的唯一来源。然而，利用微生物共代谢降解 TCE，取得了巨大的成功。TCE 和其他氯系污染物本身不是微生物的营养物质，对微生物有毒，影响微生物的活性。但是当存在甲苯、苯和甲烷等共代谢替代物时，它们可以被微生物降解。在共代谢降解过程中，微生物降解某些通过共代谢维持自身生长的物质，同时降解某些不需要生长的物质。共代谢过程的主要特征可以概括为：a. 微生物利用易于摄入的基质作为微生物生长的碳和能量来源；b. 有机污染物作为第二基质被微生物降解，此过程是需能反应，能量来自营养基质分解过程中所产生的能量代谢；c. 污染物与营养基质之间存在竞争现象；d. 污染物共代谢的产物不能作为营养被同化为细胞质，有些对细胞有毒害作用。进一步研究发现，共代谢反应是由数量有限的活性酶（也称为关键酶）决定的，不同类型的微生物含有的关键酶是不同的。例如，有氧微生物中的关键酶主要是单氧酶和过氧酶。关键酶控制整个反应的节奏，其浓度由第一基质诱导决定，微生物使用关键酶提供共代谢反应所需的能量。由于共代谢过程具有上述特征，因此比一般的微生物降解过程更为复杂。由于维持共代谢的酶来自初级基质的利用，因此只有在消耗初级基质时才能发生利用次级基质的共代谢过程。次级基质也可以与酶的活性部分结合，从而阻碍酶与生长基质的结合。因此，在同时存在两种基质的大系统中，酶在代谢过程中必然存在竞争，两个基质的代谢率也存在着相互竞争，在 TCE 共代谢降解研究中，反应动力学将变得更加复杂，甲苯、甲烷、氨、酚和丙烷等一系列物质可以作为共代谢的第一基质即生长基质。在生长基质存在的情况下，微生物可以降解第二基质，即 TCE。

思考题

1. 土壤置换修复技术的主要缺点是什么？
2. 相较于其他修复技术，水泥窑协同处置技术的优势主要体现在哪里？
3. 气相抽提修复技术有哪些改进形式？
4. 对于农药、多环芳烃、石油等有机污染物应该应用何种修复技术？
5. 有机污染土壤物理修复主要有哪几种修复技术？
6. 电动修复适用于处理有机污染土壤中的哪类有机污染物？
7. 土壤焚烧技术的主要影响因素有哪些？
8. 简单介绍化学氧化技术的原理和影响因素。
9. 如何选择土壤淋洗修复技术中的淋洗液？
10. 简述电动修复技术的原理。
11. 概述电动修复过程所涉及的电动力学现象。
12. 如何提高热脱附技术修复土壤的效果？
13. 光催化降解技术的关键是什么？

14. 影响微生物修复的因素主要有哪些?

15. 影响植物修复的因素主要有哪些?

16. 简述化学氧化技术的分类及各自的适用范围。

17. 为什么生物修复技术开始兴起就被研究人员广泛关注?

18. 将生物修复技术和物理化学技术相结合在修复土壤方面有什么优势?

19. 简述有机污染土壤修复中物理修复、化学修复、生物修复三种修复技术各自的优缺点。

20. 目前有哪些新型修复技术可以用来修复有机污染土壤?

第6章

土壤修复工程

6.1 修复工程实施的特点

污染场地土壤修复工程的实施是土壤修复理论及技术的实例化。作为工程项目，土壤修复工程具有一般项目的项目唯一性、项目一次性、项目目标明确性、项目相关条件约束性等典型特征，还具有工程项目周期长，影响因素多以及项目实施过程、项目组织、项目环境三个方面的复杂性。

与一般工程项目相比，污染场地土壤修复工程还具有过程精细化、针对性强、时效性强、安全控制要求高等特点。下面详细介绍修复工程的几个特点。

（1）过程精细化

污染场地土壤修复是一项系统化和精细化的工程，涉及土壤污染的普查和识别、特征污染物的检测和分析、污染风险的表征与评价、污染修复方案的制定和评估、污染场地的修复治理、修复过程的监测和管控、修复工程的验收和后评价等，工作流程较长、环节较多，任何疏漏都会造成治理成本的增加或失控。

污染场地土壤修复十分强调污染特征因子的确认，十分关注特征污染物的精确分布，十分依赖污染场地的开发用途。对上述条件的确认直接关系到污染土壤修复治理的体量和程度、修复治理方案的选择、修复治理材料的消耗量和修复治理过程的组织等，这些都会对修复治理工程的技术经济成本产生很大的影响。然而，要准确确认污染特征因子，精确确定其分布，并据此制订合适的工艺技术方案，需要进行大量的前期检测分析、必要的技术方案论证和严格的作业过程控制。避免污染土和未污染土的混合处置，避免低浓度污染土和高浓度污染土的混合处置，避免污染土的修复不足和过度修复等。

（2）针对性强

污染场地土壤修复技术涉及多种污染因子治理、不同污染场地特点、不同土地开发要求等，没有一种通用的修复工艺技术流程能满足各种不同类型的污染土壤的评价与修复。每一个污染场地的污染成因、特征污染物组成及其分布特点都直接影响或决定着污染土壤治理的工艺、成本和效果。因此，污染场地土壤修复技术针对性极强，必须因地制宜，一地一策。

(3) 时效性强

理论上，只要时间足够长，污染土壤均能通过自有修复能力实现功能再造。但实际治理项目涉及开发利用周期要求、场区地质地形限制、行政管理权限、技术经济效益等复杂影响因素，而且不同时段的修复标准也有差异，不论采取原位修复、异地修复还是多种处理技术联合修复等修复方案，都有极强的时效性。

(4) 安全控制要求高

污染土壤修复的同时，必须严格控制修复过程中潜在的二次污染。生态修复或工程治理不仅要保障土壤功能恢复目标，而且要保障污染物的有效消解或安全转移，避免水体（地表水和地下水）、气体（大气环境）和修复区域外的土壤受到直接或间接污染。因此，土壤修复技术必须保证所用药剂的使用安全，土壤修复工艺必须周密考虑尾气、尾水的有组织控制和安全处理。

6.2 修复工程实施流程与工作内容

环境保护部（现生态环境部）于 2014 年先后发布了《场地环境调查技术导则》（HJ 25.1）《场地环境监测技术导则》（HJ 25.2）、《污染场地风险评估技术导则》（HJ 25.3）、《污染场地土壤修复技术导则》（HJ 25.4）、《污染场地术语》（HJ 682）（现均已修订为 2019 版标准）以及《工业企业场地环境调查评估与修复工作指南（试行）》，为企业及管理部门提供了场地环境调查评估与修复治理工作的技术指导与支撑。根据与土壤相关的法律知识，对不合法的企业进行相应整改。

目前，场地环境调查评估与修复治理工作由场地责任主体承担，按照以下 4 种情形确认场地责任主体。

① 按照“谁污染、谁治理”的原则，造成场地污染的单位和个人承担场地环境调查评估和治理修复责任。

② 造成场地污染的单位因改制或者合并、分立等原因发生变更的，依法由继承其债权、债务的单位承担场地环境调查评估和治理修复责任。

③ 若造成场地污染的单位已将土地使用权依法转让的，由土地使用权受让人承担场地环境调查评估和治理修复责任。

④ 造成场地污染的单位因破产、解散等原因已经终止，或者无法确定权利义务承受人的，由所在地县级以上地方人民政府依法承担场地环境调查评估和治理修复责任。

6.2.1 实施流程

污染场地的土壤修复工程可划分为两个阶段：场地环境调查评估和污染场地修复管理。具体是在场地污染调查的基础上，分析场地内污染物对未来受体的潜在风险，并采取一定的管理或工程措施避免、降低、缓和潜在风险，大致可分为场地环境调查、风险评估、修复治理、修复验收及后期管理。

场地环境调查评估包括第一阶段场地调查（污染识别）、第二阶段场地调查（现场采样）以及第三阶段风险评估。

第一阶段场地调查为场地环境污染初步识别与分析，当认为场地可能存在污染或无法判断时，应进入场地开始第二阶段场地调查工作。第二阶段场地调查分初步采样和详细采样，初步采样是通过现场初步采样和实验室检测进行风险筛选，若确定场地已经受到污染或存在健康风险时，则需进行详细采样，必要时进行补充采样分析，确认场地污染的程度与范围，并为风险评估提供数据支撑，进入第三阶段工作。第三阶段为风险评估，明确场地风险的可接受程度。根据场地污染状况，场地环境调查评估工作可以终止于上述任一阶段。

经过环境调查评估确定场地存在污染的，场地责任主体应组织开展场地修复工作，场地修复工程实施包括修复方案编制、修复实施、修复环境监理、修复验收与后期管理五个环节。

污染场地修复方案编制也称可行性研究，包括以下几个步骤：一是根据场地环境调查与风险评估结果，细化场地概念模型并确定场地修复总体目标，通过初步分析修复模式、修复技术类型与应用条件、场地污染特征、水文地质条件、技术经济发展水平，制订相应修复策略；二是通过修复技术筛选，找出适用于目标场地的潜在可行技术，并根据需要进行相应的技术可行性试验与评估，确定目标场地的可行修复技术；三是通过各种可行技术合理组合，形成能够实现修复总体目标的潜在可行的修复技术备选方案，在综合考虑经济、技术、环境、社会等指标进行方案比选的基础上，确定适合于目标场地的最佳修复技术方案；四是制订配套的环境管理计划，防止场地修复过程的二次污染，为目标场地修复工程的实施提供指导，并为场地修复和环境监管提供技术支持；五是基于上述选择修复策略、筛选与评估修复技术、形成修复技术备选方案与方案比选、制订环境管理计划的工作，编制修复方案。

修复实施是指修复实施单位受污染场地责任主体委托，依据有关环境保护法律法规、场地环境调查评估备案文件、场地修复方案备案文件等，制订污染场地修复工程施工方案，进行施工准备，并组织现场施工的过程。

修复环境监理是指环境监理单位受污染场地责任主体委托，依据有关环境保护法律法规、场地环境调查评估备案文件、场地修复方案备案文件等，对场地修复过程实施专业化的环境保护咨询和技术服务，协助、指导和监督施工单位全面落实场地修复过程中的各项环保措施。

污染场地修复验收是在污染场地修复完成后，对场地内土壤和地下水以及修复后的土壤和地下水进行调查和评估的过程，主要是确认场地修复效果是否达到验收标准。根据场地情况，必要时需评估场地修复后的长期风险，提出场地长期监测和风险管理要求。

后期管理是按照后期管理计划开展包括设备及工程的长期运行与维护、长期监测、长期存档与报告等制度，定期和不定期地回顾性检查等活动的过程。

6.2.2 工作内容

场地环境调查评估包括第一阶段场地调查（污染识别）、第二阶段场地调查（现场采样）以及第三阶段风险评估。

6.2.2.1 场地环境调查——污染识别

第一阶段场地调查污染识别的目的是识别可能存在的污染源和污染物，初步排查场地是否存在污染的可能性，必要情况下需要首先进行应急清理。主要工作内容是通过资料收集与分析、现场踏勘、人员访谈等方式开展调查，初步分析场地环境污染状况，编制第一阶段调查报告。污染识别阶段分析判断的目的是确定是否可能存在污染。若场地发现污染痕迹或被认为存在潜在污染以及无法判断污染可能性时，例如未发现污染痕迹，但生产中使用危险化学品及石油产品或排放有毒有害物质的场地，因历史状况不清等原因无法判断场地是否受到污染时，应作为潜在污染场地。若判断结果为可能污染，应进一步建立场地初步概念模型。场地概念模型是综合描述场地污染源释放的污染物通过土壤、水、空气等环境介质进入人体，并对场地周边及场地未来居住、工作人群的健康产生影响的关系模型。场地概念模型包括污染源、污染物的迁移途径、人体接触污染的介质和方式等，一般随着调查和评估的深入逐步完善和细化。场地污染概念模型应包括以下几方面：

① 场地应关注的污染物种类。根据生产工艺、原辅材料、产品种类、“三废”等情况，以及残留的原生污染物受物理化学过程影响产生的次生污染物，分析场地可能存在的污染物种类。

② 场地潜在污染区域。根据场地生产装置、各种管线、危险化学品及石油产品储存设施、污染物排放方式、现场污染痕迹、污染物的迁移特性等，分析场地潜在污染区域。

③ 水文地质条件分析。结合污染物特征，分析场地地层分布情况、地下水分布特征等影响污染物在环境介质中迁移转化的水文地质条件。

④ 污染物特征及其在环境介质中的迁移分析。

a. 原辅材料和产品运输过程中，由于泄漏、挥发和事故进入周边环境；

b. 生产过程中产生的废气和烟（粉）通过大气扩散至生产设施周边甚至厂房以外；

c. 废水在排放沟渠破裂时进入土壤和地下水；

d. 废物堆存点污染物经雨水淋洗并随地表径流扩散进入附近河流；

e. 废物堆存点污染物或污染土壤经降雨淋滤进入地下水，并随地下径流迁移。

⑤ 受体分析。根据污染场地未来用地规划，分析确定未来受污染场地影响的人群。

⑥ 暴露途径分析。根据未来人群的活动规律和污染物在环境介质中的迁移规律，分析和确定未来人群接触污染物的暴露点，分析和建立暴露途径。

⑦ 危害识别。在前述分析的基础上，初步进行场地污染物危害识别。

若第一阶段场地调查认为场地未受到污染，则场地调查结束，并编制第一阶段调查报告。第一阶段调查报告应包括场地基本情况、场地调查的主要工作内容、场地污染的初步分析结论及依据。其中主要工作内容应突出说明使用和排放的危险物质及使用量、污染痕迹、污染概念模型等。另外，需要针对场地环境调查过程中的不确定因素对评价结论的影响进行分析，并整理判断场地污染与否的关键佐证材料。

6.2.2.2 场地环境调查——现场采样

第二阶段场地调查（现场采样）的目的是识别确定场地的污染物种类、污染分布及污染程度。主要工作内容为初步采样、场地风险筛选、详细采样和第二阶段报告编制。初步采样又称为确认采样，主要是通过与场地筛选值比较，分析和确认场地是否存潜在风险及关注污染物；详细采样目的是确定污染物具体分布及污染程度。开展现场采样前，应先制订现场采样计划。

采样计划内容包括：核查已有信息、判断潜在污染情况、制订采样方案（包括采样目的、采样布点、采样方法、样品保存与流转、样品分析等）、确定质量标准与质量控制程序、制订场地调查安全与健康计划等。采样分析项目应包括第一阶段调查识别的污染物；对于不能确定的项目，可选取少量潜在典型污染样品进行筛选分析。一般工业场地可选择的检测项目有：重金属、挥发性有机物（VOCs）、半挥发性有机物（SVOCs）、石棉和其他有毒有害物质。如遇土壤和地下水明显异常而常规检测项目无法识别时，可采用生物毒性测试方法进行筛选判断；如遇有明显异臭或刺激性气味而常规项目无法检测时，应考虑通过恶臭指标等进行筛选判断。

初步采样又称为确认采样，重点是确定场地是否受到污染或存在风险，因此一般不进行大面积和高密度的采样，只是对疑似污染的地块进行少量布点与采样分析。采用判断布点方法，在场地污染识别的基础上选择潜在污染区域进行布点，重点是场地内的储罐储槽、污水管线、污染处理设施区域、危险物质储存库、物料储存及装卸区域、历史上可能的废渣地下填埋区域、“跑冒滴漏”严重的生产装置区域、物料输送管道区域、污染事故所涉及的区域、受大气无组织排放影响严重的区域、受污染的地下水污染区域、道路两侧区域、相邻企业区域等。对于污染源较为分散的场地和地貌严重破坏的场地，以及无法确定场地历史生产活动和各类污染装置位置时，可采用系统布点法（也称网格布点法）。布点数量可参考《建设用地土壤污染状况调查与风险评估技术导则》（DB11/T 656—2019）中的相关推荐数目。无法在疑似污染地块，特别是罐槽、污染设施等底部采样时，则应尽可能接近疑似污染地块且在污染物迁移的下游方向布置采样点。采样点和可能污染点相距较远时，应在设施拆除后，在设施底部补充采样。监测点位的数量与采样深度应根据场地面积、污染类型及不同使用功能区域等确定。

采样点数目应足以判别可疑点是否被污染，在每个疑似污染地块内或设施底部布置不少于三个土壤或地下水采样点。地下水采样可以不仅仅局限在厂界内，对场地内地下水上游、下游及污染区域内至少各设置一个监测井，地下水监测井设点与土壤采样点可并点考虑。在其他非疑似污染地块内，可采用随机布点方法，少量布设采样点，以防止污染识别过程中的遗漏。采样深度应综合考虑场地地层结构、污染物迁移途径和迁移规律、地面扰动深度等因素。在实际调查过程中可结合现场实际情况进行确定。

将污染初步采样结果与国家和地方等相关标准以及清洁对照点浓度比较，排查场地是否存在风险。相关标准可采用国家相关土壤和地下水标准、国家以及地区制定的场地污染筛选值，国内没有的可参照国际上常用的筛选值，或者应用场地参数计算适用于该场地的特征筛选值。若污染物筛选值低于当地背景值，采用背景值作为筛选值。一般在确定了开发场地土地利用功能的情况下，若污染物检测值低于相关标准或场地污染筛选值，并且经过不确定性分析表明场地未受污染或健康风险较低，可结束场地调查工作并编制第二阶段场地调查报告。若检测值超过相关标准或场地污染筛选值，则认为场地存在潜在人体健康风险，应开展详细采样，并进行第三阶段风险评估。

土壤采样布点需要注意以下情形：当场地污染为局部污染，且热点地区（第一阶段及第二阶段初步采样所确认的污染地块）分布明确时，应采用判断布点法在污染热点地区及周边进行密集取样，布点范围应略大于判断的污染范围。当确定的热点区域范围较大时，也可采用更小的网格单元，在热点区域内及周边采用网格加密的方法布点。在非热点地区，应随机布置少量采样点，以尽量减少判断失误。随机布点数目不应低于总布点数目的5%。当详细采样不能满足风险评估要求或划定场地污染修复范围的要求时，应该采用判断布点法进行一次或多次补充采样，直至有足够数据划定污染修复范围为止。必要时，可开展土壤气体、场地人群和动植物调查等，以进行更深层次的风险评估。

完成初步采样、场地风险筛选、详细采样后，编制第二阶段场地调查报告，主要包括以下内容：a. 场地污染情况，包括场地基本信息、主要污染物种类和来源及可能污染的重点区域；b. 现场采样与实验室分析，包括采样计划、采样与分析方法、检测数据、质量控制、检测结果分析；c. 场地污染风险筛选及场地环境污染评价的结论和建议。当第二阶段风险筛选结果表明场地确实已经受到污染或存在潜在的人体健康风险时，应启动第三阶段工作。

6.2.2.3 场地环境调查——风险评估

第三阶段目的是通过风险评估，确定场地污染带来的健康风险是否可接受，依据场地初步修复目标值划定修复范围。主要工作内容包括：a. 场地健康风险评估；b. 确定修复目标和修复范围；c. 编制第三阶段报告。

场地健康风险评估是在分析污染场地土壤和地下水中污染物通过不同暴露途径进入人体的基础上，定量估算致癌污染物对人体健康产生危害的概率，或非致癌污染物的危害水平与程度（危害商）。主要内容为危害识别、暴露评估、毒性评估和风险表征。

场地危害识别的主要任务是根据第一阶段和第二阶段的调查、采样和分析获取的资料，结合场地的规划用地性质，确定关注污染物及其空间分布，识别敏感受体类型，进一步完善场地概念模型，指导场地风险评价。

暴露评估是在危害识别的基础上，分析场地土壤和地下水中关注污染物进入并危害敏感受体的情景，确定场地土壤和地下水中的污染物对敏感人群的暴露途径，确定污染物在环境介质中的迁移模型和敏感人群的暴露模型，确定与场地污染状况、土壤性质、地下水特征、敏感人群和关注污染物性质等相关的模型参数值，计算敏感人群摄入来自土壤和地下水的污染物所对应的暴露量。暴露评估的主要工作内容包括分析暴露情景、识别暴露途径、选择迁移模型和确定暴露参数。

暴露情景是在特定土地利用方式下，场地污染物经由不同方式迁移并到达受体的一种假设性场景描述，即关于场地污染暴露如何发生的一系列事实、推定和假设。根据场地用地规划，确定场地的未来用地情景。根据受体特征，分析受体人群与场地污染物的接触方式。可将用地情景分为敏感用地（包括住宅、文化设施、教育用地等）和非敏感用地（包括工业用地、商业用地、物流仓储用地等），由于用地情景的暴露途径和暴露参数较为特殊，因此一般将用地情景分为居住、工商业和公园三类进行计算和分析。暴露情景分析时，可结合未来场地风险控制措施的应用（如暴露途径阻断措施等），分析不同风险控制情景下的风险水平。

场地污染土壤的暴露途径包括：经口摄入污染土壤、皮肤直接接触污染土壤、吸入土壤颗粒物、吸入室外土壤挥发气体、吸入室内土壤挥发气体。场地污染地下水的暴露途径包括：吸入室外地下水挥发气体、吸入室内地下水挥发气体、饮用地下水。在分析污染物进入人体的暴露途径时，未考虑蔬菜摄入途径。因为场地污染主要为工业污染场地，通常情况下在工业场地上，一般不会种植食用植物。当确实存在这种情况时，建议采用国内外的相关标准进行判断，以确定是否存在健康危害。

场地污染源和暴露点不在同一位置时，应采用相关迁移模型确定暴露点污染物浓度。场地污染物迁移模型一般包括：表层土壤中污染物挥发、表层土壤扬尘、深层土壤中污染物挥发至室外、深层土壤中污染物挥发至室内、地下水中污染物挥发至室外、地下水中污染物挥发至室内、土壤中污染物淋溶到地下水。

暴露参数包括暴露频率、暴露时间、土壤摄入量、人体相关参数等，各种暴露途径涉及的土壤和水文地质参数可根据现场调查获得。计算场地风险筛选值时，也可采用一定区域范围内的土壤和地质水文参数。

污染物毒性常用污染物质对人体产生的不良效应以剂量反应关系表示。对于非致癌物质如具有神经毒性、免疫毒性和发育毒性等物质，通常认为存在阈值现象，即低于该值就不会产生可观察到的不良效应。对于致癌和致突变物质，一般认为无阈值现象，即任意剂量的暴露均可能产生负面健康效应。污染物毒性参数包括计算非致癌危害物的慢性参考剂量（非挥发性有机物）和参考浓度（挥发性有机物）；计算致癌风险的致癌斜率（非挥发性有机物）和单位致癌系数（挥发性有机物）。

风险表征是以场地危害识别、暴露评估和毒性评估的结果为依据，把风险发生概率和危害程度以一定的量化指标表示出来，从而确定人群暴露的危害度。主要工作内容包括：计算单一污染物某种暴露途径的致癌和非致癌危害商、单一污染物所有暴露途径的致癌和非致癌危害商、所有关注污染物的累积致癌和非致癌危害商。对风险评估过程的不确定性因素进行综合分析评价，称为不确定性分析。场地风险评估结果的不确定性分析，主要是对场地风险评估过程中由输入参数误差和模型本身不确定性所引起的模型模拟结果的不确定性进行定性或定量分析，包括风险贡献率分析和参数敏感性分析等。

在风险表征后，需要确定场地风险控制值和初步修复范围。首先需确定风险可接受水平，风险可接受水平是指一定条件下人们可以接受的健康风险水平。致癌风险水平以场地土壤、地下水中污染物可能引起的癌症发生概率来衡量，非致癌危害商以场地土壤和地下水中污染物浓度超过污染容许接受浓度的倍数来衡量。通常情况下，将单一污染物的致癌风险可接受水平设定为10^{-6}，非致癌危害商可接受水平设定为1。风险可接受水平直接影响污染场地的修复成本，具体风险评估时，可以根据各地区社会与经济发展水平选择合适的风险水平。

场地风险控制值也常称作初步修复目标值，是根据场地可接受污染水平、场地背景值或本底值、经济技术条件和修复方式（修复和工程控制）、当地社会经济发展水平等因素综合确定的场地土壤和地下水中的污染物修复后需要达到的限值。计算修复目标值分为计算单个暴露途径土壤和地下水中污染物致癌风险和非致癌危害商的修复目标值，以及计算所有暴露途径土壤和地下水中污染物致癌风险和非致癌危害商的修复目标值两种情况。当场地污染物存在多种暴露途径时，一般采取第二种方法，即先计算所有暴露途径的累积风险，再计算修复目标值。比较基于致癌风险和非致癌危害商计算得到的修复目标值，选择较小值作为场地污染物修复目标值。场地初步污染物修复目标值是基于风险评估模型的计算值，是确定污染场地修复目标的重要参考值。污染场地最终修复目标的确定，还应综合考虑修复后土壤的最终去向和使用方式、修复技术的选择、修复时间、修复成本以及法律法规、社会经济等因素。采用浓度插值等方法将第二阶段和第三阶段的采样检测分析结果绘制成等值线图，与场地修复目标值相对照，可以初步确定出修复区域。若等值线图不能完全反映场地实际情况，可结合监测点位置、生产设施分布情况及污染物的迁移转化规律对修复范围进行修正。修复范围应根据不同深度的污染程度分别划定。

6.2.2.4 场地修复工程——修复方案编制

污染场地修复方案编制也称可行性研究，其目的是根据场地调查与风险评估结果，确定适合于目标场地的最佳修复技术方案，并制订配套的环境管理计划，作为目标污染场地的修复工程实施依据，支撑该场地相关的环境管理决策。污染场地修复方案编制有选择修复策略、筛选和评估修复技术、形成修复技术备选方案与方案比选、制订环境管理计划、编制修复方案 5 个阶段。

选择修复策略是根据场地调查与风险评估结果，细化场地概念模型并确认场地修复总体目标，通过初步分析修复模式、修复技术类型与应用条件、场地污染特征、水文地质条件、经济技术发展水平，确定相应的修复策略。选择修复策略阶段主要包括细化场地概念模型、确认场地修复总体目标、确定修复策略 3 个过程。

筛选和评估修复技术以场地总体修复目标与修复策略为核心，调研常用的修复技术，综合考虑修复效果、可实施性及其成本等因素进行技术筛选，找出适用于目标场地的潜在可行技术，并根据需要开展相应的技术可行性试验与评估，确定目标场地的可行修复技术。筛选和评估修复技术阶段主要包括修复技术筛选、技术可行性评估、修复技术定量评估 3 个过程。其中，技术可行性评估根据试验目的和手段的不同，又分为筛选性试验和选择性试验。

修复技术备选方案就是进一步综合考虑场地总体修复目标、修复策略、环境管理要求、污染现状、场地特征条件、水文地质条件、修复技术筛选与评估结果，对各种可行技术进行合理组合，形成若干能够实现修复总体目标、潜在可行的修复技术备选方案。方案比选则是针对形成的各潜在可行修复技术备选方案，从技术、经济、环境、社会指标等方面进行比较，确定适合于目标场地的最佳修复技术方案。

制订环境管理计划是为目标场地的修复工程实施提供指导，防止场地修复过程的二次污染，并为场地修复过程的环境监管提供技术支持。制订环境管理计划阶段主要包括提出污染防治和人员安全保护措施、制订场地环境监测计划、制订场地修复验收计划、制订环境应急安全预案 4 个过程。

最后，根据上述选择修复策略、筛选和评估修复技术、形成修复技术备选方案与方案比选、制订环境管理计划的流程，进行修复方案的编制，形成报告。同时，修复方案应通过环境影响评价后方可实施。

6.2.2.5 场地修复工程——修复实施

修复实施包括编制修复施工方案、施工现场准备和现场施工三个环节。

修复施工方案包括工程管理目标，项目组织机构，污染土壤分布范围、主要工程量及施工分区，总体施工顺序，施工机械和试验检测仪器配置，劳动力需求计划，施工准备等。此外还需明确施工质量的控制要点、施工工序与步骤，各修复技术方案中所需的设备型号、设备安装和调试过程等。修复施工方案应根据施工现场条件和具体施工工艺，更新和细化场地环境管理计划，包括二次污染防治措施及环境事故应急预案、环境监测计划、安全文明施工及个人健康与安全保护等内容。施工方案应明确施工进度、施工管理保障体系等内容。

为保证整个工程的顺利进行，治理施工开始前需要进行一系列准备工作，包括：a. 成立施工管理组织机构；b. 清理施工场地内杂物，并进行施工场地平整；c. 根据施工现场平面布置图进行测量放线；d. 材料机械准备，包括大型器械、修复设备、工程防护用具、个人安全防护用具和应急用具等；e. 处理场地防渗，应根据施工方案和环境管理要求，对处理场地等易受二次污染区域进行防渗和导排的设置；f. 水电准备，施工用电用水的接入，水管路及用水设施、用电线路及设置应符合国家的相关规定；g. 防火准备，应健全消防组织机构，配备足够的消防器材，并派专人值班检查，加强消防知识的宣传和对现场易燃易爆物品的管理，消除一切可能造成火灾、爆炸事故的根源，严格控制火源、易燃物、易爆物和助燃物，生活区及工地重要电器设施周围，设置接地或避雷装置，防止雷击起火造成安全事故；h. 入场前，应对相关施工人员开展施工安全和环境保护培训。

施工方在污染土壤修复过程中，需严格按照业主和当地环保部门对该项目的管理要求，建立健全污染土壤修复工程质量监控体系，明确各级质量管理职责，通过增加技术保障措施，加强设备的运行管理、人员配置和污染土壤进出场管理等措施，确保该工程的污染土壤修复质量达到标准。施工过程如发现修复效果不能达到修复要求，应及时分析原因，并采取相应补救措施。如需进行修复技术路线和工艺调整，应上报环保主管部门重新论证和审核。在确保污染防治措施实施的基础上，施工过程中应加强与当地环保部门和周边居民的沟通，做好宣传解释工作，确保周边居民的利益不受影响。修复过程中产生严重环境污染问题时，施工单位应根据环保部门、业主和监理单位的要求进行纠正和整改，保证修复过程不对周边居民和环境产生影响。

6.2.2.6 场地修复工程——环境监理

环境监理是受污染场地责任主体委托，依据有关环境保护法律法规、场地环境调查备案文件、场地修复方案备案文件、环境监理合同等，对场地修复过程实施专业化的环境保护咨询和技术服务，协助和指导建设单位全面落实场地修复过程中的各项环保措施，以实现修复过程中对环境最低程度的破坏、最大限度的保护。工程监理是受项目法人的委托，依据国家批准的工程项目建设文件、有关工程建设的法律法规和工程建设监理合同及其他工程建设合同，对工程建设实施监督管理，控制工程建设的投资、建设工期和工程质量，以实现项目的经济和社会效益。环境监理的对象主要是工程中的环境保护措施、风险防范措施以及受工程影响的外部环境保护等相关的事项。工程监理的对象主要是修复工程本身及与工程质量、进度、投资等相关的事项。

工程监理和环境监理一般包括以下三种工作模式。

模式 1：包容式监理模式。工程监理完全负责环境监理，其优点是充分利用工程监理体制，环保工作与质量进度、费用直接挂钩，执行力强；缺点是业务人员环保知识不足、针对性不强。

模式 2：独立式监理模式。环境监理与工程监理相互独立，呈并列关系。其优点是环保知识专业化，与环保主管部门协调能力强，环保要求把握准确；缺点是环境监理人员对工程实施相关知识情况了解不足、对施工单位的约束和指导不足、执行力不足。

模式3：组合式环境监理。监理单位内设置环保监理部门，由环保人员担任监理工作。其优点是利于资源共享，实时跟进，较好发挥专业性；缺点是受制于工程监理，独立性难以得到保证。

由于修复工程属于环保工程，对实施监理工作人员的环境保护知识要求较高，所以无论采取哪种工作模式，都应以实现环境监理的内容为主导，以保证修复工程按实施方案展开。

污染场地修复环境监理工作主要分为三个阶段：修复工程设计阶段、修复工程施工准备阶段和修复工程施工阶段。

修复工程设计阶段环境监理内容包括：收集场地调查评估、场地污染修复方案、修复工程施工设计、施工组织方案等基础资料，对修复工程中的环保措施和环保设施设计文件进行审核，关注修复工程的施工位置和异位修复外运土壤去向，审核修复过程中水、大气、噪声、固体废物等二次污染处理措施的全面性和处理设施的合理性，并进行必要的后期管理措施的考虑。

修复工程施工准备阶段环境监理内容包括：了解具体施工程序及各阶段的环境保护目标，参与修复工程设计方案的技术审核，确定环境监理的工作重点，协助业主建立完善的环保责任体系，建立有效的沟通方式等，并编制场地修复环境监理细则。

修复工程施工阶段环境监理内容包括：核实修复工程是否与修复实施方案吻合，环保设施是否落实，是否建立事故应急体系和环境管理制度；监督环境保护工程和措施，监督环保工程进度；检查和监测施工过程中产生的水、气、声、渣排放以及施工区域是否达到规定的环境质量标准；对场内运输污染土壤和污水车辆的密闭性、运输过程进行环境监理；对场内修复工程相关措施、抽提装置和废水处理进行监督管理；施工过程中基坑开挖和支护等是否按有关建筑施工要求进行；对异位处置过程，包括储存库及处理现场地面防渗措施的落实和监控；检查污染土储存场地、处置设施的尾气排放设施和监测设施是否完备，确认各项条件是否符合环保要求；检查必要的后期管理长期监测井设置；根据施工环境影响情况，组织环境监测，行使环境监理监督权；向施工单位发出环境监理工作指示，并检查环境监理指令的执行情况；协助建设单位处理环境突发事故及环境重大隐患；编写环境监理月报、半年报、年报和专项报告。对于土壤异位修复工程，需对修复区域边界进行严格监督管理，并在周边区域设置采样点，避免修复工程对周边土壤和地下水产生影响。

修复工程环境影响监测需要针对场地土壤中挥发性及半挥发性有机污染物可能带来的环境影响进行有效监控，监测和评价施工过程中污染物的排放是否达到有关规定。在治理修复过程中，若向水体和大气中排放污染物，应进行布点监测。监测点位应按照修复工程技术设计的要求布设，例如热脱附、土壤气提、化学氧化、生物通风、自然生物降解法等应在废气排放口布点；溶剂萃取、淋洗法等应在废水排放口布点。

大气环境监测内容一般包括污染土壤清挖和修复区修复施工过程中污染物无组织排放空气样品的采集、分析及质量评价，污染土壤修复设施（车间）污染物排放尾气样品的采集、分析及污染物排放评价。

水污染排放监测对修复工程施工和运行期产生的工业废水和生活污水的来源、排放量、水质指标及处理设施的建设过程、沉淀池的定期清理和处理效果等进行检查和监督，并根据水质监测结果，检查工业废水和生活污水是否达到了排放标准要求。

噪声污染源环境监理主要监督检查工程施工和修复过程中的主要噪声源的名称、数量、运行状况；检查修复工程影响区域内声环境敏感目标的功能、规模、与工程的相对位置关系及受影响的人数；检查项目采取的降噪措施和实际降噪效果，并附图表或照片加以说明。

固体废物污染源环境监理应调查固体废物利用或处置相关政策、规定和要求；核查工程产生的固体废物的种类、属性、主要来源及产生量；调查固体废物的处置方式。对固体废物的利用或处置是否符合实施方案的要求进行核查，对不符合环保要求的行为进行现场处理并要求限期整改，使施工区达到环境安全和现场清洁整齐的要求。施工阶段垃圾应由各施工单位负责处理，不得随意抛弃或填埋，保证工程所在现场清洁整齐，对环境无污染。

6.2.2.7 场地修复工程——修复验收

污染场地修复验收工作程序包括文件审核与现场勘察、确定验收对象和标准、采样布点方案制订、现场采样与实验室检测、修复效果评价、验收报告编制六部分。

(1) 文件审核与现场勘察

① 文件审核的资料范围。

a. 场地环境调查评估报告书及其备案意见、场地修复方案及其备案意见、其他相关资料。

b. 场地修复工程资料修复过程的原始记录、修复实施过程的记录文件（如污染土壤清挖和运输记录）、回填土运输记录、修复设施运行记录、二次污染物排放记录、修复工程竣工报告等。

c. 工程及环境监理文件以及环境监理记录和监理报告。

d. 其他文件如环境管理组织机构、相关合同协议（如委托处理污染土壤的相关文件和合同）等。

e. 相关图件如场地地理位置示意图、总平面布置图、修复范围图、污染修复工艺流程图、修复过程照片和影像记录等。

② 文件审核的内容。对收集的资料进行整理和分析，并通过与现场负责人、修复实施人员、监理人员等相关人员进行访谈，之后开始文件的审核。审核工作明确以下内容：

a. 根据场地环境调查评估报告、修复方案及相关行政文件，确定场地的目标污染物、修复范围和修复目标，作为验收依据。

b. 通过审查场地修复过程监理记录和监测数据，核实修复方案和环保措施的落实情况。

c. 通过审查相关运输清单和接收函件，结合修复过程监理记录，核实污染土壤的数量和去向。

d. 通过审查相关文件和检测数据，核实异位修复完成后的回填土的数量和质量，回填土土壤质量应达到修复目标值。

③ 现场勘察。现场勘察是验收的重要工作程序之一，污染场地修复验收现场勘察主要包括核定修复范围和识别现场遗留污染痕迹。核定修复范围是根据场地环境调查评估报告中的资料或地理坐标等，结合修复过程工程监理与环境监理出具的相关报告，确定场地修复范围和深度，核实修复范围是否符合场地修复方案的要求。识别现场遗留污染是对场地表层土壤及侧面裸露土壤状况、遗留物品等进行观察和判断，可使用便携式测试仪器进行现场测试，辅以目视、嗅觉等方法，识别现场遗留污染痕迹。

(2) 确定验收对象和标准

污染场地修复验收的对象主要包括以下几项内容，针对不同的验收对象应建立可测的验收标准。

① 对于场地内部清挖污染土壤后遗留的基坑验收时，须对基坑遗留土壤进行采样检测，分析修复区域是否还存在污染，验收指标为场地修复的目标污染物，验收标准为场地土壤修复目标值。

② 原位修复后的土壤和地下水验收指标为场地修复的目标污染物，验收标准为场地污染物修复目标值。

③ 异位修复治理后的土壤和地下水应针对不同类型的修复技术开展验收，对于以消除或降低污染物浓度为目的的修复技术（土壤淋洗、土壤气相抽提、热脱附、空气注射等），验收指标为修复介质中目标污染物的浓度；对于化学氧化、生物降解等还应考虑可能产生的有毒有害中间产物；对于降低迁移性或毒性的修复技术（例如固化/稳定化），验收指标为目标污染物的浸出限值。异位修复的验收标准根据土壤的最终去向和未来用途确定：a. 若回填到本场地，验收标准为场地土壤修复目标值；b. 若外运到其他地方，以土壤中污染物浓度不对未来受体和周围环境产生风险影响为验收标准。必要时需根据目的地实际情况进行风险评估，确定外运土壤的验收标准。抽出处理的地下水，若修复后排放到市政管道，应符合相关的排放标准；若修复后回灌到本场地，应达到本场地地下水修复目标值。

④ 修复过程可能产生二次污染的区域，包括污染土壤临时储存和处理区域，设施拆除过程的遗留区域，修复技术应用过程造成可能的污染扩散区域。验收指标为场地调查及二次污染的特征污染物，验收标准为场地污染物修复目标值。

⑤ 对于切断污染途径的工程控制技术，验收指标一般为各种工程指标，如阻隔层厚度和渗透系数等。

(3) 采样布点方案制订

采样布点方案应包括采样介质、采样区域、采样点位、采样深度、采样数量、检测项目等内容。应根据目标污染物、修复目标值的不同情况在场地修复范围内进行分区采样；采样点的位置和深度应覆盖场地修复范围及其边缘；场地环境调查评估确定的污染最重区域，必须进行采样。

① 场地内基坑土壤采样布点要求。对于异位修复场地，应对修复范围内部和边缘的原址土进行采样，采样点位于坑底和侧壁，以表层样为主，不排除深层采样，挥发性有机物土壤样品的采集深度一般为表层以下 0.2m。坑底表层采用系统布点的方法，一般随机布置第一个采样点，构建通过此点的网格，在每个网格交叉点采样。网格大小根据采样面积和采样数量确定，原则上网格大小不超过 20m×20m。

② 原位修复后的土壤采样布点要求。对于原位修复场地，水平方向布点方案与异位修复后的基坑布点方法相同。修复范围内部应钻孔分层采样，采样点深度要求与异位修复采样要求相同。应根据场地的土壤与水文地质条件的非均质性，结合污染物的迁移特性、修复技术特点等，根据修复效果空间差异，在修复效果的薄弱点增加采样点。

③ 异位修复后的土壤采样布点要求。对于异位修复后的土壤，采用随机布点法布设采样点，原则上每个样品代表的土壤体积不应超过 $500m^3$，布点数量应根据修复技术、修复效

果、土壤的均匀性等实际情况进行调整。

④ 地下水采样布点要求。应依据地下水流向及污染区域地理位置设置地下水监测井，修复范围上游地下水采样点不少于1个，修复范围内采样点不少于3个，修复范围下游采样点不少于2个。原则上监测井布设在地下水环境调查确定的污染最严重的区域，或者根据不同类型的修复（防控）工程进行合理的布设。

由于地下水监测井建井较为烦琐，并有可能对地下水造成扰动，因此规定原则上可以利用场地环境调查评估和修复时的监测井，但原监测井的使用数量不应超过验收时总监测井数的60%。未通过验收前，被验收方应尽量保持场地环境调查评估和修复过程中使用的地下水监测井完好。监测井的设置技术要求与第二阶段现场采样相同。

⑤ 修复过程可能产生二次污染的区域。对于场地内修复范围外可能产生二次污染的区域，可采用判断布点的方法，结合实际情况进行布点。

⑥ 工程控制措施。对于工程措施（如隔离、防迁移扩散等）效果的监测，应依据工程设计相关要求进行监测点位的布设。

(4) 现场采样与实验室检测

验收项目检测方法的检出限应低于修复目标值。实验室检测报告内容应包括检测条件、检测仪器、检测方法、检测结果、检出限、质量控制结果等。修复验收时，除了进行严密的采样和实验室检测之外，还需要对检测数据进行科学合理的分析，确定场地污染物是否达到验收标准，以判定场地是否达到修复效果要求。若达不到修复效果要求，需要继续清理或给出修复建议。场地若需开展后期管理，还应评估后期管理计划的合理性及落实程度。

(5) 修复效果评价

当某场地或堆土采样数量少于8个时，采用逐个对比法判断整个场地是否达到修复效果；当某场地或堆土采样数量大于或等于8个时，可运用整体均值的95%置信上限法判断整个场地的修复效果；若采样数量大于或等于8个，同时样品中同一污染物平行样数量累积大于或等于4组时，还可用检验评估法来判断整个场地的修复效果。各评价方法的具体使用如下所述。

① 逐个对比法。

a. 当样本点检测值低于或等于修复目标值时，达到验收标准。

b. 当样本点检测值高于修复目标值时，未达到验收标准。

采用逐个对比法时，只有所有样品的污染物检测值均达到验收标准，方可判定场地达到修复效果。

② 95%置信上限评估方法。当某场地或堆土采样数量大于8个时，可运用整体均值的95%置信上限与修复目标作比较，分析整个场地的修复效果。

a. 当样本点检测值整体均值的95%置信上限大于修复目标，则认为场地未达到修复效果。

b. 当场地样本点同时符合下述情况，则认为场地达到修复效果。样本点检测值整体均值的95%置信上限小于或等于修复目标；样本点检测值最大值不超过修复目标的2倍；样本超标点并非相对集中在某一区域。

③ 检验评估方法。检验评估方法首先要确定采样点的检测结果与修复目标的差异，然

后评估场地是否达到修复效果：

a. 当样本点的检测结果显著低于修复目标值或与修复目标差异不显著，则认为达到验收标准；

b. 若某样本点的检测结果显著高于修复目标值，则认为未达到验收标准。检验评估方法时，只有所有样品的污染物检测值均达到验收标准，方可判定场地达到修复效果。

对于基坑，若某处验收采样检测不合格，则根据网格对局部污染土壤进行再次清理和验收，必要时可在局部进行详细采样，详细采样布点采用网格布点方法。对于修复后的土壤堆体，若某堆体验收采样检测不合格，则将污染土运至处置设施处，重新运行修复设施进行修复后，再次进行采样验收。

(6) 验收报告编制

当检测结果满足修复目标后，编制验收报告。验收报告内容应真实、全面，至少包括以下内容：场地环境调查评估结论概述、修复方案实施情况、验收工作程序与方法、文件审核与现场勘察、采样布点计划、现场采样与实验室检测、修复效果评价、验收结论和建议、修复环境监理报告和检测报告。

6.2.2.8 场地修复工程——后期管理

为确保场地采取修复活动的长期有效性，确保场地不再对周边环境和人体健康产生危害，一般来讲，如果选择的修复技术方案没有彻底消除污染，依赖于对土壤、地下水等的使用限制，或者使用了物理和工程控制措施的场地，需要进行后期管理，主要包括以下三种类型。

① 场地污染没有完全清除，或者场地修复行动可能在场地遗留危害物质，导致场地的用途受到限制。

② 修复工程时间较长（如原位监测型自然衰减），或采取工程控制措施的场地。

③ 采取限制用地方式等制度控制措施的场地。

后期管理是按照科学合理的后期管理计划，根据场地的实际情况采取如下措施，包括设备及工程的长期运行与维护，进行长期监测、长期存档、报告等制度，定期和不定期的回顾性检查等，目标是评估场地修复活动的长期有效性，确保场地不再对周边环境和人体健康产生危害。

后期管理必须与制度建设相结合才能发挥实效，即需要建立一套长期监测、跟踪、回顾性检查与评估及后期风险管理制度，做好制度的设计、构建，明确技术要求及各相关方责任。

回顾性检查与评估是场地后期管理中非常核心的一个内容，包括场地资料回顾与现场踏勘、场地潜在风险识别与诊断、后期管理优化措施及建议、回顾性报告编制四个步骤。

① 场地资料回顾与现场踏勘。开展回顾性检查的人员首先要进行场地资料回顾与现场踏勘，包括场地基本资料收集查阅、场地数据回顾与分析、场地踏勘、人员访谈等工作。

② 场地潜在风险识别与诊断。通过场地资料回顾与现场调查，识别判断现有修复方式或措施可能存在的问题，例如不完善的制度控制措施、修复目标难以达到、修复目标不准确、场地修复行动未按照设计运行、暴露途径是否变化、场地使用方式是否变化等问题，从而判断场地修复行动是否可达到保护人体和环境的目的。

③ 后期管理优化措施及建议。根据场地潜在风险的识别与诊断，若判断场地修复行动不能或难以达到保护目的，则需提出并采取进一步的建议和措施对修复实施方案进行优化，包括长期响应行动、操作与维护、实施制度控制、修复方案优化、补充调查等方式。

④ 回顾性报告编制。根据上述调查与诊断，给出回顾性结论，决定是否需要采取进一步措施，是否要持续进行回顾性检查及时间跨度等，编制回顾性报告。

对于一些较为复杂的场地，由于回顾性检查时间跨度较大使得场地监管较为困难时，可同时采取制度控制等方式进行后期管理。

场地回顾性检查与评估由场地修复责任方依据场地情况委托具有相应能力的机构组织开展。场地回顾性报告应上报当地环保部门备案并在回顾性检查与评估实施过程中接受环保部门的监督指导。

后期管理一般在修复完成后场地的开发建设阶段介入，采取多种修复技术长期修复的场地也可在修复启动时介入，具体可根据政策要求、场地修复方案等因素确定。场地回顾性检查与评估在场地修复验收后每五年开展第一次，贯穿于场地全过程，直至场地不再对周边环境和人体健康产生影响，后续的场地回顾性检查与评估时间根据前一次回顾检查的结论确定，根据实际情况可提前回顾或增加回顾的频率。

6.3 重金属土壤修复技术应用案例简介

6.3.1 固化/稳定化技术

(1) 案例一：遂宁市船山区保升乡农药厂废弃场地及周边土壤治理与修复项目

该项目由广西博世科环保科技股份有限公司进行修复工程，占地面积182亩（1亩＝666.67m^2），其中，原农药厂区面积36亩，场地土壤检测特征污染物为As和Pb，监测最大值分别为70.5mg/kg和3180.0mg/kg，最大超标倍数分别为2.53倍和3.76倍；周边受污染耕地146亩，农田土壤检测主要污染物为Cd，监测最大值为1.70mg/kg，最大超标倍数为1.83倍。项目农药厂场地As修复目标值为20mg/kg，Pb修复目标值为800mg/kg；农用地土壤治理修复目标为农产品可食用部分中As、Pb、Cd含量，三种元素达标率均为100％。

农药厂场地采用固化/稳定化技术进行治理，修复方式为原地异位修复，场地土壤污染治理工艺如下：污染土壤清挖——筛分预处理——修复药剂混合——堆置养护——检验——土壤回填——地表阻隔。在场地内修建600m^2密闭彩钢板修复车间并设置尾气收集装置，底部铺设高密度聚乙烯（HDPE）膜（1.5mm厚）和无纺土工布（400g/m^2），其上进行水泥硬化。建设180m^2药剂库，地面进行水泥硬化防渗处理。土壤清挖按照分区、分层、分污染物原则，合理布置清挖区域，各区域再按第一层0～0.5m，第二层0.5～1.0m的标准进行清挖。污染土壤利用筛分斗将粒径大于5cm的杂质去除，利用药剂混拌设备将土壤与固化和稳定化药剂按比例混合，进行一体化筛分破碎后堆置养护24h然后运至待检区取样检测，检测合格后回填至原清挖区域所建地表阻隔系统。阻隔系统地表和底部均采用水泥硬化地面，保证阻隔效果，农药厂场地治理工程已完成等待环保验收。

146 亩农用地土壤采用农艺调控加土壤钝化协同处置，其中 62 亩农田作为安全利用区采用水旱轮作及管护治理方式。农艺调控采用水旱轮作方案，每年 5～9 月种植水稻，水稻收获后实施排水晒田，田面干燥后进行旋耕整地，并于每年 10 月至次年 4 月种植油菜，耕作期间严格管控肥料和农药种类及施用量，除草设计和水分调控因地制宜。土壤钝化综合考虑安全性、实用性和有效性，按照《土壤调理剂　通用要求》（NY/T 3034—2016）标准，并结合省内外工程实践选用土壤钝化剂，钝化剂配合水稻栽培并统一进行旋耕整地，钝化剂施用后进行旋耕整地能充分与土壤混匀，达到良好的调理效果。

（2）案例二：泸州市铬渣场地周边土壤污染治理与修复项目

项目总投资 6909.07 万元，由北京高能时代环境技术股份有限公司进行修复工程。根据评估报告，项目原厂址为泸州长江化工厂生产红矾钠（重铬酸钠）场地，土壤的 pH 值整体偏酸性，总 Cr 浓度分布在 0～1500mg/kg，最大浓度为 20296.7mg/kg；Cr^{6+}（总量）浓度分布在 0～50mg/kg，最大浓度为 4258.9mg/kg；Cr^{6+} 浸出浓度分布在 0～1mg/L，最大浓度为 17.2mg/L。Cr 污染源主要分布在铬渣堆场，治理修复面积 43661.77m^2，修复工程完成治理修复土方量约 89000m^3，含 Cr 污水量约 13000m^3，含 Cr 污泥危险废物约 1083m^3。

项目采用异位固化/稳定化修复技术和安全填埋技术对污染土壤进行修复治理，处理后基坑四壁目标值 Cr^{6+} 总量为 0.77mg/kg，污染土壤 Cr^{6+} 浸出浓度为 0.5mg/L，总 Cr 浸出浓度为 1.5mg/L，土壤修复合格后回填至厂内阻隔填埋。含 Cr 污水采用“亚硫酸钠药剂还原＋调节＋絮凝沉淀＋中和”处理后达标排放，污水处置排放标准为《地表水环境质量标准》（GB 3838—2002）中Ⅴ类水标准（Cr^{6+} 含量 0.1mg/L），经板框压滤机脱水后含铬泥进行委托处置。

新建固化/稳定化处理场 1 个，面积约 5190m^2，固化场采用 2 层无纺土工布中层焊接 HDPE 双光面膜进行防渗处理，防渗层上浇筑 15cm 厚的混凝土面层；固化场设截污沟和集水坑。于原铬渣堆场建设库容量约 90000m^3 的阻隔填埋场，场底和边坡均做防渗处理，填埋场四周设置纵、横向渗流控制暗沟，填埋作业完成后及时进行封场，建设排气、排水、覆盖和植被层等多层覆盖系统。项目于 2019 年 1 月完成环保验收。项目配套建设 260m^2 展览馆，向公众公开展示该污染场地的历史背景及 Cr 污染土壤的潜伏性、危害性和修复治理过程的复杂性。

（3）案例三：美国污染土壤超级基金项目

在美国超级基金项目的支持下，应用固化/稳定化技术在美国全国范围内处理各类废物已有 20 多年的历史，并且固化/稳定化技术曾经一度列在超级基金指南所采用的污控技术的前 5 名。资料显示，自 1982 年以来，超过 160 处污染场地得到了超级基金项目的支持而采用了固化/稳定化技术修复污染土壤。20 世纪 80 年代末期以及 90 年代初期，使用固化/稳定化技术的场地数量迅速上升，1992 年到达顶峰，并从 1998 年开始下降，在各类修复技术中列第 9 位。目前，62％的固化/稳定化工程已经圆满完工，有 21％的项目仍处于设计阶段。

总的来讲，已经完成的超级基金项目中有 30％用于污染源控制，平均运行时间为1.1 个月，要比其他修复技术（如气相抽提、土地处理以及堆肥等）的运行时间要短许多。超级基金支持的固化/稳定化技术多数应用是异位固化/稳定化，使用无机黏合剂和添加剂来处理含金属的固体废物。有机黏合剂用于处理特殊的废物，如放射性废物或者含有特殊有害有机物的固体废弃物。只有少量的项目（6%）利用固化/稳定化技术处理含有有机化合物的固体废弃物，大部分的固化/稳定化处理的产品稳定性测试是在修复工作结束后进行的，尚且没有超级基金项目支持所获得的关于固化/稳定化产品的长期稳定性的数据。

已有的关于采用固化/稳定化技术处理金属污染土壤的数据表明达到了项目设想的目标，而关于利用这一技术修复有机物污染土壤的数据很少，不过，也有几个项目达到了预想的目标。根据超级基金29个完成的固化/稳定化项目提供的信息，总成本在7.5万～1600万美元之间。平均处理$1m^3$固体废物的成本是345美元，其中有两个项目的成本较高（大约为1600美元/m^3）。排除这两个项目之后，平均固化/稳定化$1m^3$固体废物的成本是253美元。

(4) 案例四：广东某工业场地重金属污染土壤稳定化修复工程

该工程以广东省某工业污染场地重金属Ni、Pb、Hg污染土壤为研究对象，分别添加不同稳定化药剂以及不同投加比进行稳定化处理，并通过毒性浸出试验来判断其稳定化效果，从而筛选出最适宜的稳定化药剂和投加比，并将该药剂用于工程实施。该场地位于珠江三角洲腹地，整体地势东高西低、南高北低，地下水埋藏浅，径流途径短，总体流向大致为由南向北，松散岩类孔隙水各含水层存在连通现象。场地内土层自上而下可划分为4层：填土层（杂填土为主，含砖块碎石）、粉质黏土层、粉砂和淤泥质土层、花岗岩层。整个调查区域内共设置108个土壤采样点，采集482个土壤样品，结果显示调查区域内土壤受到重金属Ni、Pb、Hg不同程度的污染。其中Ni超标率12.85%，平均浓度为54mg/kg，最大浓度为987mg/kg（Ni评价标准150mg/kg），最大浓度超标5.58倍；Pb超标率10.32%，平均浓度129mg/kg，最大浓度为1287mg/kg（Pb评价标准300mg/kg），最大浓度超标3.29倍；Hg超标率4.3%，平均浓度为1.47mg/kg，最大浓度为14.2mg/kg（Hg评价标准4.0mg/kg），最大浓度超标2.55倍。

该工程采用异位修复作业，污染土壤清挖后应运输至修复作业区进行暂存、预处理和稳定化处置，根据设计方案环境保护要求，在就近区域建设异位修复作业区。首先对修复作业区内场地进行平整清理，并用水准仪进行地面找平、划线，为防止污染物下渗，根据设计要求建设防渗层，自下而上依次铺设“两布一膜”（其中HDPE膜厚度1.5mm）和20cm厚混凝土。将清挖出的污染土运输至异位修复作业区暂存，采用专业筛分混合设备（Allu筛分破碎斗）进行破碎、筛分等预处理，确保筛下物粒径<5cm。当污染土的含水率和粒径达到稳定化混合设备进料要求时，分两批次向污染土中投加稳定化药剂（膨润土加磷酸盐3∶1复配药剂），投加比为3%，安全系数按1.2计，采用Allu筛分混合设备对药剂和污染土进行充分混合，混合时间为每批次2～2.5h。药剂与污染土混合处理后，转运至待检区堆置成长条土垛进行养护，用防尘网和防雨布苫盖，养护期间定期采集土壤样品检测其含水率，如低于25%，需及时洒水，使混合土壤含水率保持在25%～30%之间，养护时间在20d以上。修复后的土壤基坑底部和侧壁土壤样品中关注污染物Ni、Pb、Hg总量的最大值分别为64mg/kg、119mg/kg、0.5mg/kg，平均值分别为35.8mg/kg、46.6mg/kg、0.34mg/kg，均低于项目要求的修复目标值150mg/kg、300mg/kg和4.92mg/kg，基坑清挖合格。且修复前土壤中Ni、Pb、Hg最大浸出浓度分别为0.259mg/L、0.063mg/L、0.0087mg/L，经稳定化修复后最大浸出浓度分别为0.048mg/L、0.02mg/L、0.000mg/L，均低于《地下水

质量标准》(GB/T 14848—2017) Ⅲ类标准，验收合格可进行阻隔回填。

(5) 案例五：某老工业区含砷、铅冶炼废渣污染场地修复工程案例

本项目治理的场地堆存含重金属废渣，主要来源于老工业区冶炼、化工企业的倾倒，这些企业均已破产关闭或关停搬迁。场地主要污染物为重金属砷、铅，均属于《重金属污染综合防治“十二五”规划》中重点防控的污染物。场地紧挨某河，距河岸约15m，该河水质类别为Ⅲ类水。由于废渣没有采取任何覆盖和防护措施，雨水冲刷、自然沉降及人为活动都很容易使场地的重金属污染物通过地表径流和地下水向河扩散，造成重金属污染。污染最严重的地方位于某点位表层，砷含量为12600mg/kg，铅含量为7100mg/kg，分别是《土壤环境质量建设用地土壤污染风险管控标准（试行)》(GB 36600—2018) 中第二类用地筛选值的209倍和7.9倍。随深度的增加，重金属含量逐渐降低，当深度达到2.5m时，样品砷含量为32～47mg/kg，铅含量为270～310mg/kg，低于标准限值要求。

本项目将含重金属废渣及污染土壤进行就地固化/稳定化处理，处理后异地安全填埋，原场地回填新土并绿化，达到消除隐患、恢复生态的目的。采取分批次与分地块相结合的方式处理遗留废渣和被污染土壤。工程遗留废渣及污染土壤原地异位固化/稳定化治理工程分为四个阶段：现场前期准备阶段、第一步处理阶段、第二步处理阶段、收尾和竣工阶段。

① 现场准备阶段。对治理场地进行布置，包括公用设施接入、设备安装调试、人员准备等；清运现场施工准备，包括临时设施、场地分区等；选取所需处理的遗留废渣和污染土壤，经实验室检测分析验证污染浓度；根据检测结果，计算出各种固化/稳定化剂的添加量。

② 第一步处理阶段。将污染物浓度高的废渣挖掘至处理场地，投加10%～15%的药剂1（甲壳质），并投加适量的水，根据现场实际情况采用筛分铲斗进行预处理，采用双轴搅拌机对废渣和污染土壤进行搅拌，搅拌均匀后放置反应。本项目采用的甲壳质是利用虾、蟹等节肢动物的外壳制成，分子中含有螯合基团，与重金属砷、铅生成稳定的络合物或螯合物，可以长效稳定重金属。

③ 第二步处理阶段。待第一步反应完全后，向处理过的废渣中投加5%～10%的药剂2（聚合硫酸铁），通过使用双轴搅拌机对废渣（污染土壤）进行搅拌，后加入药剂3（普通硅酸盐水泥），通过使用双轴搅拌机对废渣（污染土壤）进行搅拌，搅拌均匀后放置反应。普通硅酸盐水泥与污染土壤混合，使土壤硬化，混合物干燥后形成硬块。固化程序可避免固化物中的化学物质流散到周围环境中，来自雨水或其他水源的水，在流经地下环境中的固化物时，不会带走或溶解其固化物中的有害物质。对于废渣和土壤的混合物以及被污染的土壤，根据检测结果，投加不同浓度的药剂。对于废渣和土壤的混合物，投加5%～10%的药剂1、1%～3%的药剂2和5%～10%的药剂3；对于被污染的土壤，投加1%～5%的药剂1、1%～3%的药剂2和3%～5%的药剂3。重复上述两个过程。

④ 收尾和竣工阶段。治理后合格的废渣（污染土壤）经验收通过后，运至填埋场进行安全填埋。不合格的废渣（污染土壤）进一步处理至合格。

固化/稳定化修复后的渣土按照每个样品代表的土壤体积不超过500m^3的频率采样检测，本项目验收采样共采集27个样品。样品采集过程严格按照采样规范布置采样点，所采样品送至具有相应检测资质的第三方检测机构进行分析检测。结果表明：经固化/稳定化技术修复后的污染废渣及污染土壤目标污染物浸出浓度值均达到修复目标要求，修复效果良好，有效态砷的去除率可达到98%。本项目采集的样品全部验收合格。

(6) 案例六：无锡某工业企业退役场地污染调查及土壤修复工程实例

无锡市某工业企业从事高中低压管道配件和阀门执行器的制造、冷作、金属切削加工等业务，下设生产车间、酸洗车间、废水处理站、固废堆场、成品库、酸洗槽和办公楼等生产办公场所。根据无锡市总体规划要求和工业布局调整规划的需要，该企业响应市政府“退城进园”号召，已整体搬迁至无锡市某工业园，退役场地规划用作安置房建设。业主委托无锡环境科学研究所对退役场地进行污染调查和风险评估，并委托无锡市太湖湖泊治理有限责任公司对污染土壤进行清运和修复。

根据退役场地的原平面布置图，结合生产工艺特点，对原厂区进行布点采样，其中生产区域采用5m×5m的小网格布点，办公生活区采用25m×25m的大网格布点。

在退役场地内共设置24个采样点，每个采样点分别采集0.3m、0.6m、1m、1.5m、2m不同深度的土样进行监测。

将采集的土样进行分析监测，根据主要生产工艺及原材料产品性质，确定主要检测项目为重金属Cr和Ni。由于该场地作为居住用地进行开发，因此采用《土壤环境质量　农用地土壤污染风险管控标准（试行）》（GB 15618—2018）二级标准中的居住用地标准值作为修复目标值，即总铬800mg/kg、总镍200mg/kg。将监测结果中的超标土样进行汇总。

根据土壤监测结果，结合准则中确定的土壤修复目标值，运用Surfer等模拟软件进行退役场地需修复土方量的估算得出需修复的区域面积约700m^2。污染深度主要集中在1m左右，基坑开挖深度确定为1.3m。因此确定出该场地的修复工程量为910m^3。

根据确定的污染范围，用PC250挖机进行挖掘，基坑深度需满足验收要求。基坑开挖完毕后，采集基坑底部和侧壁的土样进行监测，监测结果显示基坑土壤中的总铬、总镍的含量满足验收要求。

将挖出的污染土壤采用固化/稳定化的工艺进行修复。首先将污染土壤混合均匀，根据土壤中重金属的含量，添加适量的化学药剂（改良剂或钝化剂），并搅拌均匀，改变土壤的理化性质，使土壤对重金属产生强吸附或沉淀作用，降低土壤中重金属的生物有效性。完成固化后的土壤进行浸出毒性监测，若满足标准要求则修复工作完成，否则继续添加化学试剂，继续搅拌反应工艺。

污染土壤经固化/稳定化技术处理后，对其进行随机布点采样，共采集8个土壤样品。处理后的土壤浸出液提取法采用《固体废物　浸出毒性浸出方法　硫酸硝酸法》（HJ/T 299—2007）中规定的方法，浸出液中重金属污染物含量不高于总铬15mg/L、总镍5mg/L。

监测结果表明：修复后的土壤毒性浸出液中的重金属含量很低，完全满足了验收要求。监测合格的土壤运输至无锡市某废弃的矿坑进行填埋，矿坑底部和侧面为基岩，有很好的防渗性能，故不会对地下水产生污染。所以本次对于土壤中的重金属修复达到预期目标。

6.3.2 化学还原稳定化技术

(1) 案例一：重庆某含六价铬污染场地土壤修复工程案例

该污染场地位于沙坪坝区内某地块，经调查发现场地内存在重金属、总石油烃以及多环芳烃污染，达不到修建公园和商住用地的要求，需要进行修复。经场地调查论证，项目待处置的 7000m^3 污染土壤中单一六价铬污染土壤的量约 5000m^3；场地含有机物污染土壤的量约 2000m^3。通过修复技术比选，本修复工程最终确定使用水泥窑协同处置技术和异位还原稳定化技术进行场地污染土壤治理。

根据场地污染分布，将场地污染地块进行分类，其中一类为单一六价铬污染地块，另一类为有机混合污染地块。单一六价铬污染土壤经还原稳定化达到生活垃圾填埋场入场要求之后运至填埋场进行填埋；有机混合污染土壤运往富丰水泥厂进行水泥窑协同处置。由于场地限制，没有适合的场地可以作为处置区域，经过综合考虑，最终确定选取原六价铬污染地块（1#、2#）作为处置区域。场地六价铬污染土壤较多，处置时分两批进行，第一批处置区域为地块硬化层之上，处置前于硬化地面之上铺设 1.5mm HDPE 防渗膜和 400g/m^2 土工布用于防渗；第二批处置土壤主要为 1# 和 2# 区域，表层建渣清理之后，先将场地 2# 地块污染土壤清挖至 1# 区域之上，清挖达到设计标高后，再深挖 0.5m，平整坑底后铺设 1.5mm HDPE 防渗膜和 400g/m^2 土工布用于防渗。本项目主要针对场地有机混合土壤污染地块和单一六价铬污染地块进行修复，施工主要工序为：表层建渣清理；污染土壤的开挖和筛分，按照污染物类型进行开挖，优先进行单一六价铬污染场地清挖和筛分，根据施工组织由远及近依次进行。单一六价铬土壤修复工序完成后，验收合格的土壤运往江津生活垃圾填埋场进行填埋；开挖过程进行筛分、破碎，筛分后土壤运至处置区域加药混合，混合均匀后转至待检区养护待检，经检测验收合格后进行外运；有机混合污染土壤筛分后外运至水泥窑；清挖完毕后对基坑进行验收，验收合格则该地块修复完成。第一批基坑清挖完毕后即可验收，第二批场地由于作为处置区域，等稳定化处置合格土壤外运完毕后方可进行基坑验收。

本项目为单一六价铬污染土壤和有机混合污染土壤。六价铬污染修复不同于一般重金属污染，需要先将 Cr^{6+} 在土壤中的存在状态还原为 Cr^{3+}，使其毒性降低后，再进行稳定化处理，从而达到修复目的。项目使用的药剂是已经列入《2014 年国家重点环境保护实用技术名录》案例中使用产品的衍生物 MetaFix，该药剂在大量修复实践中得到验证，同时得到国家的认可，是一种重点环境保护实用技术。根据本项目小试实验，参考国内类似项目实施经验并结合项目实际污染情况，设定场地污染土壤 MetaFix 药剂投加比为 4%，修复后土壤在场内堆存，中间根据情况加水养护，保持含水率。处置后土壤在于避光、厌氧的环境中发生还原等化学反应，从而使药剂处于良好的反应环境。土壤处置后在场地进行 5～7d 的养护。养护之后，进行采样送检，检测结果合格后报请三方验收，对于处置不合格土壤加药养护达标后再报验。

还原稳定化处置后污染土壤根据《生活垃圾填埋场污染控制标准》（GB 16889—2008）进行验收，浸取剂按照《固体废物　浸出毒性浸出方法　醋酸缓冲溶液法》（HJ/T 300—2007）进行配制，六价铬浸出浓度小于 1.5mg/L。场地内受六价铬污染的土壤全部还原稳定化处置后，按照《生活垃圾填埋场污染控制标准》（GB 16889—2008）验收合格后，运往填埋场指定区域进行安全填埋处置。分层进行碾压夯实，碾压次数 6～8 次，压实度不小于 0.9。

(2) 案例二：上海某重金属污染土壤及地下水修复实例研究

本研究场地位于中国上海市嘉定区（北纬 31°31′，东经 121°31′），面积 13000m^2。场地土层主要为填土、粉质黏土、淤泥质粉质黏土，埋深 6m，地下水位 0.54～1.39m。历史上曾于1994年在现场建造了一家磷化厂，2015年废弃并拆除。该场地很可能被以前的工业活动和残余垃圾或其他残余污染物污染。通过对该场地进行详细调查，发现土壤和地下水受到不同程度的污染。具体而言，土壤中六价铬的浓度超过其标准值，污染面积约为500m^2，污染深度为2m；地下水六价铬、总铬、磷酸盐、砷和1,2-二氯丙烷的浓度超过其标准值，污染面积约为2700m^2，污染深度为6m。值得注意的是，土壤和地下水中这些目标污染物浓度的标准值是根据相关规范和标准制定的。

考虑到场地中的污染物，考虑采用与固化/稳定措施相关的异位化学还原方法去除土壤中的六价铬，并考虑采用现场提取和后续处理去除地下水中的重金属和有机污染物（即1,2-二氯丙烷），在田间试验之前，需要进行实验室规模的试验，以分析不同药剂和相应剂量对土壤和地下水中目标污染物的去除效果。考虑到黏土的低渗透性和这些试剂的低修复成本，选择硫酸亚铁、亚硫酸氢钠和焦亚硫酸钠作为还原剂来降低土壤中的六价铬。同样，硫酸亚铁、焦亚硫酸钠和亚硫酸氢钠被选为去除地下水中铬的试剂，因为铬的浓度相对较低。地下水中的磷酸盐可以通过添加钙盐和铁盐的方式采取沉淀和过滤措施来去除。具体来说，选择生石灰、氯化钙和硫酸亚铁来去除地下水中的磷酸盐。

为了进一步优化药剂剂量和输入方法，还根据实验室规模试验的结果进行了田间试验。被污染的土壤被挖掘并倾倒，体积为2m^3，质量约为2t。将粉末和溶液形式的试剂分别放入土壤中，然后混合均匀，以比较粉末和溶液的去除效率。值得注意的是，在添加粉末后，向污染土壤中添加与溶液相同体积的水，以确保反应环境的水含量与溶液添加法中的水含量相同。根据实验室规模的试验结果，选择硫酸亚铁和亚硫酸氢钠的组合在田间试验期间检测土壤中六价铬的去除效率。首先将硫酸亚铁加入污染土壤中并混合均匀，然后加入亚硫酸氢钠。完成上述程序后，收集土壤样品并进行分析，以确定田间试验中污染物的去除效率。总共提取了40m^3受污染的地下水用于现场试验，其中一半体积的水用于去除铬、砷和1,2-二氯丙烷，另一半用于去除磷酸盐。根据实验室规模试验的结果，选择焦亚硫酸钠和生石灰去除地下水中的铬，选择生石灰和氯化钙去除地下水中的磷。在去除六价铬时，加入焦亚硫酸钠降低其浓度，然后加入生石灰和聚丙烯酰胺使污染物发生絮凝分离。在现场试验中，加入硫酸将溶液的酸碱度调节至所需值。为了去除磷酸盐，首先加入生石灰以调节pH值并提供钙盐，然后加入氯化钙以进一步提供钙盐，随后加入聚丙烯酰胺和硫酸以调节pH值并使污染物发生絮凝分离。通过对现场试验结果进行分析，可以为指导现场修复提供最佳的程序和参数。

为了处理污染土壤，先后进行了挖掘、运输、异地修复和回填。迁地修复过程主要包括筛选、粉碎土壤、与还原剂混合以及添加稳定剂。被污染的地下水被提取出来，并运送到一个特定的地点进行修复。然后通过还原、絮凝、沉淀和过滤进行处理。经过多次提取补给循环后，地下水中的污染物被去除，以实现修复目标。当达到所需的污染物去除效率时，补充地下水。

在现场修复过程中，污染土壤的修复可通过以下详细程序进行：平整场地，清除表面障碍物；黏土层开挖至设计深度2.0m，边坡比为1∶1.15～1∶1.5；挖掘出的受污染土壤被运到现场进行修复，并对坑底和坑壁土壤中的污染物浓度进行检查；将污染土壤干燥以降低含水量，然后均匀粉碎并过筛，使土壤粒径小于40mm；将试剂加入土壤中，主要施工过程包括添加和搅拌。每种药剂的剂量是根据田间试验的结果确定的；充分搅拌后，将污染土壤堆放固化3～5d，然后取样测定土壤中六价铬的浓度。如果不合格，受污染的土壤将按照上述施工程序进行反复处理；一旦达到修复要求，根据设计值添加稳定剂，然后充分搅拌和混合这些土壤。

总体而言，修复工作的现场施工在42d内完成。现场土壤修复的测试结果表明，从坑边、坑底和修复后的土壤中取样的六价铬的最大浓度分别为3.90mg/kg、3.70mg/kg和1.20mg/kg。实测值均小于标准值（4.07mg/kg），满足土壤修复目标的要求。对于地下水修复，六价铬、总铬、磷酸盐、砷和1，2-二氯丙烷的最大浓度分别小于0.004mg/L、0.001mg/L、0.17mg/L、0.005mg/L和0.0005mg/L，小于这些污染物的标准值。结果表明，该项目采用的方法能有效减少该类场地的污染物，环境风险相对较小。

6.3.3 植物提取技术

农田土壤环境质量关系到农产品安全生产和农田生态系统安全、稳定性和生产力。近几十年来伴随我国经济社会的快速发展，农田土壤污染和质量下降问题日趋严重，农产品质量安全越来越引起社会各界的高度关注。2014年《全国土壤污染状况调查公报》显示，我国农田土壤污染点位超标率为19.4%，以重金属污染为主，其中Cd、Hg、As、Cu、Pb、Cr、Zn和Ni 8种无机污染物点位超标率尤为突出；从污染分布情况看，北方污染相较于南方略轻，东北老工业基地、长江三角洲、珠江三角洲等区域土壤污染问题较为突出，而这些地区是我国的粮食产区。目前，农田重金属污染修复的一般思路为：从技术途径上，一是降低重金属总量，二是降低重金属活性，三是降低重金属的食物链风险。目前重金属污染农田土壤常用的修复技术包括工程修复（如换土法）、钝化修复、植物修复、化学淋洗修复、农艺调控修复等。在众多重金属污染农田修复技术中，植物修复因其原位性、成本低、不破坏土壤理化性质和结构特征，不引起二次污染等优点，表现出广阔的市场前景。单独采用超积累植物修复重金属污染土壤周期长、见效慢，可与低积累的农作物同时种植实现边修复边生产的目的。

(1) 案例一：湖北省某农田土壤重金属污染修复

湖北省邢台市有一块农田因长期污水灌溉造成重金属污染，经调查：该区域土壤pH值为7.5～8.1，呈现弱碱性，并且存在不同程度重金属Zn、Cd污染，其中Zn的最大检出浓度为404mg/kg，平均浓度为339.5mg/kg(pH＞7.5时，Zn标准评价为300mg/kg)；Cd的最大检出浓度为2.91mg/kg，平均浓度为0.65mg/kg(pH＞7.5时，Cd标准评价为0.6mg/kg)。采用植物提取技术进行本项目中重金属Zn和Cd的修复。第一阶段种植Zn、Cd超积累植物——八宝景天，先对修复区内土地进行平整，清除残余作物和根系，对大块土地进行破碎处理，以利于幼苗移栽。3月种植八宝景天之前，每公顷施加22.5t有机肥作基肥，追加肥料后再施加自制的重金属活化剂（成分主要是苹果酸），经试验研究，每公顷农田施加约22.5kg。采用旋耕机将0～20cm土壤混合均匀，灌溉养护5～7d后，平整土壤修建田畦，移栽八宝景天，种植密度约45万株/hm^2，行距约20cm。移栽后连灌2次透水，观察土壤和移植苗生长状况，适时灌水，但不能积水。当幼苗高约8cm时，及时补齐缺苗。6月上旬，小苗开始快速生长，注意控水，每2周浇水1次，有降雨和阴天时延缓浇水时间，经常保持土壤湿润，但不能渍水，每次灌水后，适时松土除草。7～8月要严格控制浇水，结合浇水情况每公顷追加优质无机复合肥约900kg，分2次间隔施入。因八宝景天抗旱、抗寒性较好，至收割时可适度浇水除草，保持良好通风和光照条件。待10月底将八宝景天连根整株收割，并安全处置。八宝景天收获后，采用旋耕机对土壤再次进行平整、翻耕。种植小麦前每公顷土地施加生物有机肥（羊粪有机肥）15t，然后施撒重金属钝化剂（成分为海泡石粉末、钙镁磷肥和牛粪）降低土壤中Zn、Cd生物有效态含量，经试验研究，每公顷农田施撒约1.8t。翻耕30cm耕作层，将肥料、药剂、土壤混合均匀，灌溉养护5～7d，修建田畦，10月底种植小麦，种子撒播密度约150kg/hm^2，行距约35cm。越冬前需大量灌水，忌冰层盖苗。在次年1月中旬至2月下旬进行化学除草。2～3月，每公顷土地追施尿素150kg，促进小麦返青拔节，提高小麦的分蘖率。3月初要浇返青水，4月中、下旬为小麦抽穗扬花期，为防治小麦病虫危害，延长小麦生长期，提高产量，可喷施杀虫剂，连续使用1～2次。同时，灌水1～2次，第1次灌水在初穗扬花期进行，以保花增粒促灌浆，达到粒大、粒重、防止根系早衰的目的；第2次灌麦黄水，以补充水分，并为复播第2茬作物做前期准备。次年6月收获小麦，采集籽粒样品进行检测分析，重金属Zn、Cd总量低于修复目标值时，可食用或市场销售。完成第一轮修复，通过检测土壤和小麦籽粒中重金属含量变化，再进行第二轮和第三轮修复，即第二年6月开始重复第一阶段种植八宝景天，10月底收割八宝景天后种植小麦，第三年6月收获小麦后再种植八宝景天，每轮修复结束后同时检测土壤和小麦籽中重金属含量变化。经过三轮修复后，土壤pH值变化较小，为7.5～8.0。土壤中Zn的浓度低于修复目标值；Cd的浓度大幅度降低且低于修复目标值；八宝景天-小麦轮作模式对重金属Cd的去除率较Zn显著，为9.23%～20.83%，而Zn的去除率为2.92%～6.09%。

该工程修复规模为39.09hm^2，采用八宝景天-小麦轮作的模式，配合施加重金属活化剂、钝化剂、复合肥等措施提升八宝景天对Zn、Cd的吸收量和生物量，最终土壤和小麦籽粒中Zn、Cd含量均达到修复目标值，实现边修复边生产的目的。高水平氮肥可以提高八宝景天地上部分生物量，重金属活化剂可强化并提升八宝景天对重金属的吸收，因此，合理的肥料配比和施加量，适量的重金属活化剂是八宝景天修复Zn、Cd污染土壤的有力保障。

（2）案例二：湖南郴州蜈蚣草植物提取修复示范工程

本示范工程是在国家高技术发展计划（863项目）、973前期专项和国家自然科学基金重点项目的支持下，由中国科学院地理科学与资源研究所陈同斌研究员建立的世界上第一个砷污染土壤植物修复工程示范基地。试验基地位于湖南郴州，修复前土壤被用于种植水稻。

在湖南郴州发生了一起严重的砷污染事件，此后600亩稻田弃耕。该稻田土壤砷含量在24～192mg/kg之间，由于一个砷冶炼厂排放的含砷废水灌溉后导致土壤砷含量增加。砷主要聚集在土壤表层0～20cm，40～80cm土壤砷含量并未受明显影响。在1hm^{2}污染土壤上种植蜈蚣草，以检验在亚热带气候条件下修复砷污染土壤的可行性。植物修复田间试验于2001年开始进行。施用N、P、K肥并适时灌溉。植物移栽7个月后，将其地上部分收割。地上部分干重为872～4767kg/hm^2，地上部砷含量为127～3269mg/kg，这与原来土壤中的砷含量显著相关。砷去除效率为6%～13%，表明蜈蚣草在田间能有效提取土壤中的砷。

6.3.4 联合修复技术

广东某镇是全国最大的废旧电子电器拆解基地之一，多年来该镇废旧电子电器拆解过程产生的“三废”未经处理直接排放，使当地环境受到污染。受该镇河流污水灌溉、废旧塑料回收和大气沉降的污染影响，农田土壤中重金属含量普遍超标。为恢复农田的正常使用功能，保证生产食物的质量安全和人体健康，对该镇农田土壤进行土壤修复。项目待修复农田土壤面积共计 9 亩（合 $6000m^2$），通过前期土壤调查监测，待修复土壤中重金属含量如表 6-1 所示，《土壤环境质量标准》二级标准如表 6-2 所示。

表 6-1　待修复土壤中重金属含量

采样深度/cm	pH 值	镉(Cd)/(mg/kg)	汞(Hg)/(mg/kg)	砷(As)/(mg/kg)	铜(Cu)/(mg/kg)	铅(Pb)/(mg/kg)	铬(Cr)/(mg/kg)
0～20	6.07	0.10	0.705	9.31	60.1	79.3	58.3
20～40	6.43	ND	0.327	6.49	19.4	65.8	69.3

注：ND 表示未检出，即监测结果小于方法检出限；Cd 的检出限为 0.01mg/kg。

表 6-2　《土壤环境质量标准》二级标准　　单位：mg/kg(pH 值除外)

pH 值	镉(Cd)	汞(Hg)	砷(As)	铜(Cu)	铅(Pb)	铬(Cr)	锌(Zn)	镍(Ni)
<6.5	0.3	0.3	40	50	250	150	200	40
6.5～7.5	0.3	0.5	30	100	300	200	250	50
>7.5	0.6	1	25	100	350	250	300	60

通过对污染土壤的调查分析，修复农田表层土壤（0～20cm）受到了重金属污染，污染物主要为 Cd、Hg 和 Cu 三种元素，下层土壤（20～40cm）没有受到重金属的严重污染，整体呈中度-轻度污染情况。表层土壤中还存在多溴联苯醚（PBDEs）等有机物污染。该项目的修复目标是经过土壤修复后，受污染农田土壤重金属含量达到《土壤环境质量标准》（GB 15618—1995）二级标准，PBDEs 等主要有机污染物含量有所降低，农产品重金属含量达到《食品安全国家标准　食品中污染物限量》（GB 2762—2012）标准要求，饲料达到《饲料卫生标准》（GB 13078—2001）的相关要求。

考虑待修复土壤的污染类型和修复目标，综合技术、经济情况，修复工程修复年限定为两年，采用土壤深翻-植物、微生物联合修复技术方案，具体实施步骤及主要技术参数如下。

① 建设和修缮农田基础设施，施加绿色有机肥（如青草和玉米叶子等）、有机复合肥（105kg/亩）和营养盐（70kg/亩）进行培肥，平整、深翻（翻土深度 40cm）需要修复的农田。

② 经过平整、翻耕的农田间种苎麻和苜蓿两种修复植物，其中苎麻 2500kg/亩，苜蓿 1kg/亩。

③ 在修复植物收获后，种植下一季修复植物前，每亩施用 53kg 生石灰和 18kg 铁剂钝化剂，对土壤重金属进行稳定。

④ 生态修复植物收割之后，需要对修复植物及农田土壤进行采集及分析测试，以评价工程修复的效果，修正和完善实施方案，并对修复植物进行后处理，符合饲料标准的，统一收获后交饲料加工厂处理；如果不符合饲料标准的，作为生物质能源进行发酵。

⑤ 重复步骤①～④。

⑥ 经过两年修复后，适当施加生石灰调节土壤 pH 值至 6.5 以上，同时改变农作物种类，种植重金属吸收积累低的蔬菜品种如茄果类蔬菜等。

对比修复前土壤的监测数据以及《土壤环境质量标准》（GB 15618—1995），可知通过对受污染土壤进行两年的土壤深翻-植物-微生物联合技术修复后，土壤重金属含量达到《土壤环境质量标准》(GB 15618—1995) 二级标准要求；其中土壤中 Cu、Hg、Cd 的去除率分别为 70%、57%、56%，去除效果最好；修复技术对金属 Zn 也有一定的去除作用，去除率为 26%；但该技术对 As、Pb、Cr 基本上没有去除作用。PBDEs 等主要有机污染物含量有所降低，削减率为 18.8%，土壤修复基本达到了预期目的。

由上述实例可知，对中度农田土壤重金属污染问题，采用土壤深翻-植物、微生物联合修复技术进行修复是行之有效的方法。该方法改变了以往单一使用物理、化学或生物修复技术进行土壤修复的模式，尝试采用土壤深翻-植物、微生物的联合修复技术，发挥物理、化学、生物的综合作用，使土壤修复达到了良好的效果。项目的修复成本为 431 元/m^3。具体总结如下所述。

① 由于土壤污染集中在表层 0～20cm 区域，在修复前先对表层 40cm 的土壤进行平整深翻，可快速降低表层土壤中污染物的含量，同时可降低农田表层土壤对植物的毒性，为后续植物、微生物修复创造有利条件。但平整深翻后的土壤中重金属和有机物的总量依旧不变，需采用适当技术予以去除。

② 土壤修复的传统技术主要是物理修复和化学修复，虽然能达到修复效果，但多少都会存在一些问题，如客土移植彻底稳定，但工程量大、投资高；化学淋洗快速高效，但可能造成土壤和地下水的二次污染。本例中主要利用生物修复，既达到了修复目的，又避免了二次污染，具有成本低、操作简单、无二次污染、处理效果好的优势。

6.4 有机污染土壤修复案例简介

6.4.1 化学氧化技术

(1) 案例一：某制革企业旧址污染场地修复工程案例

本案例对已实施完成的某制革企业旧址有机物污染场地修复工程进行相关介绍，通过对工程概况、修复工艺、工程实施及修复效果评价及验收等内容的介绍，研究修复技术和积累工程经验，为制革行业搬迁遗留的其他类似污染场地修复提供参考与示范。该制革厂旧址主要涉及合成革行业、鞋服制造业。未来拟开发为住宅用地、服务设施用地、公园绿地和商业用地，土地利用类型由三类工业用地转变为公共事业用地。工程前期，场调单位对制革厂旧址进行了场地环境调查与风险评估，确定了场地主要污染类型、污染程度以及污染范围，并提出了场地污染建议修复目标值，为场地后期综合修复施工提供了准确的数据支撑和科学依据。

该污染地块整体地势较为开阔平坦，土质主要为杂填土和黏土。经初步调查和详细调查，结合风险评估参数，确定本场地土壤中对人体健康存在风险的目标污染物有6种，分别为：邻苯二甲酸二辛酯 (DOP)、苯并 [*a*] 芘、二苯并 [*a*,*h*] 蒽、茚并 [1,2,3-*cd*] 芘、苯并 [*b*] 荧蒽和总石油烃 (TPH)。本地块污染物修复目标值采用中国科学院南京土壤研究所的 HERA(Health and Environmental Risk Assessment) 评估软件进行逆推模式计算，并结合相关场地环境详细调查及风险评估报告的结果，最终确定将本地块目标污染物的风险控制值作为土壤修复目标，其中总石油烃修复目标值按照《土壤环境质量　建设用地土壤污染风险管控标准（试行）》（GB 36600—2018）中总石油烃第二类用地筛选标准确定。结合土壤样品的检测和风险评估结果，本项目地块土壤修复总面积为 5890m^2，修复厚度 0～4.5m，土方量为 12530m^3。本场地土壤中关注污染物为有机污染物，场地污染土壤主要为黏土，通过技术比选，水泥窑协同处置技术简单，且修复后土壤处置问题可以得到解决，但是由于项目所在地周边并无符合条件的水泥窑厂，不推荐采用。若采用热脱附修复技术，则需要搭建临时焚烧设施，并且燃料主要采用天然气，天然气的安装工程以及天然气的费用较高，大大增加了本项目处理费用，同时焚烧是对土壤进行脱水，本项目地块土壤含水率相对较高，脱水环节也会增加土壤修复的成本和时间，因此不推荐。化学氧化技术成熟度高，工程施工便捷，污染物去除效果好，在修复过程中因药剂过量产生的二次污染以及氧化剂过度消耗的问题，可以通过技术上和设计过程中的调整解决。综上，本项目有机污染物采用化学氧化技术进行处理。化学氧化技术的关键是针对场地特征污染物确定氧化剂，结合小试实验结果分析可知，高锰酸钾处理场地内污染物的效果较差，不适宜选用。过硫酸盐和过氧化氢对石油烃的氧化效果都为优。但由于过氧化氢时效较短，土壤中有机物质会对过氧化氢的氧化效果产生影响，因此不适合于采用该药剂。而过硫酸钠对于多种有机物的修复效果好，药剂持久性较好，环境友好性强，选择将其作为本项目的主要修复药剂材料。本项目的实施流程主要包括有机物污染土壤开挖转运至修复中心，经过均质化筛分，采用土壤修复一体机进行土壤破碎以及药剂的定量混合，之后进行养护和自检，达标后外运消纳做道路绿化垫层土。异地修复中心的修复大棚需配置废气收集处理系统，废气经收集后采用活性炭吸附，达标后排放，产生的废弃活性炭委托具有危废处理资质的单位处置。该项目的大致流程如图 6-1所示。

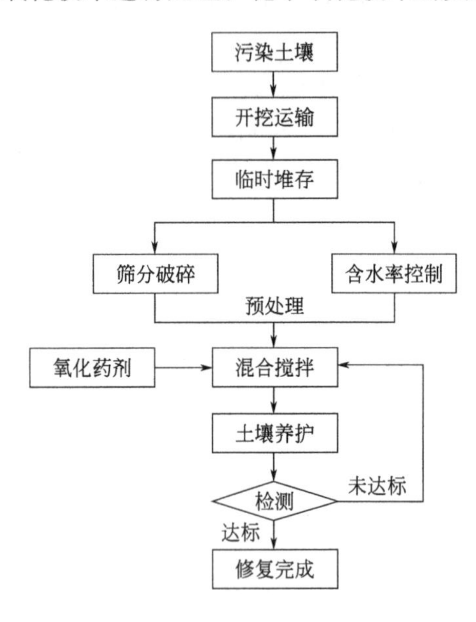

图 6-1　污染土壤修复流程

（2）案例二：某化工企业旧址污染地块土壤修复工程案例

本项目共需开挖基坑 5 个，污染土壤分不同层次、不同污染区域进行开挖，其中 3 个开挖深度为 1m，1 个开挖深度为 2m，1 个开挖深度为 3m，并配备 4 台自卸土方车用于土方清运。

目前我国修复的污染场地污染类型以有机污染为主，原位化学氧化技术通过向污染土壤中注入氧化药剂（如芬顿、类芬顿、活化过硫酸盐、$KMnO_4$ 等），该技术对苯系物、多环芳烃、有机农药等有机物污染土壤处理效果较好，一般应用于土壤和地下水同时被有机物污染的联合修复。结合实际现状，本项目采用原位化学氧化技术进行修复。

① 修复原理。过硫酸盐的反应机理为通过活化作用致使本身的—O—O—键断裂产生具有强氧化性的硫酸根自由基，然后通过电子转移方式与目标污染物发生反应，从而达到降解目标污染物的目的，过硫酸钠氧化修复有机污染土壤和地下水具有独特的优势和较好的应用

前景。本项目以过硫酸钠为氧化剂，生石灰为活化剂，加碱活化促使硫酸根自由基和羟基自由基的生成，从而传导一系列自由基反应，污染物则被氧化分解成为毒性更小的产物或无毒的产物。

② 工艺流程。原地异位化学氧化工艺流程见图6-2。区块具体施工作业顺序依据场地具体情况及施工组织设计总体安排合理有序进行。

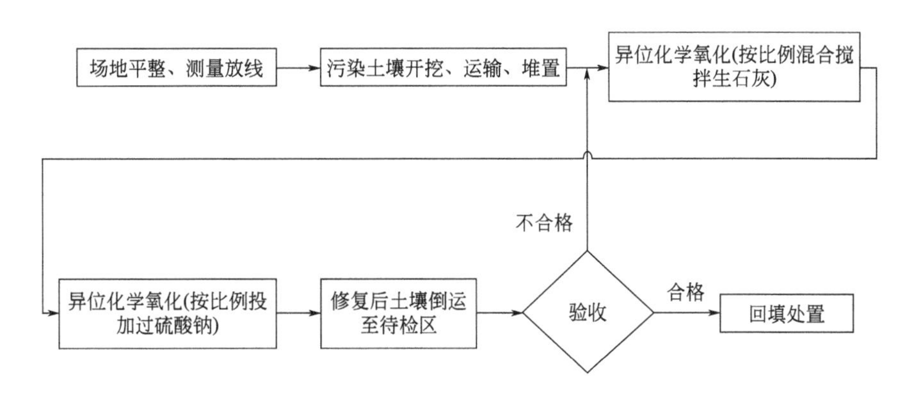

图6-2 原地异位化学氧化工艺流程

施工时首先利用挖掘机将预处理好的污染土壤堆放至修复治理区域，筛分后的土壤使用挖掘机添加生石灰，调节土壤含水率。使用Allu筛分破碎斗对污染土壤进行第二遍预处理，使生石灰与污染土壤充分混合。经过第二次筛分后的污染土壤置于氧化区，使用挖掘机上料至一体化土壤修复设备的进料口，过硫酸钠由人工倒入一体化修复设备的药剂仓中，通过一体化修复设备控制台，调节药剂添加比例。在一体化土壤修复设备中，氧化药剂与污染土在充分搅拌混合后从一体化设备出料口出料，由挖掘机将出料后的土壤转移至大棚内的暂存区进行暂存，并洒水养护3d。3d后的土壤转运至待检区，并保持修复治理土壤的湿润，以达到去除污染土壤中污染物的目的，使得污染土壤中的有机污染物得到充分降解。

工程修复后，施工单位制定了土壤修复效果自检方案（含基坑自检和修复土壤自检）、工程验收方案及全厂区（含周边区域）验收方案。通过验收方案可以评估此次有机污染土壤的修复效果。

(3) 案例三：广西某退役农药厂污染场地修复工程案例

本项目场地位于广西贺州市，占地总面积为48986.40m^2（约73.48亩），始建于1970年，主要产品为松香、农药制剂（苏化203、杀虫脒、杀虫双、二甲四氯等）及中间体（三氯化磷和五氧化二磷），于2002年停产，2008年拆除大部分厂房，拆除后主要用途为停车场和铁矿石临时堆放场（少部分区域）。根据当地控制性详细规划，5099.12m^2 的区域规划为道路与交通设施用地（场地中部穿越）；43842.15m^2 的区域规划为居住用地；45.13m^2 的区域规划为村庄建设用地。2017—2018年期间对该场地的环境调查和风险评估结果显示，地块部分区域土壤受到砷、氯仿、1,1,2-三氯乙烷、石油烃和治螟磷污染，需进行修复，场地内土壤修复主要为0～6.0m的污染土壤，经计算污染土壤修复土方量为10340.8m^3，刺激性异味区污染土方量为10600m^3。2018年10月—2019年3月，采取原址异位的修复技术对该场地的污染土壤实施修复。

经过场地调查发现该场地土壤中包括重金属类污染物1种（砷）、挥发性有机污染物

3 种（氯仿、乙苯、1,1,2-三氯乙烷）、有机磷农药、石油烃等在内的 6 种污染物存在超标现象。

根据场地修复技术方案，场地污染土壤采取原址异位的修复技术，重金属砷污染土采用稳定化修复技术；1,1,2-三氯乙烷、氯仿、有机磷农药以及石油烃（C_{10}～C_{40}）污染土采用化学氧化技术；重金属和有机物复合污染土采用化学氧化＋稳定化修复技术，有机污染土与刺激性异味土复合污染采取化学氧化修复技术，刺激性异味土采取异位常温脱附技术。修复技术路线见图 6-3。

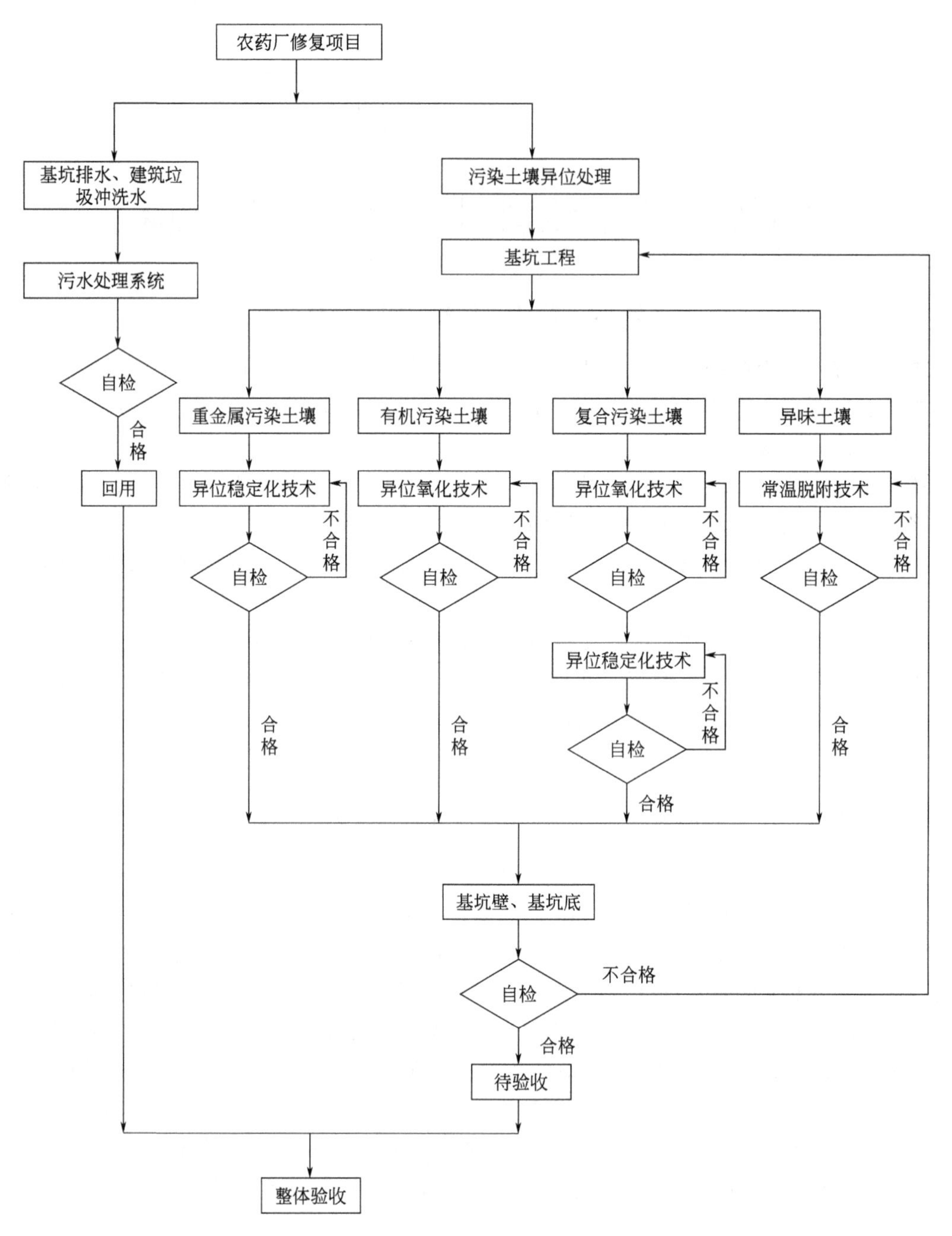

图 6-3 修复技术路线

本修复工程实施过程主要包括现场前期准备阶段、污染土壤的清挖和转运、污染土壤修复、修复后自检和验收、修复后土壤回填阶段、收尾和竣工验收阶段。

① 现场前期准备阶段。首先对场地进行“三通一平”（场地平整，临水、临电接入和建设临时道路），建设负压密闭的充气膜结构，修复大棚并配套建设尾气收集装置，同步建设待检区、暂存区和办公区，为修复工程的顺利进行提供基础设施保障。同时工程项目的人员、材料、机械设备等物资进场，根据实验室小试结果，选取合适的区域进行现场中试，根据试验结果及时优化调整施工顺序、加药方式、加药量等参数。

② 污染土壤的清挖和转运。包括障碍物清理、测量放线、污土壤清挖和运输、基坑自检和验收。本项目污染土壤污染因子不同，各区域污染深度不同，因此污染土壤开挖采取分区、分层开挖方式进行。由于本场地地下水水位埋深较浅，因此土壤开挖前采用轻型井点降水法对局部开挖区域进行降水，降水通过一体化水处理设备进行 Fenton 氧化和絮凝沉淀达标后回用。

③ 污染土壤修复。使用筛分斗对污染土壤进行预处理使粒径控制在 50mm 以下，有利于后续处置中土壤与药剂的混合，筛分后污染土壤需进行稳定化处理、化学氧化或者二者结合的处理方式，经土壤混合搅拌机使土壤与药剂充分混合后，运输至待检区进行堆置、养护，满足养护条件后进行采样、检测，验收合格后进行填埋处置。筛分出的砾石与建筑垃圾分堆存放，后续进行冲洗处理。

本项目修复施工的瓶颈问题在于污染物为农药类有机物，易挥发，刺激性气味较大，且人体对这些物质的嗅阈值较低。因此，本工程污染土壤的清挖处置工作均在配套尾气吸收装置的密闭车间内进行，该车间长度 40m，宽度 40m，净高 12m，车间主要由复合膜材构成；车间东侧设一个帘门，车间北侧设有尾气处理装置，尾气处理装置通过固定穿膜管道与车间内通风管道相连接，用于车间通风换气和尾气处理，尾气处理系统产生的废活性炭送有资质的单位进行处置。

④ 修复后自检和验收。主要包括清挖基坑和修复后土壤的自检和验收两部分。基坑采样点位于坑底和侧壁，侧壁采用等距离布点法，坑底采用划分采样单元布点法，异位修复后的土壤原则上每个样品代表的土壤体积不应超过 $500m^3$，布点和采样参照《污染地块风险管控与土壤修复效果评估技术导则》（HJ 25.5—2018）。

⑤ 修复后土壤回填阶段。修复后的有机污染土和刺激性异味土为降低总量可以直接进行楼座基坑边槽回填，为防止有机物挥发对居民的影响，需按要求进行回填。重金属污染土壤采用稳定化修复，处理过程中添加药剂仅降低污染物浸出毒性，污染物总量未减少，该部分土壤直接利用或回填存在一定风险。因此该部分修复合格土壤需对回填区进行防渗处理。

⑥收尾和竣工验收阶段。修复工程结束后对工程过程资料以及竣工资料进行整理并进行竣工验收。

在土壤修复完成后，通过验收单位对清挖基坑和修复后土壤采样并送第三方检测单位的检测结果表明，检测的土壤样品 100 个（包括 9 个平行样），检测结果均低于修复目标值，即基坑侧壁与底部检测指标均满足修复目标值要求，异位修复土壤检测的 35 个土壤样品，检测结果均达到修复目标值。

该项目对搬迁农药厂污染土壤采用异位稳定化和化学氧化的方式处理，在密闭修复车间内使用土壤混合搅拌机对污染土壤进行处置，通过第三方检测机构采样分析，所有样品达到验收标准。该项目采用的修复方式经济环保，取得了较好的环境效益，项目实施周期短、见效快，具有较好的推广应用价值，为同类搬迁农药厂污染场地修复提供了借鉴和参考。

(4) 案例四：浙江省某退役工业场地修复工程实例

浙江省某退役工业场地总占地面积约为9338m²。根据健康风险评估结果，项目地块在居住用地开发的场景下，苯并[a]芘类污染物经所有暴露途径总致癌风险/危害超过《污染场地风险评估技术导则》（DB33/T 892—2013）所推荐的风险可接受水平，风险不可接受。对于苯并[a]芘，修复目标值用当地的《污染场地风险评估技术导则》规定的0.2mg/kg。

因该地块主要修复区域内已有4～5层在建建筑，底层为敞开式的停车场，高度约为2.7m。此区域四周采用风险管控，而内部污染区浅层污染土壤及早前存放污染土壤采用异位修复模式治理，对于深层污染土，即埋深4.5m以上的污染土壤采用原位修复模式治理。对于本地块深层污染土壤，采用原位直压注入工艺以及原位化学氧化技术治理。之后进行污染土壤管控，通过采用原位阻隔进行管控。通过铺设原位阻隔层，可有效降低污染物在地表的暴露和迁移，从而阻止异味带来的不适感，也将场地使用阶段的健康风险显著降低。针对新建建筑最常用的处理方式是在建筑底部安装土壤蒸汽集排气系统（根据需要可以转为主动式）和阻隔膜。人工防渗材料主要是HDPE土工膜，其具有以下特点：低渗透性、化学稳定性、紫外线稳定性。结合以上，本工程项目采用原位化学氧化、异位化学氧化技术进行修复。

该场地风险管控工程规模为地下防渗墙长238m，深7m，原位阻隔防渗层面积4100m²。在施工前进行测量放线：根据建设单位交点，对场地原地面或探孔的起始零点标高进行测量，相关测量结果经监理单位和建设单位确认后，再进行污染土壤修复的开挖作业。在已建建筑物区域，开挖0.7m至地梁深度，其他区域开挖浅层土壤2.0m。之后进行基坑支护：在污染管控区域，先进行高压旋喷地下防渗墙施工，土壤开挖时不需进行基坑支护。

施工过程为土壤经预处理系统破碎、筛分后，去除土壤中大块非土壤物质，如建筑垃圾等，并确保土壤粒径的均一性，调节土壤含水率。在用挖掘机取土时，根据小试实验确定的土壤含水率调节到最佳状态，添加小试确定的添加比例的化学氧化药剂，与之充分混合搅拌，静置养护直至自检结果满足修复目标值后，短驳至修复后土壤暂存区。后将其运至有承接能力的单位消纳，要求合理处置。化学氧化药剂主要成分为过硫酸钠，小试结果确定本项目氧化药剂投加比例为1%。异位氧化修复土壤方量4693m³，前期调查结果密度为1.8t/m³，药剂投加量为84.5t。由于目标修复层主要为粉质黏土和淤泥质粉质黏土，其渗透系数较小。因此本工程采用直推注射方式，通过高压注射泵经由直推注射工具，将修复药剂注入目标土层。现场中试流程：选择两个中试区进行直推注射，每个中试区面积约9m²，布设4个注射点。原位直推注射完成10天后，在每个中试区中心位置采集不同深度的2个土样检测苯并[a]芘浓度，并采集1个地下水样品，测试地下水腐蚀性。根据化学氧化小试和直推注射中试，确定投加主要成分为过硫酸钠的化学氧化药剂，投加比例为1%，药剂投加量为58.6t。原位直推药剂注射的影响半径为1.5～2.0m。本项目原位注射时，按照3m间隔在核心区域设置注射点，共布设152个原位药剂注射点。在同一注射点位，按照0.5～1.0m的间隔，在不同深度进行注射。设计单孔药剂注射量为800～1500L，注射压力为530Pa，注射速率为200～800L/h。原位阻隔层结构自下向上为混凝土（C10）垫层、HDPE防渗膜、无纺土工布（400g/m²）保护层、钢筋混凝土（C25）防渗层。本项目所采用的 HDPE 防渗膜渗透系数不大于 10^{-10}cm/s，厚度不小于 1.5mm。通过设置地下防渗墙有效阻止污染物迁移扩散，减小污染源与上、下游地下水的水力联系，从而实现对污染物的控制。在整个风险管控区域边界建设地下防渗墙，总长度 238m。基坑底部面积总计 2316m^2，设采样点 11 个。异位修复土壤采样数目总计 11 个。原位修复后土壤，依据《工业企业场地环境调查评估与修复工作指南（试行）》的相关规定，网格大小按照不超过 20m×20m 采样布点；纵深方向上，进行垂向分层采样，第一层为表层土（0～0.2m），0.2m 以下每 13m 分一层，不足 1m 时与上一层合并，原位修复后土壤布点数目总计 27 个。共计土壤采样点位 49 个，平行样 7 个。送检样中苯并[a]芘浓度不超过 0.16mg/kg，达标率 100%，其中 87.5%低于检测限 0.01mg/kg。在施工过程中施工单位应定期委托第三方检测单位对场地的大气、噪声、水环境进行检测，施工期间检测指标全部符合要求。该项目修复取得预期效果。根据《污染地块风险管控技术指南——阻隔技术（试行）》(征求意见稿)，本项目需对场地边界外地下水进行后期管理，分别对场地上游和下游进行地下水采样，建议监测频率为 3 个月一次，监测周期为 6 个月。监测结果需与其他风险管控技术配套才能达到场地治理的目的，确保该地块土地利用方式合理有效。

6.4.2　气相抽提技术

落基山兵工厂是美国的一个化学武器制造中心，位于科罗拉多州的科默斯市。这一兵工厂由美国陆军于 20 世纪末设立，生产常规兵器和化学兵器，其中包括白磷、凝固汽油弹、芥子气、路易氏剂和氯气。1984 年，美国陆军对落基山兵工厂的污染情况进行了详细调查，发现场地内存在多种污染物，包括有机氯农药、有机磷农药、氨基甲酸酯类杀虫剂、有机溶剂、氯化苯、重金属等。1991 年，在落基山兵工厂超级基金污染场地的 18 号单元进行了土壤气相抽提处理。这一区域在过去主要用以清洗维修设备和车辆，并储存柴油、汽油和各种石油产品。在这一区域的土壤和地下水中发现了大量的 VOCs，其中大多为三氯乙烯，其在土壤蒸汽中的体积浓度高达 65×10^{-6}。这些 VOCs 主要来自清洗过程中使用的含氯溶剂。SVE 系统安装在了土壤蒸汽中三氯乙烯浓度最高的区域。该 SVE 系统包括一个较浅的气相抽提井和一个较深的气相抽提井。浅井位于黏土层以上，地下 4.3～9.3m 处；深井位于黏土层以下，地下 14.3～19.3m 处。设立两个抽提井是为了研究黏土层对 VOCs 移除的影响。在气相抽提井周边围绕着 4 个蒸汽监测井，用于评估 SVE 系统的性能。蒸汽从气相抽提井中抽提出之后，进入气液分离罐中分离掉其中的凝结水，随后进入沉淀过滤器和再生鼓风机。鼓风机排出的烟气通过两组串联的颗粒活性炭系统进行处理，每组活性炭处理单元中有三个装有颗粒活性炭的容器。一级活性炭处理单元可以去除掉气体中 90%的三氯乙烯，二级活性炭处理单元则用于处理残余的三氯乙烯。

该系统的运营过程从 1991 年 7 月持续到 12 月，总共处理了约 70 磅（1 磅=453.59g）的三氯乙烯，总处理土方量约为 26000m^3。SVE 系统处理后的三氯乙烯的体积浓度小于 1×10^{-6}。整个 SVE 系统的筹备、建立和运行费用为 182800 美元。

6.4.3　淋洗技术

海军陆战队勒琼营位于美国北卡罗来纳州，是美国海军陆战队一所规模庞大的训练和调度基地。这一基地建立于 1942 年，面积为 $640km^2$。1989 年，美国环境保护署（EPA）将这一场地添加到国家优先修复场地名单中。勒琼营场地中的土壤、污泥、地下水和地表水中都含有大量污染物，威胁着该区域居民的健康。场地中的污染物包括 VOCs、重金属、农药、PAHs 和 PCBs。从 1994 年起，美国海军开始对勒琼营地块进行修复，直到现在修复工程仍在继续。1999 年 4—8 月，在勒琼营的 88 号地块设立了表面活性剂加强的原位土壤淋洗系统，进行土壤含水层修复示范项目。88 号地块受到四氯乙烯和烃类溶剂的污染。四氯乙烯属于重质非水相液体，主要位于 88 号地块深度大约为 16～20 英尺的土壤浅层含水层中，其中大部分的重质非水相液体污染物位于浅层含水层底部低透水性的淤泥层中。烃类溶剂属于轻质非水相液体，位于浅层含水层的上部。在本项目中，目标污染物为四氯乙烯，但也有少部分的烃类溶剂在处理过程中被附带脱除。在勒琼营 88 号地块示范工程中，设立了原位土壤淋洗系统进行重质非水相液体污染物的去除，同时设立表面活性剂回收系统进行表面活性剂的回收利用。土壤淋洗系统包括 3 个注射井、6 个提取井和 2 个液压控制井。系统中使用的表面活性剂（Alfoterra 145-4PO sulfate™）是专门为勒琼营 88 号地块示范工程设计的。这一表面活性剂满足两个要求：首先能够尽可能溶解重质非水相液体，其次可以保证表面活性剂回收过程的性能。携带污染物的表面活性剂液流在地上部分进行处理，处理单元包括一个渗透蒸发系统和一个超滤单元。渗透蒸发系统用于移除液流中的污染物，胶束强化超滤单元用于去除过量的水分。经过回收净化的表面活性剂液流再次投入到注射井。

88 号地块的面积大约为 $319m^2$($11m\times29m$)，在 4 个月的处理周期中，该示范工程总共处理了 288L 四氯乙烯，总花费 3074500 美元。

6.4.4 热脱附技术

沃林顿乳胶厂位于美国新泽西州卑尔根县的居住-工业混合区，面积为 9.67 英亩（1 英亩＝$4046.86m^2$）。1951—1983 年，该厂曾生产天然和合成橡胶产品以及化学黏合剂。生产过程中使用了大量的有机溶剂，包括挥发性有机物（VOCs），如丙酮、庚烷、正己烷、甲乙酮、二氯甲烷及多氯联苯（PCBs）。1989 年 3 月，沃林顿乳胶厂场址被添加到超级基金优先修复场地名单中，1988 年 9 月—1992 年 6 月对这一场地进行了修复调查。调查结果显示：场地中的污染土方量为 $24500m^3$，排水渠中的污染土和污泥量为 $2060m^3$。PCBs 最高含量为 4000mg/kg，半挥发有机物为双黄原酸乙基酯邻苯二甲酸盐（BEHP）、3,3-二氯联苯胺和 PAHs，重金属污染物为锑和砷。1999 年 3 月，该场地开始使用热脱附法清除土壤中的有机污染物。系统热脱附单元是一个三重壳回转窑，该系统每天大约处理 225t 土壤，土壤出口温度为 482℃。在污染土壤进入到回转窑之前，首先要对其进行筛滤，将直径大于 2 英寸（1 英寸＝2.54cm）的杂质筛除。处理后的土壤进行压实之后回填到挖掘区域。

烟气使用洗涤器、文丘里管、喷雾塔依次进行处理，随后进入到颗粒活性炭过滤单元和高效空气微粒过滤器中进行清洁。处理后的烟气再次回收进入炉膛。洗涤用水通过澄清池和压滤机分离掉油和固体残渣，随后使用活性炭吸附掉污染物，清洁水用于进行清洁土壤的调理。压滤器中的滤饼在场外的危险废物填埋场地进行填埋。这一项目一直实施到 2000 年 6 月，共修复 $41045m^3$ 有机污染土壤，修复费用总计 15700000 美元，平均每立方米土壤花费 382 美元。

6.4.5 联合修复技术

(1) 案例一：浙江省嵊泗县某退役地块场地土壤治理

浙江省嵊泗县某场地原土含有敌克松中间体、二氯喹啉酸、3-氯-2 甲基苯胺、5-氯-2 甲基苯胺、6-氯-2 硝基甲苯等主要有机污染物，原土来自浙江省嵊泗县精细化工有限责任公司退役地块（即规划调整后的嵊泗县丽晶苑 6 号、8 号地块），主要由碎石、砂砾及少量的粉土构成，需修复土方量总计 22230m^3。场地的修复工程用地面积 7500m^2，工程直接造价约 450 万元，于 2015 年 10 月启动第一批次修复，至 2017 年 7 月结束场地拆除复原，共历时 17 个月（其中因政策和天气原因停工及中末期评估与拆除复原约 6 个半月、每批次检测周期共耗时总计约 5 个月），修复 13 批次总计土壤体积 22230m^3。不计转运、监理、检测等费用，共支出修复费约 111 万元，折算成单位修复费用约为 50 元/m^3，其中人工费约占 54.5%。

为降低工程实施风险，在系统分析了嵊泗本岛特有的社会经济和自然状况下，根据受污染土壤中大颗粒含量高、砂性土高渗水性的特点，综合考虑污染物理化性质、修复后土壤去向、二次污染防治、检测周期、投资运行费用等因素，对比了固化填埋、热处理、化学改良、化学淋洗等较为适宜的受污染土壤修复技术，最后确定了以化学淋洗技术为核心的修复工艺。按风评关注污染物检出点位取 2kg 待修复土样平铺在设有石英砂反滤层的 10L 自制聚氯乙烯（PVC）低位槽中，保持水面高出土样 5cm，用自来水浸泡 2d 后排至中间水槽，后用蠕动泵（流量 2L/h）提升至设有 TiO_2 涂层网板（2 片，单片面积 0.01m^2）和紫外灯管（2 根，单根 16.5W）的 10L 自制 PVC 高位槽，再通入 O_3（制备能力 1g/h），高位槽溢流水排至低位槽土样表面，循环一定周期，循环终点取样分析。土壤中关注污染物的检测采用气相色谱-质谱法，循环液相关指标检测按《水和废水监测分析方法》（第四版）中相关方法执行。小试共进行了 3 个批次，其中第 2 个批次分别在第 7 天和第 10 天进行了取样检测，经第 1 批和第 2 批的第 7 天样品检测结果，土样中的硝基甲苯一氯代物去除率分别为 83.95%和 88.03%，硝基甲苯二氯代物去除率分别为 82.88%和 84.95%，平均去除率为 85.99%和 83.92%，在中高浓度下存在超标风险；经第 2 批和第 3 批的第 10 天样品检测结果，2 个批次的硝基甲苯一氯代物去除率分别为 97.30%和 97.96%，硝基甲苯二氯代物去除率分别为 93.5%和大于 95.00%，平均去除率为 97.63%和大于 94.25%。在给定浓度（或风评报告检测到的最高浓度）下经处理可以达到或明显优于修复目标值，且修复土样的循环水中关注污染物的质量浓度均小于 0.005mg/L，显著优于风评报告以保护地下水为目的的修复目标值，同时测得的硝基苯、苯胺、氯苯浓度也间接表明关注污染物在修复过程中未转化为其他苯系污染物。小试结果表明，化学淋洗-O_3 催化氧化技术适用于本项目，且未发生关注污染物在水相中富集的现象。结合关注污染物降解效率与处理时间成正比的特征，调整和优化了工程修复方案，最终确定了化学淋洗-H_2O_2/O_3 复合催化氧化修复工艺。其要点是在淋洗阶段增加了十二烷基苯磺酸钠（SDBS），以增强有机物的脱附作用，在催化氧化阶段增加了复合氧化剂 H_2O_2 以协同提高关注污染物的去除效果，并将单批次淋洗周期由小试的 10d 延长至 15d。修复过程为将原土（总体积约 22230m^3）由自卸密封车运至异位修复场地，在入暂存场前进行二次分选，直径大于 80mm 的块石（体积约 3000m^3）在冲洗场经含淋洗液的高压水冲洗表面并反渗滤水后外运，冲洗排水流至蓄水池。每批次取约 1500m^3 原土自暂存场中转至淋洗场，摊铺成 1.5m 厚的堆土，在距土层顶部 1.0m 处布设喷头，富含 SDBS 的循环淋洗液均匀喷洒至土层表面。随时间延长，关注污染物持续溶解、脱附转移至循环液中，并逐步达到修复目标值。每批次的修复周期为 15d。修复后土壤经检测达标后外运。循环液反滤后导排至蓄水池，再经泵提至布设有紫外灯管并加载了 TiO_2 网状填料的氧化塔进行 H_2O_2/O_3 复合催化氧化处理，在此关注污染物被羟基自由基氧化为 CO_2 和 H_2O 等无机小分子而得以去除，循环液获得净化而被再次利用。本工程由专业环保公司总承包，实施全过程环境监理，并由第三方进行取样、检测和验收，各相关检测验收数据表明工程达到了预期的设计目标，于 2017 年 9 月通过专家评审和环保验收。检测过程如下

① 批次修复后土壤检测。将淋洗场堆土平均分为 12 个区块，每个区块中心按表层、0.5m 深、1.0m 深采集 3 个土样制成 1 个混合样，共计 12 个样，测定土壤中关注污染物的含量。记录各批次修复后土壤中关注污染物最高检出值。

② 修复终点循环液检测。执行《污水综合排放标准》(GB 8978—1996) 一级标准。

③ 修复场地土壤检测。拆除修复设施和防渗层，将整个场地平均分成 25 个区域，每个区域选取 9 个点位 0.4m 深度处的表层土组成一个混合样。经检测，其中 15 个点位未检出关注污染物，检测到的土壤中硝基甲苯一氯、二氯代物的最高含量分别为 0.9mg/kg 和 0.03mg/kg，地下水中的浓度均小于 0.005mg/L。

(2) 案例二：某钢铁工业固废场地土壤修复

某钢铁厂工业固废分选堆场自 20 世纪 80 年代以来，作为其工业固废堆存和分选场地，堆存了大量高炉干渣、脱硅污泥、含铁尘泥、生物污泥和各类粉尘。经过数十年的发展，该钢铁厂生产规模急剧扩张，现拟将该固废堆场作为新的生产用地进行开发建设，为保证场地安全开发，固废按相关要求进行了妥善处置，但堆放点的土壤已受到污染，需要处理。根据国家和上海市的有关规定，有关单位对该场地进行了场地环境调查和风险评估，确定场地土壤污染物包括重金属类、多环芳烃 (PAHs) 类、总石油烃类 (TPH) 和挥发性有机物 (VOCs) 共计 16 项，总污染面积约 $9.2\times10^4m^2$。由于土壤中存在大量工业垃圾、建筑垃圾、钢渣等，需对所有开挖土壤进行筛分。土壤总体工程量为 $1.64\times10^5m^3$，土壤修复量为 $9.0\times10^4m^3$，其中无机超风险土壤量 $3.1\times10^4m^3$，复合超风险土壤量 $5.9\times10^4m^3$，需筛分分选土壤量 $7.4\times10^4m^3$。其中重金属污染物中铅、镍超标倍数最高，最高浓度分别是 6610mg/kg 和 3620mg/kg，有机污染物中总石油烃 (C_{16} 以上组分)、苯并[*a*]芘、苯并[*a*]蒽以及乙苯超标倍数最高，最高浓度分别是 12450mg/kg、5.39mg/kg、7.15mg/kg、1790mg/kg。结合现场条件，通过潜在的修复技术评估和比选，确定本修复工程采用原地异位化学氧化和稳定化技术联合修复重金属-有机污染物复合污染土壤。依据场地未来规划用地性质和场地环境调查和风险评估的结论，土壤修复后重金属类指标浸出浓度需满足《地下水质量标准》(GB/T 14848—2017) Ⅳ类标准，有机类指标需满足《上海市场地土壤环境健康风险评估筛选值(试行)》和《污染场地风险评估技术导则》(HJ 25.3—2014) 综合确定的风险控制值。化学氧化的主要原理是通过向污染土壤添加氧化剂，使土壤中的污染物转化为无毒或毒性相对较小的物质。常见的氧化剂包括高锰酸盐、过氧化氢、芬顿试剂、过硫酸盐和臭氧。化学氧化可处理石油烃、苯系物 (苯、甲苯、乙苯、二甲苯，BTEX)、酚类、

甲基叔丁基醚（MTBE）、含氯有机溶剂、多环芳烃、农药等大部分有机物。异位化学氧化不适用于重金属污染土壤的修复。稳定化修复是向污染土壤中添加稳定化剂，经充分混合，使其与污染介质、污染物发生物理或化学作用，将污染物转化成化学性质不活泼的形态，降低污染物在环境中的迁移和扩散能力。修复效果评价指标主要是浸出率和增容比。该技术可用于修复金属类、石棉、放射性物质、腐蚀性无机物、氰化物以及砷化合物等无机物污染的土壤，具有操作简单、成本低廉、处理效率高、增容少等优点，在国内外应用广泛。据美国环境保护署统计，在1982—2008年已有200余项超级基金项目应用该技术，目前其在国内也有很多成功应用的案例。由于化学氧化反应过程会对稳定化修复造成影响，故对于重金属-有机污染物复合污染土壤，先进行异位化学氧化修复，再进行异位稳定化修复。项目实施的主要阶段如下：

① 污染土壤筛选区布置。包括污染土堆放区、筛选设备处置区、筛上物堆放区、处置后工业垃圾堆放区、处置后建筑垃圾和石块等堆放区以及办公仓库区。场地采用厚度达30cm的C30混凝土场地，以避免造成二次污染。场地四周建有导排沟，场地内产生的积水导入二沉池，经预处理后排入市政污水管网。筛选设备采用高频格栅振动筛，并在格栅下设置带挂钩的钢丝网。整个土壤筛选区为施工区域，禁止闲杂人等靠近。

② 异位化学氧化治理区布置。包括污染土堆放区、药剂搅拌区、氧化反应池、处置后土壤堆放区。场地地面要求和管理要求与污染土壤筛选区一致。

③ 异位稳定化治理区布置。包括污染土堆放区、修复作业区、处置后土壤堆放区以及办公仓库区。场地地面要求和管理要求与污染土壤筛选区一致。污染场地清运场地内需清运的污染土壤的土方量约为$1.64\times10^5 m^3$，开挖深度为17m。土方开挖采用分块、分层的方法，开挖过程中应当严格按照前期放线规划区块进行，由浅至深、由远及近，采用挖掘机挖土并人工辅助，通过土方车运土至指定地点。在机械挖土的同时，配足人工做好基坑、边坡、基底的修土工作。开挖期间及时跟踪测量标高，确保挖至设计深度。本项目采用高效的K氧化剂和C活化剂对污染土壤进行氧化修复，采用吨袋包装运至药剂仓库。C活化剂采用土壤改良机和挖机配合添加。同时现场准备1个$2m^3$的溶液搅拌桶，4个$2m^3$的溶液配备桶，配备1台叉车与6名工人将药剂与水混合，为使药剂更好地溶解，利用设备自带的加温搅拌设备混合药剂，并保持药剂为25℃左右；待药剂溶解完全后，利用抽水泵将药剂抽提加入氧化池内，通过2台挖机在氧化池内将氧化药剂与污染土壤充分混合反应，药剂添加量为$15m^3/h$。本项目采用天然矿物成分为主的A稳定化药剂，药剂采用吨袋包装运至药剂仓库。处置过程使用KH200型土壤改良一体机来破碎土壤和混合药剂，稳定化药剂采用螺旋输送机送入土壤改良机内。土壤改良机的药剂料仓高度为4.5m左右，设置皮带传输机与地面夹角为60°左右，皮带长度为6m。固体药剂投加量为34t/(台·h)，配备1台叉车与9名工人将药剂送入螺旋输送机的药剂斗内，螺旋输送机采用电机转速控制药剂输送流速。为防止加药过程的扬尘并尽量减少药剂的浪费，螺旋输送机整体采用密闭方式。本工程根据场地污染状况采用异位化学氧化和稳定化技术联合修复受污染土壤，修复效果较好，修复后的场地土壤质量符合专家确定的验收标准，通过了第三方检验单位验收。本工程主要成本包括临建、土方开挖及污染土壤筛分、工业垃圾处置、建筑垃圾处置、污染土壤修复、回填及检测费用，重金属-有机污染物复合污染土壤综合处理单价为550元/m^3。修复后的土壤检测合格后回填至原场地。整个工程满足施工管理、环境保护、安全文明施工的管理要求。

思考题

1. 修复工程的实施特点有哪几个?
2. 简述土壤修复工程的内容。
3. 场地修复工程的实施有哪几个环节，并简单介绍各个环节。
4. 土壤初步采样的意义是什么?
5. 为何要进行修复土壤的风险评估?
6. 化学氧化技术常用的化学药剂有哪些?
7. 如何确定场地责任主体?
8. 场地修复工程的验收包括哪几个方面?
9. 地下水采样布点的要求有哪些?
10. 实际土壤修复过程中常用的修复技术是哪几种?
11. 土壤原位修复和异位修复的区别是什么?
12. 在土壤修复时需要注意那些方面?

第7章

土壤新污染物及新型修复技术

7.1 新污染物

自19世纪以来，社会的发展导致工业和其他经济活动呈指数增长，引发了数千起土壤和地下水污染案件。在20世纪，由于世界人口的增长以及科学技术的快速发展，污染事件变得更加频繁，其中一些比传统污染更加严重。近年来，社会对环境及其保护方面的重视意味着这种趋势的逆转，新增污染案例的比率也呈现逐年降低的趋势。然而，过去遗留的污染仍然需要紧急实施修复。值得关注的是，由于分析方法和毒理学等几个科学领域的进步，研究人员开始认识到一些新污染物的出现。这些新污染物对工业、监管机构和科学界提出了新的挑战。

到2050年，预计全球人口将超过90亿，而城市人口将翻一番。人口增长将伴随着薄弱的废水管理系统、陈旧的废水基础处理设施和有限的处置措施，全球将面临巨大的水质问题。由于技术、社会和环境问题，易进入地表水体或地下水的各种化学物质每天都被释放到环境中。其中，新污染物是过去25年来未被特别关注的一类污染物。新污染物被定义为“未指定、可能影响环境或其影响未知的化学物质”。这些污染物因其用途、来源和影响而有不同的分类。主要有以下几类：农药（杀虫剂和除草剂）、药品与个人护理产品（PPCPs）、内分泌干扰物（ECDs）、微塑料、纳米材料、全氟化合物、溴代阻燃剂等。

其中，农药、药品与个人护理产品、内分泌干扰物是最令人担忧的对生态环境和人类身体健康具有潜在风险的污染物。不可生物降解的微塑料污染长期存在于土壤中，近年来也受到广泛关注。经过处理的废水，通常被称为再生水或循环水，一般直接排入河流、湖泊和海洋。但是，不断增长的人口为了满足对水资源的需求、粮食的增产及城市的发展，再生水越来越多地被用作农业灌溉的可持续水源，尤其是在干旱和半干旱地区。在中国、美国、德国和爱尔兰等国，再生水灌溉的占比每年都在增加。由于再生水可能包含各种新有机污染物，人们越来越关注使用再生水灌溉农田的潜在风险。虽然在土壤及其他环境区域也检测到了这些新污染物，但其生命周期的影响过程却不为人知。此外，污水污泥作为一种土壤改良剂经常被添加到农业土壤中以改善土壤环境、提升土壤肥力。一旦这些新污染物进入土壤，由于其物理化学性质，可能会发生吸附、迁移至地表水或含水层、降解或被植物吸收等过程。因此，加深对新污染物的了解是非常有必要的。

7.1.1 农药

7.1.1.1 农药简介

农药是用于预防、驱除、消灭有害生物（昆虫、螨虫、线虫、杂草、老鼠等）的物质或混合物，包括杀虫剂、除草剂、杀菌剂等。农药的定义因时代和国家而异，但农药的本质基本保持不变，即它是一种对目标生物有毒，对非目标生物和环境安全的（混合）物质。农药的历史可以分为三个阶段：第一阶段（19 世纪 70 年代以前）为天然杀虫剂时代；第二阶段为无机合成农药时代（1870—1945 年），这一时期主要使用天然材料和无机化合物；第三阶段（1945 年以来）是有机合成农药时代，自 1945 年以来，人工合成的有机农药结束了无机和天然农药时代。化学农药特别是有机合成农药的应用，是人类文明的一个重要标志，极大地保护和促进了农业生产力。全球通过使用农药避免农业病、虫、草害而挽回的粮食损失占粮食产量的 1/3。然而随着农药长期大量的施用，近年来土壤中农药残留污染问题日益严重，是当前农业面源污染的重要来源之一。据统计，农田中施用的农药有 70%左右会扩散到土壤和大气中，极大地增加了农田土壤中农药残留量及衍生物含量，降低了土壤中的生物多样性，并会通过迁移和转化后经饮用水及食物链被摄入人体，对人体健康造成危害。国外在农药污染土壤的治理修复工作方面起步较早，在 20 世纪 70 年代就开始了治理与修复工作。德国、丹麦和荷兰农药污染土壤治理与修复方面的工作处于世界领先地位。随着民众对农产品安全和品质越来越高的要求，我国土壤农药污染的治理与修复工作也在逐步推进。

7.1.1.2 农药消费情况

农药是现代农业生产过程中必不可少的生产资料，对世界农业发展做出了巨大贡献并为人类粮食供给提供了保障。目前使用较多的农药主要包括杀虫剂和除草剂。在有机合成农药的早期，主要有三种杀虫剂，即多胺类杀虫剂、有机磷杀虫剂和有机氯杀虫剂。之后，除草剂和杀菌剂取得了相当大的发展。20 世纪 60 年代以来，全球农药的消费结构发生了重大变化。除草剂在农药消费中所占比例迅速上升，从 1960 年的 20%上升到 2005 年的 48%。杀虫剂和杀菌剂的消费比例下降。目前我国农田化学除草面积较 1980 年增加了十多倍，据估算除草剂施用面积将以每年 200 万公顷的速度增加，每年需除草剂 6.7 万～8.6 万吨，占农药需求总量的 30%～40%，未来十年全国化学除草面积可能会增加 0.31 亿公顷。中国农药市场先后有近百个除草剂产品，其中以莠去津、扑草净、西草净为主的三嗪类，以苄嘧磺隆、甲磺隆为主的磺酰脲类以及以乙草胺、丁草胺等为主的酰胺类除草剂是市场的主流品种。而莠去津、甲磺隆、氯磺隆、咪唑乙烟酸、氟磺胺草醚和豆磺隆是长残效除草剂，使用面积占到除草总面积的 15%左右。草甘膦作为一种高效、低毒、广谱、适用范围极广的灭生性除草剂，由于其优良的传导性，最初主要用于非粮食作物以及免耕土壤上的除草，随着抗草甘膦转基因作物的发展，草甘膦的应用从非粮食作物转向粮食作物，使其在全球的使用正以每年 20%的速度递增。随着除草剂的大量施用，造成的环境影响也日益突显。研究表明，在南非、瑞士、西班牙、法国、芬兰、德国、美国和中国等莠去津使用历史较长的国家，均受到了不同程度的污染。

现阶段杀虫剂包括新烟碱类、拟除虫菊酯类、有机磷类、氨基甲酸酯类、天然类、其他结构类六大主类。在全球农药市场中，2014年杀虫剂的销售份额占比29.5%，销售额为186.19亿美元。杀虫剂最大的应用作物为果蔬，其他应用较多的有大豆、水稻、棉花等。多年施用农用杀虫剂对环境造成了不可避免的污染。有机氯农药（OCPs）因高生物富集性和放大性、高毒性的原因，在大多数国家已禁止使用，但是遗留的OCPs的污染问题仍是世界各国所面临的重大环境和公共健康问题之一。有机磷、氨基甲酸酯、拟除虫菊酯类农药应用非常广泛，这些非持久农药与土壤都有较强的结合能力。有机磷杀虫剂在土壤中的结合残留量高达26%～80%，氨基甲酸酯类农药西维因的结合残留量达49%，拟除虫菊酯类农药的结合残留量达36%～54%。有机磷农药在蔬菜、粮食和一些畜产品中的残留导致的农药中毒事件，引起人们的高度重视。据报道，1998年1—10月全国蔬菜农药中毒人数达94165人，死亡9107人，因农药残留量检验不合格的出口农产品被退货金额达74亿美元。

7.1.1.3 农药对生态环境的影响

(1) 农药施用产生的抗性危害

农药的广泛使用可能会导致杂草和昆虫最终对特定的化学物质产生抗药性，迫使农民加大农药使用剂量，并且害虫的天敌也会被无差别毒害。在使用杀虫剂之前，少数个体的害虫种群对某些特定的杀虫剂具有天然抗性。在连续多年使用同一种（类）杀虫剂后，一些无耐药性的害虫按预期被消灭，而天然抗药性的害虫可能存活、繁殖并可能数量大幅增加。除草剂的抗药性情况比杀虫剂严重，使用除草剂后，大量对除草剂敏感的草本死亡，而一些不敏感或已产生抗性的草本残留，在没有已除杂草争夺养分和空间的情况下，抗性草本迅速繁衍，增大了除草的难度。抗药性问题的严峻形势已引起高度重视。据统计，截至2009年全世界189种杂草对1种或数种除草剂产生抗性；另据不完全统计，已有540种昆虫和螨对310种杀虫剂产生抗性。

随着对农药在环境中特性和毒性认识的提高，需要不断开发更有效、安全的虫草害防治技术，而不是广泛使用农药。病虫害综合治理（IPM）是一种以防治为重点的综合治理方法，是害虫防治最成功的方法。农药对有益节肢动物的选择性是实施IPM计划的关键。综合治理的目的是通过使用成本效益高的措施来避免农业和环境的最大可能风险。

(2) 农药对作物生长和品质的影响

一方面被农药长期污染的土壤将会出现明显的酸化，土壤养分（P_2O_5、全氮、全钾）随污染程度的加重而流失，土壤孔隙度变小，造成土壤结构板结，从而影响作物的生长。另一方面残存于土壤中的农药对生长的作物有不利的影响，尤其是除草剂。植物通常与农药接触的时间较长，由于有限的排泄以及缺乏有效的循环系统，农药可能在植物中停留更长的时间。无论是直接施用，或是从土壤吸收还是气传漂移，植物都是除草剂和杀虫剂的主要最终接受者。它们可能驻留在植物的表面上，或者由于其亲脂性，可能会穿透植物的根、茎、叶、果实或种子的表皮进入体内形成药害。此外，研究表明除草剂会影响作物的生化组成和氮代谢，这种生理生化上的变化会影响作物的抗虫、抗病性，促进或抑制害虫或病原生物的生长和增殖，从而间接地影响作物的生长。基于这些变化，生态系统可能会进一步恶化，如形成稳定的致突变和有毒代谢物。并且植物中的残留物会累积起来，如果通过食物网接触，可能会对人类和动物造成危害。此外，杀虫剂可以杀死蜜蜂，并与传粉者的减少、传粉物种的灭绝密切相关，例如造成蜂群崩溃紊乱，即蜂巢中的工蜂群体突然消失。一些长期使用除草剂的田块还出现了除草剂残留累积的现象，严重影响了后茬作物的轮作，形成了“癌症田”现象。

（3）农药对土壤酶的影响

农药对土壤酶活性的影响既有正面效应也有负面效应，这主要取决于农药本身和环境因子。一般情况下低浓度农药对土壤酶表现出刺激效应，高浓度则表现出抑制效应，且抑制作用随浓度的增大而增强。农药可能对土壤酶活性产生可逆的或不可逆的直接影响和间接影响。

虽然农药不是针对酶活性来合成的，但由于农药与胞内/胞外酶的可逆相互作用，可能会对土壤酶活性产生直接可逆的抑制作用。可能导致竞争性/非竞争性底物相互抑制或蛋白质构象改变。如果农药分子在中间代谢物中通过生物或非生物转化降解，其降解产物也可能表现出类似的效果。而当发生共价结合时，催化基团参与酶的功能，可产生直接不可逆的影响。

间接影响是农药通过影响土壤微生物生长和活性对土壤酶造成影响。农药可以引起微生物群落的大小、结构和功能的明显变化，从而改变土壤微生物的生命功能、动态平衡和生物多样性。农药可以通过抑制或诱导作用来修饰调节蛋白质和酶的合成，使微生物产生新的胞内酶和胞外酶，以及改变胞内酶和胞外酶比例。农药可被某些微生物直接降解或代谢，可作为微生物生长的能量和碳源，或共同代谢产生中间代谢物，并依靠次级营养源促进微生物的生长。农药在这些过程中，都会对参与过程的酶活性产生影响。

土壤中酶所表现出的活性是所涉及的酶蛋白合成、持久性、稳定性、调节和催化行为等复杂过程的结果，农药施加对土壤酶的干扰反应是一个复杂的过程，受土壤物理、化学和生物组成变化的影响。

（4）农药对土壤微生物的影响

土壤肥力取决于植物所需养分的含量以及土壤微生物群落的数量和多样性。微生物多样性主要归因于土壤中存在的各种类型的微生物，多数是原核或真核类型的单细胞生物，包括细菌（真细菌和古细菌）、蓝细菌、放线菌、真菌和藻类等。这些土壤微生物执行了土壤作为动态系统正常运行所需的各种活动。土壤微生物是土壤不可或缺的一部分，可促进所有土壤种群之间的相互作用。尽管农药对农业生产十分重要，但是它们对非目标微生物的影响使整个生态系统受到了威胁，引起了极大的关注。有机化学农药的化学结构差异很大，对微生物群落具有高毒性。喷洒在土壤表面的农药经紫外线辐射后，其分子被破坏，降解产物对土壤微生物有严重的毒害作用并引起土壤颗粒的巨大变化而形成对生物有害的残留物。通常，农药对微生物的影响会因化学剂量、土壤特性和各种环境因素而异。由于农药的广泛使用已导致土壤中有机质的含量迅速下降，因此也影响了微生物群落及动物种群的多样性。由于土壤微生物参与了土壤中各元素循环和转化过程，所以它们的数量或比例的任何变化都可能潜在地抑制或增强土壤的肥力。农药还可以通过干扰呼吸、光合作用和生物合成反应，以及细胞生长、分裂和分子组成等重要过程来影响非目标微生物。农药的使用起初仅会降低微生物的数量和活性，但随着农药残留物的持续存在，微生物会产生耐受性和抗性并重新定殖。

(5) 农药对土壤动物的影响

包括人类在内的动物可能会因摄入残留有农药的食物而中毒。农药可以消除一些动物的基本食物来源，导致动物迁移，或改变它们的饮食结构。农药残留物可以沿食物链向上传播，例如，鸟类在食用接触杀虫剂的昆虫和蠕虫时可能受到伤害；蚯蚓可以消化有机质，增加土壤表层的养分含量，但是农药已经对蚯蚓的生长和繁殖产生了有害影响，甲基对硫磷与克百威可使其皮肤发红充血，遇光或受机械触动刺激后急剧卷曲、扭动，失去逃避能力，导致蚯蚓颜色变淡、环节松弛、脱节，甚至溃烂。一些农药可以在生物体内出现生物积累，直至累积到有毒水平，这一现象对处于食物链高端的物种影响尤为严重。有机磷杀虫剂对土壤动物的作用速度快、毒性强，是一类急性农药，而除草剂、杀菌剂对土壤动物的伤害是慢性的，毒性也较弱。一般情况，有机磷杀虫剂对土壤动物的影响要比除草剂、杀菌剂等更为显著。

(6) 农药对人类健康的潜在风险

根据有关持久性有机污染物的“斯德哥尔摩公约（Stockholm Convention）”，12 种最危险的持久性污染物中，有 9 种是杀虫剂。因接触农药而产生的风险可能是急性或慢性的。有些杀虫剂对人体有剧毒，只滴在口中或皮肤上几滴就能造成极大伤害；有些杀虫剂毒性较小，但接触过多也会造成有害影响。急性反应可能在接触杀虫剂后立即或 24h 内发生，症状通常是可以观察到的（例如神经和皮肤及眼睛的刺激和损伤、头痛、头晕、恶心、疲劳、呕吐、腹痛和全身中毒），更易诊断，并且如果及时给予适当的治疗，通常是可以治愈的。但由于这些症状与其他疾病引起的症状相似或相同，所以经常被误诊，甚至导致死亡。严重的急性反应可导致呼吸系统问题、神经系统紊乱，并加重哮喘等原有疾病。慢性影响是指在接触农药后 24h 内不会出现的影响。由于大多数人都暴露于低剂量的农药中，因此延缓了农药对健康的影响。慢性影响包括“致癌、致畸、致突变”作用，可能引起神经毒性、阿尔茨海默病、帕金森病等。过敏作用是某些人对某些农药表现出的毒副反应，这些影响不会发生在首次接触杀虫剂时。当首次接触杀虫剂时身体产生排斥反应，随后的接触导致过敏反应，这个过程叫做敏化，引起过敏反应的杀虫剂被称为敏化剂。过敏反应有哮喘、休克，并伴随皮肤、眼睛和鼻子受到刺激。

7.1.2 药品和个人护理产品

7.1.2.1 药品和个人护理产品简介

在过去的几十年中，药品和个人护理产品（PPCPs）在世界各地已经被广泛使用以提高人类的生活质量。例如，在英国，目前有 3000 多种许可使用的药用原料；在 19 世纪 90 年代，欧洲的多环麝香（广泛用于带香味的消费品）年产量约为 1800t；在中国，每年超过 25000t 抗生素被使用。中国是药品生产和消费大国，个人护理产品的消费量也居高不下，这可能会导致环境中出现大量的 PPCPs。

PPCPs 包含多种有机化合物，如抗生素、激素、抗炎药、抗癫痫药、血脂调节剂、β-受体阻滞剂、造影剂和细胞抑制剂等药物，以及用于个人护理的抗菌剂、合成麝香、驱虫剂、防腐剂和紫外防晒剂等产品。其中，抗生素因其在人类治疗和畜牧业中的广泛应用而受到特别关注。抗生素持续暴露于环境中可能会导致出现引发公共健康问题的耐药菌株。抗生素包含几个亚类，如大环内酯类（如红霉素、罗红霉素）、磺胺类（如磺胺甲噁唑、磺胺二甲氧嘧啶）和氟喹诺酮类（如诺氟沙星、环丙沙星）。激素是另一组关注较多的药物，激素的排放会造成污染水体对生物体的内分泌干扰效应。其中最受关注的激素是类固醇雌激素，主要包括由人和动物排泄的天然类固醇雌激素，如雌酮（E1）、雌二醇（E2）、雌三醇（E3）和用作口服避孕药的合成类固醇雌激素，主要是炔雌醇（EE2）。天然类固醇雌激素实际上不是药物，然而它们通常与合成激素一起研究，以了解它们在污染水中的内分泌干扰作用。其他药物包括镇痛药和消炎药（如双氯芬酸和布洛芬）、抗癫痫药物（如卡马西平和扑米酮）、血脂调节剂（如氯贝特和吉非罗齐）、β-受体阻滞剂（如美托洛尔和普萘洛尔）、造影剂（如碘普罗胺和泛影葡胺）。对于个人护理产品，三氯生和三氯二苯脲是废水中经常检测到的两种典型抗菌剂。合成麝香包括硝基麝香［主要是二甲苯麝香（MX）和酮麝香（MK）］和近年来生产应用较多的多环麝香［主要是佳乐麝香（HHCB）和吐纳麝香（AHTN）］。其他药品如 N,N-二乙基间甲苯酰胺（DEET）是驱虫剂的主要活性成分，对羟基苯甲酸酯是典型的防腐剂成分，2-乙基-己基-4-三甲氧基肉桂酸酯（EHMC）和 4-甲基-联苯胺-樟脑（4MBC）是紫外防晒剂的过滤物质。

7.1.2.2 PPCPs 使用情况

中国是世界上最大的活性药物生产国。2003—2011 年，中国的活性药物产量增加了两倍之多，2011 年生产了约 2×10^6 t 药物。2007 年中国生产了 1500 余种活性药物，注册制药公司超过 6900 家，药物产量可占世界总产量的 20%以上。中国也是几种抗生素产量最高的国家，如青霉素和土霉素。不止如此，中国的药物消耗量同样惊人，尤其是抗生素的滥用愈发严重。据统计，中国人对抗生素的平均使用量是美国人的 10 倍，约 75%的季节性流感患者和 80%的住院患者被开出抗生素处方。为了治疗动物疾病和促进牲畜生长，抗生素也被广泛用于畜牧业。畜牧养殖场的抗生素年使用量约为 97000t，占总量的 46%。由于抗生素滥用而出现的耐药菌株或将引发严重、持续的公共卫生危机。中国与美国、日本是全球个人护理产品消费量最大的三个国家。中国个人护理产品市场在全世界增长最快，2010—2013 年间增幅达到 8%。在 2013 年，个人护理产品工业总产值将达到 213 亿美元，约占全球的 10%。

7.1.2.3 PPCPs 对生态环境的影响

PPCPs 可通过污泥施用及牲畜粪便肥料施用、中水灌溉和垃圾填埋而被引入土壤。土壤中的 PPCPs 污染物可能会经转化后累积在植物中，也可能在土壤中迁移并到达地下水，最终对饮用水源造成污染。天津市一以畜禽粪便为肥料的有机蔬菜农田土壤中存在兽用抗生素，其浓度高达 2683ng/g。在经过生物固体（污泥）改良后，土壤中检测到了具有持久性的唑类杀菌剂，半衰期长达 440d。与地下水灌溉相比，再生水灌溉可能导致土壤中残留更多的 PPCPs。关于药物在土壤中的吸附和降解行为的研究发现，某些药物种类（例如双氯芬酸和布洛芬）显示出较差的吸附性，但是在厌氧条件下具有持久性，有可能污染地下水。PPCPs 的浸出性可能受到化学品特性（例如 pK_a 值）、土壤特性（例如土壤有机质和黏土含量）及灌溉水盐度的影响。某些 PPCPs 可能存在浸出风险，因此需要仔细评估再生水灌溉、污泥和牲畜粪便的应用，以防引入 PPCPs 的潜在风险。农业土壤中抗生素、止痛药、消炎药、抗癫痫药和防腐剂等 PPCPs 的痕量水平从纳克/千克到克/千克不等。PPCPs 在不同环境介质中的广泛出现引发了人们对其潜在危害的担忧。PPCPs 浓度很低，毒理学数据和环境浓度水平表明，这些 PPCPs 不会造成急性中毒的风险，但它仍会对土壤微生物种群和多样性产生诸多不利影响。且正如双氯芬酸残留引起巴基斯坦秃鹰种群大量减少的例子，PPCPs 污染可能造成野生动植物种群减少的严重不良影响。PPCPs 不断向环境中输入可能会逐渐积累并对野生生物和人类造成不可逆转的伤害。另外，PPCPs 可能被经再生水灌溉后的农业土壤上的农作物吸收，从而抑制农作物生长，导致农作物减产。某些类型的 PPCPs 可能在作物的可食用部分积聚，对人类健康构成重大威胁（例如，破坏人类内分泌系统和抑制人类胚胎细胞的生长）。

深入了解 PPCPs 对陆地生物［包括土壤生物（如微生物和动物）、作物和人类］的影响非常关键，但目前的认识却极其有限。在农田中检测到的 PPCPs 浓度通常较低。然而，如果它们具有足够的生物可利用性或显著的生物累积性，其对陆地生物的长期影响将不得而知。有研究表明，痕量的 PPCPs 对土壤微生物或动物会产生不利影响（例如，破坏其种群结构和多样性），但这些结果大多局限于抗生素。例如，土壤微生物群落的结构可被抗生素破坏，仅添加 10μg/g 的盐酸土霉素和青霉素便可降低土壤细菌生物量。同样，土壤短期内接触三氯生就会影响微生物的数量，还会降低微生物的多样性。土壤中的 PPCPs 还可能潜在影响土壤微生物活性（如酶活性、硝化作用、生物降解及土壤呼吸）和群落功能多样性。例如，环丙沙星和磺胺甲噁唑在 150μg/kg 环境相关浓度下会抑制土壤呼吸能力；砂质土壤中的三氯生超过 1mg/kg 会影响硝化作用并扰乱土壤氮循环。环境相关浓度的 PPCPs 对生物的毒性效应只能通过长期接触才能检测到，因为它们具有生物累积特性。

（1）PPCPs 对土壤生物的影响

对微生物的影响由 PPCPs 的稳定性和生物利用度决定。PPCPs 在土壤中的吸附能力可作为其生物利用度的指标。例如，与环丙沙星和四环素相比，吸附能力较低的磺胺甲噁唑对微生物活动的影响更大。PPCPs 对微生物的影响也取决于土壤质地，在黏质土壤中添加 50mg/kg 的三氯生会降低土壤呼吸作用，而在沙土中则没有观察到类似的影响。但是仅仅通过吸附作用不足以表明不同类型土壤中 PPCPs 生物有效性的差异，要准确评估 PPCPs 对土壤微生物活动的影响，必须综合考虑土壤条件（如有机碳含量）和暴露时长。

大多数关于 PPCPs 对动物影响的研究都集中在双壳类和鱼类等水生生物上，对土壤动物，如蚯蚓、捕食性螨虫和跳虫，研究很少。研究表明土壤中三氯生浓度为 0.6～7.0mg/kg 时可抑制无脊椎动物的繁殖。在三种无脊椎动物中，蚯蚓是一种常见的土壤物种，在调节土壤的生态功能中起着至关重要的作用，占土壤总生物量的 60%～80%，其对三氯生最为敏感。蚯蚓在长时间接触三氯生后抗氧化酶的活性会受到抑制，如过氧化氢酶（CAT）和谷胱甘肽硫转移酶（GST）。

（2）PPCPs 对作物的影响

再生水中含有大量植物生长所需的营养物质，如氮和磷。用于农业灌溉时，再生水中的 PPCPs 残留物可能会被作物吸收。它们在作物中的积累也可能在一定程度上对作物产生形态和生理影响，通常植物幼苗比成熟体更容易吸收 PPCPs。比如，双酚 A 会导致作物明显的形态异常，同时减少水培作物（如蚕豆、番茄和莴苣）的幼苗生物量。土壤中的三氯生可以延缓水稻和黄瓜的根伸长和芽生长，并可以减少湿地植物的根长和表面积。此外，PPCPs对植物还存在潜在遗传毒性效应。

(3) PPCPs对人类的影响

作物吸收土壤中的PPCPs后，会通过食物链转移给人类，并对人类健康产生不利影响。根据Calderón-Preciado的计算，每天食用400g新鲜的作物，如胡萝卜、莴苣和青豆，可导致平均每日摄入0.4～20μgPPCPs，即使低浓度的PPCPs也可能会破坏人体内代谢系统和激素平衡。此外，人体吸收的PPCPs约有70%～80%可通过尿液和粪便排出体外。然而，尽管在短时间内观察到体内PPCPs含量较低，但由于其生物累积性和持续输入，其中一部分PPCPs可能在人体内持续积累。成人不会因短期急性接触食物中的PPCPs而受到显著影响，但是长期接触低浓度的PPCPs即使浓度极低也可能对人体有害。此外，在人的血浆和乳汁中发现了三氯生等PPCPs，而且有研究表明胎儿和幼儿特别容易受到这些污染物的影响。所以在怀孕和哺乳期间，母体内的PPCPs会对胎儿和幼儿产生潜在风险。因此，大剂量急性或慢性接触PPCPs对儿童的影响可能比成人大得多。迄今为止，PPCPs代谢物的毒性效应和PPCPs通过饮食对人类的长期影响均未得到详细阐明。对单一PPCPs化合物的生物测试不能反映各种PPCPs对人类健康的相互影响。需要以系统的方式，根据真实的情景(如作物生产、消费和运输途径)，评估不同毒性PPCPs的混合物造成的健康风险。

近年来，由于潜在的环境风险，欧盟以及美国等国家和地区已经发布了与PPCPs相关的准则。尽管该准则可能能够限制这些化学物质在环境中的释放，但由于缺乏对各种PPCPs的产生、分布、转化和迁移以及对其影响进行评估的系统分析，因此准则的有效性可能不足以应用在再生水灌溉的农业系统上。当前，从受影响农田中有效去除PPCPs的技术和方法仍然极为有限。

7.1.3 内分泌干扰物

7.1.3.1 内分泌干扰物简介

内分泌干扰物（EDCs）被美国环境保护署（EPA）定义为“对负责维持体内稳态的天然激素的合成、分泌、运输、结合、消除、繁殖、发育行为造成干扰的试剂”。简而言之，EDCs为会干扰正常激素功能的化学物质或化学混合物。

大多数EDCs来自用于消除有害野生动物和农业威胁的产品，如杀虫剂、杀菌剂和灭鼠药，塑料工业中使用的合成产品（双酚或邻苯二甲酸酯）以及各种建筑材料、隔离材料（多氯联苯和金属）。在图7-1中列出了一系列常见的EDCs。

可以将EDCs分为三类：

① 农药。生物体生殖和神经系统对杀虫剂高度敏感。杀虫剂与正常人体生理系统的相似性表明，杀虫剂等化学物质会对正常人体产生严重影响。常用的杀虫剂包括滴滴涕和毒死蜱。

② 生活用品中的化学物质。EDCs存在于我们日常生活中使用的产品中，从儿童产品、电子产品、个人护理产品、纺织品、服装到建筑接触材料均有所涉及。然而，大多数情况下

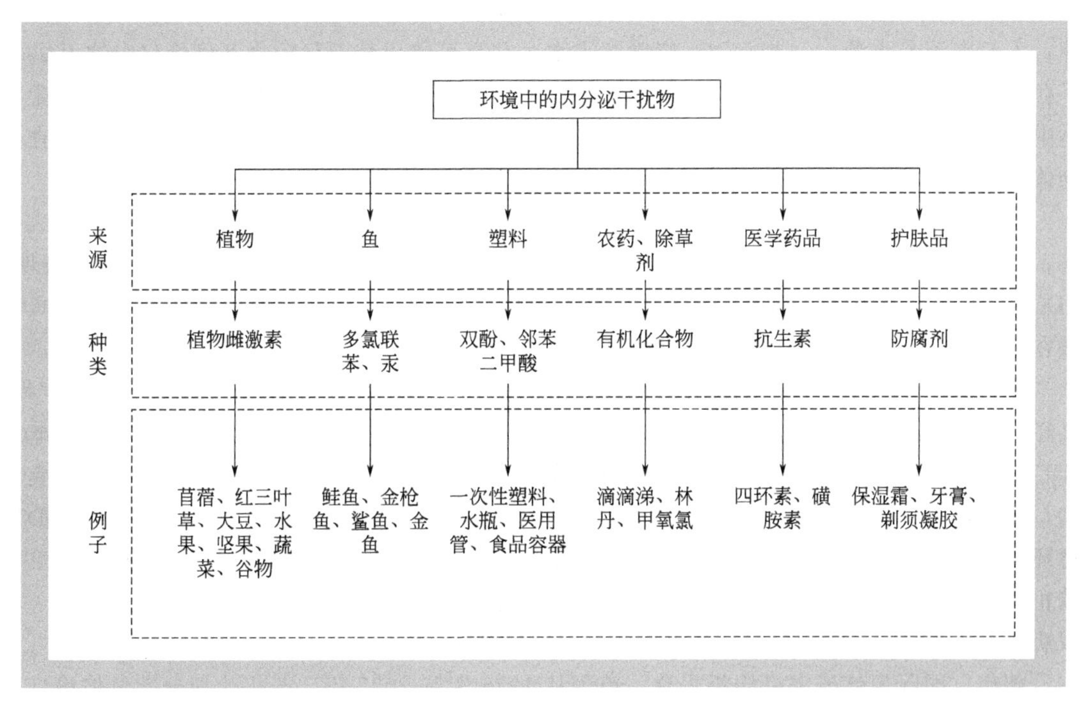

图 7-1　常见的内分泌干扰物

EDCs 并不总会出现在他们的化合物清单中。令人担忧的是，这些化学物质极有可能被释放到环境中并与人体接触。一些含 EDCs 的儿童产品常会与儿童口腔接触。此外，EDCs 是个人护理产品的常用原料，例如牙膏、肥皂等与人体口腔和皮肤接触的个人护理产品均使用了抗菌剂。

③ 食品接触材料。双酚 A 曾常用于制造塑料容器及环氧树脂衬里。由于其对人类的有害影响，该化合物目前不再用于婴儿奶瓶的生产，但仍在许多容器的制造中使用，尤其是用于罐头食品的环氧树脂衬里。衬里是用来防止病原体的，但由于它与食物会直接接触，它们可能以特定途径进入食物并最终进入人类体内。

7.1.3.2　内分泌干扰物的危害

EDCs 在我们呼吸的空气、饮用的水源，甚至是种植食物的土壤中均广泛存在。其中神经内分泌干扰物可模仿、拮抗或调节神经肽、神经递质或神经激素的合成和代谢。这将会改变生命系统的激素和体内平衡系统从而对人体造成影响。这些体内平衡系统至关重要，因为它们参与了人体几个重要过程的调控，例如新陈代谢、性发育、胰岛素分泌和利用、个体生长、应激反应、繁殖以及胎儿发育。

大量证据表明，EDCs 对野生动植物会造成各种危害。一般来讲，野生生物常暴露于复杂的 EDCs 复合污染而非暴露于单一 EDCs 污染中。许多 EDCs 本不存在于环境和生物体中，但由于人类活动造成大量化学物质残留在其食物和栖息地中，许多 EDCs 在环境中会被降解，例如由于阳光、细菌和化学过程使其分解，而少部分 EDCs 则在不同的时间范围内存在于环境中。尽管其毒性在很大程度上取决于 EDCs 的性质和持久性，但野生生物通常会因空气、水、食物、土壤和沉积物而暴露于其中，因此野生生物与 EDCs 接触的途径十分广泛。生物体同人类一样，通过摄入或皮肤接触将EDCs吸收入体内。EDCs潜在接触源有三种，主要来源是水源，一些EDCs高度溶于水，并且可能以从万亿分之几到十亿分之几的水平存在于水中。另外，一些EDCs与土壤和沉积物结合，并可从土壤和沉积物中富集到生物体中，并最终进入复杂的食物网。除此之外，EDCs对脂肪有很高的亲和力，可以集中在生物体中并通过复杂的食物网进入高级动物体内。

从生理学角度来看，EDCs是一种天然或合成的化合物，会通过环境对生物体造成损害，改变激素和体内平衡系统。对动物体进行的不同研究、临床观察和流行病学研究表明，EDCs在影响生殖系统、前列腺、乳腺、肺、肝脏、甲状腺、新陈代谢和导致肥胖方面具有潜在危害。

在美国，已经禁止了某些已知会有害人体健康的EDCs。由于某些处方药使用的不确定性，已经被严令禁止。1971年，美国食品药品监督管理局（FDA）建议医生停止开处方己烯雌酚(DES)，因为它与罕见的阴道癌有关。由于怀疑多氯联苯（PCBs）对人体健康和环境有不良影响，美国于1977年停止生产PCBs，PCBs的进出口最终于1979年停止。由于滴滴涕（DDT）对环境构成了不可接受的风险，并对人类健康造成了潜在的危害，美国环境保护署于1972年禁止DDT的普遍使用。流行病学数据表明，一些癌症（例如乳腺癌、前列腺癌和睾丸癌）、糖尿病、肥胖症等一些疾病发病率和患病率的增加与EDCs有关。下面是一些具体数据：

癌症：国际癌症研究机构报告称，英国从1978年到2007年，按年龄划分的总体癌症发病率增加了25%，男性增加了14%，女性增加了32%。

糖尿病：美国疾病控制与预防中心（CDC）报告称，1980—2011年间美国糖尿病的患病率上升了176%（从2.5%增至6.9%）。

肥胖症：从1980年到2012年的30多年里，儿童肥胖率翻了一番多，青少年肥胖率翻了两番。在美国，6～11岁儿童的肥胖率从1980年的7%上升到2012年的近18%。同样，同期青少年的患病率从5%上升到近21%。

7.1.4 微塑料

7.1.4.1 微塑料简介

1950—2018年间，全球塑料年产量从5万吨增至359万吨，预计到2050年累计产量将达到3.4亿吨。但是，塑料的回收率很低，土壤中残留有20%～42%的塑料废物，虽可长期排出进入海洋表面，但仅占总量的10%。微塑料可以通过多种途径进入土壤，包括用堆肥和污水污泥对土壤进行改良、塑料膜覆盖、雨水灌溉以及大气沉降。堆肥和污水污泥在欧洲和北美被广泛用作肥料，在这些地区可能是土壤塑料污染的重要来源。例如，爱尔兰79.3%的污水污泥在农业土地上得到了再利用。亚洲地区的中国、日本和韩国土壤塑料覆盖约占全球的80%。此外，中国1991—2015年间，塑料覆盖物产量由64万吨增至260万吨，由于管理不善，土壤中残留了大量塑料覆盖物，且紫外线辐射和物理磨损降解过程导致土壤中的微塑料堆积。

土壤中或土壤表面的许多常见塑料都会发生光降解或热氧化降解，以及机械磨损和破碎。塑料的自然破碎和降解是一个非常缓慢的过程，特别是对于埋在土壤中的塑料而言，因此塑料通常可以在土壤中持续存在较长时间。在野外条件下，含助氧化剂的大尺寸聚乙烯

(PE) 膜可在 8.5 年后降解。如果用紫外线辐射预处理加速降解过程，大尺寸的 PE 膜在埋藏 7 年后会破碎成直径小于 1mm 的微小碎片。尽管尚无研究报道微塑料在土壤中的持久性，但由于微塑料和常规塑料具有相同的化学组成，故其持久性大致相同。

7.1.4.2 微塑料的危害

一旦进入土壤，微塑料的积累就可能对土壤生态系统产生一系列不利影响。微塑料可能会改变土壤的物理性质，降低土壤的肥力并破坏原著微生物群落，从而影响土壤质量和养分循环。此外，发现蚯蚓摄入的微塑料通过食物链转移，可能对陆地捕食动物甚至人类构成潜在威胁。许多研究使用填充多孔介质的柱实验模拟微塑料（尤其是纳米塑料）在土壤中的非生物迁移，发现蚯蚓的运动还可以为微塑料向下迁移创造通道，从而更容易进入地下水系统。此外，微塑料易于吸附各种潜在的有毒化学物质，例如多环芳烃（PAHs），多氯联苯（PCBs）、滴滴涕（DDT）、六氯环己烷（HCH）、药品和个人护理产品（PPCPs）、农药、全氟烷基物质（PFASs）和重金属。塑料颗粒的迁移可能会促进被吸附的污染物在整个土壤中的运输，并带来更大的生态风险。

持久存在于环境中的微塑料不可避免地会与环境基质相互作用。对包括土壤在内的环境样品中的微塑料进行化学分析，可以洞悉这些潜在的相互作用。无机矿物（例如氧化铁）和微生物（例如硅藻）可以在微塑料的表面被检测到。从理论上讲，带正电的氧化铁可以通过静电吸引与带负电的微塑料相互作用，并且微生物可以附着或定殖在微塑料的表面。微塑料与环境基质之间的这些相互作用可能会影响微塑料在土壤中的吸附、迁移和毒性。当然，有/无机-微塑料复合物的形成及其后果还需要进一步研究。现有研究表明，在陆地生态系统的动植物组织中已经发现了高含量的微塑料，甚至在人类的粪便中也发现了微塑料。研究人员推测世界上几乎所有土壤中都可以检测到微塑料。由于土壤环境与水生环境有很大不同，因此其理化和生物过程也有所不同，对土壤生态系统中生物的影响也不同于水生生物。例如，微塑料影响水生动物的呼吸和摄食，而在土壤中主要影响动物在土壤中的摄食。由于土壤理化性质复杂，以及分析方法不能满足对精密度、低成本和高纯度的要求，关于微塑料在土壤中的分布、迁移和毒性的研究与水生系统相比仍然相对有限。理解土壤中微塑料的分布和环境行为仍然是一个巨大的挑战。

部分微塑料是有毒的，例如，聚乙烯被世界卫生组织列为三级致癌物质。除了本身毒性外，塑料生产过程中还添加了增塑剂、抗氧化剂和阻燃剂等微塑料添加剂。此外，微塑料也是有毒物质的载体，微塑料可以吸附疏水性有机物如卤化阻燃剂、农药、壬基酚等具有持久性、生物累积性的有毒物质和重金属。聚四氟乙烯（PTFE）表面羟基的氢原子（H）表现出非常大的正电势（＜344.79V），可以在表面上吸附砷氧阴离子和砷（Ⅲ）。这些添加剂和吸附物会在微塑料被压碎和分解的过程中不断释放出来，这将对生物的生命健康构成威胁，甚至对人类产生强烈的毒副作用。通常，物体的体积越小，比表面积越大。微塑料表面在自然环境中经过长期的理化和生物过程后布满了孔洞和凹痕，比表面积相应增大，有更多的吸附位点，对有机污染物、持久性有机污染物和金属有很强的吸附能力。然而，少有报道指出关于微塑料表面如何影响添加剂释放和有毒物质吸附-脱附过程，并进一步影响它们作为“载体”的运输能力和对土壤中生物的影响。

土壤中的微塑料显著改变了土壤中微生物的活性。以往的研究发现，微塑料改变了土壤性质，影响了细菌的间接迁移和沉积，进而改变了土壤中的微生物活性。此外，微生物活性变化的程度主要取决于微塑料的组成和浓度。微塑料改变微生物活性和结构的周期相对较长。例如，低密度聚乙烯微塑料（200片/100g，2mm×2mm×0.01mm）在90天内显著改变了土壤微生物群落的生命周期。此外，微塑料不仅能改变土壤中的微生物活性，还能改变土壤中的酶活性。例如，聚苯乙烯纳米塑料对土壤微生物和酶的活性具有广泛而有害的影响，在28天周期内显著降低了脱氢酶、亮氨酸氨基肽酶、碱性磷酸酶和β-葡糖苷酶和纤维二糖水解酶的活性。微塑料对微生物的影响归因于：a. 微塑料改变了土壤微环境，进而改变了微生物的活性和结构；b. 微塑料可以作为营养物被特殊种类的微生物占据并摄食。这需要在进一步的研究工作中得到证实。

微塑料对植物的影响近年来才开始被关注，最早于2019年被报道。将聚乙烯和聚苯乙烯作为样品添加到各类型土壤中，测试其对植物生长的影响。受负效应影响的植株占受试植物的57.9%，主要影响根和叶。造成负效应的微塑料大小和含量在根上最高，其次是叶、芽和茎。这主要是因为微塑料容易被根从土壤吸收以及被叶从大气沉积物中吸收，吸收过程主要受微塑料的黏附性和形态的影响，而黏附性和形态由微塑料的成分和浓度决定。此外，植物的毒性效应受颗粒大小的影响，颗粒越小，对植物的危害越大。有研究发现，纳米塑料甚至可以渗透生物膜，对生物造成深层危害。目前微塑料对植物的影响还未曾进行田间调查和小区试验，只进行了实验室培育工作。另外，微塑料也会对植物茎和叶光合作用和根系生长造成影响。例如，小尺寸的聚氯乙烯（100nm～18μm）可以减少植物对光能的吸收、耗散，捕获和电子转移。聚苯乙烯纳米塑料甚至可以破坏小麦叶片的光合系统，改变植物代谢过程，阻碍蛋白质合成。此外，这一过程也可能与微塑料降解后的产物有关，如黄瓜叶片中聚苯乙烯降解产生的苯环，这可能影响叶绿素和糖的代谢。在土壤中，黄瓜根系吸收的高密度聚乙烯微塑料（100nm～18μm）被转运到茎和叶中，微塑料在根中的积累可能阻断根系转运组织，延缓根系生长。同时，微塑料具有疏水性、密度较小、比表面积较大等特点，容易附着在植物根系或种子表面，可能抑制水分吸收和呼吸作用，从而延缓根和芽的生长发育。

7.2 新型修复技术

2014年，欧洲环境署的一份报告显示，欧洲有近250万个潜在污染场地，其中72%的场地是由废物处理和处置以及工业和商业活动造成的。不过这些数字只对应一些欧洲国家的数据，所以实际数字应该高很多。同样在美国，美国农业部和内政部至今没有完整的清单。鉴于此，对受污染场地进行更广泛的评估是必要的，也是极其紧迫的。必要时，应随后实施最合适的修复技术。因此，收集关于现有修复技术最新进展的知识以及开发新的修复技术，通过使用创新技术和新材料来应对新的污染挑战是十分重要的。

本章后续的目的是收集关于土壤修复的新兴或创新修复技术（如纳米技术），解读土壤修复行业的发展趋势，这可能有助于读者对土壤修复行业的最新进展有更全面的了解。

7.2.1 纳米技术

研究人员已经对土壤修复的不同方法和材料进行了研究。纳米材料特有的大表面积使得颗粒表面的反应位点密度更高，从而提高了去污率和整体效率。根据修复应用的要求，纳米材料可以通过可控和可选择的合成进行设计，使其具有可改进和可调整的物理和化学性质。工程纳米材料可以在其表面进行功能化，以便它们可以与亲和分子（污染物）发生特定的相互作用，从而进行有效的修复。与基于单一类型纳米粒子的方法相比，复合材料满足其中每种组分期望的特定性质，是更有效、有选择性和更稳定的纳米材料。用于土壤修复的纳米粒子可根据其作用机理分为纳米吸附剂和反应性纳米材料，它们通过化学反应如酸碱中和反应、氧化还原反应、沉淀反应、催化反应和光催化反应对土壤进行修复。在实际应用中，可利用压力或重力将纳米颗粒的胶体悬浮液或水悬浮液注入或喷洒到污染土壤中。

纳米技术应用于土壤污染修复是一种具有潜力的修复方式，本节旨在概述用于土壤修复的功能性纳米粒子和纳米复合材料领域的最新进展。

7.2.1.1 常见纳米材料

(1) 纳米零价铁

纳米零价铁（nZVI）是土壤修复中应用最广泛的纳米材料之一，由于其污染物去除效率高、生产成本低，已由实验室推广至实际污染修复中。nZVI 是吸附和降解多种污染物的有效修复剂，如重金属、多氯联苯、含氯农药、硝基芳香化合物和硝酸盐。nZVI 的直径一般在 100nm 以下，可注入土壤进行原位修复。在水介质中，nZVI 与 H_2O 及溶解氧（DO）反应，形成一个包含零价铁或金属铁核的核孔结构，壳层由 nZVI 氧化形成的铁氧/氢氧化物组成。薄壳允许电子从核心转移，形成较强的还原能力（$Fe^{2+}+2e^- \longrightarrow Fe$，$E_0=-0.44V$）以降解污染物。该层还可以作为重金属和准金属等污染物的有效吸附剂 nZVI 的核壳模型，其与不同污染物的反应机理如图 7-2 所示。

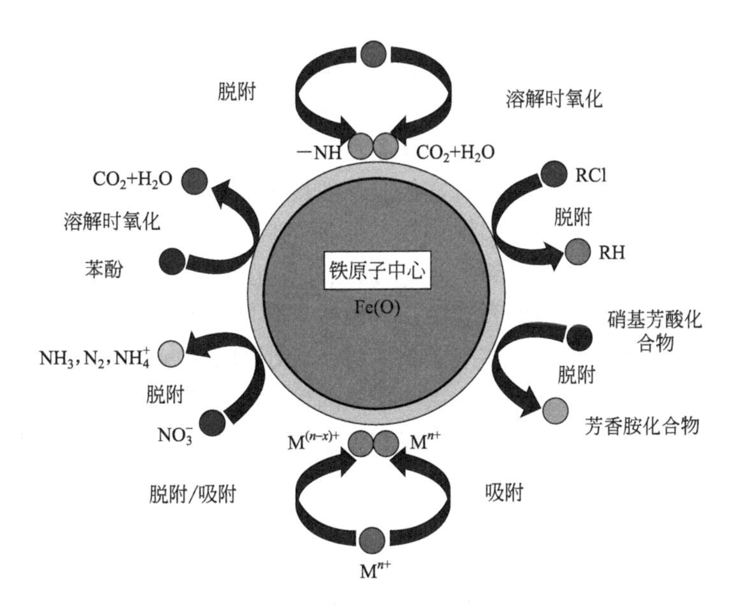

图 7-2 nZVI 的核壳模型及与不同污染物的反应机理

nZVI 粒子通常通过自上而下的方法（例如，光刻）和自下而上的方法制备（例如，水相还原 Fe^{2+}/Fe^{3+} 和氢气气相还原氧化铁）。然而，由于传统方法会造成环境污染，研究人员正在开发遵循绿色化学的新方法。例如，可以从树叶、芒果青皮等天然资源的提取物以及食品工业残渣中制备抗氧化剂提取物与 Fe^{3+} 和 Fe^{2+} 反应形成 nZVI。

然而，nZVI 在实际应用中可能存在重大缺陷，主要是由于其活跃的颗粒间相互作用，导致 nZVI 凝聚成微米或毫米级的聚集体，导致其反应性和在土壤中的传质性降低。为了改善 nZVI 稳定性并加强其在多孔介质中的扩散，通常用稳定剂对其进行改性。目前使用的大多数稳定剂是合成聚合物，如聚电解质、三嵌段聚合物、天然有机物，它们通过静电斥力避免团聚，还可以将其封装在乳化植物油滴中来稳定。另外，使用活性炭胶体（ACC）获得碳-铁复合物也是有效的稳定方式。在复合物中，ACC 作为稳定剂，通过带负电荷的胶体的静电排斥来防止 nZVI 的聚集。碳-铁已经在德国一个受四氯乙烯/高氯乙烯（PCE）污染的场地成功地进行了中试规模的应用，显示出数米的运移距离和快速的 PCE 分解能力。

（2）碳基纳米材料

碳基纳米材料因其优异的导热性、导电性、机械强度和光学性能而引起了广泛的研究兴趣。碳基纳米材料由各种不同几何形状的碳同素异形体组成，其化学和电子特性由碳-碳键的主要杂化状态决定。多样的杂化状态可以产生不同的结构构型（图 7-3）。

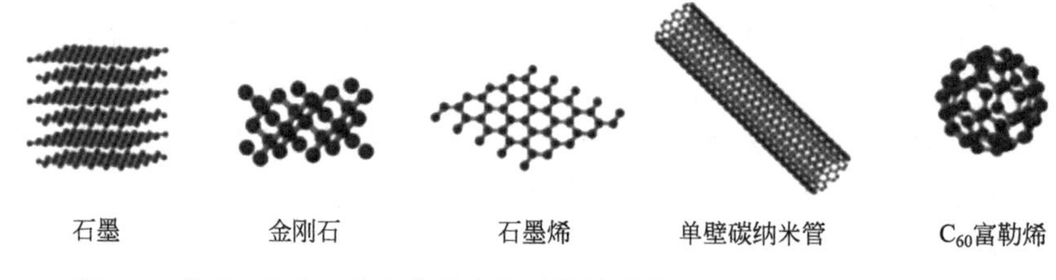

图 7-3 具有 sp^2 和 sp^3 杂化同素异形体的碳基纳米材料的不同结构构型

石墨烯是由六元环组成的 sp^2 杂化碳的平面单原子厚片，比表面积几乎是单壁碳纳米管的两倍。石墨烯可以定义为单层石墨。在石墨烯中，碳原子之间的化学键非常强，石墨烯片之间的范德华相互作用相对较弱，从而形成具有高耐久性和柔韧性的稳定材料。此外，错位 p 电子的高电子迁移率使石墨烯成为一种导电性能非常好的材料。氧化石墨烯（GO）是石墨烯的一种高度氧化形式，含各种含氧官能团，如羧酸、环氧化物和羟基酸，可作为有成本效益的生产石墨烯基材料的前体。GO 中层状结构的强酸性促进了与碱性污染气体（如氨气）以及阳离子金属［铅（Ⅱ）和铬（Ⅵ）］的相互作用。

碳纳米管是卷成中空圆柱体的石墨烯片。碳纳米管可以根据包裹在管内的石墨烯片的数量进行分类，例如单壁碳纳米管和多壁碳纳米管。最小的单壁碳纳米管的直径约为 0.4nm。与石墨烯类似，碳纳米管由于其结构中碳原子之间的强共价键也具有强大的力学性能，考虑到其拉伸强度和弹性模量，碳纳米管是最强和最刚性的材料。碳纳米管具有大的比表面积，能够通过吸附有效地吸引和固定重金属。一些研究已经对碳纳米管在去除铜（Ⅱ）、铅（Ⅱ）、镉（Ⅱ）、锌（Ⅱ）和汞等金属方面的应用进行了探索，并取得了令人满意的结果。另一方面，碳纳米管的高比表面积导致它们之间通过范德华相互作用形成团聚体，减少了吸附位点。为了提高其效率，碳纳米管可以通过机械方法（超声波）或通过化学改性（向碳纳米管表面添加表面活性剂）来稳定。这两种方法都可以用来确保碳纳米管的有效长期分散。

富勒烯是非常稳定的球形中空分子，也来源于石墨烯。最稳定的富勒烯是 Buckminster 富勒烯，或富勒烯 C_{60}，它是由 60 个碳原子组成的完美球体，直径约为 0.7nm。它有一个笼状的融合环结构（切顶二十面体），类似一个足球，由 20 个六边形和 12 个五边形组成。

具有大表面积和受限于团聚的单壁碳纳米管、多壁碳纳米管和石墨烯已经成为多种环境应用研究的对象。碳纳米材料成为从土壤、水和空气中去除有机和无机污染物的理想选择。此外，碳纳米材料可以通过光催化过程降解污染物（图 7-4）。当碳纳米材料受到适当波长的光照射时，价电子可以被提升到导带，从而形成电子-空穴对。石墨烯和半导体材料的不同混合纳米复合材料已经被制备并用于光催化。一般来说，光催化活性随着石墨烯比例的增加而增强；然而，当超过最佳石墨烯剂量时，效率往往会降低。

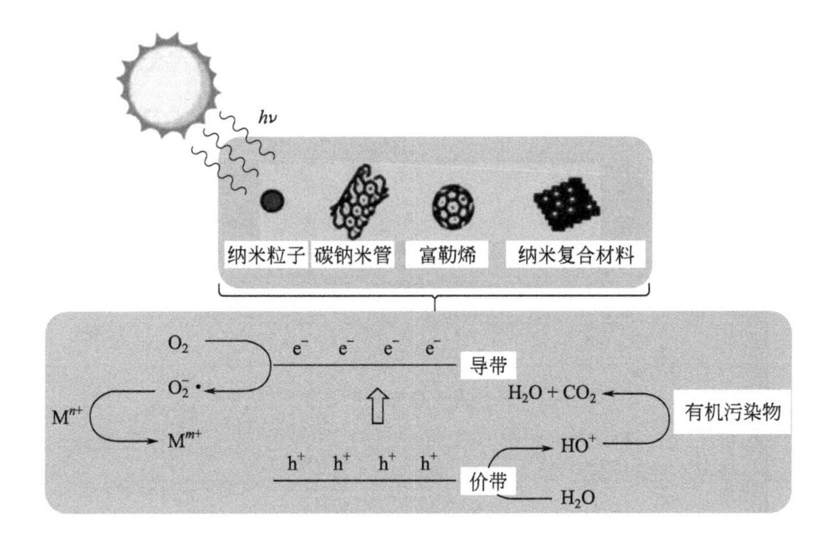

图 7-4 金属和有机污染物的光催化降解机理

(3) 基于金属及其氧化物的纳米材料

磁铁矿（Fe_3O_4）是主要铁矿石之一。它是地球上所有天然矿物中最具磁性的。当 Fe_3O_4 粒子被缩小到纳米级时，它们是超顺磁性的，通过简单地施加外部磁场，使得它们易于从介质中分离和回收。此外，Fe_3O_4 纳米材料无毒且具有生物相容性。它们已被用于不同的环境应用，例如通过吸附或化学方法去除有机污染物和重金属。Fe_3O_4 纳米粒子是有效的有机污染物非均相芬顿催化的芬顿试剂。芬顿催化反应是由电子转移引发的，其中亚铁与过氧化氢反应生成羟基自由基［式(7-1)］。羟基自由基是负责有机物氧化的物种，理想情况下将有机物完全矿化为 CO_2 和 H_2O。羟基与有机化合物反应的主要类型包括从脂族碳中提取氢原子，添加双键和芳环，以及电子转移。然后，Fe^{3+} 还原为 Fe^{2+}，形成氢过氧自由基（·OOH），它也是有机化合物的氧化剂［式(7-2)］。

$$Fe^{2+} + H_2O_2 \longrightarrow Fe^{3+} + \cdot OH + \cdot OH \tag{7-1}$$

$$Fe^{3+} + H_2O_2 \longrightarrow Fe^{2+} + \cdot OOH + H^+ \tag{7-2}$$

另一种常用于土壤修复的纳米金属材料是二氧化钛。如果用适当波长的光照射二氧化钛，电子（e^-）从价带（vb）提升到导带（cb），从而产生光致空穴（h^+）。在价带中，h^+ 能与 H_2O 或 OH^- 而形成·OH，而 e^- 在导带中能与 O_2 反应产生超氧离子（O_2^-·）。活性氧 OH·和 O_2^-·以及光诱导的 h^+ 具有高氧化电位，并与有机污染物发生反应，导致其降解。但是，TiO_2 作为光催化剂有一些局限性，因为大多数激发的电子-空穴对在散热颗粒中或表面迅速重新结合，使得其在可见光范围内的吸收能力受到限制。因此，TiO_2 需要进行一些修饰以提高其光催化性能。一些贵金属，如 Ag、Au、Pt 和 Pd，能够沉积在具有氧空位的 TiO_2 纳米材料上，进而提高二氧化钛基光催化剂的可见光吸收能力。这种效果与这些金属充当电子陷阱的能力有关，降低了 TiO_2 中光生电子-空穴对的复合率，并增强了可见光吸收（图 7-5）。另一方面，TiO_2 中的氧空位可以促进吸附和非均相催化。

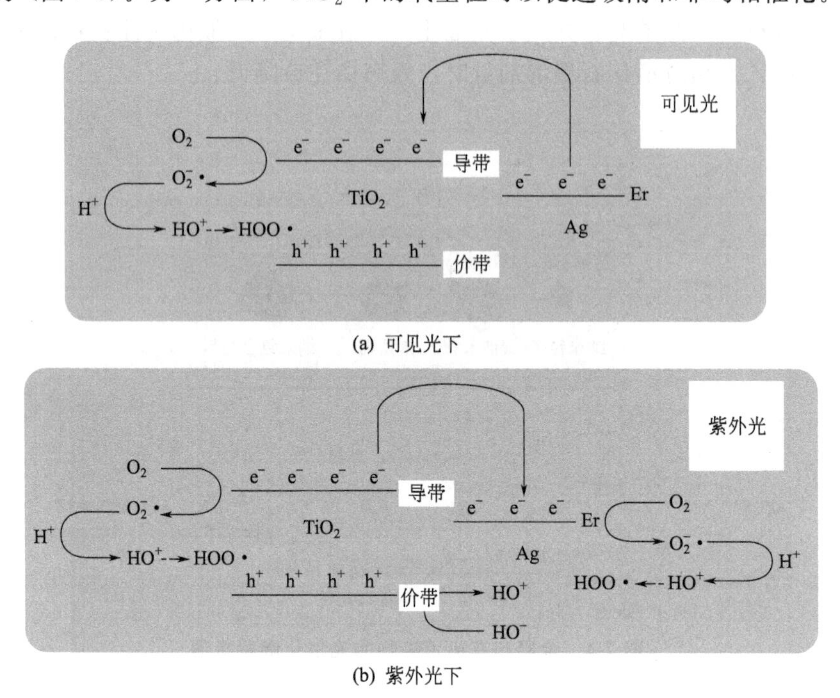

(a) 可见光下

(b) 紫外光下

图 7-5 光催化机理方案

(4) 聚合物基纳米材料

纳米材料的优势与它们较大的比表面积有关，较大的比表面积为它们提供了高催化活性及高效吸附能力。然而，这种特性也可能由于粒子相互作用而导致纳米粒子的团聚和低稳定性，从而限制了它们在该领域的应用。使用聚合物作为基质或支架来规避纳米材料的局限性已被广泛提出。此外，聚合物还可以提供其他理想的物理化学性质，如提高机械强度、热稳定性、水分稳定性、耐久性和可回收性。根据形成过程，这些聚合物纳米复合材料可以通过不同的方法合成，例如熔融插层，其中聚合物在其软化点以上，在没有任何溶剂的情况下与主体接触；原位聚合，通过提供更好的纳米粒子分散，从而在纳米材料和聚合物之间获得更强的相互作用；或者通过直接混合，简单地使纳米粒子和聚合物接触。聚合物基纳米材料已被用于被重金属、有机物或染料等污染的各种环境介质，如地下水、工业废水、气体和土壤。惰性有机聚合物，如羧甲基纤维素、聚天冬氨酸或聚丙烯酸等，可作为稳定剂用作纳米粒子的表面涂层，通过产生电子负电荷，促进纳米粒子之间或同土壤颗粒间的相互排斥，从而增强其在土壤中的迁移能力。另外，不同的聚合物，如聚吡咯、纤维素、聚甲基丙烯酸甲酯或聚噻吩等，已被用作去除重金属离子的吸附剂。其中，以 *N*,*N'*-亚甲基-双-（丙烯酰胺）为交联剂，丙烯酰胺在磁流体存在下经反相微乳液聚合合成了一种新型磁性纳米复合材料（M-PAM-HA），研究表明其对镉、铅、钴和镍的去除效果良好。这种纳米复合材料通过其聚合物基质对选定的阳离子具有相对选择性，且在外部磁场作用下易于从介质中分离。其中，二价金属离子在 M-PAM-HA 中形成配合物是主要的吸附机制。此外，两性聚氨酯纳米粒子已被用于土壤中 2-甲基萘（2-MNPT）的修复。亲水性胶束状纳米聚合物的表面增强了其在土壤中的流动性，而材料内部的疏水性赋予其对疏水性有机污染物的亲和力，以及在土壤上极低的吸附性。被包埋的 2-MNPT 会被不动杆菌生物降解。土壤修复完毕后，大部分纳米聚合物颗粒只需要简单的洗涤步骤就可以被回收。

（5）硅基纳米材料

基于二氧化硅的纳米材料（如气相法二氧化硅纳米粒子、二氧化硅包覆的磁性纳米粒子或介孔二氧化硅材料）表面上存在的羟基使得它们改性并可用作吸附剂或其他活性成分的固定载体。特别是，介孔二氧化硅材料因其大的表面积和可调节的孔结构而受到广泛关注。图 7-6 显示了用聚乙烯亚胺（PEI）部分修饰的介孔二氧化硅纳米粒子的结构，PEI 是一种有机污染物的固结聚合物吸附剂，它含有大量的伯胺、仲胺和叔胺基团。介孔二氧化硅材料也可以作为生物修复中催化酶固定化的载体。比如，大孔磁性介孔二氧化硅颗粒可作为漆酶载体，在连续地重复使用循环中提高了催化活性和稳定性。此外，铁氧化物纳米粒子在磺化二氧化硅颗粒上的固定化，可防止纳米粒子聚集，从而高效降解三氯乙烯。二氧化硅纳米粒子可被磺酸盐基团官能化，为 Fe^{3+}/Fe^{2+} 提供了离子交换平台。

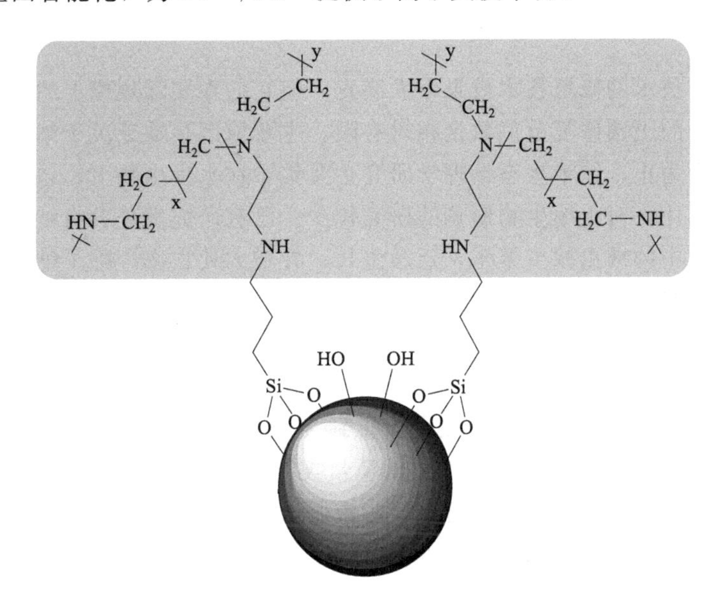

图 7-6　聚乙烯亚胺（PEI）部分修饰的介孔二氧化硅纳米粒子的结构

7.2.1.2　纳米土壤修复技术概述

在确定用于土壤修复的催化剂后，应解决它们在修复系统中的应用方式。已有的各种技术方法可分为异位（污染土壤被挖掘）和原位（污染土壤不挖掘），以及场外（废物在场外设施处理）和场内（废物在同一地点处理）。一般来说，土壤处理技术可分为物理、化学或生物过程。经上述方法处理后，土壤中的潜在有毒化学物质可能仍存在风险，且可能受到经济和环境限制。持续寻找并实施新策略以去除土壤中存在的持久性污染物应被视为第一要务，目前，纳米技术已为该领域开发更有效的技术创造了机会。

例如，nZVI 已被应用于可渗透反应屏障（PRB），该屏障旨在拦截和处理地下的污染羽流。PRB 最简单的形态是一条使用合适的反应性或吸附性介质填充的横跨地下水羽流路径的沟渠，以去除地下水污染，从而保护下游水资源或受体。这种被动处理系统已被用于处理含氯烃类、芳香族硝基化合物、多氯联苯、杀虫剂，甚至铬酸盐等污染物。nZVI 用于处理持久性有机污染物有两个潜在的优势：a. 纳米粒子可以通过注射输送到深层污染区；b. nZVI 由于反应活性的提高，在降解某些污染物方面更有效。注射方法以及注射点的间距和分布取决于处理场地的地质特征、污染物的类型和分布以及待注射纳米级材料的类型。目前，nZVI 技术的应用考虑通过重力进料或压力直接注入。直接注入可以通过直接推进技术或通过各种类型的井（例如，临时或永久注入井）进行。纳米材料原位修复还包括压力脉冲、液体雾化注射、气动压裂和水力压裂等技术。压力脉冲技术利用大幅度压力脉冲将 nZVI 插入地下水位的多孔介质中，之后通过压力激发介质，增加液位和流量。液体雾化注射使用载气将 nZVI-流体混合物引入底土，nZVI 在气溶胶中的混合流动会形成更有效的分布，这表明该方法可用于渗透性较差的地质地层。压裂注入（气动或液压）是一种高压注入技术，使用压缩气体（气动）或含砂的高黏度水基泥浆（液压），使岩石或其他低渗透地层破裂，让液体和蒸汽通过已建立的通道快速输送。

7.2.1.3 纳米材料在土壤修复中的应用限制

尽管基于纳米技术的修复技术效果令人满意，但它们在实际规模上的采用并不如预期迅速。基于纳米技术的土壤修复范例数量相对有限，主要原因是缺乏关于纳米粒子中长期环境影响的研究。迄今为止，纳米生态毒理学研究主要集中在水生生物上，包括水蚤、藻类和鱼类。与这些研究相比，对土壤生物影响的研究较少。已有研究发现含有纳米颗粒的土壤会使得暴露于纳米颗粒中的蠕虫减少繁殖，延缓生长，并增大死亡率。除了纳米颗粒及其副产品的潜在毒性之外，修复场地恢复的成本也是需要考虑的重要因素。在 2001 年首次举行 nZVI 技术演示时，由于供应商供应的数量有限，nZVI 的成本被认为很高（500 美元/kg）。此外，由于缺乏足够的表征、质量保证和控制程序，与实验室制备的纳米级材料相比，市场上可获得的纳米级产品的有效性和质量差异很大。直到 2016 年，20～100nm 的 nZVI 成本才降低至 145 美元/kg，较低的 nZVI 成本和改进的质量控制可保证 nZVI 更高的同质性，使得该技术在当今的修复市场上更加可行。尽管在某些应用中成本可能仍然很高，但是与其他技术的生命周期成本相比，在场地上采用该技术的总成本是非常具有竞争力的。

7.2.2 超声波技术

超声波修复是一种新兴的用于修复污染土壤的技术，是降解有毒有机污染物的一种清洁、绿色的方法。超声波被定义为频率高于可由人耳响应的平均水平或高于 20kHz 的各种类型的声音。在实践中，报道了超声用于不同用途的三个频率范围：高频或诊断超声、低频或常规功率超声以及中频或“声化学效应”。低频（20～80kHz）可以促进物理效应，而高超声频率（150～2000kHz）可在水或浆料相中形成羟基自由基导致化学效应。由于超声波有良好的强度来加快物理和化学反应以及传质，其已经在环境保护和修复领域进行了大量研究和应用。超声波通常不作为独立的技术应用，而是与其他几种技术相结合，以改善传统方法来获得更好的修复效果。例如，超声波通常与电动修复技术或土壤淋洗技术相结合。一般来说，超声波作为一种修复技术依赖于以下两种修复效果以从土壤和水中去除化学和生物污染物：第一种是由局部湍流产生的脱附机制，第二种是由自由基氧化反应引起的降解。超声波修复方法的成功率主要受土壤类型、土/水比、水流速、超声持续时间、超声波频率和超声波能量等几个因素影响。

由于超声波技术在污染土壤修复中的研究和应用仍然有限，本节旨在阐述超声波技术的机理和超声波修复效果的影响因素。并对超声波在污染土壤修复中的应用现状以及目前所取得的研究成果进行了介绍。

7.2.2.1　超声波对有机材料的脱附降解机理

超声波能加速浸出动力学，并通过扩散到最外层提高去除效率。与机械搅拌相比，利用超声波工艺的作用进行沥滤可提高去除效率，缩短处理时间。图 7-7 说明了常规沥滤和超声波沥滤之间的区别。

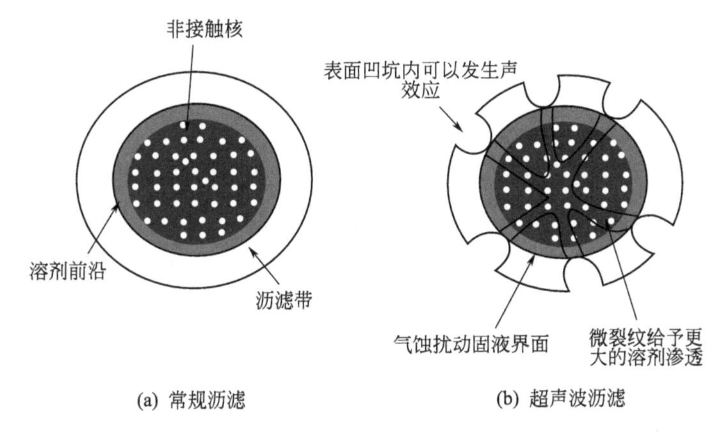

图 7-7　土壤颗粒中污染物的沥滤过程

在土壤系统中应用超声波可以通过分解土壤基质来促进污染物的脱附。污染物从土壤表面的脱附很大程度上取决于系统吉布斯自由能的变化。在受烃类污染的土壤中，土壤氧化还原酶需要从土壤表面去除烃类分子。通过机械方法从土壤中去除烃类，必须有一定量的能量来改变总吉布斯自由能。超声波可以提高烃类的脱附率，这通常得益于集中的高能量和超声波的空化效应。超声波在土壤中强化烃类脱附的影响因素有声波强度、泥浆浓度和辐射时间等。另外，泥浆的酸碱度、盐度和表面活性剂的存在等参数会影响吸附能，并且在土壤中烃类的脱附过程中也起着重要作用。

除了影响脱附过程，超声波还可以提高化学反应的速率。超声波修复降解有机污染物的化学效应是一种氧化反应，通常发生在界面或液相中。由超声空化引起的降解通过三种途径发生：自由基声解、在一定压力和温度条件下的热解和超临界水氧化。水中超声处理产生的氧化剂（如羟基、过氧化羟基）会与有机污染物发生反应，导致污染物的化学结构发生变化，使得具有复杂结构和高分子量的长碳链或芳香烃可以分解成更简单的烃类。例如，三氯乙烷和四氯乙烯可以被降解为氯离子、水和碳氧化物。

7.2.2.2 影响超声波修复的因素

超声波修复在去除污染物方面的效果受以下因素影响。

(1) 粒度

超声波处理的污染物，去除效率在粗颗粒固体中比在细颗粒固体中显示出更高的效果。颗粒越细或越小的土壤表面积越大，毛细作用力越大，降低了污染物去除效率。较小的颗粒会降低超声波的声学效应，从而降低导致污染物脱附和降解的空化效应。

(2) 温度

因为超声波处理会产生高强度的能量，使周围环境的温度升高，也就是说，整体溶液的温度升高。温度是超声波清洗必须考虑的另一个重要参数。由于空化过程和纳米气泡的内爆，导致超声过程中的温度升高。随着超声时间的延长，升温速率加快。对污染物的解毒速率随着操作温度的升高而增大，进而增加吸附分子的内能，提供脱附过程所需的能量，并使吸附的分子更容易脱附污染物。

(3) 超声波功率

随着超声波功率的增大，会增大土壤表面基质上的剪切力和有机化合物在被辐照溶液中的扩散速率。这种现象将提高吸附在土壤上的化合物的脱附效率。然而，功率的急剧增大会破坏气泡动力学，因为它会使气泡在膨胀过程中异常生长，从而导致不良的空化现象和材料（气泡）生长。因此，频率和功率总是与气泡生长的平衡相关。反应速率随着超声波功率的增大而增大，但是超声波功率消耗与发电机或传感器使用的电能消耗有关，因此需要综合考虑技术成本。

(4) 超声波强度

超声波强度定义为单位时间内单位面积被照射的能量大小。选择合适的超声波强度不仅可以提高运行效率，还可以最大限度地降低运行成本。超声波强度可以增加空化气泡的数量。因此，预计超声波强度越高，反应越快。超声波辐射的最佳强度值为 5～20W/cm^2。

(5) 超声波频率

辐射频率是影响超声过程的重要因素。超声波的物理效应在 10～100kHz 的频率下才会发生。但高频也具有缺点，变压器长期使用容易腐蚀，且耗电高。解决该问题的一种方法是用两个或多个低频代替单个高频，此外，当使用两个或多个低频时，空化现象会更均匀地发生。并且大量研究表明，与单个反应器中的单一频率相比，使用两个或更多频率的超声波处理效率更高。

(6) 超声时间

超声时间在利用超声波技术修复土壤中起着重要作用。通常超声波的时间从几秒到几分钟不等。考虑到所需的能量消耗，确定最佳超声时间很重要。

7.2.2.3 超声波修复的现状

人们发现超声波在修复重金属、有机物等各种污染土壤或沉积物方面具有潜在的应用价值。超声波工艺可用于持久性污染物并能够降解稳定的污染物，如多氯联苯（PCBs)、多环芳烃（PAHs)、农药和其他吸附在土壤颗粒中的有机氯。此外，还有许多其他有机污染物已被证明可通过超声波降解，如氯化脂肪烃、芳香族化合物、多氯联苯、多环芳烃、酚类化合物、含氯氟烃、农药和除草剂等。有研究表明，超声波处理不仅提高了浸出率，还破坏了污染物。但是，超声波在土壤修复中的应用研究仍然有限。

7.2.3 基于过硫酸盐的高级氧化技术

近年来，高级氧化工艺（AOPs）因其对有机污染土壤修复的高效性和环境友好性而日益受到关注。化学氧化剂直接引入污染源后，会将有机污染物转化为无害或危害较小的化学物质。使用的氧化剂包括过氧化氢（H_2O_2)、过硫酸盐（$S_2O_8^{2-}$)、高锰酸盐（MnO_4^-）以及臭氧（O_3)。过氧化氢通常与铁物种一起使用以形成羟基自由基。然而，为避免铁沉淀的严格酸性条件要求限制了其在土壤修复领域的应用。高锰酸盐可以通过非自由基机制在很宽的 pH 值范围内去除有机污染物，因此可以在没有活化的情况下使用。然而，高锰酸盐并非降解氯化烷烃和大多数芳香族化合物的有效氧化剂。相较于高猛酸盐，过硫酸盐是一种强氧化剂，可被热、碱、过渡金属和电激活，产生可降解大多数有机污染物的硫酸根自由基，硫酸盐相对而言更加安全，且在地下的寿命更长，更适用于地下处理。因此，过硫酸盐在修复被各种新污染物污染的土壤方面受到了更多关注。

7.2.3.1 影响过硫酸盐在土壤中应用的因素

(1) 氧化剂类型

过二硫酸盐（PDS，$S_2O_8^{2-}$）和过一硫酸盐（PMS，HSO_5^-）通常用于环境修复。与 PMS 相比，PDS 被选为土壤修复的氧化剂，因为它的价格较低（PDS 为 0.18 美元/mol，PMS 为 1.36 美元/mol）和环境保留时间较长（PDS 在含水层材料中的半衰期为 2～600d，在地下水中大于 5 个月；PMS 在地下水中的半衰期从几小时到几天不等)。过硫酸钠（$Na_2S_2O_8$)、过硫酸钾（$K_2S_2O_8$）和过硫酸铵［$(NH_4)_2S_2O_8$］已被用作土壤修复的氧化剂。其中，$Na_2S_2O_8$ 是土壤修复中最常用的氧化剂，因为它成本低且稳定。$Na_2S_2O_8$ 的低溶解度（20℃时为 53g/L）与 $Na_2S_2O_8$(20℃时为 556g/L）和（$(NH_4)_2S_2O_8$(20℃时为 582g/L）的高溶解度相比，限制了其在土壤修复中的应用。使用（$NH4)_2S_2O_8$ 可以增加土壤中有效氮的含量，这有助于可培养细菌种群的恢复和新微生物环境的建立。然而，NH_4^+ 也可以与硫酸根反应，减少目标污染物的降解。

(2) 土壤有机质

土壤有机质（SOM）是土壤中包括凋落物、微生物、水溶性有机物、稳定有机质（腐殖质）以及不同分解阶段的植物残渣等在内的所有有机质。土壤有机质在调节土壤的化学、物理和生物性质方面会发挥作用。它在基于自由基的氧化过程中可视为一把双刃剑。AOPs

技术处理的目标污染物大多是疏水性和水溶性差的有机污染物。这些有机污染物可被土壤中的有机配合物有效地吸附，在土壤环境中稳定存在，短时间内不会被氧化。而且，在氧化反应过程中，部分腐殖酸等 SOM 与污染物发生竞争作用，影响目标污染物的去除效率。然而，在基于过硫酸盐的 AOP_S 应用过程中，SOM 对污染物的去除具有促进作用。

(3) 矿物质含量

矿物质是土壤不可或缺的成分，可以与有机化合物相互作用，稳定土壤中的有机碳。矿物中的过渡金属可与过硫酸盐反应，并通过促进离子活化或降低氧化剂持久性进一步影响污染物去除效率。虽然矿物质有可能激活过硫酸盐，但由于矿物质在土壤中的含量低，仅靠土壤中存在的矿物质可能会出现不太令人满意的去除效率。因此，添加矿物催化剂是一种替代方法，需要更多工程研究的验证。

(4) 反应过程中的水分含量

水的添加可以提高基于过硫酸盐的 AOP_S 对污染物的去除率，降低修复成本和该技术对环境的潜在影响。但由于土壤的初始含水量几乎可以忽略不计，所以在 AOP_S 过程中加水对污染土壤进行预处理是非常常见的。此外，土壤的含水量也会影响过硫酸根阴离子的分解。土壤中未活化过硫酸根阴离子的半衰期随着土壤含水量的增加而延长。其原因是，加入更多的水会导致系统中天然活化剂的稀释，进而延长过硫酸根阴离子的半衰期。

此外，氧化剂剂量、污染物浓度和催化剂剂量也会影响去除效率。

7.2.3.2 过硫酸盐活化方法在污染土壤中的应用

(1) 使用过硫酸盐降解土壤中有机物

在没有催化剂的情况下，单独注入过硫酸盐可以较好地去除污染物，原因如下：a. 过硫酸盐阴离子由于其相当高的氧化电位可以与一些有机污染物直接反应；b. 土壤中存在的矿物质可以促进过硫酸盐的分解，产生活性物质，进一步去除污染物；c. 当处理时间足够长时，生物降解在处理中起着不可忽视的作用；d. 有机质对疏水性有机污染物的吸附。

(2) 铁活化过硫酸盐降解污染物

过硫酸盐可以被过渡金属如银、铜、铁、锌、钴和锰有效地活化，通过单电子转移产生硫酸根自由基。铁活化因其低成本和环境友好性而被广泛用于修复各种有机污染的土壤。亚铁离子(Fe^{2+}) 是最常用的催化污染物氧化的离子。在含水介质中，过量的 Fe^{2+} 会使反应停滞，因为它与 $SO_4^-\cdot$ 和 $S_2O_8^{2-}$ 快速反应，导致土壤系统中污染物去除效率较低。由于 Fe^{2+} 在含水介质中的溶解度低，在环境 $pH \geqslant 5$ 时可转化为 $Fe(OH)_3$ 沉淀。因此，在修复过程中调节土壤的 pH 值对于确保活化效果是必要的。然而，这在大规模修复现场是不切实际的，并且对土壤的物理和化学性质造成不利影响。使用螯合剂来控制 Fe^{2+} 的浓度可以有效地减少液体反应中过量 Fe^{2+} 与目标有机污染物的竞争。

土壤系统中 Fe^{3+} 不能直接与过硫酸盐反应生成活性物质，它必须先被还原为 Fe^{2+}，以进一步与过硫酸盐反应。土壤有机质中的醌型化合物作为电子转移物种可以促进还原过程。因此，在实际研究中，Fe^{3+}/PDS 体系对污染物的降解不如 Fe^{2+}/PDS 体系。

由于土壤的高缓冲能力，初始的 pH 值调节在大规模修复工程中是昂贵和不切实际的，因此氧化铁的使用更适用于土壤修复。另外，近年来零价铁（ZVI）活化 PDS 因其在水处理和土壤修复应用中的优异效果而受到关注。ZVI 可以避免过量 Fe^{2+} 对 SO_4^- · 的淬灭，并通过与过硫酸盐的直接反应或释放 Fe^{2+} 反应生成 SO_4^- ·。

土壤中矿物质的组成很复杂，铁基矿物与其他矿物相比，活化过硫酸盐过程具有高效性和稳定性。例如，合成的磁铁矿（$Fe^{2+}Fe_2^{3+}O_4$）由于结构 Fe^{2+} 的存在而可以催化化学氧化，Fe^{3+}-氧化物表面和 Fe^{2+}-氧化物表面被认为是 $S_2O_8^{2-}$ 产生自由基的活化剂，Fe^{2+}-氧化物表面也是硫酸根自由基清除剂，SO_4^- · 和 $S_2O_8^{2-}$ 可以引发自由基链式反应。除了磁铁矿外，菱铁矿也可活化过硫酸盐以去除土壤介质中的烃类。与 nZVI、Fe^{2+} 和 Fe^{3+} 活化过硫酸盐相比，矿物来源更加广泛、催化性能稳定、成本低且对环境影响小。

(3) 热活化过硫酸盐降解污染物

一般来说，大多数有机污染物可以通过热活化达到相当高的去除率，避免出现催化剂分散、回收和结垢失活的问题，尤其是对于去除土壤中高含量的难降解有机污染物效果较好。因此，这种技术在场地项目中经常被考虑采用。

过硫酸盐中 O—O 键的键能为 140kJ/mol，高温（>50℃）的能量输入可引起 O—O 键裂变生成硫酸根自由基。在可控的温度范围内，污染物的反应速率随着温度的升高而增大，然而热源的选择将限制其实际应用，尤其是在土壤系统中。现场应用的推荐活化温度约为 40℃，以避免加热使成本过高。

(4) 碱活化过硫酸盐降解污染物

碱活化过硫酸盐（pH>10）最近已在 AOPs 中引起关注，因为它可以进行酸中和以最大限度地降低土壤的 pH 值波动。

碱活化过程中可产生硫酸根自由基、羟基自由基和微量还原剂，当 pH>12 时，羟基自由基是主要的活性氧物种。体系的总反应性随着碱与过硫酸盐的比例增加而增强。此外，当 pH>10 时，土壤中的酚类化合物会以酚盐形式存在，通过与过硫酸盐的反应进一步促进还原剂和亲核试剂的形成。与其他活化方法相结合的碱活化对污染物的去除效率有所提高，例如，热活化、Fe^{2+} 活化和超声活化。土壤系统中碱活化的机理，以及金属的形态、有机污染物的存在和 pH 值升高情况下的土壤性质还有待探索。

(5) 电活化过硫酸盐降解污染物

电动修复被认为是原位去除有机物和无机物的一种可行且具有成本效益的技术，特别是对于黏土等低渗透率基质。在电流作用下，土壤中的污染物通过电迁移、电渗和电泳被去除。电动修复与过硫酸盐等氧化剂相结合，由于氧化剂与污染物之间的氧化反应，可以提高电动修复的修复效率，同时，电迁移和电渗流可以克服低渗透性土壤中氧化剂输送不畅的问题。

在电动修复过程中，孔隙流体中溶解的离子物质向带相反电荷的电极移动。污染土壤中水的电解发生在电极上，氧和氢离子在阳极产生，氢和氢氧根离子在阴极产生。由于过硫酸根离子是一种负二价阴离子，在注入土壤系统后，可以通过电渗作用迁移到阴极，并通过电迁移作用迁移到阳极。但是，电渗和电迁移主导的过硫酸根离子的迁移速率不同，因此氧化剂的注入位置影响氧化剂在土壤系统中的迁移，进而影响污染物的去除效率。一般来说，合适的氧化剂注入位置可以增大现场修复中的氧化剂消耗和污染物去除速率。此外，土壤成分也影响土壤系统中氧化剂的传递和氧化程度。土壤的缓冲能力、土壤中非均相矿物含量和有机质含量对污染物的去除有负面影响。

（6）处理污染土壤的其他活化方法

除了上述活化方法外，近年来研究者还探索了其他方法对土壤中有机污染物的去除效果：使用过渡金属氧化钴激活 PMS 处理柴油污染土壤；PMS 结合机械化学方法对非污染土壤进行修复；过氧化氢活化过硫酸盐，以增强多环芳烃的去除；化学提取和氧化耦合以提高氧化过程对污染物的有效性。

7.2.3.3 基于过硫酸盐的 AOPs 应用对环境的影响

AOP_S 对土壤地球化学、生物学和污染物动力学有重大影响。一旦加入过硫酸盐，土壤初始 pH 值显著降低，降低的趋势与氧化剂的剂量成正比。高过硫酸盐浓度与作为活化剂的其他离子的结合可显著提高盐度并提高微观环境的电导率。此外，过硫酸盐会与 SOM 反应，改变 SOM 的组成。非热稳定的有机化合物（如蛋白质和多糖）通常随着热稳定、难降解的 SOM（如脂肪烃系列）的增加而减少。同时土壤的反应条件、来源和老化时间决定了土壤有机质的具体变化。除了影响 pH 值和 SOM 的组成外，过硫酸盐还可以氧化诸如硫化物伴生 Fe、Pb、Cu 和 Zn 等稳定物种，从而在原位氧化后诱导重金属的迁移。

但是，土壤系统中的微生物种群和多样性会受到过硫酸盐的负面影响。过硫酸盐氧化后较高的硫酸盐浓度会刺激硫酸盐还原菌，从而导致生成有毒的 H_2S 产物，在实际工程应用中应考虑避免有毒 H_2S 的产生。

7.2.4 低温等离子体技术

由于有机物对人类健康的有害影响，全世界对土壤有机污染日益关注。为修复有机污染土壤，研究人员提出各种修复方法，例如物理修复、生物修复和化学修复。近年来，一种极具吸引力的高级氧化工艺（AOP）-低温等离子体技术，由于其能耗低、启动/关闭快以及对土壤预处理要求低而受到关注。

7.2.4.1 用于土壤修复的低温等离子体源

等离子体通常是电离气体，即物质的第四种状态，由大量高能电子、自由基、激发物种和光子等组成。等离子体是电中性的，即电子密度等于正电荷的密度。等离子体一词最早是由欧文·朗缪尔在 1928 年提出的，因为多组分、强相互作用的电离气体的特征看起来类似于血浆，所以被命名为等离子体。

不同结构的等离子体系统在运行时表现出不同的反应温度。电离等离子体通常分为两种类型，热等离子体和低温等离子体。常见的热等离子体有太阳等离子体、核聚变等离子体、激光聚变等离子体等。但是在自然界中，低温等离子体更为常见。

在非热等离子体中，高能电子在等离子体化学反应中起着最重要的作用。电子能量通常高达 1～10eV，高到足以破坏大多数气体分子的化学键，并产生大量高能和化学活性物质

（如自由基、激发原子、离子和分子）。另一方面，低温等离子体的整体气体温度可以低至室温，这显著降低了能量成本。

在大多数实验室条件下低温等离子体源是气体放电，可以使用多种方法产生低温等离子体源，例如辉光放电、电晕放电、射频放电、滑动电弧放电和介质阻挡放电（DBD）。各种等离子体已被研究用于土壤修复。

(1) 介质阻挡放电(DBD)反应器

DBD等离子体是一种典型的低温等离子体，最初被称为无声放电，也称为臭氧产生放电。DBD是一项相对成熟的技术，已经广泛应用于许多领域。DBD通常是两个电极之间的放电，两个电极间被一个或多个绝缘介电层（例如，玻璃、石英和陶瓷）隔开，除了放电空间外，还在金属电极之间的电流路径中产生一个或多个绝缘层。电介质的存在会妨碍DBD的直流工作，其频率通常为0.05～500kHz。由于气体放电在大量独立的电流丝或微放电中开始，在大气压下产生均匀和稳定的等离子体区域，这有利于等离子体的化学反应。DBD常见的结构有平面或圆柱。DBD具有以下优势：可在大气压或更高的压力下操作；可产生大量的化学反应物质；形成大且均匀的放电区域，显著提高了反应效率。

由于这些独特的特性，DBD技术在环境保护领域的应用越来越受到重视。研究表明，DBD技术可以非常快的反应速率降解所有种类的有机污染物。虽然DBD技术已被广泛用于空气和水污染控制，但其对土壤修复的研究仍处于起步阶段。最初，使用DBD对柴油污染土壤进行的修复研究显示出良好的修复性能。目前，DBD开始被用于处理不同类型的土壤，显示出良好的应用前景。

如图7-8所示，板-板和圆柱-板两种配置的DBD反应器主要用于土壤修复。板-板配置[图7-8(a)]放电稳定，可有效修复有机污染。然而，受放电尺寸的限制，反应器的处理能力相对较差。在圆柱-板配置DBD反应器中[图7-8(b)]，被有机污染土壤覆盖的接地平板电极可以通过发动机进行移动，对污染土壤的处理量更大、处理能力更有效。

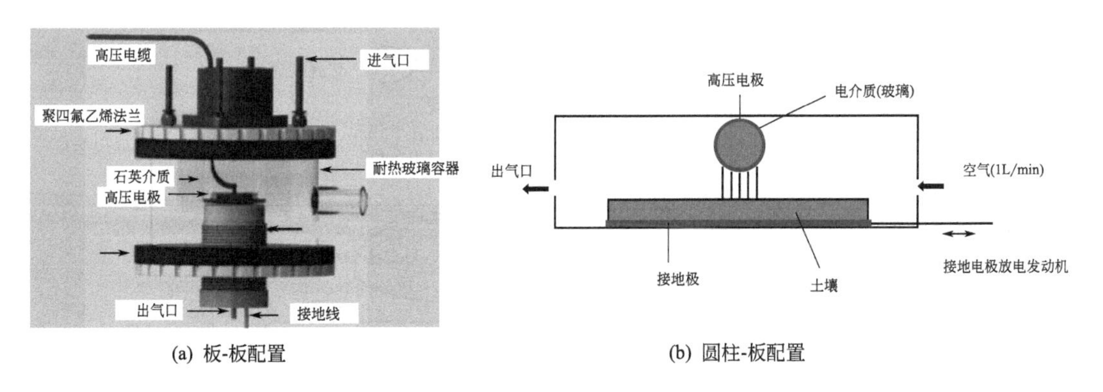

(a) 板-板配置　　(b) 圆柱-板配置

图7-8 DBD等离子体反应器的典型结构

(2) 电晕放电

电晕放电是一种典型的低温等离子体，通常在大气压下，在锐边、尖点或细线附近的强电场区域产生。电晕是一种不均匀放电，其中强电场、电离和辐射主要出现在电极附近。此外，随着电压和电流的增大，电晕可能转化为火花或电弧放电。上述缺点严重限制了电晕放电的大规模应用。通过脉冲电源将超短电压脉冲施加到电极之间，可以防止火花的发生。因此，输入的能量可以大部分转移到高能电子，高能电子负责产生化学反应活性物质以及化学反应的引发和传播，显著提高了反应效率。

电晕放电等离子体在处理空气和水污染方面已经进行了大量研究。近年来，越来越多的工作集中于修复被各种有机物污染的土壤，如氯酚、硝基酚、石油污染物、多环芳烃。由于电晕放电的多针板结构可以提供强电场，因此通常用于土壤修复。用于土壤修复的典型多针板电晕放电反应器结构示意图如图 7-9 所示，针状电极（阳极）连接到高压，金属丝网电极接地（阴极）。被污染的土壤样品铺在接地电极上，同时也作为电介质。

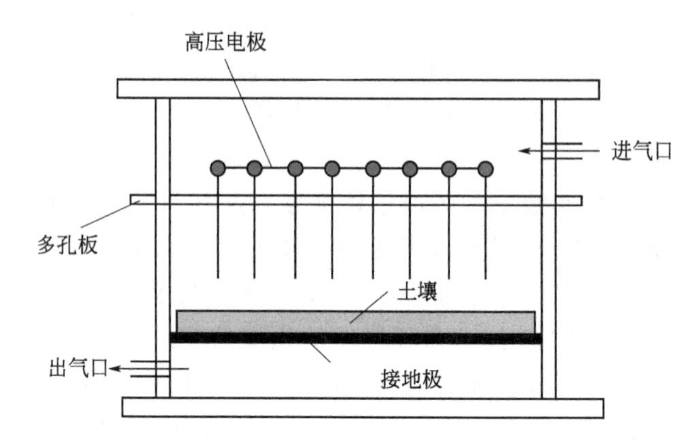

图 7-9　用于土壤修复的典型多针板电晕放电反应器结构示意图

为了大幅提升电晕放电对污染土的处理量，制备了一种新颖的原位电晕放电技术（图 7-10）。将浅层土壤放在接地的钢壳内，该钢壳充当阴极；将单个通电的中央电极插入土壤中，以作为阳极，在两个电极之间形成电晕放电。通过改变土壤中的水添加速率，可以控制电晕放电的前向运动。因此，该方法有潜力扩大到工程应用以提高处理效率。

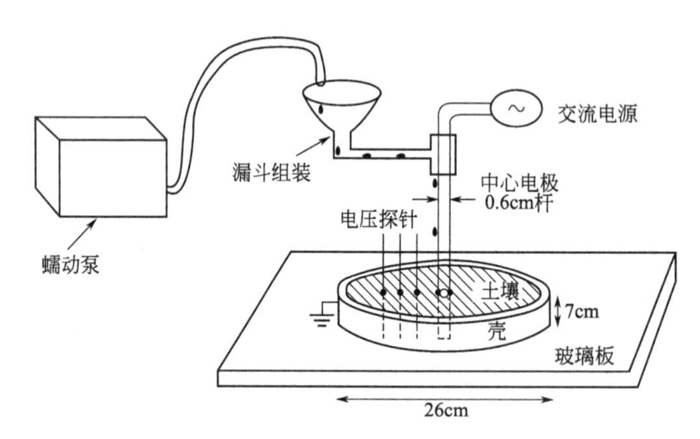

图 7-10　原位电晕放电技术

电晕放电可用于降解大多数有机污染物，如挥发性有机物、非挥发性有机物、含卤有机物、脂肪烃和芳香烃，并且受土壤渗透性约束不大。因此，与其他原位技术相比，原位电晕放电更具吸引力。

尽管电晕放电是一种可以有效处理各种有机污染物的技术，但它仍然存在一些限制其进一步应用的问题，如脉冲电源成本高、故障率高和电极寿命短。此外，对于非原位电晕等离子体，应仔细控制放电，以产生稳定有效的等离子体区域。

(3) 低温滑动弧流化床

近年来，低温滑动弧等离子体与流化床结合被用于土壤修复。低温滑动弧等离子流化床反应器结构示意图如图 7-11 所示。两个分叉的刀形电极固定在聚四氟乙烯底座上，对称放置在气体喷嘴的两侧。等离子体区域在两个电极之间产生。抛物线形不锈钢网固定在等离子体区域上方，作为流化床的载体。通过将目标土壤放在金属网上，用气流悬浮，土壤可以有效地与等离子体区域接触进行处理。

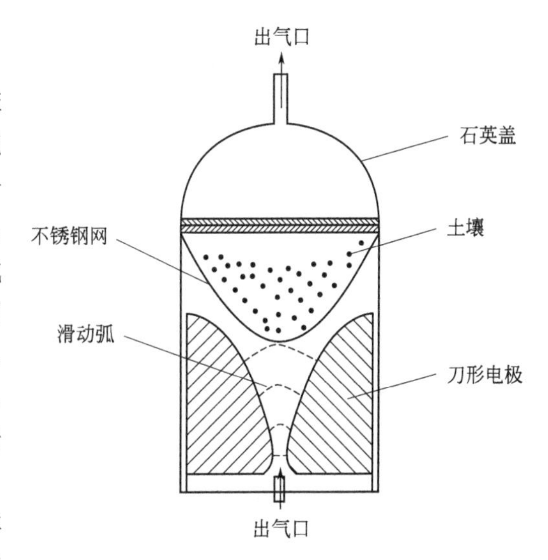

图 7-11　低温滑动弧等离子流化床反应器结构示意图

流化床反应器具有以下优点：单位床体积内流体与固体的接触表面积极大；流体和分散固相之间的相对速度大；颗粒相高度混合；频繁的颗粒-颗粒和颗粒-壁碰撞致使快速传热；可以实现土壤的连续处理。低温滑动电弧等离子体提供了大量的活性物质、强电场、高辐射以及快速的化学反应速率，与流化床的结合有望显著改善修复性能。

7.2.4.2　等离子体修复的影响参数

低温等离子体辅助土壤修复是一个相当复杂的过程，受许多参数的影响。以下介绍了几个重要的影响因素。

(1) 外加电压

外加电压一方面会显著影响等离子体的特性以及反应系统中的能量输入，因此是等离子体化学反应中的一个重要参数。另一方面，增大电压也可能产生更多额外的热辐射和光辐射，这可能降低等离子体化学过程的能量效率。因此，应该仔细控制施加的电压，以同时获得相对高的修复效率和能量效率。

(2) 土壤性质

修复过程会受到土壤性质的显著影响，例如土壤的有机质和水分。等离子体产生的高能电子和活性物质（如臭氧和 · O）可以与土壤中的水分子发生反应，产生具有强氧化性的 · OH。在 · OH 的氧化作用下，目标污染物的降解反应很容易进行。另外，土壤水分可以显著影响土壤的导电性，从而影响电晕放电的前沿运动、运行模式和能量分布，导致化学反应路径发生变化。

(3) 载气类型和气体流速

在气体放电系统中，气体分子被强电场电离或被高能电子碰撞离解，产生等离子体区域。产生的活性物质的类型和数量与载气的类型密切相关。研究表明在使用不同载气（空气、O_2 和 N_2）的情况下，使用 O_2 的降解效率最高，使用 N_2 的降解效率远低于使用O_2 和空气。考虑到空气易于利用，因此在实际应用中空气应优选用作载气。此外，载气的流速会影响放电过程、活性物质在土壤中的保留时间以及活性物质的传质过程。通过增大流速，可以增强反应物质的碰撞和反应活性。然而，高流速反过来会导致活性物质在土壤中的保留时间缩短，这不利于污染物的去除。

(4) 反应器配置

等离子体反应器的结构直接影响等离子体的特性。目前，常用的低温等离子体源有DBD放电和电晕放电，包括圆柱-板、针-板和板-板结构，它们都显示出较好的应用前景。其修复效率可以通过优化反应器配置来进一步提高，例如，改善电极的材料和形状、介电层的材料和电极之间的间隙。

(5) 污染物结构及其含量

污染物的结构及其在土壤中的含量也是等离子体土壤修复过程中的重要参数。另外，完全去除有机物所需的时间与有机物中的碳原子数呈正相关，与其挥发性呈负相关。土壤中污染物初始浓度的差异也会导致降解效率的差异，因为污染物分子与活性物质的碰撞概率随着污染物浓度降低而降低，导致降解效率降低和能耗增加。

(6) 其他影响参数

其他各种因素，如电介质材料、土壤厚度、反应器内的压力和温度以及处理时间，都会在一定程度上影响修复性能。例如，土壤厚度可以显著影响放电间隙距离和土壤中活性物质的迁移过程，从而影响有机物的降解效率。同时，土壤在等离子体反应器中的停留时间也是一个重要的参数，可以显著影响降解效率和产物的分布。等离子体辅助土壤修复的研究尚处于起步阶段，对上述影响因素的研究有限，迫切需要进一步的研究来实现这一技术的实际应用。

7.2.4.3 等离子体修复有机污染土壤机理

有机污染土壤的等离子体辅助土壤修复过程的可能机理示意图如图 7-12 所示。等离子

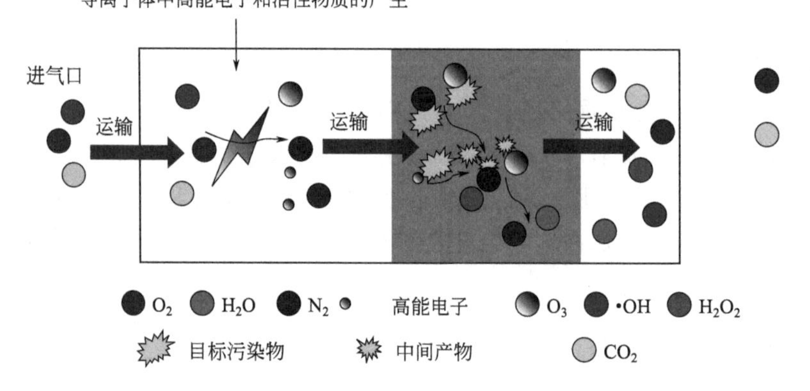

图 7-12 等离子体辅助土壤修复过程机理的示意图

体化学反应主要通过以下三个步骤进行。

① 在等离子体放电过程中可以产生多种化学反应物质，这在很大程度上有助于系统中化学反应的激发和传播。例如，空气等离子体放电可以产生高能电子、O_3 分子和·OH、含氧和氮的激发物质、氮氧化物等。

② 等离子体中产生的大量活性物质可以在气相和土壤空隙中扩散，并在气土表面转移。活性物种在气相和土壤之间的传质过程可以显著影响污染物的修复反应。另一方面，化学反应可以反过来促进活性物质的传质过程。

③ 活性物种和目标污染物之间的化学反应是土壤修复的一个关键过程。对于高挥发性的有机物，降解过程主要通过两条途径进行：一是有机物在气流的作用下转移到气相中，然后与气体中的活性物质发生气相反应，土壤中剩余的有机物被土壤中活性物质的氧化反应降解，对于挥发性较低的化合物，氧化反应主要在土壤颗粒表面进行；二是活性物质可以通过扩散和吸附过程聚集在颗粒表面。

7.2.5 电动耦合技术

7.2.5.1 电动-可渗透反应墙原位修复污染土壤和地下水

我国地下水和土壤污染十分严重，主要污染物是重金属离子和有毒有害有机化合物。据调查，50%以上的城市地下水受到不同程度的污染。由于污染场地土壤成分、污染物类型和性质的差异，特别是在复合污染的情况下，单一的修复技术往往难以达到修复目标，电修复技术与其他修复技术的结合越来越受到重视。其中，电动-可渗透反应墙（EK-PRB）技术是电动修复技术（EK）与可渗透反应墙（PRB）技术的结合，结合电动和可渗透反应墙技术的优势，EK-PRB 技术可以同时原位修复无机和有机污染土壤。更重要的是，这种技术不仅对渗透性差的污染土壤修复能力强，同时不受场地、温度等因素的影响，而且可以有效防止修复造成的二次污染，修复成本相对较低。该技术正成为国内外土壤环境修复领域的研究热点。

(1) EK-PRB 技术原理

EK-PRB 技术的基本原理是在电场中设置具有还原性的可渗透反应墙。污染土壤中的重金属离子和大分子有机胶束在电力的驱动下向两端的电极移动。在运动过程中，污染物被可渗透反应墙降解。图 7-13 是 EK-PRB 技术的基本原理示意图。

该技术的成功应用有两个原因：首先，污染物在外部电场的作用下沿一个方向运动，PRB 可以在水力梯度作用下工作。其次，PRB 反应介质对污染物的吸附可以防止外部电极被污染。

(2) EK-PRB 应用

① 重金属污染的修复。目前，EK-PRB 技术修复的重金属和类金属污染土壤主要涉及砷、镉、铬和镍。电动修复与 PRB 的联合修复技术在美、英等国家进行了大规模的试验和现场研究，取得了一定的成果。

② 有机污染的修复。联合修复技术对久性有机污染物（POPs）、氯化有机物、柴油烃、

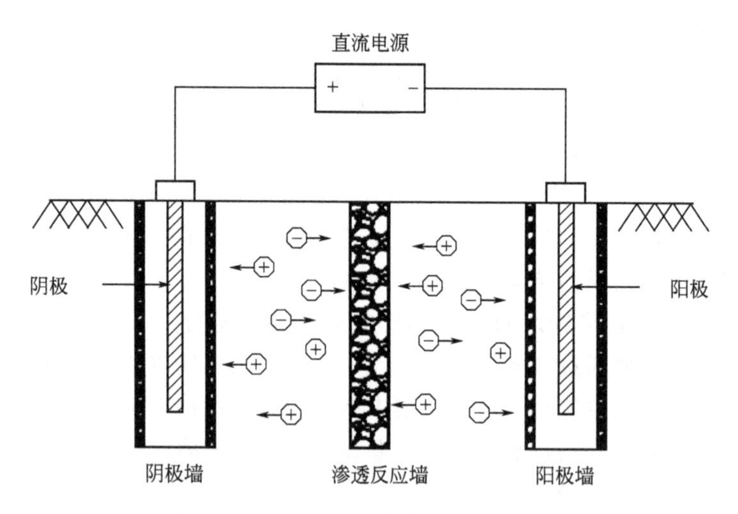

图 7-13 EK-PRB 技术基本原理示意图

抗生素、除草剂等有机污染物都具有较好的去除效果。

③ 对非金属盐的去除。目前 EK-PRB 联合修复技术对于非金属盐的去除研究进展主要在于其对被硝酸盐污染的土壤和地下水的修复。利用 EK-PRB 联合修复技术修复被硝酸盐污染的土壤去除率高，修复效果十分明显。

(3) EK-PRB 的优势及局限性

EK-PRB 联合修复技术结合了 EK 和 PRB 的优势，对低渗透性土壤修复效果明显，经济效益高，二次污染少，应用范围广，在污染土壤原位修复方面有广阔的应用前景，但仍有一些问题有待进一步研究。例如，该技术处理时间较长，同时由于电动过程中偏极效应和对阳极电极材料腐蚀严重，所以在修复过程中需要额外加入缓冲液或者增强剂来增强修复效果，且在修复进行一定时间后需要更换 PRB 内部的填充材料。目前 EK-PRB 技术主要基于实验室研究，实验土壤大部分是模拟污染土壤，而实际污染场地的污染物比较复杂，所以目前的实验室研究不能很好地用于修复实际污染场地。此外，PRB 材料成本高，实际修复场地消耗大，造成资源浪费，并且反应墙的最佳位置仍有争议。当存在多个反应墙时，墙之间的相对位置以及墙与阳极和阴极之间的最佳距离仍然不确定。在修复操作过程中，存在电场极化现象，影响污染物去除效率。此外，在 EK 环境下，PRB 去除土壤污染物的机理需要进一步研究，且在电场的作用下可能会产生氯、三氯甲烷、丙酮等有害的副产物，需要进一步解决。

7.2.5.2 电动-生物修复技术在烃类污染土壤修复中的应用

电动修复，通常称为电复垦、电化学土壤修复和电净化技术，是利用弱电场从土壤颗粒表面去除和降解重金属、有机化合物、无机化合物的技术。电动修复已经研究了近 20 年，这项技术已得到了长足的发展，然而与其他技术相比，其成本更高，并且还受一些因素的局限，例如高温、蒸发率、土壤条件、电极腐蚀、pH 值控制和用电便捷性。

生物修复是目前最常用的污染土壤修复技术，其成本低、使用方便。此外，微生物在自然土壤中非常丰富，通常以群落形式附着在土壤颗粒上或悬浮在土壤孔隙生态系统中。然而，生物修复存在一些局限性，包括环境条件，电子受体、营养物和污染物的性质，微生物代谢生长等。电动修复技术正好可以解决这一局限性并提高处理效率，尤其是在低渗透性土壤中。电动现象可以通过电渗、电泳和电迁移过程转移多种污染物、营养物以及微生物。这种组合通常被称为电-生物修复、电动-生物修复（EK-Bio）和电动辅助生物修复。如图 7-14 所示，表面活性剂能够充当增溶剂，通过胶束增溶降低表面张力并提高烃类污染物的溶解度，从而提高烃类污染物的生物降解率。在电动系统中，可以将表面活性剂添加到电解液室中，并通过电动土壤冲洗（EKSF）冲刷到土壤孔隙中，然后将其直接混合到反应器中。这项组合技术已成功去除了土壤中的烃类污染物。

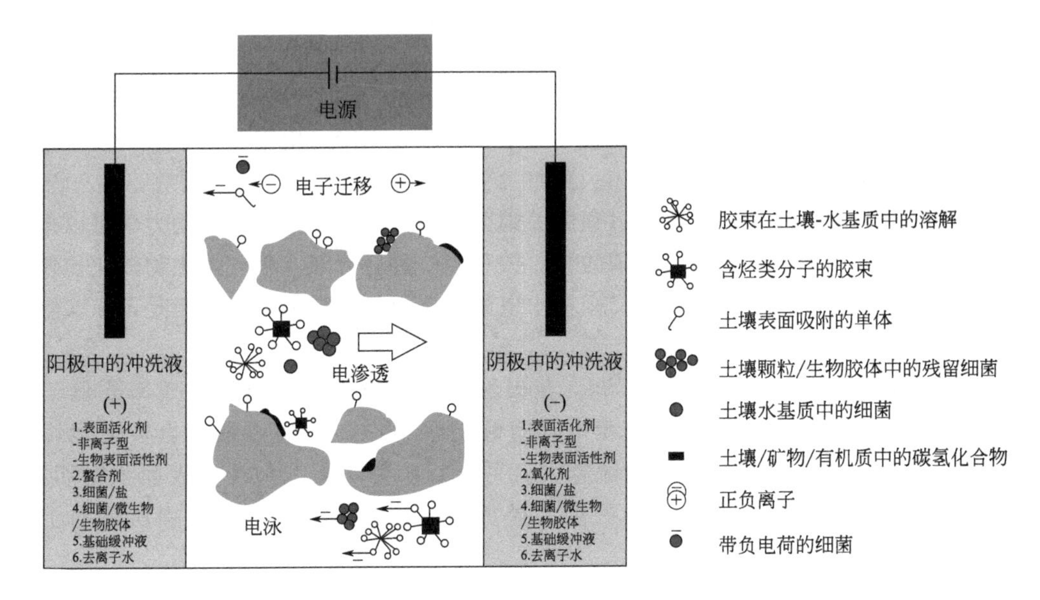

图 7-14　低电场下的电动、冲洗液、表面活性剂和生物相互作用

电动土壤冲洗-生物修复组合技术的基本原理是在不进行任何二次或多次提取电解液的情况下，处理土壤中的疏水性污染物。在自然衰减的情况下，电动土壤冲洗-生物修复只需要很短的处理时间（5～50d）。但生物修复需要 14～90d 才能完全降解并清除土壤中的污染物。此外，该技术适用于烃类污染土壤的原位和异位处理。电动修复中的电解液不仅包括表面活性剂和去离子水，还包括盐、氧化剂和螯合剂等增强剂，可以弥补表面活性剂的局限性。

电动土壤冲洗-生物修复处理烃类污染土壤的影响因素包括：功能微生物群落、土壤特征（含水量、pH 值、温度、微量和大量营养物的利用率）、结构和电动系统以及烃类污染物的类型。同时，表面电荷、电解质性质和黏度等因素也与单一电动土壤冲洗密切相关。

(1) 微生物

微生物在中性或碱性 pH 值下趋向带负电，可通过电迁移和电泳穿过土壤微孔从阴极迁移至阳极室。但是，由于电渗比电迁移更强，一些微生物可以保留在阳极附近。在微观上，微生物倾向于形成聚生体（生物胶体）并附着在土壤颗粒中。生物胶体可以通过电泳机制迁移到阳极。这种机制还可使胶束和胶体跨土壤孔隙进行迁移。微生物的迁移性强烈依赖于细胞壁的表面电荷及其对土壤表面的黏附能力。

(2) 环境条件

施加在土壤上的弱电场对微生物活性来说是把双刃剑。电解引起的 pH 值变化导致微生物多样性和存活数量下降。尽管弱电场会导致代谢活性和细菌膜组成发生变化，但研究人员认为，直接（电子从电极转移到细菌）和间接刺激（电子传递）会增加微生物的底物利用率并增强微生物的代谢活动。有研究表明，污染物距离电极越近，电强度越大，污染物处理效果越好。

电压和电流的施加可提高土壤环境温度。高温可提高微生物在烃类化合物生物降解过程中的活性。反应器中温度升高最大的区域位于阳极附近，归因于阳极发生的水电解反应（放热反应），因此该过程产生的热量可以通过电渗机制传递。同时土壤的阻力也可以被视作电阻看待，从而导致温度升高。温度升高会导致土壤含水率下降，电阻增大，从而使土壤表面出现裂缝，电渗速率降低。

电子受体的转移是改善生物降解过程的关键因素之一。众所周知，电动力学可以提供一些无机营养素，如硝酸盐、硫酸盐、磷酸盐、铵和氧。并且好氧（氧气）生物转化比使用键合氧化合物（硝酸盐或硫酸盐）更好。阳极水电解反应可创造好氧条件。但是，在实际情况下只有少量的氧可以被输送到土壤中。

土壤性质对电动过程有一定的影响。在天然土壤中应用电动过程的效率要低于模拟土壤。天然土壤中化合物的复杂性使得电动过程更加复杂。土壤渗透性也极大地影响了电动过程。土壤的渗透性越低，电渗流越大。另外，矿物质类型与土壤表面积密切相关，影响土壤表面电荷密度。大表面积可提供大量负电荷，从而延长电动过程所需的土壤酸化的时间。

(3) 烃类污染物

烃类化合物是疏水性的，与土壤和沉积物中的土壤矿物质和其他有机化合物牢固结合。大多数烃类化合物是非极性的且是中性（不带电）的，因此电动过程对其在孔隙流体中的运动几乎没有影响。石油烃是一类复杂有机化合物，分四种：烷烃、芳烃、树脂和沥青烯。烷烃具有非极性性质，很难在弱电场下迁移；而树脂和沥青烯是极性的，但碳链长，与土壤颗粒的结合力很强，在电场下很难迁移。与其他烃类化合物相比，苯系物和三氯乙稀水溶性强，易溶解在孔隙流体中。

电动生物修复对石油烃化合物有不同的反应。正构烷烃的降解更多归因于电动力学活性，而芳香族化合物的降解更多归因于生物降解过程。当在土壤中施加弱电场时，电动修复比生物修复过程更占优势，反之亦然。饱和烷烃化合物降解归因于土壤基质中的电化学氧化。当施加电流时，黏土颗粒变成微导体，在该处可以发生烃类的氧化反应。

(4) 电动系统和结构

研究人员已经对电动-生物修复系统进行了诸多改善。例如，电动土壤冲洗-生物修复均匀电流系统中，烃类化合物只在特定区域内移动和聚集，因此生物降解过程会受到高浓度污染物的抑制。而使用非均匀电流可以提高土壤中细菌的数量和分布，从而增强烃类化合物的脱附和移动。电动土壤冲洗-生物修复的关键因素是如何保持土壤中性 pH 值，以防重金属在电解液室周围沉淀。极性反转是电动土壤冲洗-生物修复过程中保持 pH 值、温度和湿度在合适范围内的最有效方法，但是，极性反转也比其他技术消耗更少的能量。

当电动土壤冲洗-生物修复现场应用时，电极结构是必须确定的重要因素。许多研究者致力于一维构型的研究，而对二维构型的研究比较有限。二维构型有六角形、正方形和三角形。但是一维结构现场应用不可行，其一半面积对电动反应无效。这一局限性可以通过极性反转技术或使用非均匀电场来解决。而二维构型可以形成非线性电场，可确保电动土壤冲洗-生物修复的养分、pH 值、温度等的有效分布。

(5) 表面活性剂的表面电荷

表面活性剂已被许多研究人员用作电动土壤冲洗-生物修复的电解质，用于去除土壤颗粒中的烃类污染物。但需考虑以下几个方面：表面活性剂在水中对污染物的溶解能力；污染物在土壤颗粒中的脱附；表面活性剂的吸附损失；表面活性剂的生态毒性。

(6) 电解质性质

虽然去离子水可作为电解液来去除烃类化合物，但增强剂对于牢固地结合在黏土颗粒上的有机和金属化合物的去除是必不可少的。将表面活性剂与螯合剂混合使用可提高电渗率。螯合剂去除重金属非常有效，并且可保持阴极室内 pH 值中性，诸如表面活性剂和环糊精等化合物则可用于溶解有机污染物。表面活性剂具有疏水性和亲水性官能团，可以使烃类化合物能以胶束形式溶解，还可以与氧化剂结合以修复烃类污染。有研究发现，淀粉中所含的环糊精可用于改善土壤污染的电动-生物修复工艺。环糊精能有效溶解活性染料类有机污染物。在环糊精和细菌的作用下，土壤中 COD 浓度降低，磷含量增加，电导率降低到 0.2S/m，适于修复农用地。

(7) 电解液浓度

当使用表面活性剂作为电解液时，电渗速率将随着浓度的增大而降低。因此，需要增加离子数量来提高电场强度。表面活性剂溶液的浓度及其酸度也会影响电渗过程。尽管除阳离子表面活性剂外的大多数表面活性剂均对处理均质污染土壤中的烃类非常有效，但仍需及早确定表面活性剂的浓度。浓度必须足够大以形成胶束（高于 CMC 值），才能有效地去除土壤中的污染物。同时，表面活性剂的浓度应尽可能低，以防止由于 zeta 电位的降低以及烃类与表面活性剂之间的电氧化/生物降解竞争而引起电渗流的降低。同时表面活性剂浓度越大，表面活性剂向土壤孔隙的扩散过程越慢。在酸性 pH 值下，只有少数表面活性剂可溶解在土壤基质中。

7.2.5.3　电动-植物修复

尽管植物修复具有一定的能力和优点，但是植物修复的应用仍面临一些限制。植物的修复能力受限于根的最大生长深度，而用于进行植物修复的天然植物生长速度慢，产量低，故研究人员提出将植物修复与电动修复组合使用，以部分避免植物修复的局限性。耦合的植物修复-电动技术是在植物附近的土壤中施加低强度电场，电场可通过污染物的脱附和运移来增加污染物的生物利用度，从而提高污染物被植物吸收的效率。影响耦合技术的一些重要变量包括：交流或直流电流的使用、电压水平、电压施加方式（连续或周期性）、电极上电解水引起的土壤 pH 值变化，以及为提高污染物迁移率和生物利用度而添加的促进剂。

在植物修复-电动耦合技术中，污染物的去除或降解过程是由植物完成的，电场主要是通过提高污染物的生物利用度来增强植物对污染物的吸收。电场可有效地将可溶性重金属向植物根部驱动，从而导致植物处于胁迫状态，因此，具有快速生长期的超积累植物被认为是与电动技术结合使用的最佳植物。经证实，施加电流不会对植物的生长产生严重的不利影响。但是电场引起的土壤化学变化可能会抑制植物的生长，比如土壤 pH 值变化（尤其是在阳极侧），会增强重金属的生物有效性，从而干扰植物的代谢过程。

（1）电动-植物修复影响因素

① 直流电场的影响。电场强度对电动增强的植物修复效果具有决定性的影响，低电压可以促进植物的生长和发育。随着电压的升高，生物质产量将会下降。但是会提高重金属的迁移率和生物利用度。因此，在金属的生物利用度和电压对植物发育的负面影响之间需要权衡。最佳方法是使用中间电压，即在该电压下可以实现驱动重金属迁移的同时减小对植物生长的影响。

② 螯合剂的使用。螯合剂的使用是电动以及植物修复的一种常见做法，目的是提高重金属的迁移率和生物利用度。电动可以将 EDTA 传送至土壤中，促进可溶性金属配合物的形成以及金属-EDTA 配合物向植物根部的运输。但是，添加诸如 EDTA 之类的化学试剂会增加修复成本，并可能导致其他环境影响，因此，应谨慎选择化学试剂。

③ 电极配置的影响。电动-植物修复研究使用一维电极配置的水平电场。实际应用中，电极配置可能会发生变化，并影响耦合电动-植物修复技术的有效性。垂直电场的应用使植物修复的效果比根区更深。此外，垂直电场在电场和 EDTA 的共同作用下可阻止重金属向地下水的渗漏。图 7-15 还提出了几种电极配置，以增大可应用植物修复的土壤深度，防止活化金属渗入地下水。

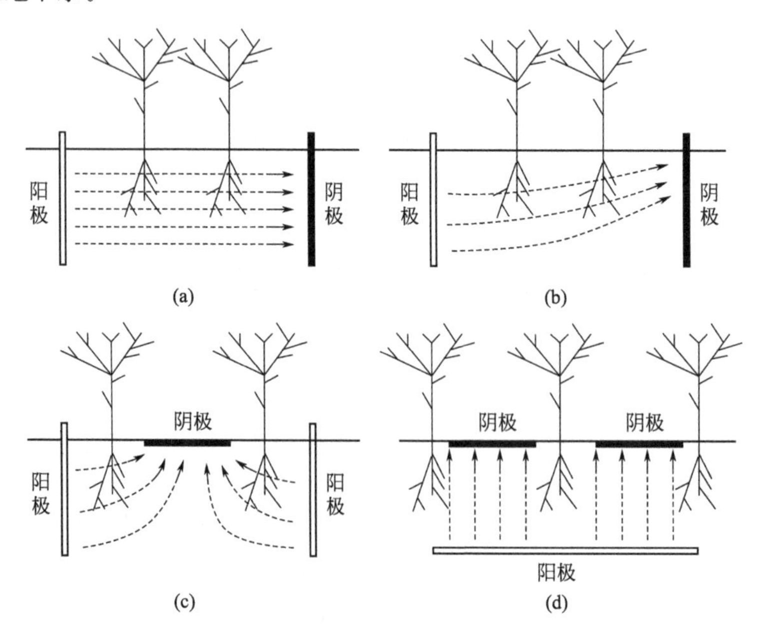

图 7-15　不同电极配置电动-植物修复

④ 直流/交流电场选择。施加直流（DC）电场会导致土壤 pH 值发生明显变化，使重金属从阳极向阴极迁移。交流（AC）电场不会引起土壤中金属的迁移或积累，也不会引起土壤 pH 值的变化。采用交流电流更有利于植物的生长发育，而直流电流会抑制植物的生长。

(2) 电动-植物修复对环境的影响

电动引起的土壤化学变化，可能对土壤性质产生负面影响。最常见的是阳极产生的酸性离子对土壤进行酸化。并且由于酸性 pH 值的毒性作用，土壤中的大多数天然微生物可能会消失。但是电动-植物修复对土壤也有好处，植物修复过程是一种良性修复技术，植物与土壤微生物存在共生关系，植物的生长有利于土壤中微生物的生长和酶活性的提高。微生物增加了植物必要养分的生物利用度，植物释放微生物底物并为其提供了适宜的发育环境。总体而言，用电动增强的植物修复是一项包括若干过程的技术，其中一些过程被视为对土壤特性不利，但是某些过程对土壤有利。因此，应根据场地的具体情况和处理后的使用情况，适当评估应用电动-植物修复对土壤质量的改变。

电动（尤其是在高电压条件下）辅助植物修复对土壤理化性质、酶活性和微生物活性的影响尤为显著。土壤中 NO_3^-、NH_4^+、K、P 会因为电动作用使其含量有所增加。而土壤脲酶、转化酶和磷酸酶活性则会受到强烈抑制，但阳极和阴极附近微生物的数量显著增加，这主要是由于植物生长提高了酶活性，抵消了直流电场对土壤性质的部分影响。因此，影响土壤性质的主要变量是直流电场。

(3) 电动-植物修复的应用

电动-植物修复中少有报道大规模的现场应用。但是，此耦合技术已有相关专利。Rasking 等在 1998 年申请了第一项专利，声称可以通过芸苔属植物对金属污染的土壤进行植物修复。为提高植物对金属的生物利用度，又提出在土壤中使用螯合剂、有机酸或无机酸(将土壤 pH 值至少降低到 5.5 或更低)，以及使用直流电场。研究发现施加在地面上的电极对上的直流电场会诱导液体和溶解离子的运动，从而增强植物对金属的吸收。有研究人员通过应用电动以增强多孔介质中污染物的植物提取。使用植物与电场相结合的方式，直接施加在待净化的多孔材料上。其中，电场用于控制污染物的迁移并增强污染物的去除。污染物通过电渗和电迁移这两种现象进行传输。

7.2.5.4　电动-芬顿土壤修复

尽管电动过程具有良好的污染物去除效果，但它有一个主要的缺点，即需要进一步处理冲洗后的污染物，特别是有机化合物，这会进一步增加投资和运营成本。为克服这一问题，研究了利用电动过程和氧化剂相结合实现污染物原位氧化的可能性。其中，芬顿试剂是最有前途的氧化剂之一。

电动-芬顿修复是一种利用芬顿试剂作为冲洗液的电动过程。该技术采用原位氧化法，避免了对高污染冲洗液的二次处理。与普通土壤氧化相比，电动-芬顿修复克服了常规芬顿试剂处理高黏土含量土壤的困难。因为低渗透性土壤在普通机械冲洗过程中会阻止芬顿试剂穿透土壤并抑制污染物的氧化，导致 H_2O_2 通常在到达污染点之前分解。与普通传输机制不同，电动-芬顿过程中高浓度 H_2O_2 通过电渗而非浓度梯度进行传输，这保证了芬顿试剂有效地穿透土壤，生成羟基自由基氧化有机物。值得注意的是，在有机污染物的反应中，仍有大量的废物产生，如二氧化碳、水和不完全氧化产物。可以观察到的最显著的废物是铁泥，特别是当铁源过量且接近阴极区时铁泥最多。

图 7-16 显示了电动-芬顿过程的一般流程。与电动过程类似，该系统主要由两个电极组成：阳极和阴极。当施加低强度直流电时，酸峰的扩散速度是碱峰的 1.75～2 倍，导致从阳极到阴极的电渗。电渗作为一种驱动力，可以使芬顿试剂在阳极室中穿透土壤输送到阴极室。之后芬顿试剂通过产生羟基自由基氧化土壤中的有机污染物，导致原位氧化过程。

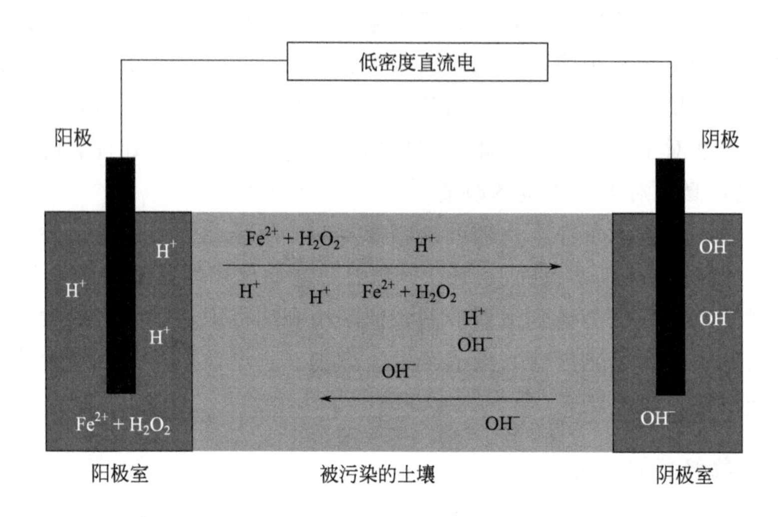

图 7-16 电动-芬顿过程的一般流程示意图

电动-芬顿过程的影响因素主要包含以下几个方面。

① 通过化学稳定作用增强电动-芬顿过程。阳极室中较低的 pH 值条件可提高 H_2O_2 的稳定性，并推动酸峰前进。使用酸极化后的阴极可以提高过氧化氢的稳定性和处理效率。在低 pH 值条件下（pH2～4），稳定的 H_2O_2 能够产生更多的自由基，从而提高处理效率。

除酸外，使用稳定剂［如 K_2HPO_4 和表面活性剂十二烷基硫酸钠(SDS)］也可提高 H_2O_2 的稳定性（图 7-17）。使用磷酸盐可以与土壤中的金属氧化物复合，以防止其他金属参与类芬顿反应，磷酸盐适用于铁含量高的土壤以减缓 H_2O_2 分解。同时阴离子 SDS 可用于与铁氧化物络合形成水溶性铁化合物，以增加水溶液中铁催化剂的浓度，适用于铁含量低的土壤。此外，SDS 还可通过增强土壤中有机物的脱附来提高水参与反应的有机物含量，从而进一步提高电动-芬顿过程的氧化速率和处理效率。但是，K_2HPO_4 和 SDS 对电动-芬顿过程的加强依赖于土壤 pH 值、系统的酸度和形成的配合物的特性。此外添加剂可能会导致一些负面影响。

② 氧化剂输送方式。芬顿试剂的输送方式影响修复效率。除了添加稳定剂外，还可以通过改善机械结构以抵消 H_2O_2 稳定性差的影响。例如，土壤中部的阳极室和阴极室之间的 H_2O_2 注入井可以增大氧化剂利用率。

另外，在阳极室中加入芬顿试剂也有显著效果。当系统在添加过氧化氢溶液之前使

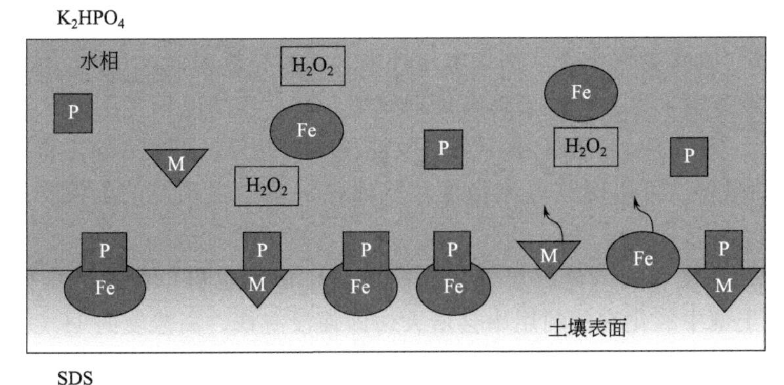

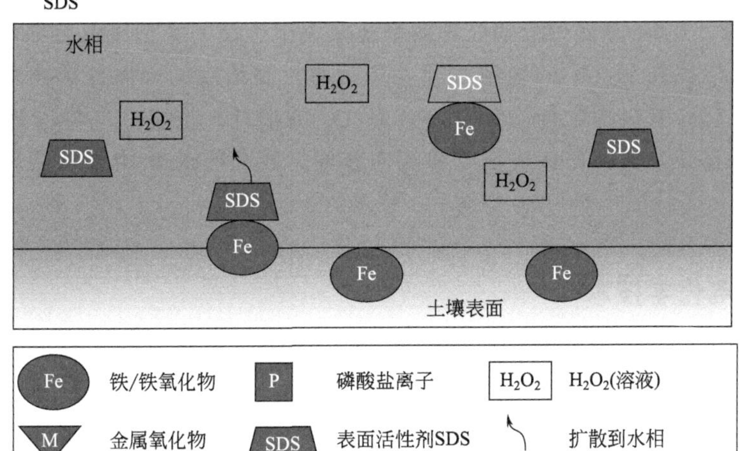

图 7-17　稳定剂通过影响金属扩散提高 H_2O_2 的稳定性

用 Fe^{2+} 溶液作为阳极液运行 2d，可以获得更高的处理效率。但是不建议同时向阳极室中添加 Fe^{2+} 和 H_2O_2 溶液，因为电渗前阳极室中部分 H_2O_2 被消耗，导致氧化剂利用率降低。

H_2O_2 溶液作为阳极室冲洗剂也是一种有效的输送方式。分布在土壤中的铁浓度范围为 805～11644mg/kg，附着在土壤上的天然氧化铁可被用作芬顿氧化的原位催化剂。这可以在没有铁催化剂的情况下，防止阳极室中 H_2O_2 在土壤中运输前的不必要消耗。

③ 电极及催化剂形态。阴极区的高 pH 值条件通常会导致铁沉淀。当注入 H_2O_2 时，沉淀不仅阻碍了孔隙液的传输路径，而且限制了亚铁离子阴极区产生·OH 的效率。通过定期切换电极极性来改变流动方向可以提高处理效率，尤其是在阴极区域极为有效。另外，电极极性的变化会降低土壤介质的整体 pH 值，进而增加铁沉淀的溶解速率，并且 H_2O_2 也会更加稳定。

电极材料的性质也会影响电动-芬顿法的处理效率。一般来说，在不考虑电极寿命和成本的情况下，电极材料控制处理效率，且铁电极＞石墨电极＞不锈钢电极。铁电极比石墨电极具有更高的处理效率，因为其腐蚀产物可作为芬顿反应的催化剂。

铁厂残渣中的废铁粉（SIP）可以作为固体铁源。Fe^{2+} 溶液由于高电流密度而具有更好的冲洗效率。但就降解效率而言，SIP 通常优于 Fe^{2+} 溶液，因为 Fe^{2+} 溶液会导致冲洗过程中 H_2O_2 的过早消耗。但是 SIP 的过度使用可能带来不利影响。随着 SIP 量的增加，处理效率有所降低。这是由于大量 SIP 可能会成为一种物理屏障阻碍 H_2O_2 传输并且导致生成更多的$Fe(OH)_3$沉淀。

④ 操作参数。改善操作条件（例如电压梯度、实验持续时间、H_2O_2浓度、将NaCl和Na_2SO_4引入电解液室）也会有益于提高处理效率。在一定的电压范围内，提高电压梯度可以增强电渗作用，使得H_2O_2在土壤中更高效地传输。此外，使用NaCl和Na_2SO_4作为电动-芬顿过程中的电解质可以提高电流强度，从而进一步增强系统的电渗作用，促进H_2O_2在土壤中的传输。

除了调节电压梯度和加入电解质外，提高H_2O_2浓度也可以提高处理效率。在较高的H_2O_2浓度下，土壤中氧化剂的利用率会增大。即使没有铁，高浓度的H_2O_2也会产生非羟基自由基，以氧化土壤吸附的污染物。

⑤ 其他因素。电动-芬顿过程的处理效率还取决于土壤的类型以及污染物的类型。较低的酸缓冲能力可以提高H_2O_2的稳定性和处理效率；高浓度的天然铁矿物可以提供铁催化剂来增强芬顿氧化；有机物含量较低会减少H_2O_2的消耗。土壤ζ电势也是电动-芬顿过程中的另一个重要参数，尤其是在确定电渗流向方面，较高的Zeta电位将阻碍朝阴极方向的电渗。

7.2.6 生物电化学技术

7.2.6.1 生物电化学系统

生物电化学系统（BES）是一种很有前途的技术，可以利用电子在电极上进行氧化还原反应。该系统可以将有机化合物的化学键能转化为电能，而无须额外中间过程。如果在使用生物电化学技术的过程中产生电且相应反应的吉布斯自由能变化为负，则BES为微生物燃料电池（MFC）；相反，当整个反应的吉布斯自由能变化为正时，则需提供动力来驱动此非自发反应，该BES被称为微生物电解池（MEC）。在BES中，电活性细菌会消耗底物并产生电子和质子，电子通过外部电路从阳极转移到阴极，电子和质子则在阴极表面发生化学反应。微生物阳极在BES中起着至关重要的作用，它可以氧化多种难降解有机化合物。

与传统的电化学系统不同，BES具有相对简单和温和的操作条件。使用BES技术时多种有机化合物可以被用作底物。此外，电化学过程中通常用贵金属作催化剂，但在BES中却很少使用，从而降低了成本。与其他土壤原位生物修复技术相比，BES电极可以提供大量的电子供体和受体来促进微生物的氧化还原反应，避免了氧化剂和还原剂的使用对周围土壤的二次污染。

作为微生物修复的核心，细菌在BES中起着重要的作用。它们可以通过细胞外电子转移（EET）进行阳极污染物的氧化和阴极污染物的还原。对于不同的BES和不同的污染物，细菌进行EET的能力是不同的。此外，不同类型的BES可能具有不同的污染处理方式。

(1) 微生物燃料电池

MFC是不需要外部电源的BES。通常，MFC由质子交换膜（PEM）隔开的阳极室和阴极室组成。如图7-18(a)所示，MFC的工作原理是基于电化学降解菌（EAB）的生物催化能力，该细菌可降解有机物产生生物电。在阳极表面，细菌氧化底物以产生具有EET能力的电子和质子。然后，电子通过外部电路传输到阴极。质子则通过PEM扩散到阴极室。

最后，电子、质子和氧化剂在阴极表面反应并形成稳定的还原产物。其中，膜的性能极大地影响了 MFC 对污染物的去除效率和发电性能。这主要是因为膜可以防止来自两个腔室的溶液混合，如果阳极溶液到达阴极侧，则阴极表面会发生严重的生物积垢，从而使 MFC 性能下降；而来自阴极室的 O_2 在没有膜的情况下可到达厌氧阳极室，从而抑制了阳极室中的厌氧发酵过程。Nafion 膜由于其较高的质子传导性和足够的离子交换能力而成为 MFC 中最主要使用的 PEM。但氧气泄漏、基质损失、基质交叉和生物污染等问题限制了 Nafion 膜在工程中的应用。因此，研究人员又研发了阳离子交换膜（CEM）、阴离子交换膜（AEM）和双极性膜（BPM）三类膜来改善 MFC 的性能。在 CEM 中，带负电荷的官能团连接到主链上以完成阳离子转移。CEM 包括磺化聚醚醚酮（SPEEK）膜、CMI-7000 膜，聚醚砜树脂（PES）膜、聚醚砜-磺化聚醚砜树脂（PES-SPES）膜和聚偏二氟乙烯（PVDF）膜。至于 AEM，主要是带正电荷的官能团连接到骨架上以完成阴离子的转移。尽管 AEM 具有较低的电阻、更好的缓冲作用和防止膜 pH 值下降的优势，但它们在 MFC 中很少使用，因为它们比 CEM 更易受基质损失的影响。在电场作用下，CEM 和 AEM 层合的 BPM 可以直接将水分解成 H^+ 和 OH^-。之后，H^+ 通过 CEM 转移到阴极，而 OH^- 通过 AEM 转移到阳极，从而限制了阳极和阴极之间的离子交换。使用不同的膜将导致阳极室和阴极室 pH 值发生变化，从而影响 MFC 的性能。因此，在降解不同污染物时应选择不同的膜。

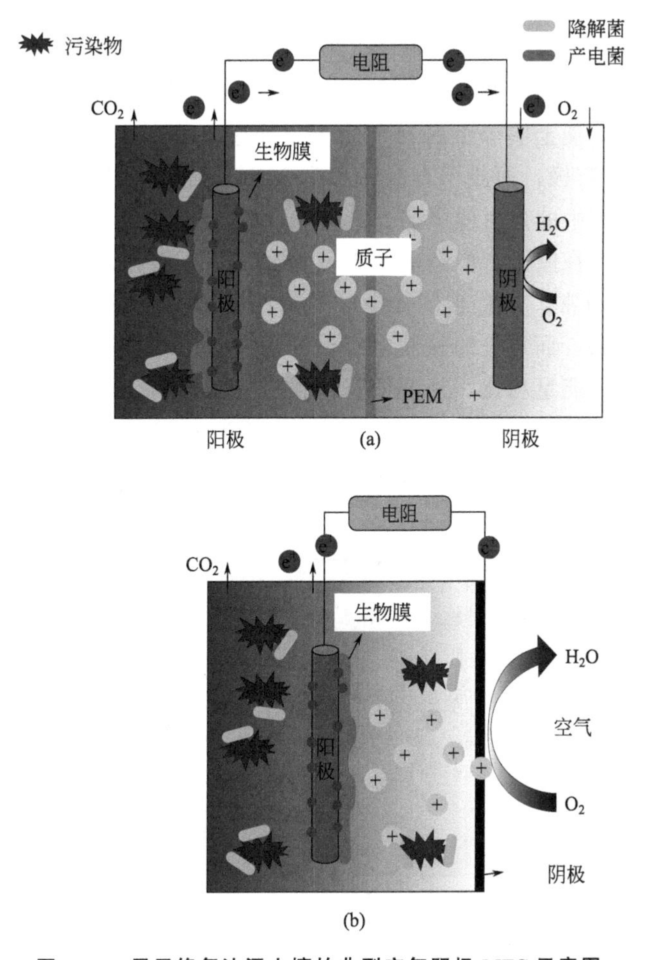

图 7-18　用于修复油污土壤的典型空气阴极 MFC 示意图

近年来，MFC已用于土壤修复，以解决严重的土壤污染问题。土壤MFC是使用BES降解或去除土壤中污染物（例如石油烃化合物、重金属、农药和抗生素）并同时发电的新型修复方法。与传统的物理化学方法不同，土壤MFC不需要消耗大量能量，并且不需要添加化学氧化剂、催化剂、溶剂和其他化学物质。实际应用中用于修复油污土壤的典型空气阴极MFC如图7-18(b)所示。插入土壤环境中的阳极通过外部电路与空气阴极连接，以形成闭合电路。在修复过程中，产电菌催化土壤污染物的降解，释放出电子和质子。然后，电子通过外部电路到达阴极并发电。质子则在MFC中从阳极转移到阴极，作为最终电子受体的O_2会在阴极被还原为H_2O。目前，土壤MFC的结构包括插入式空气阴极土壤MFC、双室MFC、U型管MFC、沉积物MFC、柱式MFC、三室MFC、植物MFC、石墨棒空气阴极土壤MFC和修饰电极MFC。

（2）微生物电解池

MEC是一种可以同时降解有机污染物并可持续产生氢气的BES，且能耗较少。MEC的概念最早是由宾夕法尼亚州立大学和瓦格宁根大学的研究小组于2005年提出的。之后，MEC被广泛用于生产氢气。有报告表明，实验室中MEC的制氢效率明显高于发酵过程和水电解制氢效率。

MEC的核心由微生物阳极和稳定的阴极组成。在使用微生物电解池的过程中，一些细菌会自发地聚集在阳极表面上，形成电活性生物膜，充当电催化剂的作用。常见的MEC如图7-19所示。在MEC中，产电细菌将污染物、有机物质降解为二氧化碳、电子和质子。石油、抗生素、废水和污染土壤等多种污染物可以通过MEC转化为能源。在MEC系统中，电子通过EET转移到阳极，而质子直接转移到MEC溶液中。同时，电子能够穿过外部电路到达阴极，并与溶液中的自由质子结合产生H_2（阴极反应）。由于MEC中阴极电势高于阳极电势，从而防止了在阳极产生的电子自发流向阴极。因此，需要增加0.2～0.8V的电源来刺激电子迁移。通常，只有当阴极电位相对于标准氢电极（NHE）至少达到0.414V时，MEC才能产生H_2，而传统的碱性电解槽则需要2.0～3.0V的工作电压。但是，与阳极上有机化合物产生的能量相比，外部能量的供应要低得多。另外，在MEC中产生的H_2所含能量是输入电能的2～4倍。MEC的结构与MFC的结构相似，区别在于末端电子受

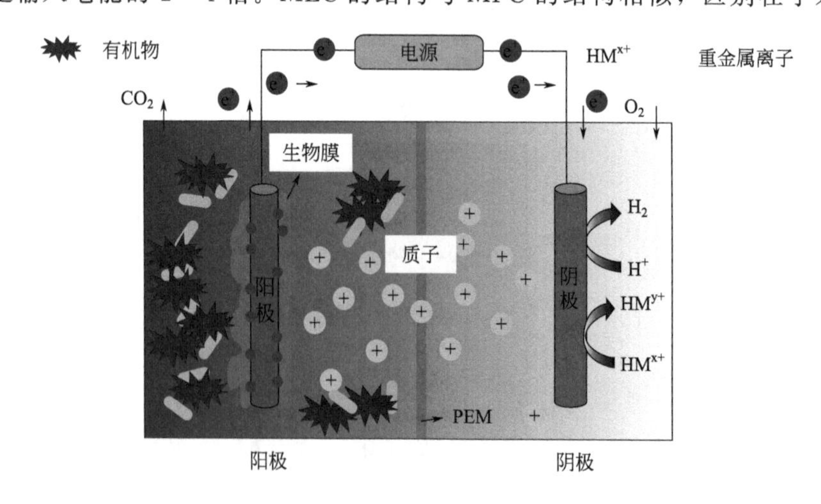

图7-19 常见的MEC示意图

体。在 MFC 中，氧是最常使用的末端电子受体，而质子是产 H_2 的 MEC 中的电子受体。自 2005 年以来，已经提出了许多类型的 MEC 反应堆配置用于实验室规模的研究。例如，双室 MEC、单室 MEC、管状 MEC、多电极 MEC 及修饰阴极 MEC。

7.2.6.2　生物电化学系统的应用

(1) 微生物燃料电池的应用

① MFC 处理有机污染土壤。随着修复技术的发展，MFC 修复已经成为一种从污染土壤中去除石油烃的可行、有效的方法。与自然衰减相比，MFC 可以增强对烃类污染土壤和沉积物的修复。此外，MFC 可以利用天然细菌发电来从土壤中去除烃类化合物，主要机理是利用电极作为电子受体的电活性细菌（EAB）促进了烃类的厌氧降解。但是远离电极的石油烃的降解仍然是一个复杂的问题，并且通过使用 MFC 降解石油的时间太长。因此该技术需要进一步提高以用于实际应用。

在中国，造成土壤污染的农药主要包括有机氯农药、有机磷农药和除草剂。物理和化学修复技术虽然具有周期短、修复效率高的优点，但在农药浓度较低时，存在工程量大、成本高、易产生二次污染、适用性差等缺陷。相较于物理和化学修复，生物修复可以完全避免这些问题。但由于合适的末端电子受体的缺乏、功能性微生物的缺乏和电子传递效率的低下，降低了农药污染物的降解效率。MFC 的出现克服了这些问题。根据微生物阳极氧化和 MFC 阴极还原的机理，通过二氯化和醇化反应可以有效地去除体系中的农药。由于农药降解机理的差异和农药成分的简单性，农药的降解率普遍高于重金属和石油烃类。但是农药的毒性对微生物活动构成威胁，而微生物活动是 MFC 的核心。因此，利用农药特异性细菌处理农药污染的土壤，将是一种可行的方法。

由于超强的抗菌能力，抗生素被广泛应用于人类和动物医学。近年来，已开发出多种方法来处理被抗生素污染的土壤。AOP 可以从污染的土壤中去除抗生素，但是有毒的副产物限制了其使用。而纳米过滤、吸附过程和电渗析等只能从土壤中移除抗生素，且需要进行二次处理。近年来，MFC 已被用于处理被抗生素污染的土壤，其具有成本效益高、负面影响小以及反应完全等优势。但抗生素的强吸附性和在土壤中的大内阻影响 MFC 的去除效率。在实际应用中，进一步的工作应集中在如何提高电子转移效率和减少抗生素的吸附，以增强土壤 MFC 的性能方面。

② MFC 处理重金属污染土壤。MFC 是一种新颖而有效的重金属污染土壤处理方法，其在处理污染物的同时可以发电。MFC 中的氧化还原反应可以固定重金属并将原位金属转化为不溶性及化学惰性形式，从而降低对环境的危害。近年来，MFC 已用于减少和去除阴极室中的重金属，例如 Cu(Ⅱ)、Cr(Ⅵ)、Ni(Ⅱ) 和 Cd(Ⅱ)。由于 MFC 中标准电位为带正电的重金属离子在阴极室中自发接受电子完成自身的氧化还原过程，因此可以处理高价金属污染物。此外，植物与土壤 MFC 的耦合也是修复金属污染土壤的一种有前途的方法，因为该系统可以根据植物与微生物的关系将太阳能转化为生物电，并通过根吸收重金属离子。所以土壤中的重金属可以通过土壤 MFC 进行有效去除，其主要去除原理是阴极还原反应。但是，并非所有离子都可以去除，这与金属离子的氧化还原电位有关。因此，在重金属的处理中，应首先确定氧化还原电位，这也是 MFC 的不足之处，因为无法控制电位变化，电极的功能也会影响重金属的去除。

(2) 微生物电解池的应用

自从提出 MEC 的概念以来，MEC 应用于污染物修复领域已经历 10 余年。作为一种新兴的环保技术，可以通过阳极处的氧化除去有机污染物，并且可以通过阴极处的还原除去高价重金属离子。

近年来，MEC 已在废水和污泥处理中成功应用，奠定了其在土壤中应用的理论基础。MEC 中的氧化还原反应可以有效降解污染物，在去除污染物的同时可产生气体（例如H_2 和 CH_4）。与 MFC 不同，MEC 中施加的电压可以解决去除重金属时阴极上的电势问题。同时，施加电压可以改善 EAB 的富集和污染物的去除效率。当处理特定污染物时，由于调整了阳极电位，因此可以提高 MEC 的去除效率。但是在 MEC 的应用中存在一些局限性，例如电子转移困难。可以通过在使用 MEC 之前进行预处理（例如添加沙子或矿物）或与其他处理结合使用来解决此问题。在使用 MEC 中施加电压是 MEC 中最重要的参数，因为它决定了电化学性能、细菌组成和生化反应。因此，在 MEC 中需要稳定的外部电源和稳定的电极。尽管土壤、废水和污泥之间存在一些差异，但在污染土壤的处理中使用 MEC 具有广阔的前景。

7.2.7 生物炭技术

7.2.7.1 生物炭简介

生物炭是低成本的碳质材料，正逐步成为一种经济的活性炭替代品，以除去多样的有机污染物，如农药、抗生素、多环芳烃（PAHs）、多氯联苯（PCBs）、挥发性有机化合物（VOCs）和芳香族染料，以及来自水相、气相和固相的一系列无机污染物（例如重金属、氨、硝酸盐、磷酸盐、硫化物等）。生物炭是生物质（例如农业残留物、藻类生物质、森林残留物、粪便、活性污泥等）在高温（300～900℃）和限氧下热化学转化（例如热解、气化、焙烧或水热碳化）的副产物。

生物炭由于其独特的特性而具有高吸附性能，如高比表面积、高微孔率和高离子交换能力等，从而在环境修复中被广泛应用。以上优势及其可控性取决于生物炭生产过程中由原料类型和热解条件造成的特定物理化学特性。这两个因素极大地改变了生物炭的比表面积、元素组成、pH 值等物化性质，从而改变了生物炭的表面特性。生物炭特性的这些变化对其修复目标污染物的性能和适用性具有重要意义。

生物炭在土壤中的应用不仅可以修复土壤中的污染物，还可以改善土壤特性。有研究表明，生物炭可以改善土壤的物理性质（例如含水量和含氧量）、化学性质（例如固定污染物和固碳）和生物学性质（例如微生物丰度、多样性和活性）。

生物炭具有通过带电荷的表面官能团结合极性化合物的独特性能，有助于将重金属和有机物固定在其表面上并限制其迁移性。生物炭中 O/C 比和 H/C 比与芳香性、生物降解性和极性直接相关。例如，高温下（＞500℃）生产的生物炭比低温下具有更低的 O/C 比和 H/C 比，表明随着温度的升高，芳香性逐渐增强，极性降低。由于热解油和热解气的逸出，碳含量的增加，生物炭的 pH 值和比表面积随着热解温度的升高而增大。这些特性使生物炭非常适合去除有机污染物。芳香性的增强和碳含量的增加使得生物炭更加稳定。另外，生物炭通常是两性离子的，因此包含带正电和带负电的表面。带负电荷的官能团可能会吸引阳离子并有助于增强土壤的阳离子交换能力（CEC）；生物炭的含氧官能团（氧杂环）表现出阴离子交换能力（AEC）。在较低的热解温度（<500℃）下会促进部分碳化，从而产生具有较小孔径、较低表面积和较高含氧官能团的生物炭。由于含氧官能团的相互作用增强了阳离子交换能力，使得生物炭非常适合去除无机污染物。

7.2.7.2　生物炭在土壤环境中的应用

(1) 去除有机污染物

近年来，人们进行了大量研究工作，以研究生物炭在去除水和土壤中各种有机污染物中的应用。去除的目标有机污染物包括农药（杀虫剂、除草剂、杀菌剂等）、抗生素/药物（磺胺二甲嘧啶、磺胺甲噁唑、泰乐菌素、布洛芬、四环素等）、工业化学品（包括多环芳烃、多氯联苯、挥发性有机物、芳香族阳离子染料等）等。有机污染物结合生物炭的吸附机制也与多种相互作用相关。静电相互作用、疏水作用、氢键和孔填充通常是有机污染物吸附到生物炭上的主要机理。不同有机污染物的具体机理也不同，与生物炭的特性密切相关。首先，生物炭的表面性质对有机污染物的吸附起主要作用。由于碳化组分和非碳化组分的共存，生物炭的表面是非均相的，碳化相和非碳化相的吸附机理不相同。此外，有机物的吸收既取决于对非碳化有机物的分配，也取决于对碳化有机物的吸附。图 7-20 说明了通过生物炭去除各种有机污染物所涉及的相互作用。

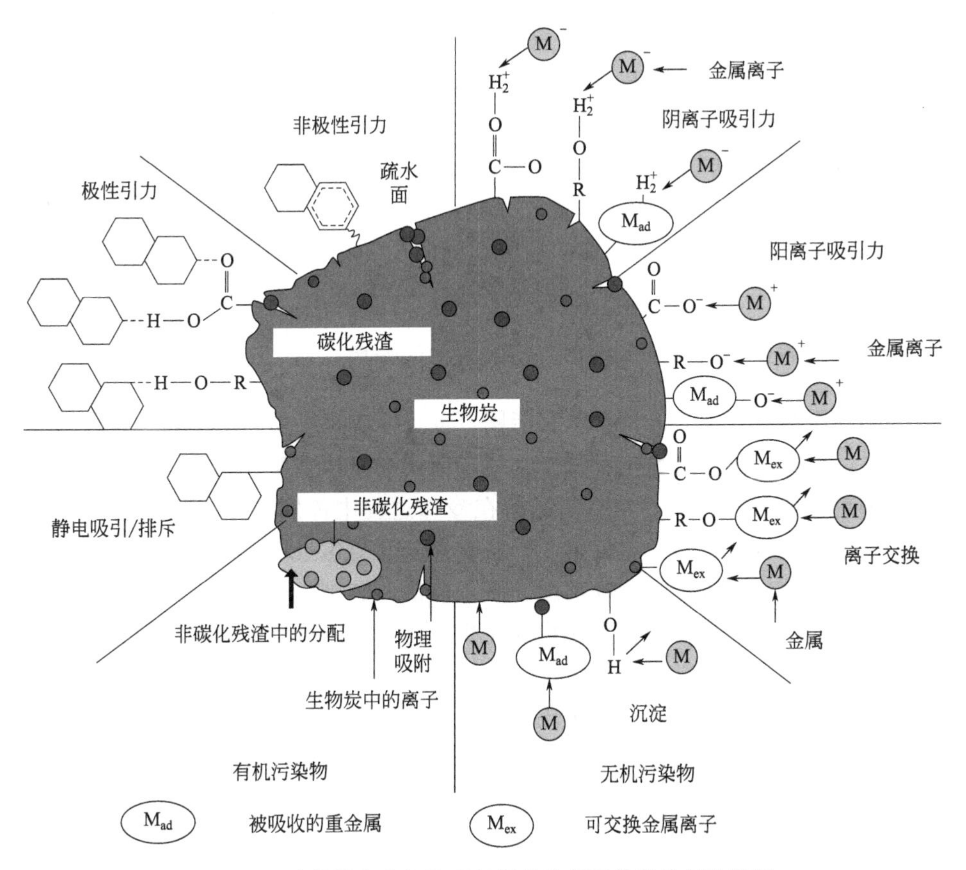

图 7-20　生物炭与有机和无机污染物相互作用的各种机制

(2) 去除无机物

生物炭由于对重金属（例如 Pb^{2+}、Cu^{2+}、Cd^{2+}、Zn^{2+}、Hg^{2+} 和 Ni^{2+}）及其他类型无机物（H_2S、NH_3、NH_4^+、NO_3^-）都具有较好的吸附能力，已被应用于去除污水和土壤中的无机污染物。其对重金属的吸附机理通常涉及静电吸引、离子交换、物理吸附、表面络合和沉淀等几种作用的综合作用。重金属与生物炭的相互作用主要取决于热解温度、原料类型和 pH 值。在较低的热解温度（$<500℃$）下制备的生物炭有机碳含量高，拥有特定的多孔结构和众多的官能团，可以多种方式与重金属结合。在去除重金属污染的各种机理中，离子交换是其去除重金属的主要机制。另外，生物炭的理化特性影响其在整个基质中于大孔、微孔、纳米孔多孔结构上的吸附，并对促进金属转化成更稳定的形态起重要作用。图 7-20 同时也展示了生物炭用于去除无机污染物（重金属）的可能相互作用。

(3) 缓解气候变化

1990—2010 年，全球大气中温室气体的排放量增加了 35%，CO_2 排放量达到 335 亿吨/年。温室气体（例如 CO_2、CH_4 和 N_2O）主要通过化石燃料燃烧释放到大气中。与减少温室气体排放相比，将大气中过量的 CO_2 封存的缓解策略同样重要。生物炭具有较强的稳定性，可长期存在于土壤中吸收大气中的 CO_2，是陆地生态系统的碳汇，同时可以改善土壤质量。植物通过光合作用捕获的 CO_2 最终在分解或燃烧过程中再次释放到大气中，所以通过将生物质转化为生物炭，光合作用吸收的 CO_2 将不再释放，而以生物炭的形式存在，从而降低了 CO_2 的排放。生物质中封存的碳在生物炭中将被转化为更稳定的形式，并在土壤中保留数千年或更长时间。据估计，将碳储存在生物炭中可以减少碳排放 0.1 亿～3 亿吨/年。有数据表明，2/3 的 N_2O 排放是由于农业中氮肥的大量使用。通过生物炭土壤管理措施可以减少高达 80%的 N_2O 排放。N_2O 会被截留在水饱和的土壤孔隙中并参与生物反硝化，降低了 $N_2O/(N_2O+N_2)$ 比。因此，生物炭的使用可能会减少对农作物的氮肥施用，并通过截留 N_2O 排放的形式避免氮素的损失，同时增加作物的产量，从而有助于实现更可持续的农业生产。

(4) 生物炭在微生物繁殖、污染物生物降解中的作用

生物炭的孔隙结构表面及大量含氧官能团可促进简单有机物的溶解和 NH_4^+ 的吸附，为微生物提供良好的栖息地，使微生物从中获得代谢所需要的基质。此外，生物炭表面还含有不稳定的土壤有机质（SOMs）。SOMs 是指在冷却过程中挥发性和半挥发性有机化合物冷凝到生物炭表面形成的残留物，这使得生物炭有别于其他焦炭。SOMs 可以促进微生物的生长并提高其活性，从而表现出微生物丰度、微生物活性和矿化作用的提高。矿化是指在土壤微生物作用下，土壤中有机态化合物转化为无机态化合物的过程。矿化作用在环境修复过程中具有重要意义，它不仅有助于有机物（从土壤中吸附）的生物降解，而且在养分循环中也很重要，以平衡土壤生态系统。生物炭还可以促进化感物质（酚类、萜类、生物碱等）的解毒，从而促进根细菌和菌根的生长。研究生物炭与土壤生物群的相互作用对于更好地理解影响土壤的健康机制具有重要意义。

生物炭是一种特殊的可再生资源，在解决近年来的土壤污染修复问题中具有巨大的潜力，此外，生物炭可以协同改善土壤质量，缓解温室效应。由于生物炭的质量和性能因原料类型和热解条件的不同而有很大差异，预计未来生物炭开发的进展将集中在“调控”特性以适应特定应用场景。目前，国际生物炭协会在促进利益相关者的合作、行业惯例以及制定环境和道德标准方面取得了重大进展，以帮助生物炭体系实现安全、经济、可行的方案。

思考题

1. 请结合生活列举含新污染物的生活用品，并从个人角度思考如何实现新污染物的减量排放？
2. 请查阅资料并思考，如何在降低农药使用量的情况下防治农作物病、虫、草害？
3. 请查阅相关资料，简述微塑料以何种方式影响人类健康？
4. 本章所列几种新型修复技术中，你认为哪一种发展前景最好？请简述理由。
5. 什么是新污染物？与传统污染物有什么区别？
6. 纳米材料近年来在土壤修复领域的应用为何比较热门？
7. 基于过硫酸盐的高级氧化工艺在有机污染土壤修复方面有何优势？
8. 请谈谈你对生物电化学技术的理解。
9. 请查阅资料对近年来出现的新型修复技术进行补充。
10. 请对生物炭的制备及应用进行全生命周期评价。

第8章

总结与展望

8.1 我国土壤修复行业面临的主要问题

（1）土壤污染详细情况有待进一步摸清

目前，尽管已经发布的《全国土壤污染状况调查公报》明确了我国土壤的基本污染状况，但是由于点位的密度较小，故未能进行详细的污染调查，土壤污染的具体情况还有待进一步了解。目前，农用地详查主体工作完成，农用地土壤环境状况总体稳定，部分区域土壤污染风险突出，国家有关部门还需尽快对全国其他类型土壤污染进行详细调查，以了解我国土壤污染的变化趋势和污染状况。同时建立健全全国土壤样本库和调查数据库。

（2）土壤污染防治政策、法规、标准亟待普及完善

《中华人民共和国土壤污染防治法》于2019年1月1日正式生效，填补了环保立法的重要空白，标志着土壤污染防治制度体系基本建立。全国人大常委会委员长栗战书在第十三届全国人民代表大会常务委员会第二十二次会议上关于检查《中华人民共和国土壤污染防治法》实施情况的报告指出，土壤污染防治法实施一年多时间，各地区各部门依法开展大量工作，但土壤污染防治历史欠账多、治理难度大、工作起步晚、技术基础差，土壤污染形势依然严峻，法律实施中还存在不少问题，依法打好净土保卫战任务艰巨。主要存在以下问题：法律学习宣传普及不够，法律责任落实有差距；配套法规标准不健全，规划制度未落实；农用地分类管理有待加强，建设用地风险管控亟待强化；法律实施保障不足，监督执法不够到位。针对立法后暴露出的上述问题，要做到切实提高政治站位，严格落实法律责任；健全配套法规标准，统筹协调推动工作；加强农用地风险管控和修复，确保“吃得放心”；严格建设用地准入管理，确保“住得安心”；强化法律保障落实，提高法律实施效力；强化监督执法，严厉打击违法行为。

（3）土壤污染防治与修复技术基础研发工作薄弱

土壤污染修复技术涉及多个学科领域，技术复杂，门类众多。相较国外发达国家，国内有关污染土壤修复技术的研究还处在起步阶段，研究基础薄弱，很多试验都处于实验室模拟阶段，真正经济可行的技术路线较少，而且尚未提出一套行之有效的修复技术体系。当大规模工程应用时，尚需解决很多实际问题，如投资费用高、环境因素影响、二次污染控制等。同时，土壤污染问题在国内的情况异常复杂和严重，国内很多现象在

国外是不存在的，并且国外的很多修复经验与我国的污染现状并不匹配。目前国内企业主要照搬国外的技术和设备，但国内地质层级结构和国外不同，引进的技术还需要进一步消化吸收。其次，由于缺乏高质量人才储备，高技术含量污染场地的修复仍然是土壤修复中亟待解决的重要问题。

(4) 土壤污染修复技术工程化、技术(设备)产业化滞后

我国在污染土壤及场地修复技术研发方面比发达国家落后近 20 年，在修复技术的工程化及装备的规模化应用方面有较大的差距，关键修复装备严重不足，我国使用的土壤修复设备大多来自国外，缺乏自主技术，国外修复设备价格昂贵，后期维修或维护困难。国内与修复技术配套的装备水平较差、可靠性不高、二次污染防治手段不足。国内现有的土壤污染修复治理工作尚缺少修复技术的产业化目标，缺乏跨部门、行业，包括企业的联动，难以形成成本低、环境友好、市场竞争力强的土壤修复产品，以及操作方便的技术和设备。

(5) 土壤污染防治与修复资金筹集困难

我国土壤修复行业正处于行业的起步阶段，行业投入资金占 GDP 比例较小，我国土壤修复行业仍有很大的发展空间。现有土壤治理商业模式包括污染方付费模式、受益方付费模式和财政直接出资模式。由于历史原因，我国土壤污染主体大多是各类国有工厂，经过多轮的改制重组，很多工厂产权归属关系已经消失，存在污染责任人无法确认的问题，单纯由“财政直接出资”用于污染场地的修复，给政府带来了巨大的财政压力，而土壤修复资金需求量大，防治资金短缺是土壤污染防治中的难点，严重制约行业的发展。随着《中华人民共和国土壤污染防治法》的出台，土壤污染的法律责任主体、污染者应承担的法律责任和义务等问题有了明确的界定，这对土壤污染防治与修复的资金筹集工作提供了法律支持，对整个行业的发展起到积极作用

(6) 土壤污染治理管理体制机制不完善

当前，土壤污染治理的行政管理体制机制尚不完善，体制功能的发挥受到严重限制。土壤环境管理涉及部门众多，监管职权分散，国土、环保、农业等部门间的协调联动缺乏制度保障和约束机制。监督机制缺失，对污染者惩治手段乏力。因此，需采取行之有效的措施，改革与创新土壤污染治理管理体制机制，明确环保、国土、住建、农业等部门的职责分工，加强部门联动，建立协同行政管理机制。

8.2 土壤污染的绿色修复与管理

8.2.1 推动我国污染土壤绿色可持续修复的必要性

中国作为“世界工厂”，承受着巨大的环境负担。在过去的 20 年中，中国政府和修复行业采取了诸多行动来解决环境污染问题，但通常集中于地表水污染和大气污染。近年来，随着许多工业企业从市区迁出以及遗留棕地的重新开发，土地污染问题变得更加严峻。传统的

污染修复方式可能导致较多的二次污染。在某些情况下，二次污染的负面效应可能远超过修复本身带来的正面效应。绿色可持续修复（GSR）是修复领域的一个新兴运动，受到了全球修复行业、学术界和政府的广泛关注。绿色可持续修复运动呼吁通过减少修复活动基于生命周期评价的环境足迹、最大限度地减少修复作业造成的二次污染、加强再利用和循环利用来实现环境修复净效益最大化，这种新的模式超越了传统的污染土地风险管理和修复。在我国，绿色可持续修复的发展仅限于生物修复、植物修复等某些研究领域，行业从业者对绿色可持续修复的采用非常有限。通过合理设计和谨慎实施，绿色可持续修复将有助于优化现有有限资源的利用，改善我国的环境质量，改善公众健康状况，成为修复技术创新的跳板，有助于建立成熟的土壤修复市场。

在以往的污染土壤修复环境管理和决策过程中，主要强调的是考虑污染地区的风险和影响，而忽略修复过程本身跨地域、跨时间对环境造成的负面影响，也忽略了环境修复对社会和经济的影响。我国目前的修复工程具有规模大、操作简陋、缺乏精细化管理、决策过程单一考虑等特点。这些特点使得修复工程对环境产生的效益大打折扣，甚至可能导致环境负效益。在修复技术和修复药剂的开发方面，部分研究人员片面追求高效率，忽视技术和药剂本身的环境影响。因此，推动我国污染土壤的绿色可持续修复，有利于改变现状，有效利用资源，促进我国污染土壤修复工作向良性和有效的方向发展。

8.2.2 土壤污染的绿色修复与管理

近年来，我国相继出台了《土壤污染防治行动计划》《土壤污染防治法》等政策法律。虽然上位法原则上规定和鼓励采用绿色可持续修复，促进土壤资源永续利用，但我国此前一直存在没有具体可操作、可实施的相关管理和技术导则的现象。随着《建设用地污染风险评估技术导则》《建设用地土壤修复导则》《土壤环境质量 建设用地土壤污染风险管控标准（试行）》以及《土壤环境质量 农用地土壤污染风险管控标准（试行）》等管理规定和技术导则的陆续推出，上述现象即将结束。从发达国家的历史经验以及我国修复产业、技术、装备和管理现状来看，亟须完善相关的管理规定和技术导则，构建土壤污染绿色可持续修复与管理制度，促进提升我国场地修复与再开发过程中的绿色可持续程度。结合我国目前土壤修复现状，我国急需从场地、区域和国家层面，推动场地修复的绿色可持续发展。

首先，场地层面的核心要求是场地尺度修复阶段的绿色可持续性。修复过程中修复方法的绿色程度和可持续性是驱动土壤修复技术革新的重要方向。当前，先进的绿色修复装备、实用的绿色修复材料和一体化的绿色修复技术组合创新应用，正引领全球修复行业的主流市场。为促进和推广绿色修复实践，欧美等发达国家与可持续修复论坛先后开发了系列评估导则、生命周期评估法等评估工具，构建了绿色修复框架，发布了行业白皮书。美国和英国已开展了相当数量的绿色可持续修复实践行动，其他发达国家如加拿大、荷兰等也正在研究采用相似的措施。我国目前尚没有在绿色可持续修复方面进行实践。与发达国家积极倡导绿色可持续修复的现状相比，我国仍有较大差距。因此更需要强化场地前期调查，为实施绿色可持续修复创造条件；同时提高场地修复决策过程中社会利益相关方的参与性。

其次，在区域层面，必须做好场地绿色可持续修复与再开发的全过程把控和优化。整体上我国土壤环境管理缺少区域尺度的决策机制、程序方法和评估技术。发达国家为确保人居安全和场地开发，普遍完成了土壤详查和土地流转动态地图，对土壤修复区域层面各环节的监控和监管进行强化，在受污染土壤认证、管理和再利用方面建立了严格的法规制度和管理程序。借鉴国际经验，建立区域污染场地修复可持续评估技术方法，对于鼓励在区域层面推行绿色可持续修复策略，制定基于绿色可持续的土壤治理修复规划，实现区域社会、经济、环境的绿色可持续发展具有重要意义。

最后，在宏观层面，构建中国特色的绿色可持续修复评估框架。绿色修复的发展趋势与管理阶段和政策引导高度相关。当前，发达国家已经进入场地绿色可持续修复阶段，在国家层面编制了可持续修复行动计划或白皮书，并颁布实施了技术导则和行业管理文件，构建了完整的技术方法体系，开发了系统的评估工具。故应借鉴发达国家的经验，构建基于我国修复技术水平和修复潜力的，涵盖环境、社会与经济特色的绿色可持续修复技术评估框架，为我国污染场地修复技术优选提供方法与依据。同时加强对行业和公众的教育宣传力度，大力推广绿色可持续修复的理念。让管理决策部门与社会公众充分了解绿色可持续修复理念带来的环境、社会与经济效益，从而减少实施绿色可持续修复时的社会阻力。

8.3 我国污染土壤修复商业模式

PPP(public-private-partnership)，即公私合作模式，是一种可用于土壤修复的项目融资模式。在该模式下，鼓励私营企业、民营资本与政府进行合作参与污染土壤修复。从政府自主运营转变为环保企业运营，政府向环保企业购买土壤修复环保服务。环保企业和政府的关系，不再是单向的财政补贴，而是商业合同的关系。对于政府，可减少负债压力，避免非专业化运营带来的低效率，分担环保治理风险；对于环保企业，可获取更多市场份额，承担环保治理风险。

在我国，虽然公私合作模式已在供水、运输、能源和医院等部门实施，但将PPP应用于棕地修复产业还处于探索阶段。一方面，棕地的出现是一个相对较新的现象。当2004年“北京宋家庄地铁站”事件的三名建筑工人被报道中毒时，它才开始引起公众的注意。之后常州外国语学校在2015年发生的中毒事件，被国内中央电视台报道。这些事件使国家和人民意识到棕地问题的严重性。几个月后，首个国家级土壤管理计划《土壤污染防治行动计划》发布。另一方面，中国至今还没有以公私合作模式运行的棕地修复项目的成功案例。据报道，国内首个考虑以公私合作方式治理棕地的地方位于湘潭市岳塘区的“竹埠岗”老工业区（被称为“岳塘模式”）。然而，该项目直到2017年才开始实施。其采用的土壤修复开发转让获取增值收益的模式，打破了行业发展的资金瓶颈，引入了第三方资金，完善了从土地修复到收益实现的机制。

尽管其他国家在利用PPP模式修复棕地方面颇有经验，但他们的方法不能不加修改就直接在中国实施。在当前背景下，我国必须制定适当的棕地修复程序，例如如何管理风险，分配利益和评估经济可行性。其中，应特别注意风险管理，因为棕地和PPP都涉及高风险。特别是从与项目相关的风险的角度来看，企业必须在投资之前决定是否可以应对这些风险。此外，大量研究表明，合理的风险管理是PPP成功的关键因素。PPP项目的风险管理一般包括风险识别、风险评估、风险响应和风险控制。不难理解，风险识别是所有其他过程的基础。

8.4 土壤修复行业展望

我国场地修复产业的发展目前处于起步阶段，由成长期逐步向成熟期过渡，由无序向有序过渡。在未来一段时间内：

① 我国污染场地的法规、标准和管理制度将逐步形成，受污染场地的环境管理能力继续提高。今后，我国污染场地管理的立法速度将明显加快。在《中华人民共和国土壤污染防治法》的基础上，土壤污染防治法律法规体系将全面建立。初步形成包括土壤环境质量标准、评价、技术导则、污染物分析、污染控制等基本标准的土壤修复标准体系。累计发布标准将超过 50 项。

在环境管理方面，建设全国土壤环境质量监测网络和土壤环境基础数据库，构建土壤环境信息化管理平台。同时，每 3 年对全国环境执法人员进行土壤污染防治专业培训。通过不断的培训和各级政府环保行政部门的重视，污染场地管理能力将得到迅速提高。污染现场管理将朝着标准化、信息化、网络化、透明化的方向发展。

② 污染场地修复的技术、设备和材料的原创性和本地化程度不断提高，绿色持续的场地修复综合技术体系将逐步形成。随着对污染场地挑战的日益重视，我国将加大对场地修复技术研究的研发投入。通过对国外先进技术、设备和修复材料的引进和吸收，快速推动国内技术、设备和修复材料的生产和研究及应用的一体化进程。今后，我国污染场地修复技术将从非原位修复向原位修复过渡，从应用于单一污染物的技术到应用于复合污染物的集成技术过渡，从简单和个体到复杂、耦合和全面过渡。结合了原位热处理和原位化学氧化与其他技术（如生物修复等）的连续修复技术将得到更广泛的应用。对于异地修复，热脱附、土壤淋洗和固化/稳定化仍将保持很大比例的应用。在修复技术、设备和材料的选择上，将遵循安全、绿色、可持续的原则。

③ 资本来源和商业模式将趋于多样化。未来将探索污染场地修复的商业模式，以适应中国的国情。应当从国外污染场地整治的经验中全面学习，建立“污染排放责任制”。应建立创新的投资融资机制和多渠道专项资金进行场地修复，同时鼓励社会资本参与受污染场地的管理。《土壤污染防治行动计划》中明确提出，金融资本的杠杆作用应引导更多的社会资本参与土壤污染控制，并通过公私合作模式加强政府与社会资本之间的合作。它还鼓励有资格的土壤污染控制和修复企业探索/公开发行债券促进土壤修复发展的模式。这样，地方政府财政补贴的来源将更加广泛，将会有更多的污染土壤修复项目采用 PPP 模式，大大推进我国土壤修复工作的进程。

另外，在《中国环境科学发展报告（2012 年）》中，我国学者确定了土壤及地下水修复的四个主要研究方向。其中一个主要研究方向是“绿色环保修复技术”。我国学者认为以下研究方向对未来发展至关重要：

① 使用绿色和自降解试剂进行修复；

② 使用太阳能和植物资源进行植物修复；

③ 使用高效微生物对土壤和地下水进行生物修复；

④ 利用食物链中不同物种进行修复；

⑤ 利用监测到的自然衰减来管理受污染的场地。

上述所有方向都与绿色可持续的修复概念非常吻合。我国研究人员早已认识到绿色可持续修复的重要性。预计将在这一领域进行更多的研究，以加深对绿色可持续修复的理解和利用。

思考题

1. 我国土壤修复行业面临哪些主要问题？应如何解决？
2. 绿色修复与管理为何受青睐？

参 考 文 献

[1] 周启星，宋玉芳，等．污染土壤修复原理与方法［M］．北京：科学出版社，2004.

[2] 李建政．环境毒理学［M］．2版．北京：化学工业出版社，2010.

[3] 毕润成．土壤污染物概论［M］．北京：科学出版社，2014.

[4] 隋红，李洪，李鑫钢，等．有机污染土壤和地下水修复［M］．北京：科学出版社，2013.

[5] 王洪涛．多孔介质污染物迁移动力学［M］．北京：高等教育出版社，2008.

[6] 崔龙哲，李社锋．污染土壤修复技术与应用［M］．北京：化学工业出版社，2016.

[7] 贾建丽，于妍，张凯，等．环境土壤学［M］．北京：化学工业出版社，2016.

[8] 吕贻忠，李保国．土壤学［M］．北京：中国农业出版社，2005.

[9] 陈怀满，朱永官，董元华，等．环境土壤学［M］．3版．北京：科学出版社，2020.

[10] 施维林．土壤污染与修复［M］．北京：中国建材工业出版社，2018.

[11] 尼尔·布雷迪，雷·韦尔．土壤学与生活［M］．14版．李保国，译．北京：科学出版社，2021.

[12] 仵彦卿．土壤-地下水污染与修复［M］．北京：科学出版社，2021.

[13] 何宇，梁晓曦，潘润西，等．国内土壤环境污染防治进程及展望［J］．中国农学通报，2020，36（28）：99-105.

[14] 袁西鑫．某化工企业旧址污染地块土壤修复工程的应用案例［J］．广东化工，2020，47（4）：140-141.

[15] 李玉会，佟雪娇，冯爱茜，等．化学氧化联合修复技术在农药厂有机污染场地的工程案例应用［J］．环境与发展，2019，31（12）：77-79.

[16] 石扬，陈沅江．我国污染土壤生物修复技术研究现状及发展展望［J］．世界科技研究与发展，2017，39（1）：24-32.

[17] 徐正国，唐秋萍，王颖．腐殖质在工业污染场地土壤修复中的应用综述［J］．土壤通报，2016，47（4）：1016-1022.

[18] 郭世财，杨文权．重金属污染土壤的植物修复技术研究进展［J］．西北林学院学报，2015，30（6）：81-87.

[19] 李江遐，吴林春，张军，等．生物炭修复土壤重金属污染的研究进展［J］．生态环境学报，2015，24（12）：2075-2081.

[20] 陈果．重金属污染土壤化学修复剂的研究进展［J］．应用化工，2017，46（9）：1810-1813.

[21] 熊丽君，吴杰，王敏，等．交通道路沿线土壤多环芳烃污染及风险防控综述［J］．生态环境学报，2018，27（5）：974-982.

[22] 黄燕，黎珊珊，蔡凡凡，等．生物质炭土壤调理剂的研究进展［J］．土壤通报，2016，47（6）：1514-1520.

[23] 徐磊，周静，崔红标，等．重金属污染土壤的修复与修复效果评价研究进展［J］．中国农学通报，2014，30（20）：161-167.

[24] 黄安香，杨定云，杨守禄，等．改性生物炭对土壤重金属污染修复研究进展［J］．化工进展，2020，39（12）：5266-5274.

[25] 石扬，陈沅江．我国污染土壤生物修复技术研究现状及发展展望［J］．世界科技研究与发展，2017，39（1）：24-32.

[26] 杨雍康，药栋，李博，等．微生物群落在修复重金属污染土壤过程中的作用［J］．江苏农业学报，2020，36（5）：1322-1331.

[27] GB 15618—1995.

[28] GB 15618—2018.

[29] GB 36600—2018.

[30] HJ 25.1—2014.

[31] HJ 25.2—2014.

[32] HJ 25.3—2014.

[33] HJ 25.4—2014.

[34] 栗战书．全国人民代表大会常务委员会执法检查组关于检查《中华人民共和国土壤污染防治法》实施情况的报告［R］//2020年10月15日第十三届全国人民代表大会常务委员会第二十二会议．中国人大，2020（20）：9-14.

[35] Bhupendra K, Pooja T. Biotechnological strategies for effective remediation of polluted soils［M］. Singapore:

Springer，2018.

［36］ Sunita J V，Avinash K. Bioremediation：applications for environmental protection and management ［M］. Singapore：Springer，2018.

［37］ Mohammad O，Mohammad Z K，Ismail I M I. Modern age environmental problems and their remediation ［M］. Cham：Springer，2018.

［38］ Luo Y，Tu C. Twenty years of research and development on soil pollution and remediation in China ［M］. Singapore：Springer，2018.

［39］ Oliveira F R，Patel A K，Jaisi D P，et al. Environmental application of biochar：Current status and perspectives ［J］. Bioresource technology，2017，246：110-122.

［40］ Chen Y F，Liu D X，Ma J H，et al. Assessing the influence of immobilization remediation of heavy metal contaminated farmland on the physical properties of soil ［J］. The Science of the total environment，2021，781：146773.

［41］ Dharni S，Srivastava A K，Samad A，et al. Impact of plant growth promoting Pseudomonas monteilii PsF84 and Pseudomonas plecoglossicida PsF610 on metal uptake and production of secondary metabolite（monoterpenes）by rose-scented geranium（Pelargonium graveolens cv. bourbon）grown on tannery sludge amended soil ［J］. Chemosphere，2014，117：433-439.

［42］ Li D N，Li G H，Zhang D Y. Field-scale studies on the change of soil microbial community structure and functions after stabilization at a chromium-contaminated site ［J］. Journal of hazardous materials，2021，415：125727.

［43］ Hatzisymeon M，Tataraki D，Rassias G，et al. Novel combination of high voltage nanopulses and in-soil generated plasma micro-discharges applied for the highly efficient degradation of trifluralin ［J］. Journal of hazardous materials，2021，415：125646.

［44］ Soliu O G，Carlos A，Manuel A R，et al. Renewable energies driven electrochemical wastewater/soil decontamination technologies：A critical review of fundamental concepts and applications ［J］. Applied Catalysis B：Environmental，2020，355：270-272.

［45］ Liu L，Li W，Song W，et al. Remediation techniques for heavy metal-contaminated soils：Principles and applicability ［J］. Science of the Total Environment，2018，633：206-219.

［46］ Gustave W，Yuan Z F，Liu F Y，et al. Mechanisms and challenges of microbial fuel cells for soil heavy metal（loid）s remediation ［J］. The Science of the total environment，2020，756：143865.

［47］ Khan S，Naushad M，Zhang S X，et al. Global soil pollution by toxic elements：Current status and future perspectives on the risk assessment and remediation strategies—A review ［J］. Journal of hazardous materials，2021，417：126039.

［48］ Anae J，Ahamd N，Kumar V，et al. Recent advances in biochar engineering for soil contaminated with complex chemical mixtures：remediation strategies and future perspectives ［J］. Science of The Total Environment，2020，221：144351-144360.

［49］ Du K，Li Z，Yang G，et al. Influence of no-tillage and precipitation pulse on continuous soil respiration of summer maize affected by soil water in the North China Plain ［J］. Science of The Total Environment，2020，766：144384.

［50］ Zhao C，Dong Y，Feng Y，et al. Thermal desorption for remediation of contaminated soil：A review ［J］. Chemosphere，2019，221：841-855.

［51］ Wei Z H，Peng W X，Yang Y F，et al. A review on phytoremediation of contaminants in air，water and soil ［J］. Journal of hazardous materials，2021，403：123658.

［52］ Barrios-Estrada C，Soundarapandian K，Muñoz-Gutiérrez B D，et al. Emergent contaminants：Endocrine disruptors and their laccase-assisted degradation—a review ［J］. Science of the total environment，2018，612：1516-1531.

［53］ Chen X Y，Cao C J，Deepkia K，et al. A review on remediation technologies for nickel-contaminated soil ［J］. Human and Ecological Risk Assessment：An International Journal，2020，26（3）：571-585.

［54］ Liu S J，Wang X D，Guo G L，et al. Status and environmental management of soil mercury pollution in China：A review ［J］. Journal of environmental management，2020，277：111442-111454.

［55］ Zhang H，Ma D，Qiu R，et al. Non-thermal plasma technology for organic contaminated soil remediation：A review ［J］. Chemical Engineering Journal，2017，313：157-170.

[56] Andrea K M, Sameek R, Sangeeta G, et al. Beyond seed and soil: understanding and targeting metastatic prostate cancer; report from the 2016 Coffey—Holden Prostate Cancer Academy Meeting [J]. The Prostate, 2017, 77 (2): 123-144.

[57] Pan H, Yang X, Chen H B, et al. Pristine and iron-engineered animal-and plant-derived biochars enhanced bacterial abundance and immobilized arsenic and lead in a contaminated soil [J]. The Science of the total environment, 2020, 763: 144218-144238.

[58] Hua L, Wu C, Zhang H, et al. Biochar-induced changes in soil microbial affect species of antimony in contaminated soils [J]. Chemosphere, 2020, 263: 127795-127807.

[59] El Naggar A, Chang S X, Cai Y J, et al. Mechanistic insights into the (im) mobilization of arsenic, cadmium, lead, and zinc in a multi-contaminated soil treated with different biochars [J]. Environment international, 2021, 156: 106638.

[60] Fu J T, Yu D M, Chen X, et al. Recent research progress in geochemical properties and restoration of heavy metals in contaminated soil by phytoremediation [J]. Journal of Mountain Science, 2019, 16 (9): 2079-2095.

[61] Zhu F X, Zhu C Y, Wang C, et al. Occurrence and ecological impacts of microplastics in soil systems: A review [J]. Bulletin of Environmental Contamination and Toxicology, 2019, 102 (6): 741-749.

[62] Ramadan B S, Sari G L, Rosmalina R T, et al. An overview of electrokinetic soil flushing and its effect on bioremediation of hydrocarbon contaminated soil [J]. Journal of Environmental Management, 2018, 218: 309-321.

[63] Ng Y S, Gupta B S, Hashim M A. Stability and performance enhancements of electrokinetic-fenton soil remediation [J]. Reviews in Environmental Science and Bio/Technology, 2014, 13 (3): 251-263.

[64] Li T, Li R, Zhou Q. The application and progress of bioelectrochemical systems (BESs) in soil remediation: A review [J]. Green Energy & Environment, 2020, 6 (1): 50-65.

[65] Li X J, Wang X, Zhou Q X, et al. Microbial fuel cells for organic-contaminated soil remedial applications: A review [J]. Energy Technology, 2017, 5 (8): 1156-1164.

[66] Xue W J, Huang D L, Zeng G M, et al. Performance and toxicity assessment of nanoscale zero valent iron particles in the remediation of contaminated soil: A review [J]. Chemosphere, 2018, 210: 1145-1156.

[67] Wang J, Shi L, Zhang H W, et al. Analysis of the long-term effectiveness of biochar immobilization remediation on heavy metal contaminated soil and the potential environmental factors weakening the remediation effect: A review [J]. Ecotoxicology and environmental safety, 2020, 207: 111261-111275.

[68] Alidokht L, Anastopoulou L, Ntarlagiannis D, et al. Recent advances in the application of nanomaterials for the remediation of arsenic-contaminated water and soil [J]. Journal of Environmental Chemical Engineering, 2021, 9 (4): 523-536.

[69] Liu J W, Wei K H, Xu S W, et al. Surfactant-enhanced remediation of oil-contaminated soil and groundwater: A review [J]. Science of The Total Environment, 2021, 756: 144142-144150.

[70] Lima A T, Ottosen L. Recovering rare earth elements from contaminated soils: Critical overview of current remediation technologies [J]. Chemosphere, 2020, 265: 129163-129183.

[71] Zhou Z, Liu X T, Sun K, et al. Persulfate-based advanced oxidation processes (AOPs) for organic-contaminated soil remediation: A review [J]. Chemical Engineering Journal, 2019, 372: 836-851.

[72] Abbas S Z, Rafatullah M. Recent advances in soil microbial fuel cells for soil contaminants remediation [J]. Chemosphere, 2021, 272: 129691-129711.

[73] Li H, Zhao Q Y, Huang H. Current states and challenges of salt-affected soil remediation by cyanobacteria [J]. Science of the Total Environment, 2019, 669: 258-272.

[74] Zhang X X, Chen Z L, Huo X Y, et al. Application of Fourier transform ion cyclotron resonance mass spectrometry in deciphering molecular composition of soil organic matter: A review [J]. Science of The Total environment, 2020, 756: 144140-144160.

[75] Dike C C, Shahsavari E, Surapaneni A, et al. Can biochar be an effective and reliable biostimulating agent for the remediation of hydrocarbon-contaminated soils [J]. Environment international, 2021, 154: 106553-106568.

[76] Helena I G, Celia D F, Alexandra B. R. Overview of in situ and ex situ remediation technologies for PCB-contamina-

ted soils and sediments and obstacles for full-scale application [J]. Science of the Total Environment, 2013, 445: 237-260.

[77] Yang Z H, Zhang X M, Li Q, et al. Reductive materials for remediation of hexavalent chromium contaminated soil: A review [J]. Science of The Total Environment, 2021, 773: 145654-145674.

[78] Li Y R, Zhao H P, Zhu L Z. Remediation of soil contaminated with organic compounds by nanoscale zero-valent iron: A review [J]. Science of The Total Environment, 2020, 760: 143413-143430.

[79] Wen D D, Fu R B, Li Q. Removal of inorganic contaminants in soil by electrokinetic remediation technologies: A review [J]. Journal of hazardous materials, 2020, 401: 123345-123357.

[80] Zeb A, Li S, Wu J N, et al. Insights into the mechanisms underlying the remediation potential of earthworms in contaminated soil: A critical review of research progress and prospects [J]. Science of the Total Environment, 2020, 740, 14015-14031.

[81] Peter L O, Thomas M D, Eakalak K, et al. Thermal remediation alters soil properties-A review [J]. Journal of Environmental Management, 2018, 206: 826-835.

[82] Mazarji M, Minkina T, Sushkova S, et al. Effect of nanomaterials on remediation of polycyclic aromatic hydrocarbons-contaminated soils: A review [J]. Journal of environmental management, 2021, 284: 112023.

[83] Arun K, Banasri R, Pradipta C. A review on the application of chemical surfactant and surfactant foam for remediation of petroleum oil contaminated soil [J]. Journal of Environmental Management, 2019, 243: 187-205.

[84] Yasir H, Lin T, Bilal H, et al. Organic soil additives for the remediation of cadmium contaminated soils and their impact on the soil-plant system: A review [J]. Science of the Total Environment, 2020, 707: 1000-1015.

[85] Zhao C, Dong Y, Fang Y P, et al. Thermal desorption for remediation of contaminated soil: A review [J]. Chemosphere, 2019, 221: 841-855.

[86] Mao X H, Jiang R, Xiao W, et al. Use of surfactants for the remediation of contaminated soils: A review [J]. Journal of Hazardous Materials, 2015, 285: 419-435.

[87] Sima M W, Jaffé P R. A critical review of modeling Poly-and Perfluoroalkyl Substances (PFAS) in the soil-water environment [J]. Science of The Total environment, 2020, 757: 143793-143805.

[88] Tang X, Li Q, Wu M, et al. Review of remediation practices regarding cadmium-enriched farmland soil with particular reference to China [J]. Journal of Environmental Management, 2016, 181: 646-662.

[89] Du J H, Chen Z L, Sreenivasulu C, et al. Environmental remediation techniques of tributyltin contamination in soil and water: A review [J]. Chemical Engineering Journal, 2014, 235: 141-150.

[90] Reza M, Lalantha S. A review of the emerging treatment technologies for PFAS contaminated soils [J]. Journal of Environmental Management, 2020, 255: 158-170.

[91] Yu H W, Zhou W X, Chen J J, et al. Biochar amendment improves crop production in problem soils: A review [J]. Journal of Environmental Management, 2019, 232: 8-21.

[92] Chen Y N, Liang W Y, Li Yuan P, et al. Modification, application and reaction mechanisms of nano-sized iron sulfide particles for pollutant removal from soil and water: A review [J]. Chemical Engineering Journal, 2019, 362: 144-159.

[93] Henrik H, Anders J. Growing food in polluted soils: A review of Rrisks and opportunities associated with combined phytoremediation and food production (Cpfp) [J]. Ecology Environment & Conservation, 2020, 254: 2330-2345.

[94] Liu Z C, Chen B B, Wang L A, et al. A review on phytoremediation of mercury contaminated soils [J]. Journal of Hazardous Materials, 2020, 400: 123138-123154.

[95] Liu Y X, Yang S M, Lonappan L S, et al. Impact of biochar amendment in agricultural soils on the sorption, desorption, and degradation of pesticides: A review [J]. Science of the Total Environment, 2018, 645: 60-70.

[96] Zeng G M, Wan J, Huang D L, et al. Precipitation, adsorption and rhizosphere effect: The mechanisms for Phosphate-induced Pb immobilization in soils—A review [J]. Journal of hazardous materials, 2017, 339: 354-367.